신호 및 시스템

Signals and Systems

장영범 지음

도서출판 홍릉

저자소개

장영범

1977 ~ 1981 연세대학교 전기공학과 공학사
1988 ~ 1990 NYU Polytechnic Institute 전기공학과 공학석사
1990 ~ 1994 NYU Polytechnic Institute 전기공학과 공학박사
1981 ~ 1983 수도기계화보병사단 통신장교
1983 ~ 1999 삼성전자 시스템LSI사업부 수석연구원
2000 ~ 2002 이화여자대학교 정보통신학과 연구교수
2005 ~ 2018 삼성전자공과대학교 초빙교수
2002 ~ 현재 상명대학교 공과대학 스마트정보통신공학과 교수

신호 및 시스템

2021년 7월 23일 초판 1쇄 발행
2023년 7월 31일 초판 2쇄 발행

저　자: 장영범
발행인: 송 준
발행처: 도서출판 홍릉
주　소: 01093 서울시 강북구 인수봉로 50길 10
등　록: 1976년 10월 21일 제5-66호

전　화: 02-999-2274~5, 903-7037
팩　스: 02-905-6729
e-mail: hongpub@hongpub.co.kr
http://www.hongpub.co.kr
ISBN: 979-11-5600-873-6(93560)

정　가: 29,000원

본 저서는 2020학년도 상명대학교 교내연구비를 지원받아 수행하였음

머리말

이 책의 학습은 지루하고 재미없는 과목이 되기 쉽다. 왜냐하면 앞부분에서 다룬 아날로그 신호처리 개념이 뒷부분에서 디지털 버전으로 반복되기 때문이다. 그렇지만 디지털 신호처리 이론은 아날로그 신호처리 이론에 뿌리를 두고 있으므로 두 신호의 관계와 두 시스템의 관계를 이해할 필요가 있다.

이 책의 1장부터 8장까지의 구성은 다음과 같다.

아날로그 신호처리		디지털 신호처리	
1장	연속시간 신호	5장	디지털 신호
2장	연속시간 시스템	6장	디지털 시스템
3장	푸리에 변환	7장	DTFT 및 FFT
4장	라플라스 변환	8장	z 변환

위의 표에서 보듯이 1장부터 4장까지는 아날로그 신호처리에 대하여 다루고, 이에 대응하는 디지털 신호처리에 대하여는 5장부터 8장까지 다룬다. 따라서 이 책을 학습하는 순서는 두 가지 방법이 있다. 즉 처음 1장부터 순서대로 학습하는 방법과, 또 다른 방법은 1장-5장, 2장-6장 등의 순으로 아날로그와 디지털이 대응하는 장끼리 비교하면서 학습하는 방법이 있다.

9장에서는 아날로그 신호가 어떻게 디지털 신호로 변환되는가에 대한 A/D 변환기에 대하여 기술하였다. 그리고 마지막으로 각 장의 연습문제에 대한 풀이과정과 해답을 실었다.

요즈음 신호처리를 이용한 많은 알고리즘이 개발되고 있으며, 그런 알고리즘들은 반도체의 발전으로 인하여 쉽게 스마트폰 안으로 들어가고 있다. 스마트폰 안에는 거의 모든 멀티미디어 기능이 탑재되어 있다. 이 스마트폰용 반도체의 대부분은 디지털 신호처리를 하고 있지만 사람과의 인터페이스는 아날로그 신호처리도 일부 필요로 한다.

이 책의 목적은 아날로그 및 디지털 시스템의 기본을 습득하는 것이며, 이 책을 학습한 후에 "디지털 신호처리" 과목을 통하여 디지털 시스템의 이해를 확장시키면 더욱 효과적일 것이다. 이 책은 신호처리 이론을 처음 대하는 전기/전자/정보통신 공학 전공자들에게 초점을 맞추어서 구성하였다.

2021년 6월

저자

차례

CHAPTER 1 연속시간 신호

CHAPTER 2 연속시간 시스템

CHAPTER 6 디지털 시스템

CHAPTER 7 DTFT 및 FFT

CHAPTER 1

연속시간 신호

1.1 연속시간 신호와 이산시간 신호

신호는 공기나 케이블과 같은 매체를 통하여 전달되는 물리량을 의미한다. 예를 들면 사람의 음성이나 온도 등이 신호이다. 이런 대부분의 신호들은 전자제품에서 처리되기 위해서 먼저 전기 신호로 변환된다. 즉, 물리적 변화량의 신호를 전기 신호로 변환하면 신호처리가 손쉬워 진다. 음성 신호와 같은 물리량도 시간에 따라 변화하는 전기 신호로 변환하면 신호처리 시스템을 만들기 쉬워진다. 예를 들면 다음과 같은 신호들도 모두 전기 신호로 변환된 후에 처리된다.

- 음성 신호(speech signal)
- 이미지 신호(image signal)
- 영상 신호(video signal)
- 온도 신호(temperature signal)
- 기압 신호(pressure signal)
- 전자기파 신호(electromagnetic signal)
- 진동 신호(vibration signal)
- 심전도 신호(electrocardiogram signal)
- 주가지수 신호(stock index signal)

신호는 수학으로 표현할 때에 한 개 또는 그 이상의 독립변수를 사용한 함수로 나타낼 수 있다. 음성 신호는 시간에 따라 변화하는 전기 신호로 변환한 경우에 한 개 변수, 즉 시간의 함수로 나타낸다. 또한 영상 신호는 두 개의 좌표로 물리량이 정의되므로 두 개 변수의 함수로 나타낸다. 이 책에서는 한 개 독립변수의 함수에 대하여 다룬다.

전기 신호는 다음과 같이 연속시간 신호(continuous-time signal), 아날로그 신호(analog signal), 이산시간 신호(discrete-time signal), 디지털 신호(digital signal)의 네 가지로 분류한다.

- 독립 변수인 시간 t가 연속인 신호 $x(t)$를 연속시간 신호라고 정의하며 그림 1-1(a)와 같은 신호이다. 연속시간 신호는 시간 축의 모든 값에 대하여 신호 함수가 정의되며 음성 신호, 전자기 신호(radio signal) 등이 이에 속한다.
- 연속시간 신호 가운데서 신호의 값도 연속인 신호를 아날로그 신호라고 한다. 이와 같은 정의의 차이가 있지만 이 책에서는 같은 의미로 혼용하여 사용하기로 한다.

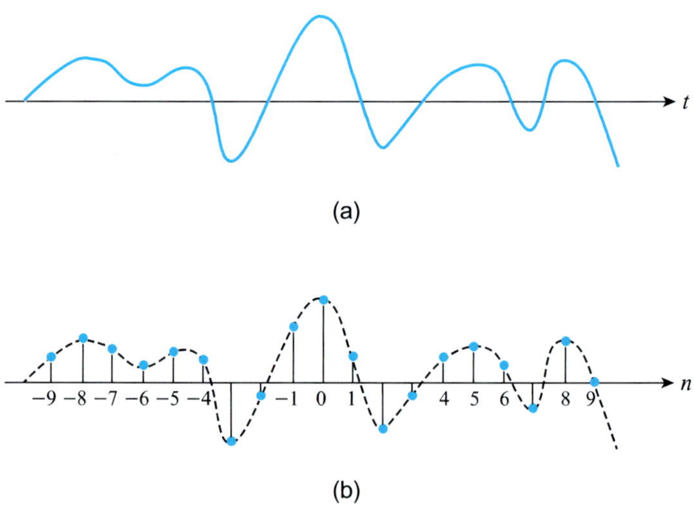

그림 1-1 (a) 연속시간 신호, (b) 이산시간 신호

- 연속시간 신호로부터 샘플링을 통하여 만들어지는 신호를 **이산시간 신호**라고 하며 그림 1-1(b)와 같이 막대사탕으로 나타낸다.
- 이산시간 신호의 각각의 샘플값을 양자화(quantization)하여 만든 신호를 **디지털 신호**라고 한다. 역시 정의가 다르긴 하나 이 책에서는 같은 의미로 사용하기로 한다.

1.2 주기 신호

다음 그림과 같은 신호를 주기 신호(periodic signal)라고 한다. 이 그림에서 보듯이 같은 모양의 그래프가 반복되는 시간 T를 주기(period)라고 정의한다.

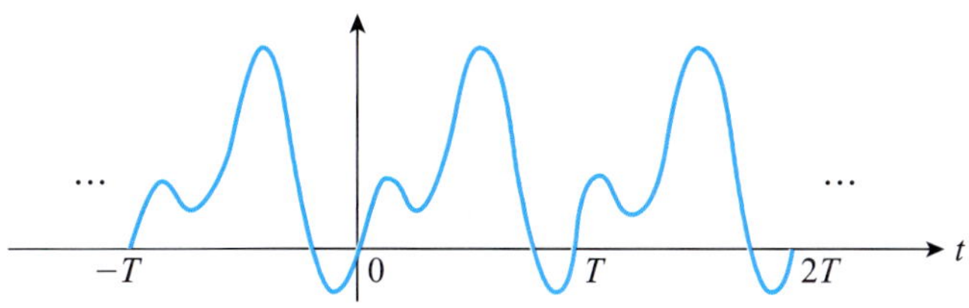

그림 1-2 주기 신호

주기 신호의 조건은 다음 식과 같다.

$$x(t) = x(t - nT), \qquad n = 1,\ 2,\ 3, \cdots$$

이 식에서 T는 0보다 큰 상수이며 주기라고 부른다. 이와 같은 주기 신호 중 가장 대표적인 신호는 sin 신호와 cos 신호가 있다.

1.2.1 sin 신호

반지름이 1인 원에서 sin이 만드는 신호를 보자(삼각형의 높이가 만드는 신호).

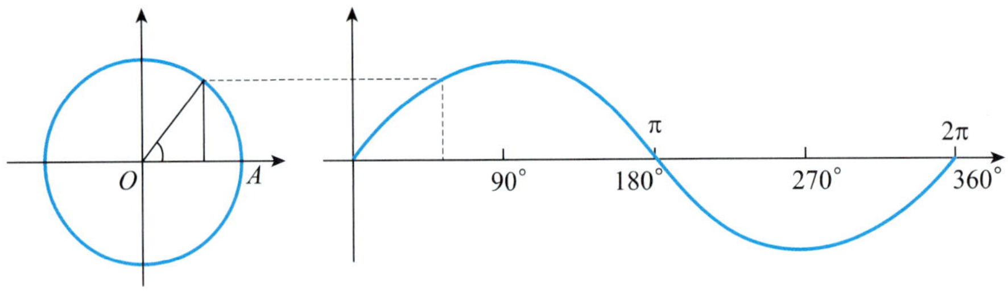

그림 1-3 원에서의 sin 신호

그림에서 기선 $\overrightarrow{OA}$가 원을 따라 회전한다고 가정한다. 이 기선 $\overrightarrow{OA}$가 시계 반대방향으로 회전하여 생기는 각을 양의 각(+)이라 하고, 시계 방향으로 회전하여 생기는 각을 음의 각(−)이라 한다. 이 때 회전하는 각도를 독립변수 t라고 하면 다음과 같은 신호를 만들 수 있다.

$$x(t) = \sin t$$

이와 같은 각도 표기를 60분법이라고 하며, 한 바퀴의 회전을 360°로 정의한다. 따라서 0°, 30°, 45°, 60°, 90°에서의 sin 값은 다음과 같다.

$$\sin 0^\circ = 0,\ \ \sin 30^\circ = \frac{1}{2} = 0.5,\ \ \sin 45^\circ = \frac{1}{\sqrt{2}} = 0.7071,$$
$$\sin 60^\circ = \frac{\sqrt{3}}{2} = 0.866,\ \ \sin 90^\circ = 1$$

그런데 기선 $\overrightarrow{OA}$가 원을 따라 시계 반대방향으로 회전하는 양을 나타내는 방법이 60분법 이외에 호도법(radian)도 있다. 호도법이란 기선 $\overrightarrow{OA}$가 회전한 원주의 길이를 반지름으로 나눈 값으로 각도를 나타내는 방법이다. 예를 들면 기선 $\overrightarrow{OA}$가 180° 회전하면 원주의 길이가 πr이므로 반지름 r로 나누면 π가 된다.

60분법	0°	30°	45°	60°	90°	180°
호도법	0	$\frac{\pi}{6}$	$\frac{\pi}{4}$	$\frac{\pi}{3}$	$\frac{\pi}{2}$	π

기본 sin 신호

sin 신호를 시간 t를 사용한 유용한 신호로 만들기 위해서 다음과 같은 기본 신호가 사용된다.

$$x(t) = \sin 2\pi t$$

이 식에서 t의 단위는 sec 또는 초이며 이 기본 sin 신호의 모양은 다음과 같다.

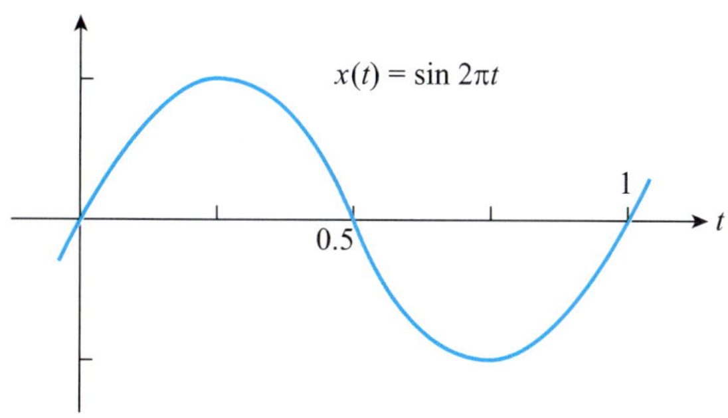

그림 1-4 기본 sin 신호(1 Hz)

이 기본 sin 신호는 기선 $\overrightarrow{OA}$가 원을 한 바퀴 도는데 1 sec가 걸리는 신호이다. 즉 이 기본 sin 신호는 주기 T가 1초인 sin 신호이다.

이 기본 sin 신호를 기준으로 하여, 이 sin 신호보다 더 빠른 sin 신호를 나타내기 위하여 다음과 같은 신호가 사용된다.

$$x(t) = \sin 2\pi f t$$

이 식에서 f를 헤르츠 주파수라 하고 단위는 Hz(헤르츠)이다. 이 헤르츠 주파수 f와 주기 T의 관계는 다음과 같이 역수의 관계이다.

$$T = \frac{1}{f}$$

$f = 1{,}000\,\text{Hz} = 10^3\,\text{Hz} = 1\,\text{kHz}$의 sin 신호

이번에는 기선 $\overrightarrow{OA}$가 1초에 원을 1000 바퀴 도는 sin 신호를 생각해 보자. 이 sin 신호는 다음과 같이 나타낸다.

$$x(t) = \sin 2\pi f t$$
$$f = 1{,}000\,\text{Hz} = 10^3\,\text{Hz} = 1\,\text{kHz},\ T = \frac{1}{1000}\,\text{sec}$$

이 식에서 보듯이 기선 $\overrightarrow{OA}$가 1초에 원을 1000 바퀴 돌았으므로 주파수 f는 1000 Hz가 되고 주기 T는 1/1000 sec가 된다.

$f = 1{,}000{,}000\,\text{Hz} = 10^6\,\text{Hz} = 1\,\text{MHz}$의 sin 신호

이번에는 기선 $\overrightarrow{OA}$가 1초에 원을 백만 바퀴 도는 sin 신호를 생각해 보자. 이 sin 신호는 다음과 같이 나타낸다.

$$x(t) = \sin 2\pi f t$$
$$f = 1{,}000{,}000\ \text{Hz} = 10^6\ \text{Hz} = 1\ \text{MHz},\ \ T = \frac{1}{1{,}000{,}000}\ \text{sec} = 10^{-6}\ \text{sec}$$

$f = 1{,}000{,}000{,}000\,\text{Hz} = 10^9\,\text{Hz} = 1\,\text{GHz}$의 sin 신호

이번에는 기선 $\overrightarrow{OA}$가 1초에 원을 10억 바퀴 도는 sin 신호를 생각해 보자. 이 sin 신호는 다음과 같이 나타낸다.

$$x(t) = \sin 2\pi f t$$
$$f = 1{,}000{,}000{,}000\ \text{Hz} = 10^9\ \text{Hz} = 1\ \text{GHz},\ \ T = \frac{1}{1{,}000{,}000{,}000}\ \text{sec} = 10^{-9}\ \text{sec}$$

sin 신호를 나타내는 방법으로서 헤르츠 주파수 이외에 다음과 같은 라디안 주파수 표기 방법이 같이 사용된다.

$$x(t) = \sin 2\pi f t = \sin\omega t$$

위의 식에서 f를 헤르츠 주파수라고 정의하며, ω를 라디안 주파수(radian frequency)라고 정의한다. 따라서 라디안 주파수와 헤르츠 주파수는 다음의 관계가 있다.

$$\omega = 2\pi f$$

이와 같은 sin 신호는 무선통신에서도 많이 사용된다. 즉 정보를 공기 중을 통하여 전달하기 위해서는 공기 중으로 전파(radio wave)를 날려 보내야 하는데 이때에 다음과 같은 sin 신호를 사용하게 된다.

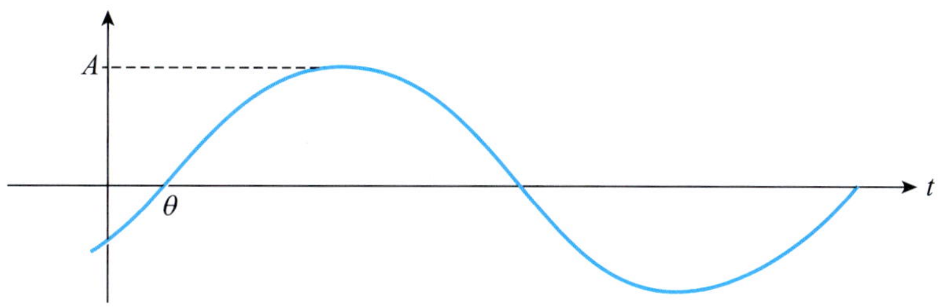

그림 1-5 통신에서 사용되는 sin 신호

위와 같은 sin 신호는 다음과 같이 나타낼 수 있다.

$$x(t) = A\sin(2\pi f t - \theta) = A\sin(\omega t - \theta)$$

위의 식에서의 이름은 각각 다음과 같다.

A : 진폭(magnitude, amplitude)

f : 주파수(frequency, Hz)

ω : 라디안 주파수(radian frequency)

θ : 위상각(phase angle)

이와 같은 sin 신호가 통신에서 사용될 때 A, f, θ에 정보를 실어서 전송할 수 있다. 예를 들어 디지털통신에서 A에 정보를 싣는 방법은 1을 전송할 때는 $A = 10$을 사용하고, 0을 전송할 때는 $A = 5$를 사용할 수 있다.

f에도 정보를 실을 수 있다. 예를 들어 정보 1을 전송할 때는 $f = 10$ MHz를 사용하고, 0을 전송할 때는 $f = 5$ MHz를 사용하여 정보를 전송한다.

마지막으로 θ에 정보를 싣는 방법의 예를 생각해 보자. 정보 1을 전송할 때는 $\theta = \pi$를 사용하여 전송하고, 0을 전송할 때는 $\theta = 0$을 사용하여 전송할 수 있다. 이와 같이 sin 및 cos 신호는 통신에서 없어서는 안 되는 중요한 신호이다.

1.2.2 cos 신호

다음의 원에서 cos이 만드는 신호를 보자.

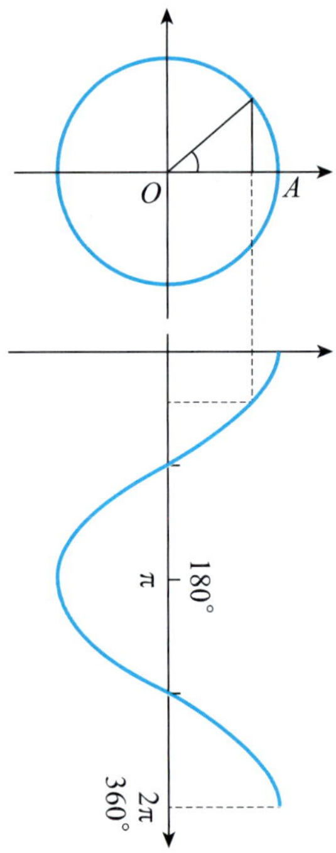

그림 1-6 원에서의 cos 함수

그림에서 기선 $\overrightarrow{OA}$가 원을 따라 회전한다고 가정한다. 이 때 회전하는 각도를 독립변수 t라고 하면 다음과 같은 삼각형의 밑변이 만드는 신호를 만들 수 있다.

$$x(t) = \cos t$$

이 신호는 시간의 함수이며 또한 주기 신호이다. 주기가 1인 다음의 cos 신호가 기본신호가 된다.

$$x(t) = \cos 2\pi t$$

이 기본 cos 신호의 모양은 다음과 같다.

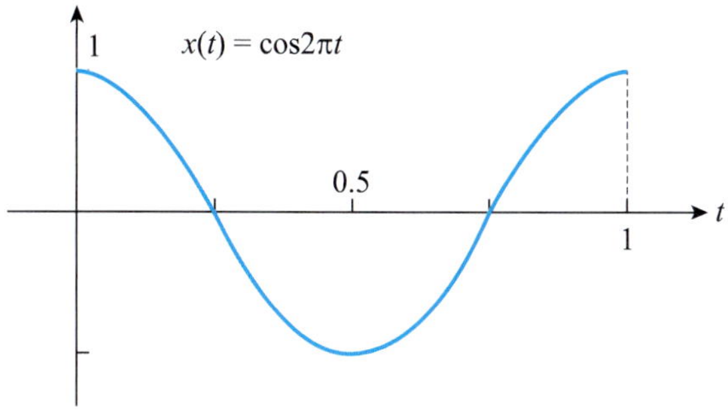

그림 1-7 기본 cos 신호(1 Hz)

이 기본 cos 신호는 기선 $\overrightarrow{OA}$가 원을 한 바퀴 도는데 1 sec가 걸리는 함수이다. 따라서 이 기본 cos 신호와 비교한 더 빠른 cos 신호를 표기하기 위해서 다음의 표기가 사용된다.

$$x(t) = \cos 2\pi f t$$

위의 cos 신호를 라디안 주파수 ω를 사용하여 나타내면 다음과 같다.

$$x(t) = \cos 2\pi f t = \cos \omega t$$

예제

다음 정현파 신호를 그리고 주기를 구하시오.

(a) $x_1(t) = \cos t$ (b) $x_2(t) = \cos \pi t$ (c) $x_3(t) = \cos 2\pi t$

풀이 각각의 라디안 주파수와 주기는 다음과 같다.

$$\text{(a)}\ \ \omega = 1,\ \ T = \frac{2\pi}{\omega} = 2\pi$$

$$\text{(b)}\ \ \omega = \pi,\ \ T = \frac{2\pi}{\omega} = 2$$

$$\text{(c)}\ \ \omega = 2\pi,\ \ T = \frac{2\pi}{\omega} = 1$$

각각의 정현파 신호를 그림으로 나타내면 다음과 같다.

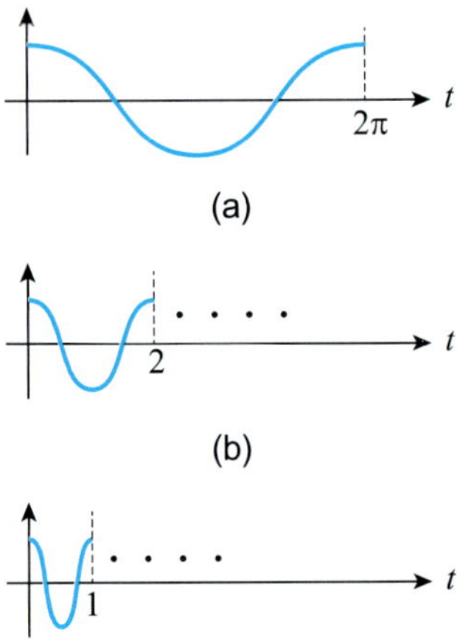

그림 1-8 예제의 정현파 신호

예제

100 MHz cos 정현파 신호의 주기를 구하시오.

풀이

$$\cos 2\pi ft = \cos(2\pi \times 100 \times 10^6)t$$

$$T = \frac{1}{f} = \frac{1}{100 \times 10^6} = 10^{-8}\mathrm{sec} = 10\mathrm{nsec}$$

1.3 기본적인 연속시간 신호

연속시간 신호 및 시스템을 다루기 위하여 기본적인 연속시간 신호들의 이해가 필요하다. 이 절에서는 많이 사용되는 기본적인 신호들을 소개한다.

1.3.1 단위 계단 신호

다음 그림과 같은 단위 계단 신호(unit step signal)는 신호처리에서 매우 널리 사용되는 신호이다.

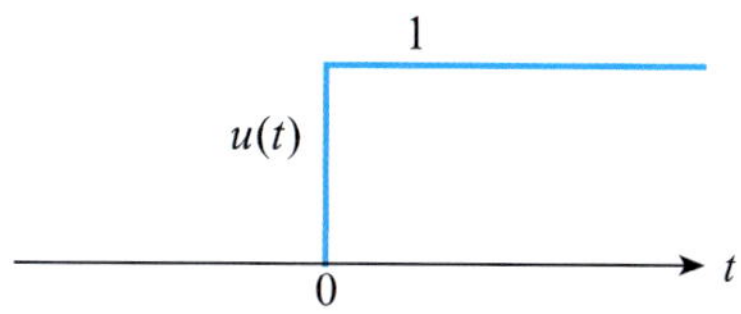

그림 1-9 단위 계단 신호

위의 단위 계단 신호는 다음과 같은 식으로 나타낼 수 있다.

$$u(t) = \begin{cases} 1, & t \geq 0 \\ 0, & t < 0 \end{cases}$$

이와 같은 단위 계단 신호는 임의의 신호의 시작점을 제한하는 용도로 많이 사용된다. 즉 그림 1-10(a)와 같이 잡음 신호가 계속되다가 일정한 시점에서 유효한 신호가 시작되는 경우에 (b)와 같은 단위 계단 신호를 곱하면 (c)와 같은 잡음이 제거된 신호를 얻을 수 있다.

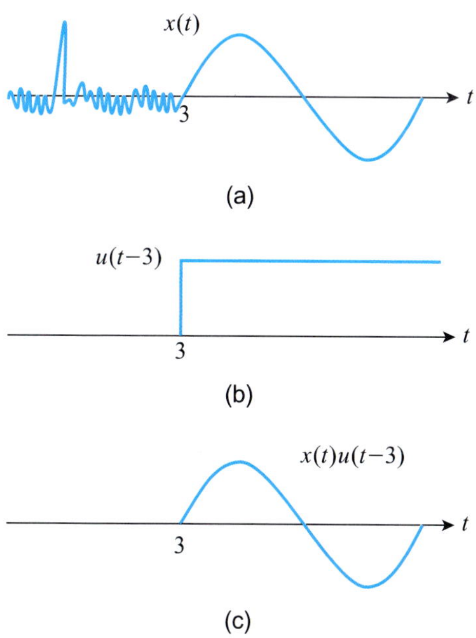

그림 1-10 단위 계단 신호를 사용한 잡음 제거

1.3.2 펄스 신호

펄스 신호(pulse signal)는 다음 그림과 같고 $A\,\mathrm{rect}(t/2a)$로 표기한다.

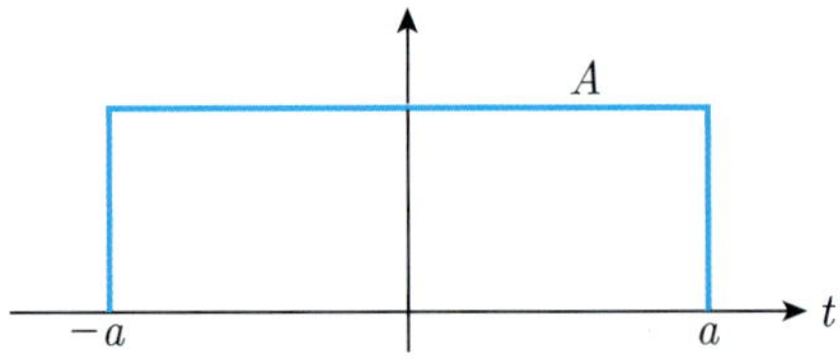

그림 1-11 펄스 신호

펄스 신호는 다음과 같이 단위 계단 신호로 표기할 수 있다.

$$A\,\mathrm{rect}(t/2a) = A[u(t+a) - u(t-a)]$$

1.3.3 램프 신호

램프 신호(ramp signal)는 다음 그림과 같고 $r(t)$로 표기한다.

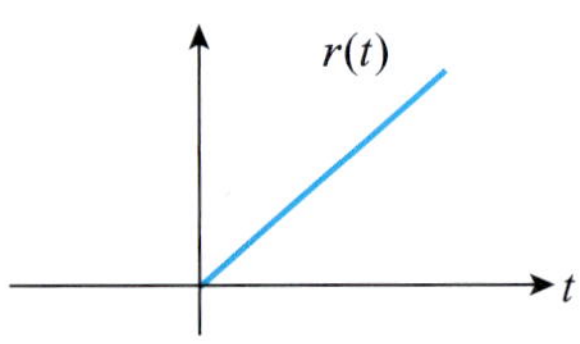

그림 1-12 램프 신호

램프 신호의 정의는 다음과 같다.

$$r(t) = \begin{cases} t, & t \geq 0 \\ 0, & t < 0 \end{cases}$$

다음 그림에서 보듯이 램프 신호는 단위 계단 신호를 적분하여 얻을 수 있다.

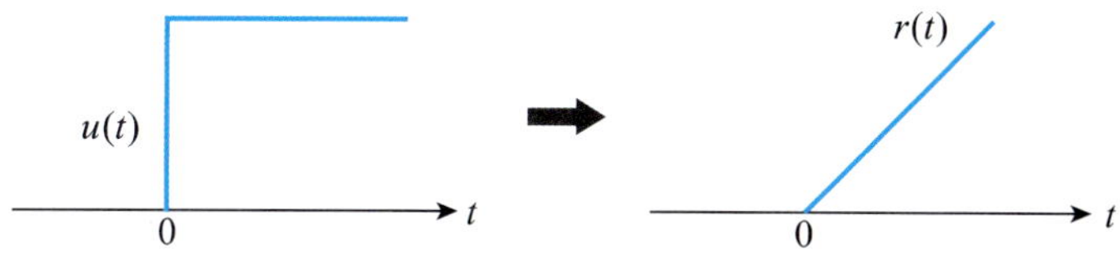

그림 1-13 단위 계단 신호의 적분

이와 같은 관계는 다음 식으로 나타낼 수 있다.

$$\int_{-\infty}^{t} u(\tau)d\tau = r(t)$$

예제

신호 $x(t)$는 다음 그림과 같다. 이 신호를 적분한 신호 $y(t)$를 그리시오.

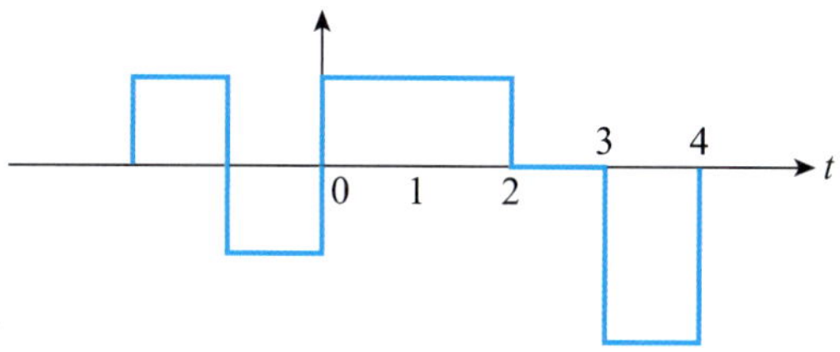

그림 1-14 예제의 신호 $x(t)$

풀이

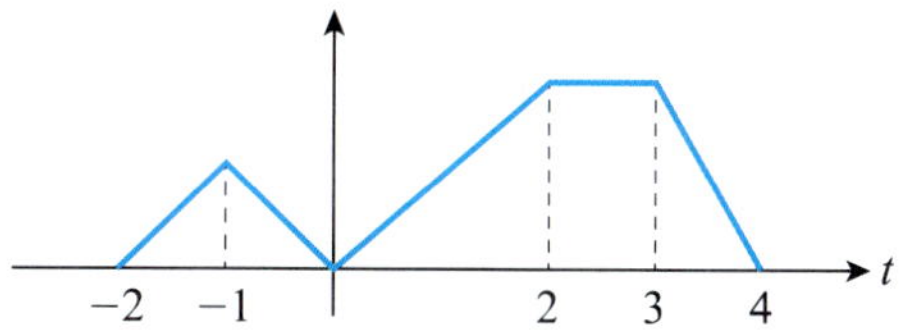

그림 1-15 예제의 적분 신호 $y(t)$

1.3.4 샘플링 신호

샘플링 신호는 다음 그림과 같이 $\sin t$와 $1/t$의 곱으로 만들어 진다.

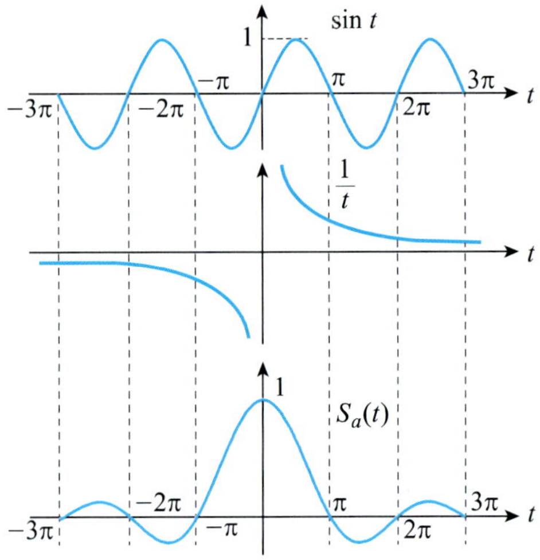

그림 1-16 샘플링 신호

샘플링 신호의 정의는 다음과 같다.

$$\frac{\sin t}{t}$$

샘플링 신호의 $t = 0$에서의 값은 다음과 같이 로피탈의 정리를 이용하여 구할 수 있다.

$$\left.\frac{(\sin t)'}{(t)'}\right|_{t=0} = \left.\frac{\cos t}{1}\right|_{t=0} = 1$$

이와 같은 샘플링 신호는 다음 그림과 같은 물결파에서 간접적으로 관찰할 수 있다.

그림 1-17 물결파를 통한 샘플링 신호의 관찰

위의 물결파의 중심을 칼로 절단하여 단면을 관찰할 수 있다고 가정하면 그림 1-15와 같은 샘플링 신호를 관찰할 수 있을 것이다.

1.3.5 sinc 신호

sinc 신호는 다음과 같은 신호이다.

$$\frac{\sin \pi t}{\pi t}$$

sinc 신호는 다음 그림과 같이 $\sin\pi t$와 $1/\pi t$의 곱으로 만들어 진다.

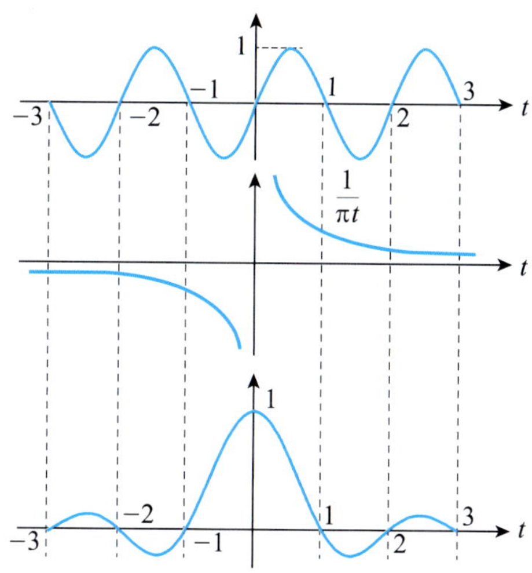

그림 1-18 sinc 신호

sinc 신호에서 $t=0$에서의 값은 샘플링 신호와 같은 방법으로 로피탈의 정리를 이용하여 구할 수 있다.

$$\left.\frac{(\sin \pi t)'}{(\pi t)'}\right|_{t=0} = \left.\frac{\pi \cos \pi t}{\pi}\right|_{t=0} = 1$$

1.3.6 단위 임펄스 신호

단위 임펄스 신호(unit impulse signal)는 다음 그림의 오른쪽과 같다. 간단히 임펄스 신호라고도 한다.

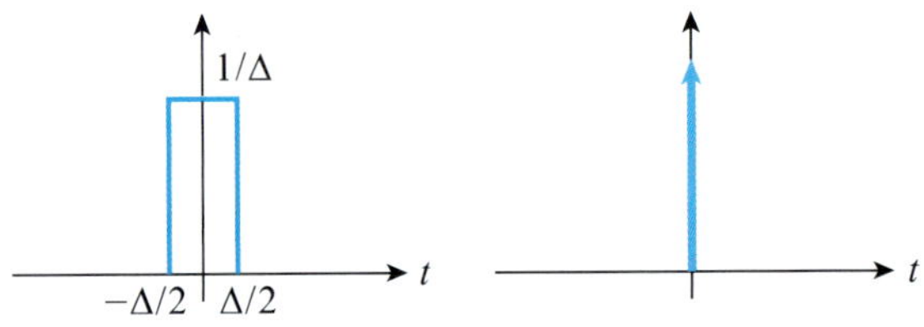

그림 1-19 단위 임펄스 신호

위의 왼쪽그림에서 Δ를 0으로 수렴시키면 파형의 너비는 0으로 수렴하고 크기는 $t=0$에서 무한대로 수렴하지만 면적은 여전히 1이다. 이와 같은 단위 임펄스 신호는 $\delta(t)$로 표기하며 다음의 성질을 갖는다.

1. $\delta(0) \rightarrow \infty$
2. $\delta(t)=0,\ t \neq 0$
3. $\int_{-\infty}^{\infty} \delta(t)dt = 1$
4. $\delta(t)=\delta(-t)$

임펄스 신호는 실제로 구현할 수 없는 함수이다. 주위에서 관찰할 수 있는 임펄스 신호와 가까운 신호로서 다음 그림과 같은 풍선이 터지는 소리가 있다.

그림 1-20 단위 임펄스 신호와 유사한 풍선이 터지는 소리 신호

단위 임펄스 신호는 신호 및 시스템의 해석에 없어서는 안 되는 매우 중요한 도구이다. 단위 임펄스 신호는 다음과 같은 특성을 갖는다.

특성 1 단위 계단 신호와의 관계

단위 임펄스 신호를 적분하면 다음과 같다.

$$\int_{-\infty}^{t} \delta(\tau)d\tau = \begin{cases} 1, & t \geq 0 \\ 0, & t < 0 \end{cases}$$

즉 $t < 0$까지 적분하면 0이 되고, $t \geq 0$까지 적분하면 1이 된다. 위의 결과 식은 단위 계단 신호의 정의와 같음을 알 수 있다. 따라서 다음의 결과 식을 얻는다.

$$u(t) = \int_{-\infty}^{t} \delta(\tau)d\tau$$

위의 식의 양변을 미분하면 다음과 같이 표기할 수도 있다.

$$\frac{du(t)}{dt} = \delta(t)$$

특성 2 샘플링 특성

임의의 신호 $x(t)$와 $\delta(t)$를 곱한 결과는 다음 식과 같다.

$$x(t)\delta(t) = x(0)\delta(t)$$

위와 같이 $t = 0$에서의 $x(t)$의 값과 같은 면적이 된다. 또한 $\delta(t - t_0)$를 곱한 결과는 다음 식과 같다.

$$x(t)\delta(t - t_0) = x(t_0)\delta(t - t_0)$$

이와 같은 특성을 샘플링 특성이라고 한다.

특성 3 솎음 성질

샘플링 특성의 식을 적분하면 다음의 식을 얻는다.

$$\int_{-\infty}^{\infty} x(t)\delta(t-t_0)dt = \int_{-\infty}^{\infty} x(t_0)\delta(t-t_0)dt$$
$$= x(t_0)\int_{-\infty}^{\infty} \delta(t-t_0)dt = x(t_0)$$

위의 식을 다시 쓰면 다음과 같고, 이를 솎음 성질이라고 한다.

$$x(t_0) = \int_{-\infty}^{\infty} x(t)\delta(t-t_0)dt$$

위의 성질은 다음과 같이 일반화할 수 있다. 즉 위의 식에서 독립변수 t를 독립변수 τ로 바꾸고, 상수 t_0를 t의 독립변수로 바꾸면 다음의 결과 식을 얻는다.

$$x(t) = \int_{-\infty}^{\infty} x(\tau)\delta(\tau-t)d\tau$$

$\delta(t)$는 우함수이므로 다음과 같이 표현할 수 있다.

$$x(t) = \int_{-\infty}^{\infty} x(\tau)\delta(t-\tau)d\tau$$

이 식에서 보듯이 모든 임의의 신호 $x(t)$는 단위 임펄스 신호의 가중합으로 표현할 수 있음을 알 수 있다. 이 식이 임의의 신호 $x(t)$를 수학으로 나타낼 수 있는 매우 유용한 방법이다.

예제

다음 신호 $x(t)$를 보고 물음에 답하시오.

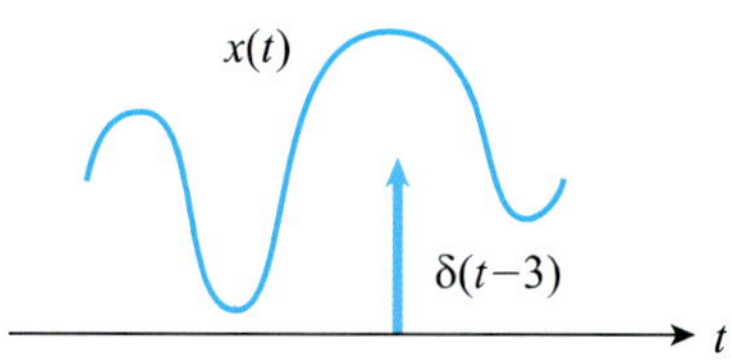

그림 1-21 예제의 신호

(a) $x(t)$와 $\delta(t-3)$을 곱한 결과 식을 나타내시오.

(b) $x(3)$을 임펄스 신호를 사용하여 나타내시오.

(c) $x(t)$를 임펄스 신호를 사용하여 나타내시오.

풀이 (a) 샘플링 특성을 이용하면 다음과 같다.

$$x(t)\delta(t-3) = x(3)\delta(t-3)$$

(b) 위의 식을 적분하면 다음의 식을 얻는다.

$$\begin{aligned}\int_{-\infty}^{\infty} x(t)\delta(t-3)dt &= \int_{-\infty}^{\infty} x(3)\delta(t-3)dt \\ &= x(3)\int_{-\infty}^{\infty} \delta(t-3)dt = x(3)\end{aligned}$$

$$\therefore x(3) = \int_{-\infty}^{\infty} x(t)\delta(t-3)dt$$

(c) 위의 식에서 3을 변수화하면 다음과 같다.

$$x(3) = \int_{-\infty}^{\infty} x(\tau)\delta(\tau-3)d\tau$$

$$x(t) = \int_{-\infty}^{\infty} x(\tau)\delta(\tau-t)d\tau = \int_{-\infty}^{\infty} x(\tau)\delta(t-\tau)d\tau$$

1.3.7 지수 신호

지수 신호는 다음과 같은 식으로 정의된다.

$$x(t) = e^{st}$$

변수 s가 $s = a + j\omega$의 복소수이면 복소 지수 신호(complex exponential signal)라고 한다. s가 실수이면 지수 신호 $x(t) = e^{at}$는 다음 그림과 같다.

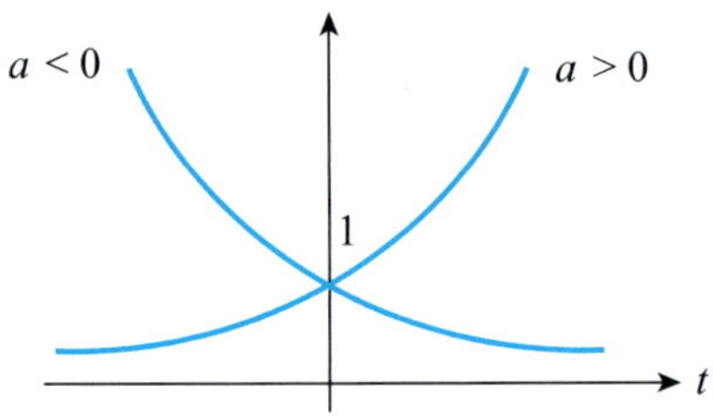

그림 1-22 지수 신호 e^{at}

s가 순수 허수인 $e^{j\omega t}$의 지수 신호는 오일러 공식을 사용하여 다음과 같이 cos 신호와 sin 신호를 사용하여 나타낼 수 있다.

$$e^{j\omega t} = \cos \omega t + j\sin\omega t$$

$$e^{-j\omega t} = \cos \omega t - j\sin\omega t$$

위의 두 식을 더하거나 빼면 cos 신호와 sin 신호는 다음과 같이 지수 신호의 합 또는 차로 나타낼 수 있다.

$$\cos \omega t = \frac{e^{j\omega t} + e^{-j\omega t}}{2}$$

$$\sin \omega t = \frac{e^{j\omega t} - e^{-j\omega t}}{2j}$$

1.4 기본적인 연속시간 신호의 연산

연속시간 신호를 수학적으로 다루기 위한 기본적인 연산을 알아보기로 하자. 기본적인 연산에는 이동(shift) 연산, 반사(reflection) 연산, 시간 스케일링(time scaling) 연산 등이 있다.

1.4.1 이동 연산

신호처리의 과정에는 신호의 이동 연산(shift operation)을 많이 다루게 된다. 이동 연산은 다음 그림과 같다.

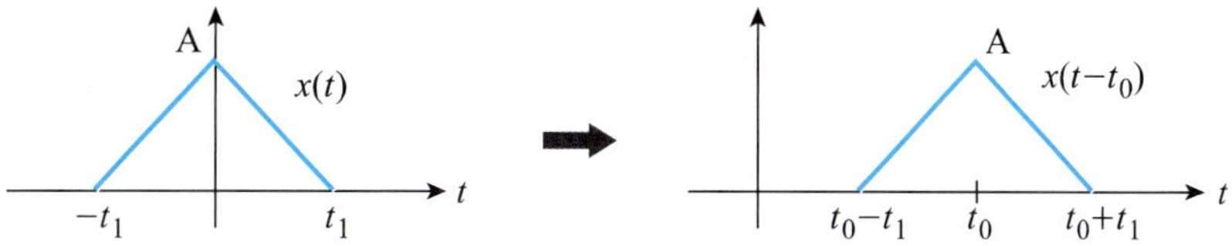

그림 1-23 이동 연산

그림 1-23의 오른쪽 그림은 원 신호 $x(t)$를 오른쪽으로 t_0 만큼 이동시킨 신호이며 $x(t-t_0)$로 표기한다. 특히 시간 변수의 경우에 오른쪽으로의 이동을 지연이라고도 한다. 좌측으로 이동도 가능하다.

예제

신호 $x(t)$는 다음 그림과 같다. $x(t-2)$와 $x(t+3)$의 신호를 그리시오.

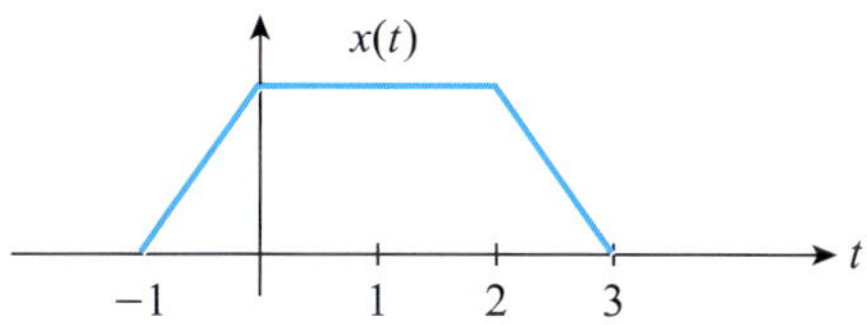

그림 1-24 예제의 신호

풀이

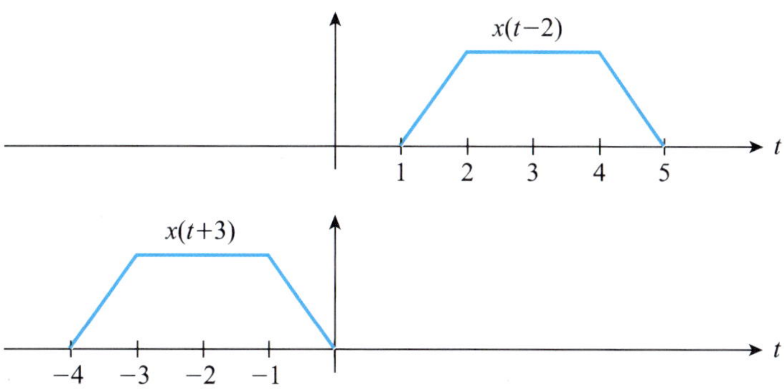

그림 1-25 $x(t-2)$와 $x(t+3)$ 신호

1.4.2 반사 연산

연속시간 신호 $x(t)$에서 변수 t를 $-t$로 치환하면 $x(-t)$가 되며 이 신호는 다음 그림과 같이 $t=0$의 축으로 반사시킨 모양이 된다. 이를 반사 연산(reflection operation)이라고 한다.

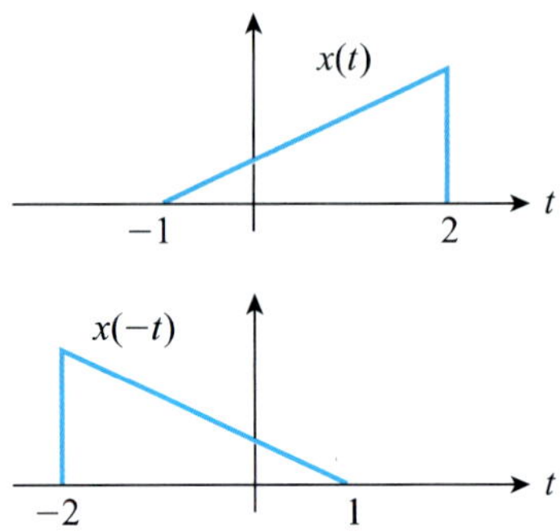

그림 1-26 반사 연산

예제

다음 신호를 반사 연산하시오.

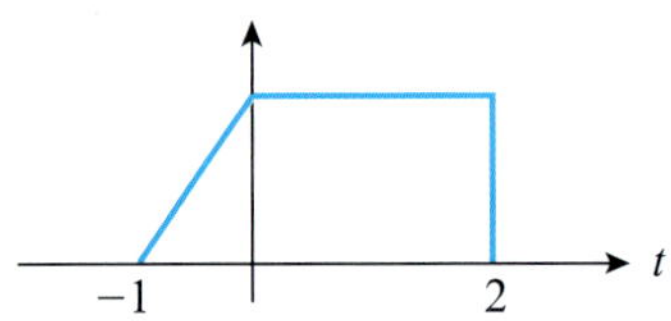

그림 1-27 예제의 신호

풀이 반사 연산된 신호는 다음과 같다.

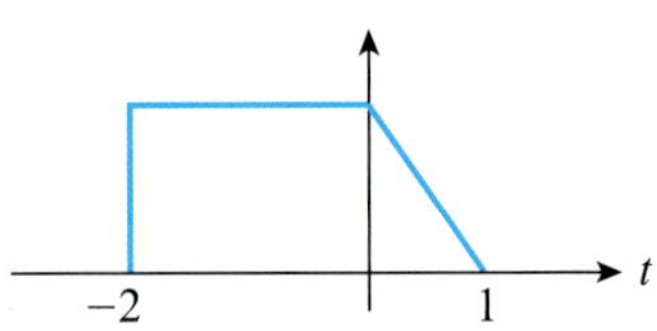

그림 1-28 예제의 반사 연산된 신호

어떤 신호 $x(t)$에서 다음 그림 (a)와 같이 $x(-t)=x(t)$의 조건을 만족하면 이를 우대칭 신호(even symmetric signal)라고 한다.

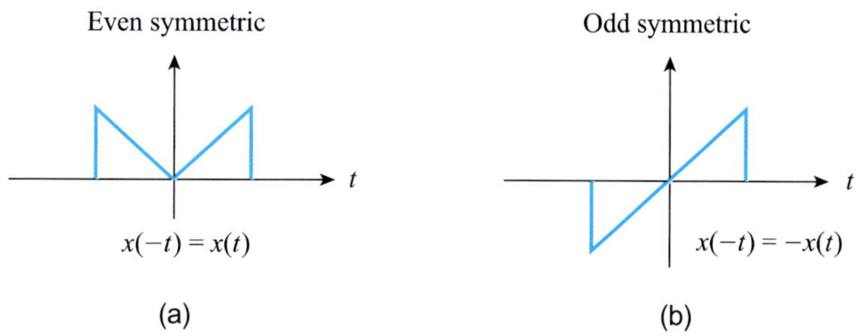

그림 1-29 (a) 우대칭 신호, (b) 기대칭 신호

또한 위 그림의 (b)와 같이 $x(-t)=-x(t)$의 조건을 만족하면 이를 기대칭 신호(odd symmetric signal)라고 한다. 모든 신호 $x(t)$는 다음 식과 같이 우대칭 신호와 기대칭 신호의 합으로 표현할 수 있다.

$$x(t)=x_e(t)+x_o(t)$$

이 식에서 $x_e(t)$와 $x_o(t)$를 각각 우대칭 성분과 기대칭 성분이라고 한다.

예제

다음 신호의 우대칭 성분과 기대칭 성분을 구하시오.

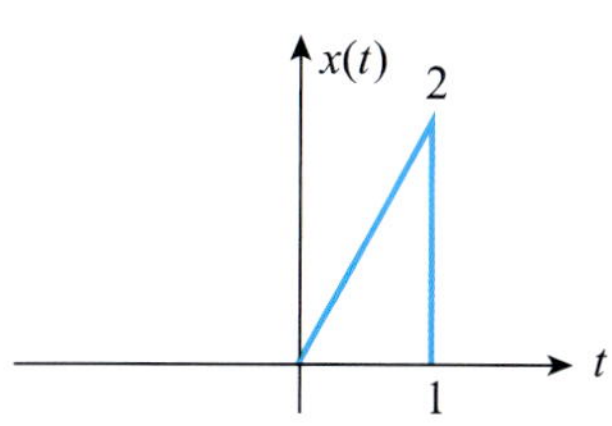

그림 1-30 예제 신호

풀이 우대칭 성분과 기대칭 성분은 각각 다음과 같다.

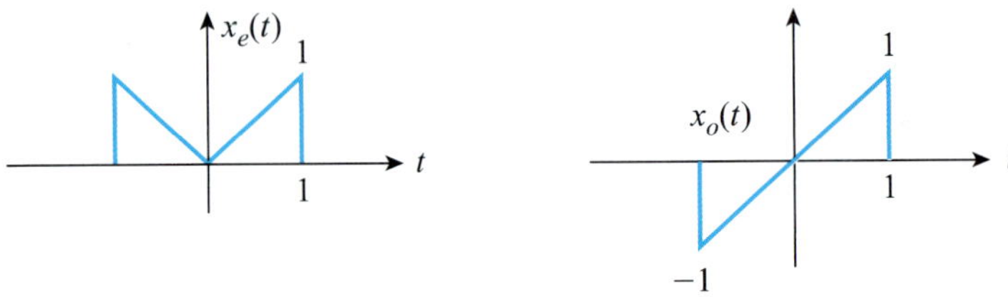

그림 1-31 우대칭 성분과 기대칭 성분

위의 예제의 그림에서 보듯이 우대칭 성분에서 기대칭 성분을 빼면 다음과 같다.

$$x_e(t) - x_o(t) = x(-t)$$

따라서 위의 $x(t)$와 $x(-t)$의 식으로부터 다음의 결과식을 얻을 수 있다.

$$x_e(t) = \frac{1}{2}[x(t) + x(-t)] \qquad x_o(t) = \frac{1}{2}[x(t) - x(-t)]$$

1.4.3 반사 후 이동 연산

반사 후 이동 연산도 신호처리에서 많이 사용된다. 신호 $x(t)$을 먼저 반사 연산시키면 $x(-t)$이 되고 이를 다시 t_0만큼 지연(우로 이동)시키면 $x(-(t-t_0)) = x(t_0-t)$로 표현할 수 있다. 이 $x(t_0-t)$를 $x(t)$의 반사 후 이동 연산이라고 부른다. 다음 그림의 신호에서 반사 후 3 이동 연산을 구해보자.

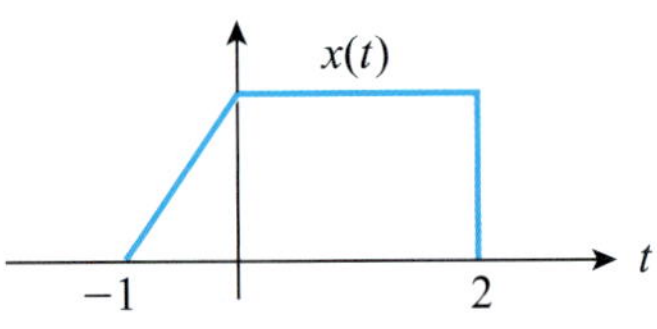

그림 1-32 예제 신호

반사 후 3 이동 연산은 $x(3-t)$로 나타낸다. 이는 $x(t)$를 $x(-t)$로 먼저 반사시킨 후에 3만큼 우로 이동시키면 얻어진다. 즉 $x(-(t-3)) = x(3-t)$가 된다. 이 결과는 다음 그림과 같다.

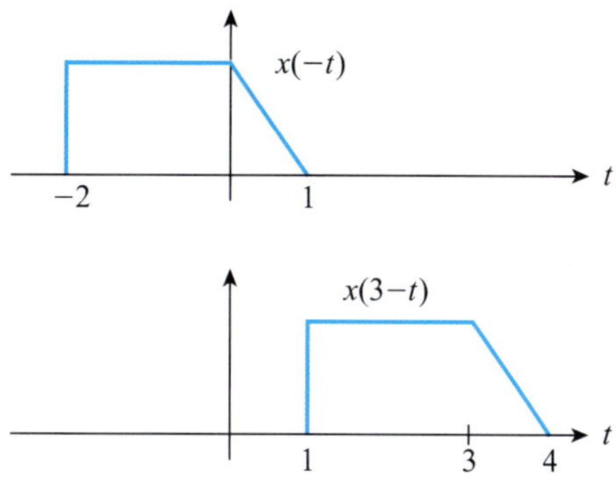

그림 1-33 예제의 반사 후 3 이동 연산된 신호

그림 1-31의 신호에 대한 이동 후 반사 연산은 다음 그림과 같다.

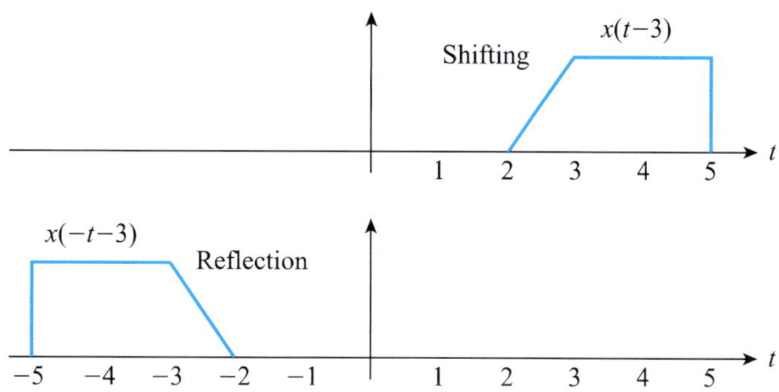

그림 1-34 예제의 3 이동 후 반사 연산된 신호

앞의 두 예제에서 보듯이 반사 연산과 이동 연산은 교환법칙(commutative law)이 성립하지 않는다.

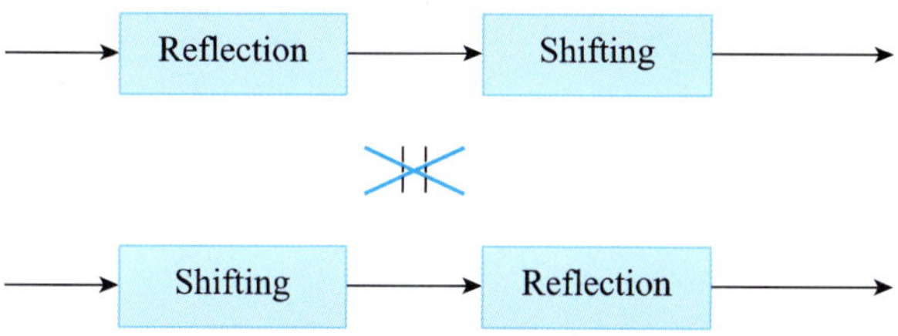

그림 1-35 교환법칙이 성립하지 않는 두 연산

이동 후 반사 연산은 원 신호 $x(t)$에서 이동을 먼저 연산하여 $x(t-t_0)$가 되고, 이후에 반사 연산을 수행하면 $x(-t-t_0)$가 되기 때문에 $x(t_0-t)$와 다르다.

1.4.4 시간 스케일링 연산

이 절에서 다루는 시간 스케일링 연산도 신호처리에서 많이 사용되는 중요한 연산이다. 다음 그림의 신호 $x(t)$를 보자.

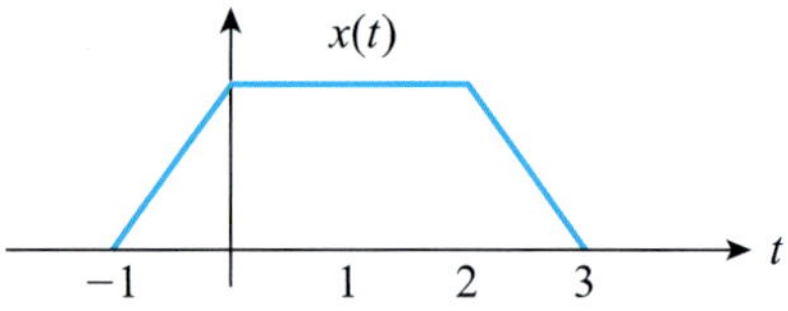

그림 1-36 예제 신호

이 신호로부터 $x(3t)$를 구하면 다음 그림과 같다.

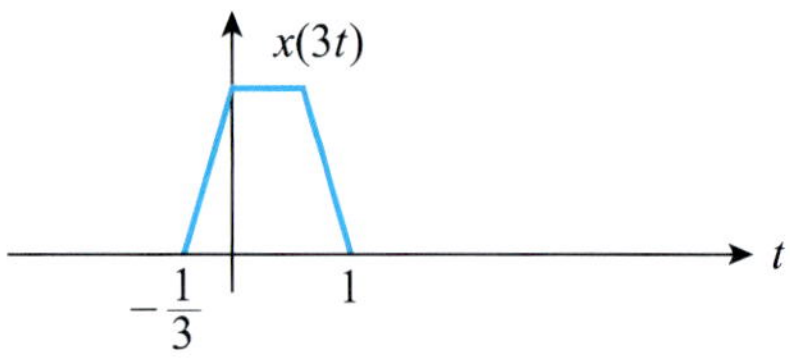

그림 1-37 예제의 $x(3t)$ 신호

위의 그림과 같이 $x(t)$의 t가 $x(at)$와 같이 스케일링된 신호를 시간 스케일링 연산이라고 부른다. 여기에서 a는 상수이다. 위의 그림에서 보듯이 t가 $3t$로 스케일링되면 신호는 시간 축으로 압축된 모습임을 알 수 있다.

이제 그림 1-36의 신호로부터 $x(t/2)$를 구하면 다음 그림과 같다.

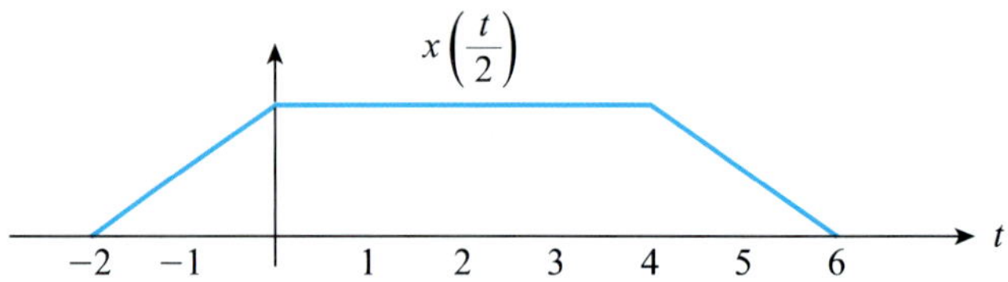

그림 1-38 예제의 $x(t/2)$ 신호

위의 그림에서 보듯이 t가 $t/2$로 스케일링되면 신호는 시간 축으로 팽창된 모습임을 알 수 있다.

이번에는 그림 1-36의 신호에서 $x(3t-6)$의 신호를 구해보자. $x(3t-6)=x(3(t-2))$이므로 이는 신호 $x(t)$로부터 스케일링 연산을 통해 $x(3t)$를 먼저 얻은 후에 2만큼 이동 연산을 수행하면 된다. 결과는 다음 그림과 같다.

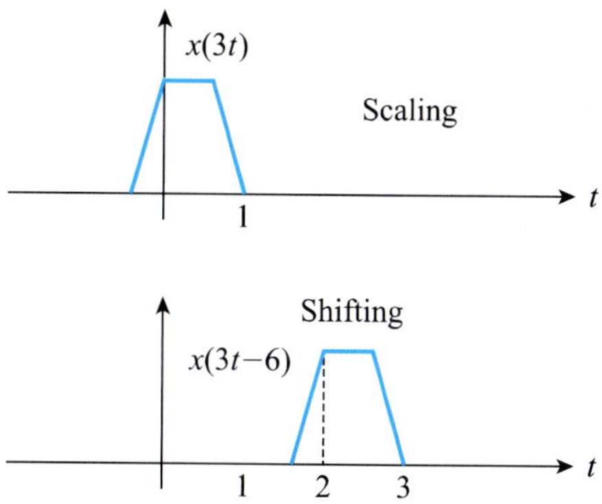

그림 1-39 예제의 $x(3t-6)$ 신호

이 그림에서도 볼 수 있듯이 시간 스케일링 연산과 이동 연산도 교환법칙이 성립하지 않는 연산이다.

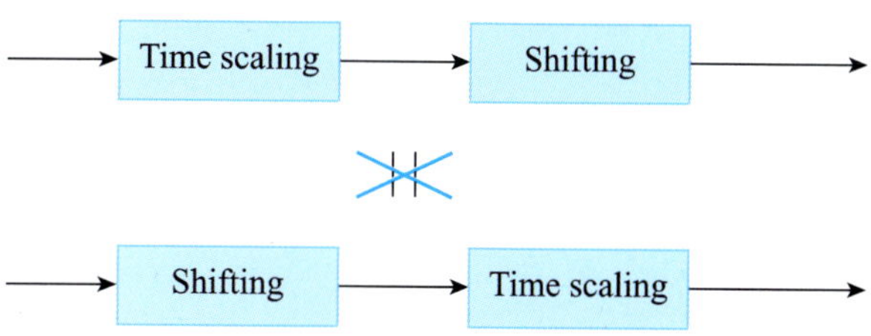

그림 1-40 교환법칙이 성립하지 않는 두 연산

연습문제

1-1 다음 신호들의 주기를 구하시오.

(a) $\cos t$　　(b) $\cos 2t$　　(c) $\cos \dfrac{2t}{3}$

1-2 다음 신호들의 주기를 구하시오.

(a) $\cos 2\pi t$　　(b) $\cos 5\pi t$　　(c) $\cos \dfrac{\pi}{3} t$

1-3 정현파 $\cos 2\pi ft$에서 주파수가 다음과 같을 때 주기를 구하시오.

(a) $f = 25\,\text{kHz}$　　(b) $f = 125\,\text{MHz}$　　(c) $f = 4\,\text{GHz}$

1-4 다음 신호들을 그리시오.

(a) $x(t) = u(t) - u(t-3)$

(b) $x(t) = r(t) - r(t-2)$

(b) $x(t) = r(t) - r(t-2) - 2u(t-2)$

1-5 신호 $\dfrac{\sin 2t}{t}$를 정확히 그리시오.

1-6 다음 신호의 우대칭 성분과 기대칭 성분을 그리시오.

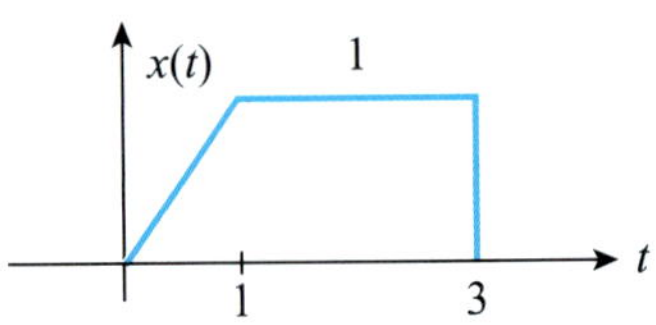

그림 I-1

1-7 다음 신호의 우대칭 성분과 기대칭 성분을 그리시오.

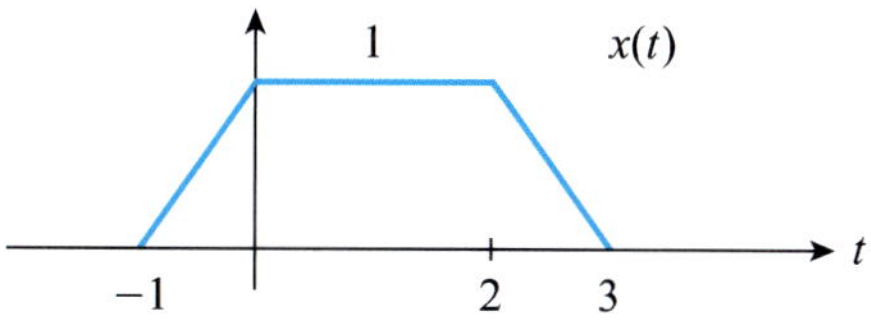

그림 1-2

1-8 다음 신호의 우대칭 성분과 기대칭 성분을 그리시오.

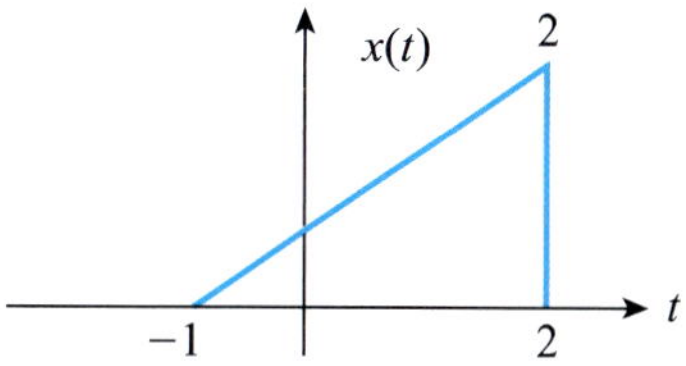

그림 1-3

1-9 다음 신호를 보고 (a)와 (b)를 그리시오.

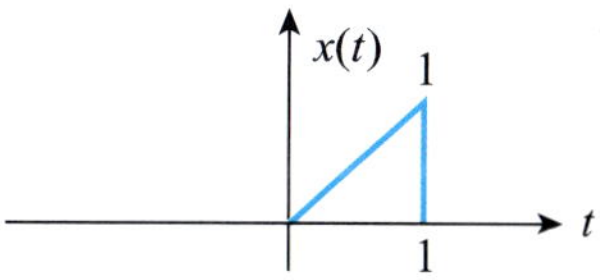

그림 1-4

(a) 반사후 우로 1 이동 연산

(b) 우로 1 이동후 반사 연산

1-10 다음 신호 $x(t)$를 보고 $x(2-t)$를 그리시오.

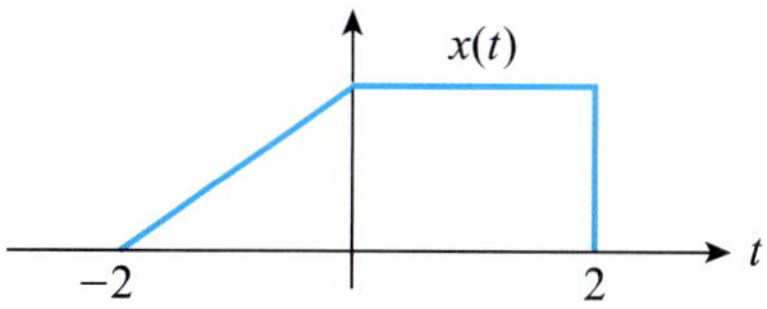

그림 1-5

1-11 다음 신호를 보고 (a)와 (b)를 그리시오.

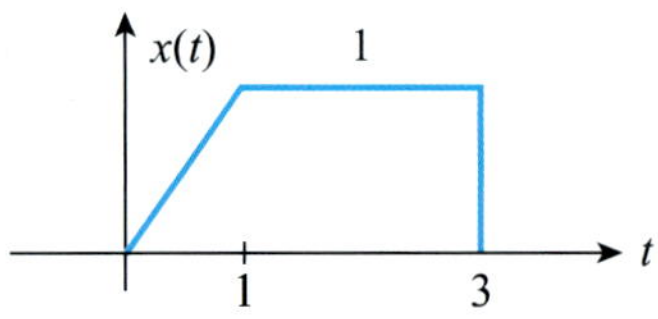

그림 1-6

(a) $x(3-t)$

(b) $x(6-3t)$

1-12 다음 신호를 보고 (a)와 (b)를 그리시오.

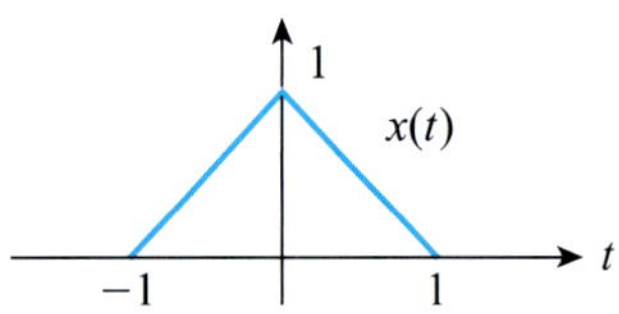

그림 1-7

(a) $x(2t)$

(b) $x\left(\dfrac{t}{3}\right)$

CHAPTER 2

연속시간 시스템

2.1 연속시간 시스템의 정의 및 분류

시스템의 정의는 하나의 신호를 다른 신호로 매핑(mapping) 또는 변형(transformation)하는 규칙이다. 다음 그림과 같은 시스템은 전기 신호와 같은 물리량이 입력되어 모션이나 전기 신호가 출력되는 시스템이다.

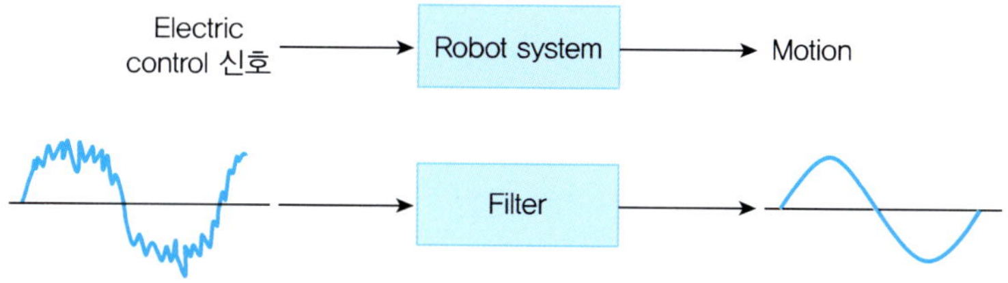

그림 2-1 시스템의 예

다양한 시스템 가운데서 특히 전기 신호가 입력되어 역시 전기 신호가 출력되는 시스템이 가장 많이 사용되고 있다. 전기 신호가 입출력되는 시스템은 주위에서 흔히 볼 수 있다. 예를 들면 방송국에서 발사된 음성 신호가 라디오 수신기(시스템)를 통하여 음성 신호로 재생된다. 또한 마이크를 통해 전기 신호로 변환되어 앰프(시스템)에서

증폭된 출력 전기 신호는 스피커를 통해 다시 음성 신호로 변환된다. 같은 역할을 하는 시스템도 힘과 같은 물리적 변화량을 직접 입출력하는 시스템보다 전기 신호를 입출력하는 시스템이 여러 가지 측면에서 효율적이다. 다음 그림과 같은 자동차의 가속장치 시스템을 보자.

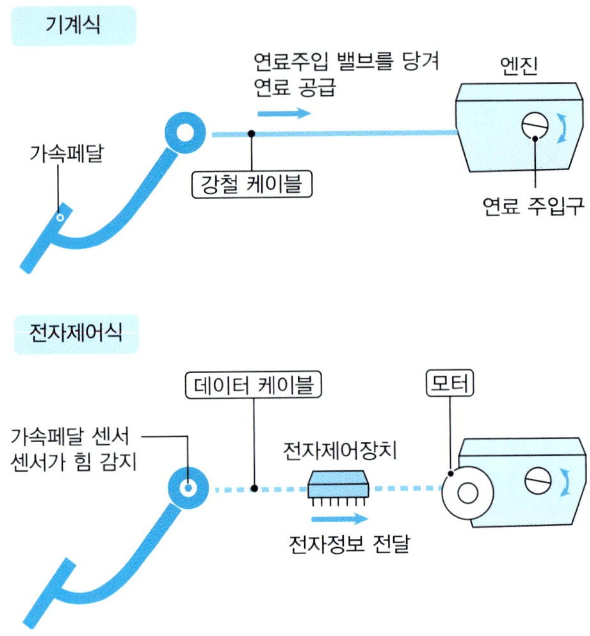

그림 2-2 기계식과 전자제어식 가속장치 시스템(출처: 조선일보)

위의 그림은 똑같은 기능을 수행하는 기계식과 전자식 가속장치 시스템을 보여주고 있다. 기계식은 힘이라는 물리량 신호가 입력되면 강철 케이블(시스템)을 통해 변위가 전달되어 엔진의 연료주입구를 더 열거나 더 닫게 된다.

전자식은 힘의 물리량이 가속페달 센서를 통해 전기 신호로 변환된다. 이 전기 신호가 입력 신호로서 반도체 제어용 칩(시스템)에 입력된다. 이 제어용 칩에서 모터를 제어하는 전기 신호가 출력되어 모터를 더 열거나 더 닫게 된다.

위의 예에서 보듯이 어떤 기능을 수행하는 시스템은 전기 신호를 입출력으로 하는 시스템으로 구현하는 것이 효율적임을 알 수 있다. 전기 신호를 입출력으로 한 시스템은 다음 그림과 같이 표기한다.

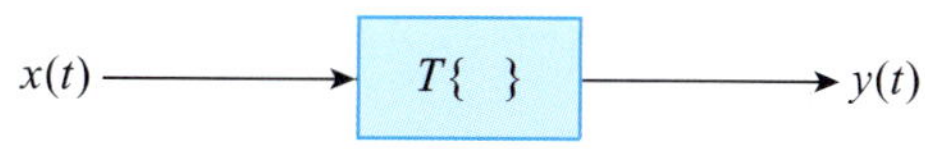

그림 2-3 시스템의 표기

일반적으로 시스템의 입력은 $x(t)$로 표기하며 출력은 $y(t)$로 표기한다. 시스템은 네모상자로 표기하며 T는 변환(transform)을 나타낸다. 따라서 이 책에서는 시스템을 다음 식으로 표기한다.

$$y(t) = T\{\quad\}$$

이제부터 시스템을 분류하는 기준을 살펴보기로 한다.

2.1.1 선형 시스템

어느 시스템에서 $x_1(t)$와 $x_2(t)$가 입력되면 출력은 각각 다음과 같다.

$$y_1(t) = T\{x_1(t)\} \qquad y_2(t) = T\{x_2(t)\}$$

이 시스템에서 다음의 두 가지 성질을 만족할 때 선형 시스템(linear system)이라고 한다. 첫 번째 성질은 다음 그림과 같이 두 개의 신호를 더해서 입력시켰을 때의 출력과 각각의 신호를 입력시켜서 얻은 출력의 합이 같은 성질이며 이를 덧셈 성질(additivity property)이라고 한다.

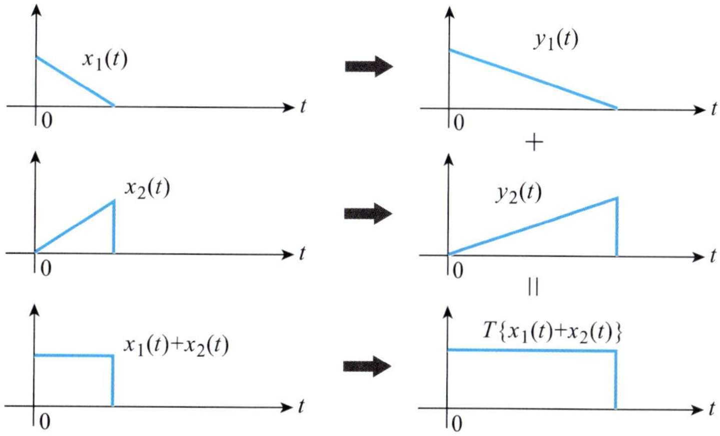

그림 2-4 덧셈 성질

덧셈 성질을 식으로 표현하면 다음과 같다.

$$T\{x_1(t)+x_2(t)\}=y_1(t)+y_2(t)$$

두 번째 성질은 다음 그림과 같은 스케일링 성질(scaling property)이다.

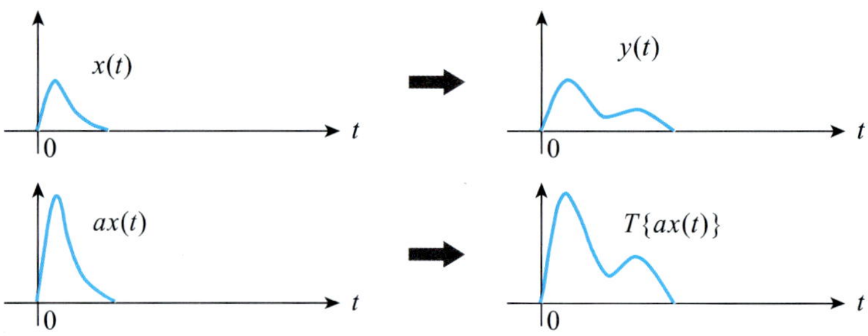

그림 2-5 스케일링 성질

스케일링 성질은 신호 $x(t)$에 계수 a를 곱해서 입력시켜 얻은 출력과 $x(t)$를 직접 입력시켜서 얻은 출력에 a를 곱한 결과가 같은 성질이다. 스케일링 성질을 식으로 표현하면 다음과 같다.

$$ay(t)=T\{ax(t)\}$$

위의 두 성질을 하나의 식으로 표현하면 다음과 같다.

$$T\{ax_1(t)+bx_2(t)\}=ay_1(t)+by_2(t)$$

예제

인간의 몸을 시스템으로 가정한다. 이 시스템의 입력은 음식이고 출력은 그 음식에 대한 만족도로 정의해보자. 당신이 햄버거 1개를 먹었을 때의 만족도를 1이라고 하자. 또한 콜라 1컵을 마셨을 때의 만족도를 0.5라고 하자. 이번에는 햄버거 1개와 콜라 1컵을 같이 먹었을 때 당신의 음식 만족도는 얼마인가? 당신의 몸 시스템은 덧셈 성질을 만족하는가?

풀이

(a) (b) (c)

그림 2-6 예제 시스템의 만족도

예제

당신의 몸을 시스템으로 가정한다. 이 시스템의 입력은 음식이고 출력은 그 음식에 대한 만족도로 정의해보자. 당신이 햄버거 1개를 먹었을 때의 만족도를 10이라고 하자. 이번에는 햄버거 5개를 먹었을 때 당신의 음식 만족도는 얼마인가? 당신의 몸 시스템은 스케일링 성질을 만족하는가?

풀이

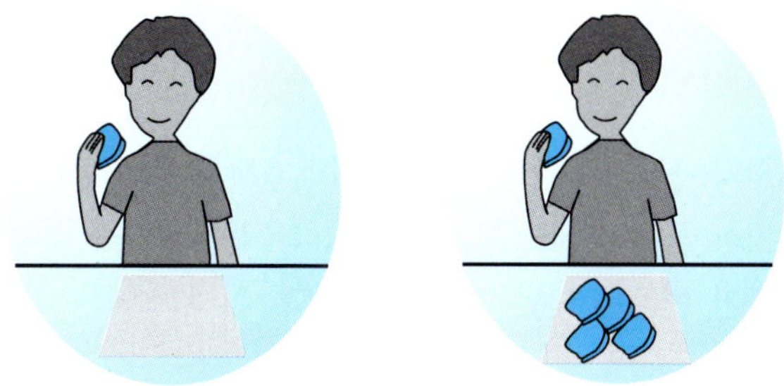

(a) (b)

그림 2-7 예제 시스템의 만족도

2.1.2 시불변 시스템

다음 그림과 같이 $x(t)$가 입력된 시스템의 출력이 $y(t)$일 때, $x(t-t_0)$의 입력에 대한 출력은 $y(t)$를 t_0 만큼 지연시킨 $y(t-t_0)$와 같으면 이 시스템을 시불변(LTI, Linear Time Invariant) 시스템이라고 한다.

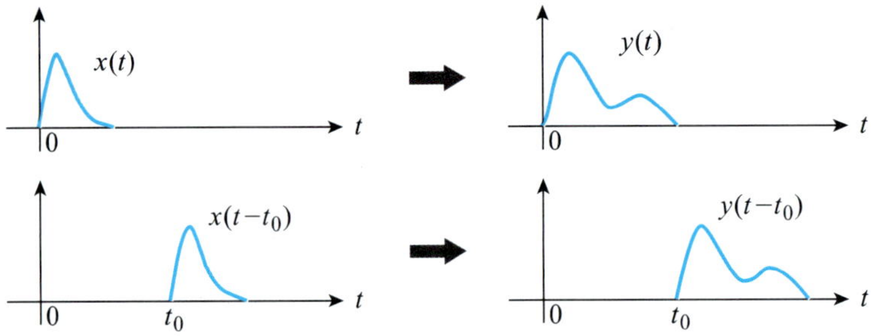

그림 2-8 시불변 시스템

$$y(t-t_0)=T\{x(t-t_0)\}$$

즉 입력을 t_0만큼 지연시켜서 입력시켰을 때 얻은 출력과, 지연시키지 않고 입력시켰을 때 얻은 출력을 직접 t_0만큼 지연시킨 결과가 같음을 의미한다. 시변(time varying, 또는 shift varying) 시스템은 시불변 시스템이 아닌 시스템을 뜻한다.

예제

어느 기업의 주식 100주에 대한 매입과 6개월 후의 매도를 시스템으로 정의하고 주식을 매입한 금액과 매도한 금액을 각각 이 시스템의 입력과 출력으로 정의한다. 이 기업의 주가 변동은 다음 그래프와 같다. 이 시스템은 시불변 시스템인가?

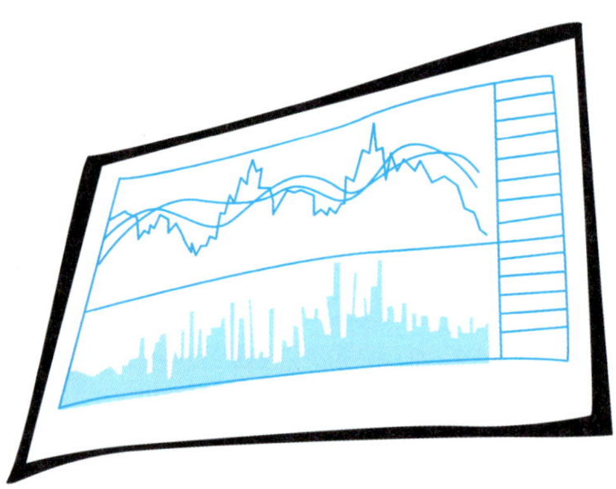

그림 2-9 예제의 주식투자 시스템

2.1.3 인과 시스템

어떤 시스템의 $t=t_0$일 때의 출력 $y(t_0)$에서, t가 t_0보다 작거나 같은 $x(t)$에 의해서만 결정될 때 이 시스템을 인과 시스템(causal system)이라고 한다. 물리적인 의미는 아직 시스템에 입력되지 않은 미래의 신호 값이 "현재의 출력신호"에 영향을 미칠 수 없음을 뜻한다.

또한 "현재의 입력신호"로 인과 시스템을 정의할 수도 있다. 즉 $t=t_0$일 때의 입력신호 $x(t_0)$는, t가 t_0보다 크거나 같은 $y(t)$에만 영향을 줄 때에 인과 시스템이라고 한다. 비인과 시스템(non-causal system)은 인과 시스템이 아닌 시스템을 뜻한다.

예제

시스템 $y(t)=\int_{t-1}^{t} x(\tau)d\tau$가 인과 시스템인지 판별하시오.

풀이 출력은 다음 그림의 빗금을 친 면적과 같다.

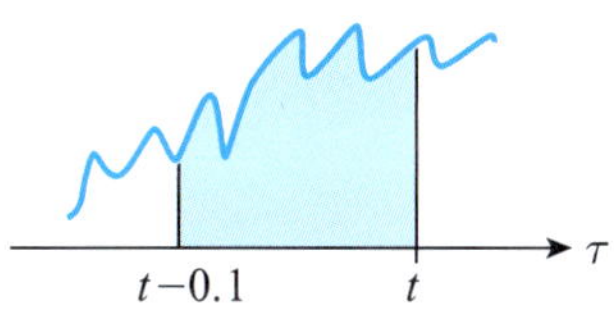

그림 2-10 예제의 출력 면적

t에서의 출력은 항상 t보다 작거나 같은 t에 의존하므로 인과 시스템이다.

예제

시스템 $y(t)=\int_{t-0.1}^{t+0.1} x(\tau)d\tau$가 인과 시스템인지 판별하시오.

풀이 출력은 다음 그림의 빗금을 친 면적과 같다.

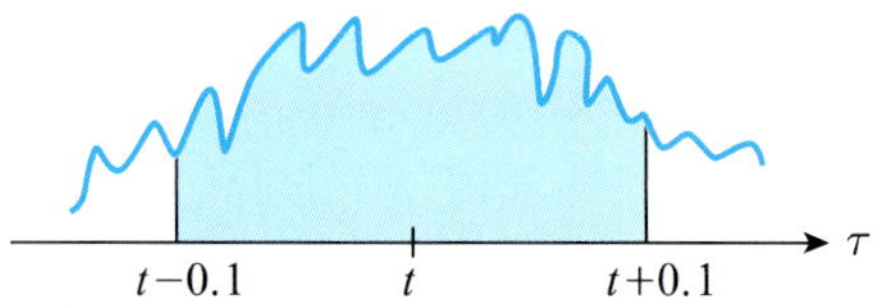

그림 2-11 예제의 출력 면적

t에서의 출력은 t보다 미래인 t부터 $t+0.1$에도 의존하므로 비인과 시스템이다.

2.2 LTI 시스템

이전 절에서 시스템의 여러 가지 분류 방식을 기술하였다. 많은 물리량을 다루는 시스템들이 전기 신호를 다루는 시스템으로 모델링될 때 선형성과 시불변 특성을 갖는 시스템으로 모델링된다. 이와 같이 선형성과 시불변 특성을 갖는 시스템은 시스템의 해석이 상대적으로 쉬우며 LTI(Linear Time-Invariant) 시스템이라고 부른다.

2.2.1 임펄스 응답

LTI 시스템 해석을 위하여 임펄스 응답을 정의하여야 한다. 다음 그림과 같이 임펄스 신호를 시스템에 입력시켜서 얻은 출력 $h(t)$를 임펄스 응답으로 정의한다.

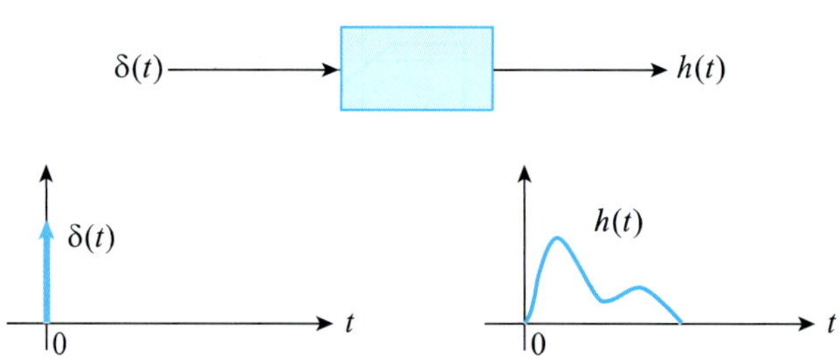

그림 2-12 임펄스 응답의 정의

2.2.2 컨볼류션

다음의 임펄스 신호의 가중합이 입력된 LTI 시스템의 출력을 생각해보자.

$$x(t) = 0.8\delta(t) + 0.6\delta(t-1) + 0.3\delta(t-2)$$

LTI 시스템의 특성인 선형성과 시불변 특성을 적용하면 다음과 같이 출력을 구할 수 있다.

$$\begin{aligned} y(t) &= T\{x(t)\} \\ &= T\{0.8\delta(t) + 0.6\delta(t-1) + 0.3\delta(t-2)\} \\ &= 0.8\,T\{\delta(t)\} + 0.6\,T\{\delta(t-1)\} + 0.3\,T\{\delta(t-3)\} \ : \text{선형시스템} \\ &= 0.8h(t) + 0.6h(t-1) + 0.3h(t-3) \ : \text{시불변시스템} \end{aligned}$$

이번에는 다음 그림과 같은 임의의 신호 $x(t)$에 대한 LTI 시스템의 출력을 생각해 보자.

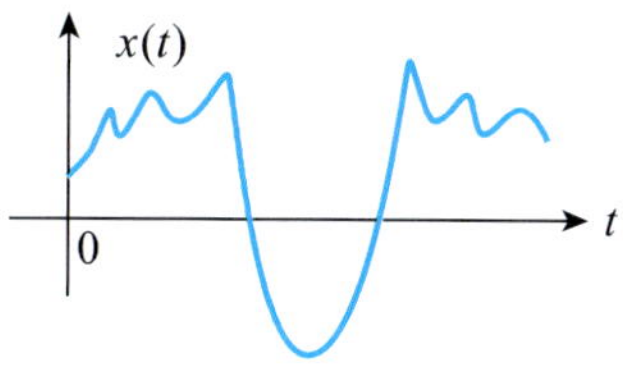

그림 2-13 임의의 신호

임의의 신호 $x(t)$는 임펄스 신호의 솎음 성질을 이용하여 다음과 같이 나타낼 수 있다.

$$x(t) = \int_{-\infty}^{\infty} x(\tau)\delta(t-\tau)d\tau$$

이 신호에 대하여 LTI 시스템의 특성을 적용하면 다음과 같이 출력을 구하는 식을 유도할 수 있다.

$$\begin{aligned} y(t) &= T\{x(t)\} \\ &= T\left\{\int_{-\infty}^{\infty} x(\tau)\delta(t-\tau)d\tau\right\} \\ &= \int_{-\infty}^{\infty} x(\tau)T\{\delta(t-\tau)\}d\tau \ : \text{선형시스템} \\ &= \int_{-\infty}^{\infty} x(\tau)h(t-\tau)d\tau \ : \text{시불변시스템} \end{aligned}$$

이 결과식은 다음과 같이 표기하며 이를 컨볼류션(convolution)이라고 정의한다.

$$y(t) = \int_{-\infty}^{\infty} x(\tau)h(t-\tau)d\tau = x(t) * h(t)$$

이 컨볼류션 연산은 교환법칙이 성립한다. 이를 증명하기 위해 이의 식에서 $t-\tau = l$로 변수를 치환하면 다음과 같다.

$$\begin{aligned} y(t) &= \int_{-\infty}^{\infty} x(\tau)h(t-\tau)d\tau \\ &= -\int_{\infty}^{-\infty} h(l)x(t-l)dl \\ &= \int_{-\infty}^{\infty} h(l)x(t-l)dl \\ &= \int_{-\infty}^{\infty} h(\tau)x(t-\tau)d\tau = h(t) * x(t) \end{aligned}$$

이 컨볼류션 식에서 알 수 있듯이 시스템의 출력은 두 신호 $x(t)$와 $h(t)$의 컨볼류션이므로 $h(t)$를 입력으로 하고 임펄스 신호를 $x(t)$로 하여 시스템 출력을 계산하여도 다음 그림과 같이 같은 출력이 얻어짐을 의미한다.

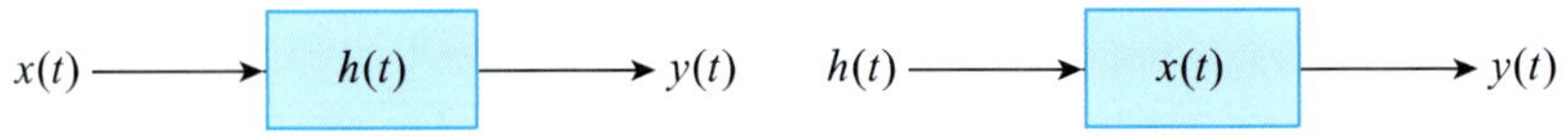

그림 2-14 컨볼류션의 교환법칙

인과 시스템에서의 컨볼류션은 식이 좀 더 간단해질 수 있다. 다음의 임펄스 응답을 갖는 인과 시스템을 보자.

그림 2-15 예제의 인과 시스템

임펄스 응답 $h(t)$가 0과 같거나 클 때만 값을 가지므로 $h(\tau)$도 $\tau \geq 0$일 때만 값을 갖는다. 따라서 인과 시스템의 컨볼류션 출력은 다음과 같다.

$$y(t) = \int_{0}^{\infty} h(\tau)x(t-\tau)d\tau$$

이번에는 인과 시스템의 정의를 $y(t) = \int_{-\infty}^{\infty} x(\tau)h(t-\tau)d\tau$의 식에 적용해보자. 이 컨볼류션에서 $h(t-\tau)$의 구간은 다음 그림과 같다.

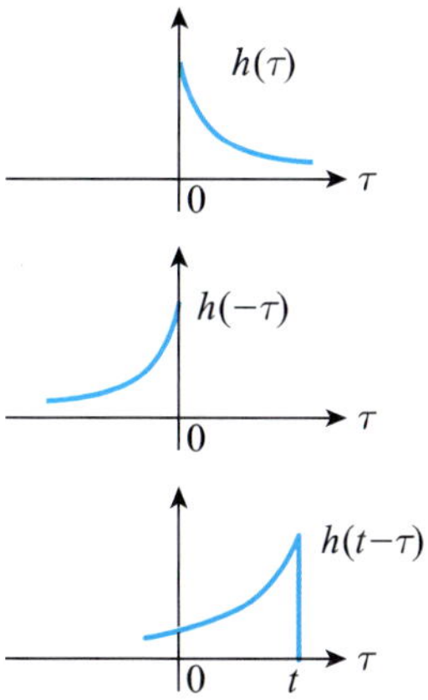

그림 2-16 임펄스 응답의 구간

윗 그림의 세 번째는 $h(-\tau)$를 t만큼 지연시킨 그림이다. 즉 $h(-(\tau-t))=h(t-\tau)$이다. 그림에서 이해할 수 있듯이 $h(t-\tau)$는 $-\infty$부터 t까지 값을 가지므로 인과 시스템의 컨볼류션 출력은 다음과 같다.

$$y(t)=\int_{-\infty}^{t} x(\tau)h(t-\tau)d\tau$$

2.2.3 컨볼류션의 그래픽 해석

시스템에서는 만들어진 시스템 소자로 입력신호가 들어가면 자동으로 출력신호가 나온다. 따라서 수학적으로 컨볼류션을 계산할 필요는 많지 않다. 또한 입력신호와 임펄스 응답을 실제로 컨볼류션의 적분식에 넣어 계산하는 것은 거의 불가능하다. 그러나 컨볼류션의 동작원리를 이해하는 것은 매우 중요하므로 다음 LTI 시스템의 간단한 예제를 통하여 그 원리를 알아보기로 한다.

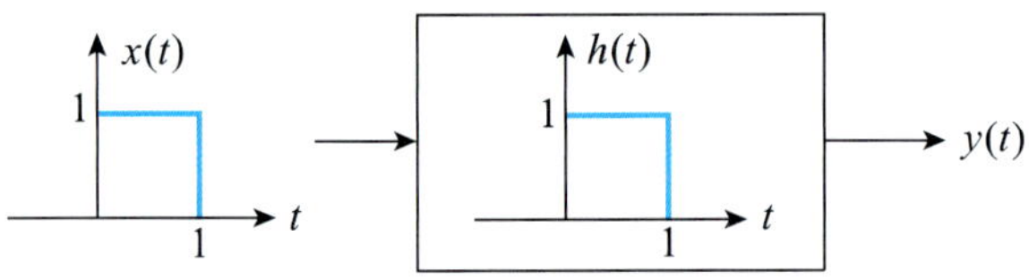

그림 2-17 예제의 입력과 임펄스 응답

출력을 계산하기 위해 $y(t)=\int_{-\infty}^{\infty} h(\tau)x(t-\tau)d\tau$의 식을 사용해보자. 먼저 $h(\tau)$의 값을 갖는 구간을 적용하면 다음 식과 같다.

$$y(t)=\int_{0}^{1} h(\tau)x(t-\tau)d\tau$$

이 식의 출력을 계산하기 위해서는 먼저 출력이 발생하는 시점을 알아야 한다. 다음 그림과 같이 $x(t-\tau)$의 $t=0$인 시점부터 출력이 나오기 시작한다.

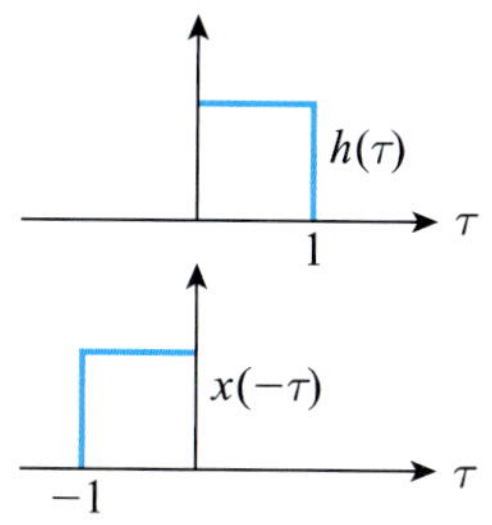

그림 2-18 $t=0$에서의 신호들

이 시점에서의 출력은 위의 두 신호의 곱의 적분이므로 0이다.

이제 $t=0.1$인 시점에서 출력을 구해보자. 이때의 두 신호와 그 곱은 각각 다음 그림과 같다.

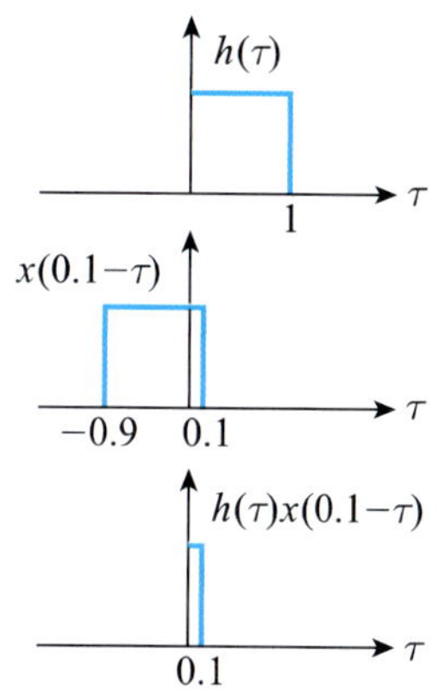

그림 2-19 $t=0.1$에서의 신호들

$t=0.1$ 시점에서의 출력의 값은 윗 그림의 세 번째 신호를 적분한 값이므로 0.1이 된다.

이제 $t=1$인 시점에서 출력을 구해보자. 이때의 두 신호와 그 곱은 각각 다음 그림과 같다.

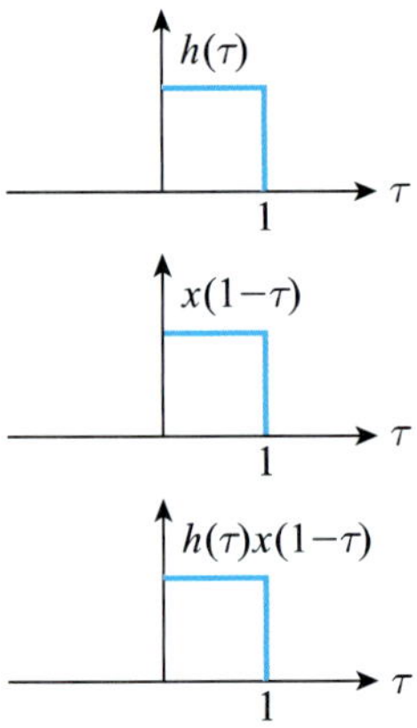

그림 2-20 $t=1$에서의 신호들

$t=1$ 시점에서의 출력의 값은 윗 그림의 세 번째 신호를 적분한 값이므로 1이 된다. 이와 같이 $x(t-\tau)$가 오른쪽으로 슬라이딩하면서 출력이 멈추는 시점은 다음 그림과 같이 $t=2$인 시점이다. 이때의 두 신호는 각각 다음 그림과 같다.

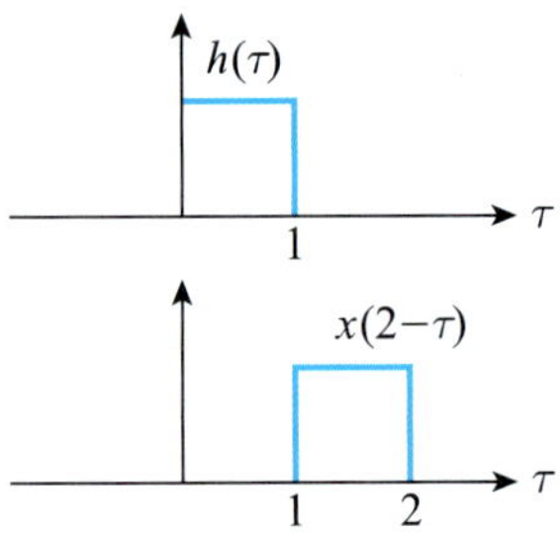

그림 2-21 $t=2$에서의 신호들

$t=2$ 시점에서의 출력의 값은 위의 두 신호를 적분한 값이므로 0이다. 지금까지 살펴본 네 시점에서의 출력인 적분 값을 연결하여 그림으로 나타내면 다음 그림과 같다.

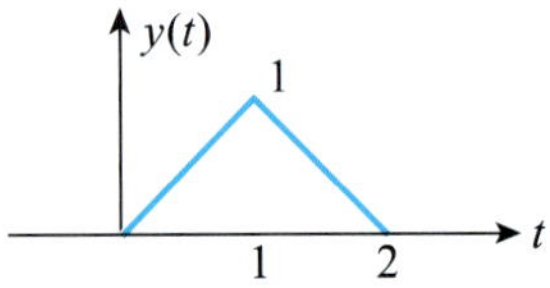

그림 2-22 최종 출력신호

예제

다음 비인과 LTI 시스템의 출력을 구하시오.

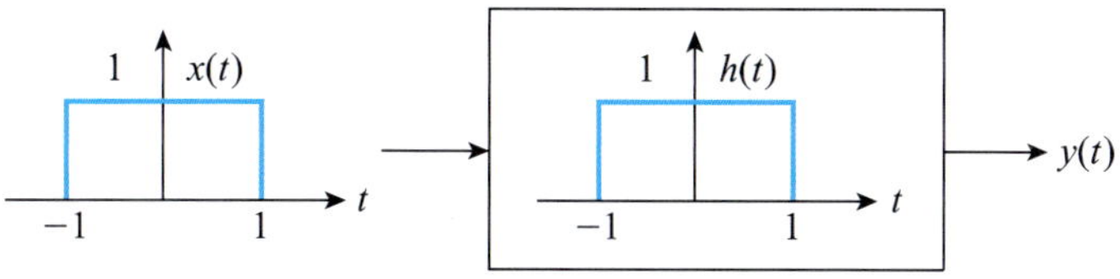

그림 2-23 예제의 비인과 LTI 시스템

풀이 출력을 계산하기 위해 먼저 $h(\tau)$의 값을 갖는 구간을 적용하면 다음 식과 같다.

$$y(t)=\int_{-1}^{1} h(\tau)x(t-\tau)d\tau$$

이 식의 출력을 계산하기 위해서는 먼저 출력이 발생하는 시점을 알아야 한다. 다음 그림과 같이 $x(t-\tau)$의 $t=-2$인 시점부터 출력이 나오기 시작한다.

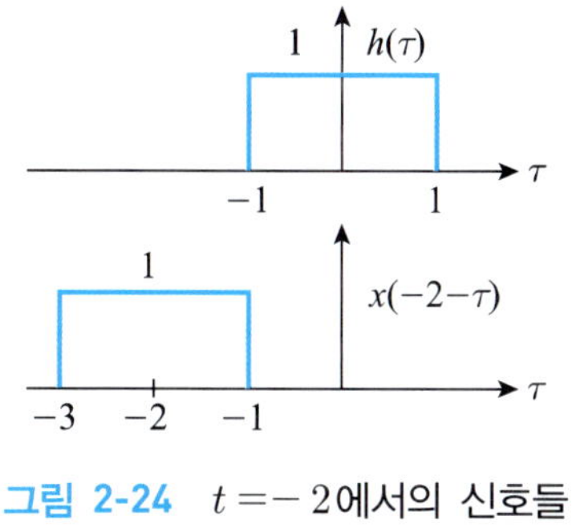

그림 2-24 $t=-2$에서의 신호들

이 시점에서의 출력은 위의 두 신호의 곱의 적분이므로 0이다.

이제 $t=0$인 시점에서 출력을 구해보자. 이때의 두 신호와 그 곱은 각각 다음 그림과 같다.

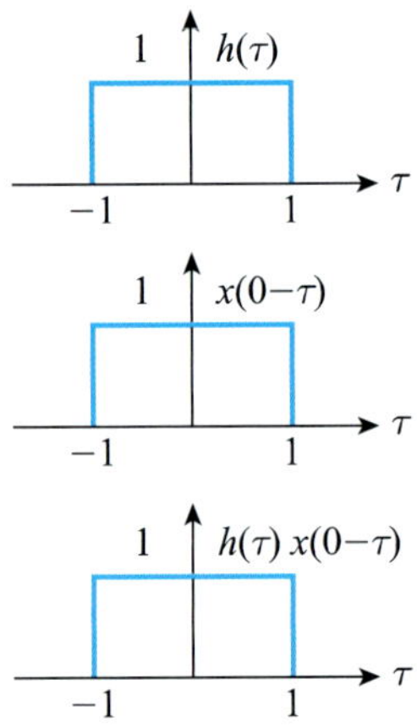

그림 2-25 $t = 0$에서의 신호들

$t = 0$ 시점에서의 출력의 값은 윗 그림의 세 번째 신호를 적분한 값이므로 2가 된다.

이와 같이 $x(t - \tau)$가 오른쪽으로 슬라이딩하면서 출력이 멈추는 시점은 다음 그림과 같이 $t = 2$인 시점이다. 이때의 두 신호와 그 곱은 각각 다음 그림과 같다.

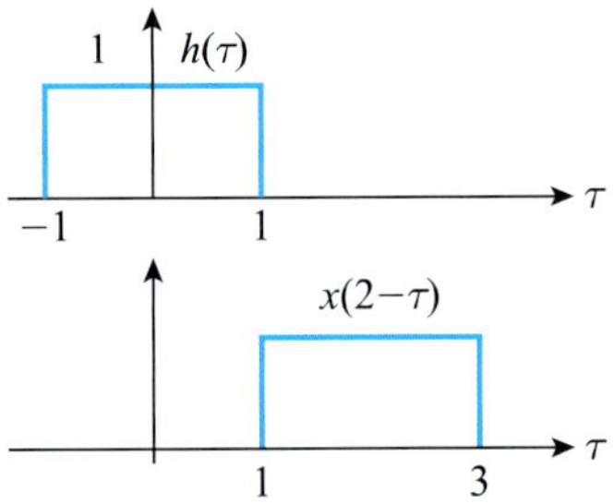

그림 2-26 $t = 2$에서의 신호들

$t = 2$ 시점에서의 출력의 값은 위의 두 신호를 적분한 값이므로 0이다. 지금까지 살펴본 세 시점에서의 출력인 적분 값을 연결하여 그림으로 나타내면 다음 그림과 같다.

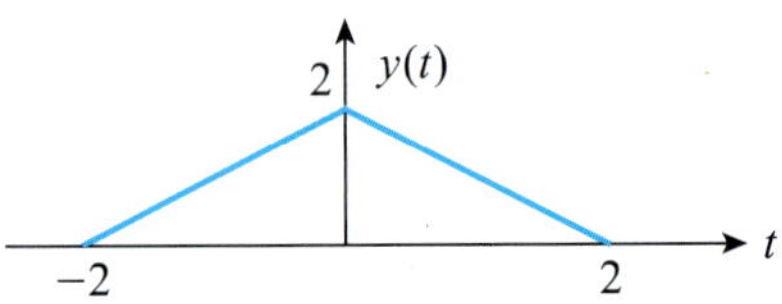

그림 2-27 최종 출력신호

2.3 시스템의 연결 방식

복잡한 시스템을 해석할 때에 시스템을 여러 개의 부시스템(sub system)으로 직/병렬 연결로 분해하여 해석하면 편리한 경우가 많다. 또는 복잡한 시스템을 설계할 때에도 여러 개의 부시스템으로 나누어 설계한 후에 이들을 직/병렬로 연결하여 전체 시스템을 구성하면 효율적이다. 예를 들면 스마트폰을 통해 음성이 전달되는 다음의 시스템을 보자.

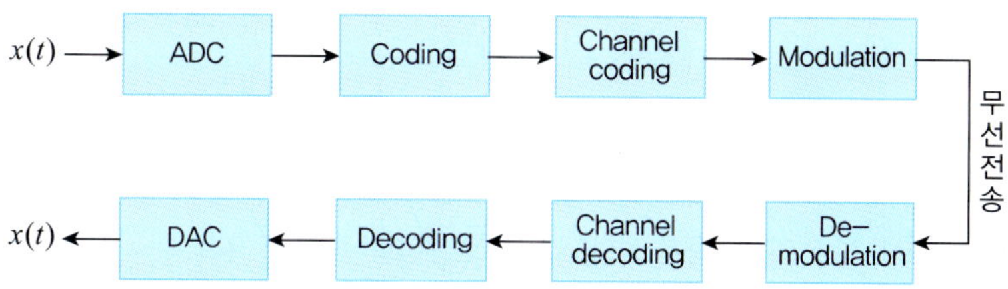

그림 2-28 스마트폰의 음성 신호 전송

음성 신호 $x(t)$는 ADC(Analog-to-Digital Converter) 시스템을 통하여 디지털 신호로 변환된다. 다시 coding 시스템에서 음성 신호는 1/20 정도로 압축된다. 이 신호는 다시 전송 중에 에러가 발생할 경우를 대비하여 채널 코딩(channel coding) 시스템을 통과하게 된다. 이 출력은 다시 modulation 시스템에서 무선전송에 적합하도록 변조되어 무선으로 신호가 전송된다. 스마트폰의 수신부에서는 다시 역으로 4개의 시스템으로 처리되어 음성 신호가 재생된다. 이 그림에서는 총 8개의 부시스템으로 분해하여 기술하였으나 하나의 부시스템도 다시 여러 개의 부시스템으로 다시 분해된다. 이와 같은 시스템의 연결 방식을 알아보기로 한다.

2.3.1 직렬연결 방식

2개의 시스템이 다음의 그림과 같이 연결되었을 때, 직렬연결이라고 부른다.

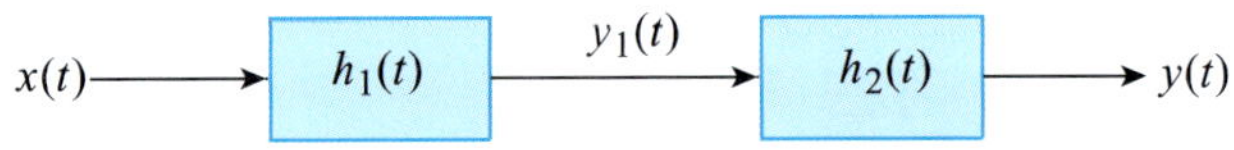

그림 2-29 시스템의 직렬연결

위의 직렬연결에서 전체 시스템의 임펄스 응답은 다음과 같이 구할 수 있다. 즉 정의에 의해서 $x(t)=\delta(t)$를 입력시켰을 때의 최종 출력이 이 시스템의 임펄스 응답이 된다.

$$x(t)=\delta(t),\quad y_1(t)=h_1(t),\quad y(t)=h_1(t)*h_2(t)=h(t)$$

또한 컨볼류션은 교환법칙의 성질을 갖고 있으므로 직렬연결의 전체 임펄스 응답은 다음과 같이 두 가지 방법으로 나타낼 수 있다.

$$h(t)=h_1(t)*h_2(t)=h_2(t)*h_1(t)$$

따라서 다음의 그림은 모두 그림 2-29와 등가의 시스템이 된다.

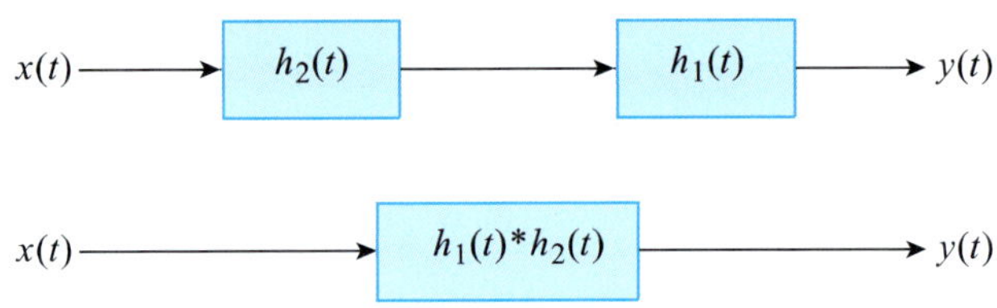

그림 2-30 직렬연결의 등가 시스템들

2.3.2 병렬연결 방식

다음의 그림과 같이 시스템이 연결되었을 때, 병렬연결이라고 부른다.

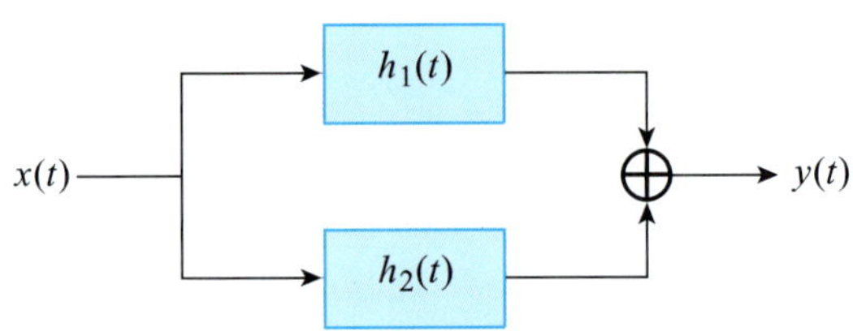

그림 2-31 시스템의 병렬연결

입력신호를 임펄스 신호 $\delta(t)$로 가정하면 각각의 시스템 출력이 $h_1(t)$와 $h_2(t)$가 된다. 따라서 전체 시스템의 임펄스 응답은 다음과 같다.

$$h(t) = h_1(t) + h_2(t)$$

이 결과를 이용하여 병렬연결의 시스템은 다음 그림과 같은 하나의 시스템으로 표현될 수 있다.

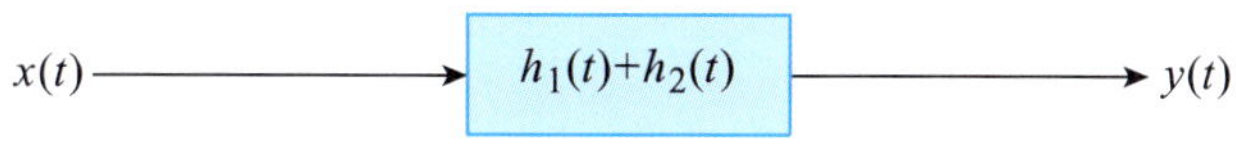

그림 2-32 병렬연결의 등가 시스템

2.4 안정 시스템

시스템에서 시스템의 안정도는 매우 중요한 문제이다. 이 절에서는 입력과 출력으로 나타내는 안정 시스템의 조건과 임펄스 응답으로 나타내는 안정 시스템의 조건을 알아본다.

2.4.1 입/출력으로 나타내는 안정 시스템의 조건

어떤 시스템에서 bounded input 신호에 대하여 bounded output 신호를 출력할 때, 이 시스템을 BIBO(Bounded-Input Bounded-Output) 안정 시스템이라고 한다. 이를 식으로 나타내면 다음과 같다. 즉 입력신호가 다음의 식

$$|x(t)| \le B, \quad \text{for all} \quad t$$

을 만족하는 고정된 양의 유한값(fixed positive finite value)이 존재하면 bounded라고 한다. 모든 bounded 입력에 대하여 다음의 식

$$|y(t)| \le C, \quad \text{for all} \quad t$$

을 만족하면 BIBO 안정 시스템이다. 여기서 C는 고정된 양의 유한값이다.

예제

다음의 시스템이 안정 시스템인지 판단하시오.

$$y(t) = \int_{-\infty}^{t} x(\tau)d\tau$$

풀이 이 시스템에 어떤 bounded input을 입력시켜서 출력이 bounded 되어 있는지 관찰하기로 한다. 이를 위하여 단위 계단 신호를 입력시켜 보자. 그러면 출력신호는 다음과 같다.

$$y(t) = \int_{-\infty}^{t} u(\tau)d\tau = \begin{cases} 0, & t < 0 \\ t, & t \geq 0 \end{cases}$$

이 출력은 고정된 양의 유한값을 갖지 못하므로 불안정 시스템이다.

2.4.2 임펄스 응답으로 나타내는 안정 시스템의 조건

어떤 시스템의 입력과 출력을 관찰하여 안정도를 판단하는 것은 쉽지 않다. 이 절에서는 임펄스 응답을 사용하는 안정도를 판별하는 방법을 알아본다. 먼저 컨볼류션에 절대값을 붙이면 다음과 같은 부등식이 성립한다.

$$|y(t)| = \left| \int_{-\infty}^{\infty} h(\tau)x(t-\tau)d\tau \right| \leq \int_{-\infty}^{\infty} |h(\tau)||x(t-\tau)|d\tau$$

$x(t-\tau)$는 $|x(t-\tau)| \leq B$와 같이 bound되어 있으므로 다음의 부등식이 성립한다.

$$\int_{-\infty}^{\infty} |h(\tau)||x(t-\tau)|d\tau \leq B\int_{-\infty}^{\infty} |h(\tau)|d\tau$$

위의 식에서 $\int_{-\infty}^{\infty} |h(\tau)|d\tau$가 bound되어 있지 않으면 $|y(t)| \leq C$의 안정 시스템 조건에 위반된다. 따라서 안정 시스템이 되기 위한 임펄스 응답 조건은 다음과 같다.

$$\int_{-\infty}^{\infty} |h(t)|dt < \infty$$

예제

다음의 임펄스 응답을 보고 안정 시스템인지 판별하시오.

(a) $h(t) = e^{-3t}u(t)$

(b) $h(t) = e^{t}u(t)$

풀이 (a)

$$\int_{-\infty}^{\infty} |h(t)|dt = \int_{-\infty}^{\infty} e^{-3t}u(t)dt = \int_{0}^{\infty} e^{-3t}dt = \left.\frac{e^{-3t}}{-3}\right|_{0}^{\infty} = \frac{1}{3}$$

따라서 이 시스템은 안정 시스템이다.

(b)

$$\int_{-\infty}^{\infty} |h(t)|dt = \int_{-\infty}^{\infty} e^{t}u(t)dt = \int_{0}^{\infty} e^{t}dt = \left. e^{t}\right|_{0}^{\infty} \rightarrow \infty$$

따라서 이 시스템은 불안정 시스템이다.

2.5 미분방정식

시스템을 규정하는 가장 기본적이고 충분한 방법은 임펄스 응답이다. 임펄스 응답이 주어지면 컨볼류션을 사용하여 출력을 구할 수도 있다. 시스템을 규정하는 또 다른 방법은 미분방정식이다. 저항, 인덕터, 커패시터 등의 소자로 구성되는 시스템은 미분방정식으로 표현할 수 있다. 또한 이와 같이 시스템을 규정하는 미분방정식은 덧셈기, 곱셈기, 적분기의 소자를 사용하여 구현된다.

실제로 미분방정식의 일반해를 구하는 경우는 많지 않으며 그보다는 미분방정식을 이용하여 시스템의 주파수 응답을 구하는데 많이 사용된다.

2.5.1 선형 상계수 미분방정식

다음 식과 같은 형태의 미분방정식을 선형 상계수 미분방정식(LCCDE, Linear Constant Coefficient Differential Equation)이라고 부른다.

$$\begin{aligned}&\frac{d^n y(t)}{dt^n}+a_{n-1}\frac{d^{n-1}y(t)}{dt^{n-1}}+a_{n-2}\frac{d^{n-2}y(t)}{dt^{n-2}}+\cdots+a_1\frac{dy(t)}{dt}+a_0 y(t)\\&=b_m\frac{d^m x(t)}{dt^m}+b_{m-1}\frac{d^{m-1}x(t)}{dt^{m-1}}+\cdots+b_1\frac{dx(t)}{dt}+b_0 x(t)\end{aligned}$$

위의 선형 상계수 미분방정식은 다음 식과 같이 연산자 형태로 표기하기도 한다.

$$\begin{aligned}&D^n y(t)+a_{n-1}D^{n-1}y(t)+a_{n-2}D^{n-2}y(t)+\cdots+a_1 Dy(t)+a_0 y(t)\\&=b_m D^m x(t)+b_{m-1}D^{m-1}x(t)+\cdots+b_1 Dx(t)+b_0 x(t)\end{aligned}$$

이 연산자 미분방정식에서 D는 $y(t)$를 $dy(t)/dt$로 변환시키는 미분 연산자로 정의된다.

다음 그림의 RL 회로로 이루어진 시스템을 미분방정식으로 나타내보자.

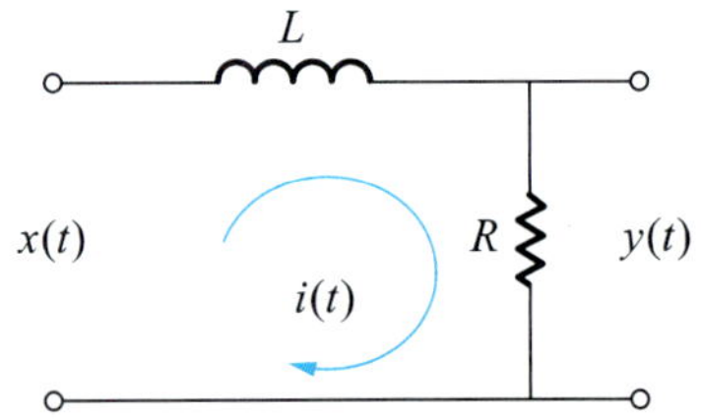

그림 2-33 예제의 RL 시스템

위의 그림에서 보듯이 저항(resister)은 R(resistance)로 표기하며 레지스턴스 크기의 단위는 Ω(오옴)을 사용한다. 또한 인덕터(inductor)는 L(inductance)로 표기하며 인덕턴스 크기의 단위는 H(헨리)를 사용한다. 그림에서 보듯이 이 시스템에서 입력신호는 좌측에 인가되고 출력신호는 저항에 걸린 전압이다. 전류 $i(t)$를 사용한 이 시스템의 미분방정식은 다음과 같다.

$$L\frac{di(t)}{dt}+Ri(t)=x(t)$$

전류 $i(t)$를 다음 식과 같이 $y(t)$를 사용하여 나타낼 수 있다.

$$y(t)=Ri(t)\ \rightarrow i(t)=\frac{1}{R}y(t)\ \rightarrow \frac{di(t)}{dt}=\frac{1}{R}\frac{dy(t)}{dt}$$

위의 식을 이용하여 입력과 출력의 미분방정식을 구하면 다음과 같다.

$$\frac{dy(t)}{dt}+\frac{R}{L}y(t)=\frac{R}{L}x(t)$$

예제

다음 그림과 같은 RL 회로로 이루어진 시스템에서 이 시스템을 나타내는 미분방정식을 구하시오.

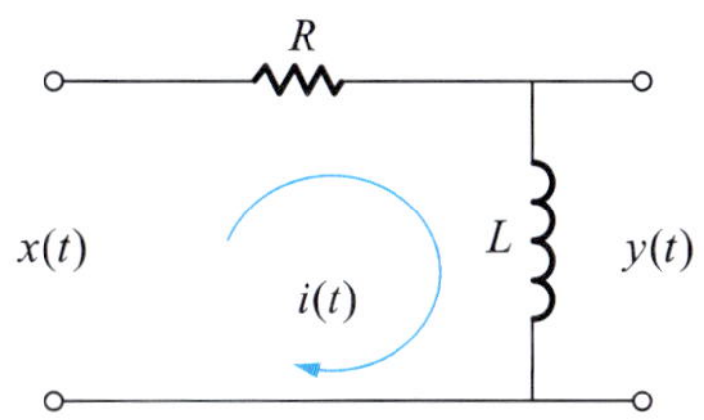

그림 2-34 예제의 RL 시스템

풀이 이 시스템의 전류 $i(t)$를 사용한 미분방정식은 다음과 같다.

$$L\frac{di(t)}{dt}+Ri(t)=x(t)$$

인덕터에 걸리는 전압은 전류의 미분에 비례하므로 전류 $i(t)$를 다음과 같이 $y(t)$로 나타낼 수 있다.

$$L\frac{di(t)}{dt}=y(t)\quad \rightarrow \quad i(t)=\int\frac{di(t)}{dt}dt=\frac{1}{L}\int y(t)dt$$

따라서 $x(t)$와 $y(t)$로 표현된 미분방정식은 다음과 같다.

$$y(t)+\frac{R}{L}\int y(t)dt=x(t) \quad \Rightarrow \quad \frac{dy(t)}{dt}+\frac{R}{L}y(t)=\frac{dx(t)}{dt}$$

이번에는 다음 그림의 RC 회로로 이루어진 시스템을 미분방정식으로 나타내보자.

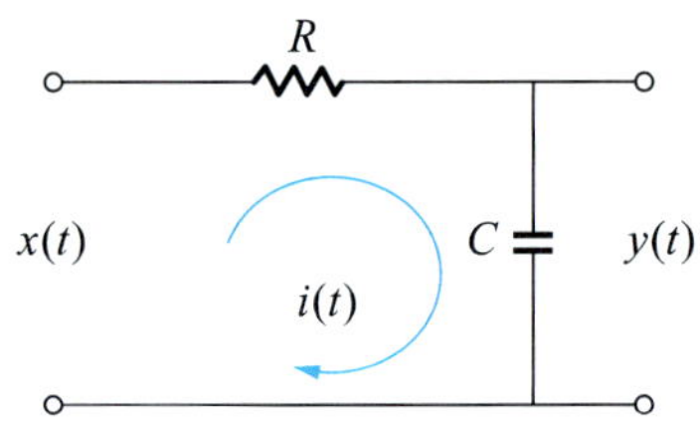

그림 2-35 예제의 RC 시스템

위의 그림에서 보듯이 커패시터(capacitor)는 C(capacitance)로 표기하며 커패시턴스 크기의 단위는 F(파라드)를 사용한다.

전류 $i(t)$를 사용한 이 시스템의 미분방정식은 다음과 같다.

$$Ri(t)+y(t)=x(t)$$

커패시터에 흐르는 전류 $i(t)$는 전압의 미분에 비례하므로 $i(t)$는 다음 식과 같이 $y(t)$를 사용하여 나타낼 수 있다.

$$i(t)=C\frac{dy(t)}{dt}$$

따라서 입력과 출력의 미분방정식은 다음과 같다.

$$RC\frac{dy(t)}{dt}+y(t)=x(t) \quad \Rightarrow \quad \frac{dy(t)}{dt}+\frac{1}{RC}y(t)=\frac{1}{RC}x(t)$$

예제

다음 그림과 같은 RC 회로로 이루어진 시스템에서 이 시스템을 규정하는 미분방정식을 구하시오.

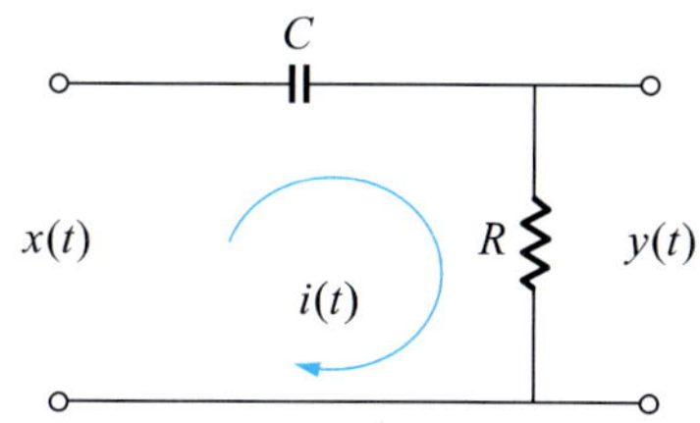

그림 2-36 예제의 RC 시스템

풀이 먼저 커패시터에 걸리는 전압 $v_c(t)$를 전류 $i(t)$로 나타내야 한다. 커패시터에 흐르는 전류는 다음 식과 같이 전압의 미분에 비례한다.

$$C\frac{dv_c(t)}{dt}=i(t) \rightarrow \frac{dv_c(t)}{dt}=\frac{1}{C}i(t) \rightarrow v_c(t)=\frac{1}{C}\int i(t)dt$$

전류 $i(t)$를 사용한 이 시스템의 미분방정식은 다음과 같다.

$$\frac{1}{C}\int i(t)dt+Ri(t)=x(t)$$

위의 식을 미분하면 다음의 미분방정식을 얻는다.

$$R\frac{di(t)}{dt}+\frac{1}{C}i(t)=\frac{dx(t)}{dt}$$

전류 $i(t)$를 다음 식과 같이 $y(t)$를 사용하여 나타낼 수 있다.

$$Ri(t)=y(t) \quad \rightarrow \quad R\frac{i(t)}{dt}=\frac{dy(t)}{dt}, \quad i(t)=\frac{1}{R}y(t)$$

이 결과를 대입하면 입력과 출력의 미분방정식은 다음과 같다.

$$\frac{dy(t)}{dt}+\frac{1}{RC}y(t)=\frac{dx(t)}{dt}$$

다음의 RLC로 구성된 시스템을 미분방정식으로 규정해보자. 이 시스템의 입력과 출력은 각각 전압 $v(t)$와 전류 $i(t)$이다.

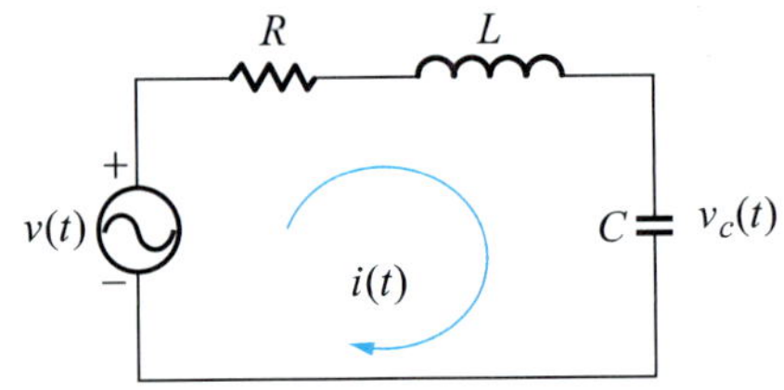

그림 2-37 예제의 RLC 시스템

이 시스템을 미분방정식으로 나타내기 위해서는 커패시터에 걸리는 전압 $v_c(t)$를 전류 $i(t)$로 나타내야 한다. 커패시터에 흐르는 전류는 다음 식과 같이 전압의 미분에 비례한다.

$$C\frac{dv_c(t)}{dt} = i(t) \rightarrow \frac{dv_c(t)}{dt} = \frac{1}{C}i(t) \rightarrow v_c(t) = \frac{1}{C}\int i(t)dt$$

이 관계를 구현 소자로 나타내면 다음과 같다.

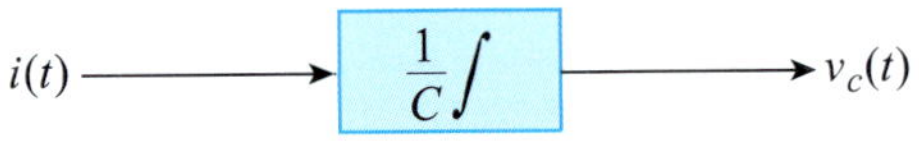

그림 2-38 커패시터에 걸리는 전압

이제 미분방정식을 만들어보자.

$$L\frac{di(t)}{dt} + Ri(t) + \frac{1}{C}\int i(t)dt = v(t)$$

다음과 같이 미분하여 적분기호를 없애면 미분방정식을 얻는다.

$$L\frac{d^2i(t)}{dt^2} + R\frac{di(t)}{dt} + \frac{1}{C}i(t) = \frac{dv(t)}{dt}$$

$$\Rightarrow \frac{d^2i(t)}{dt^2} + \frac{R}{L}\frac{di(t)}{dt} + \frac{1}{LC}i(t) = \frac{1}{L}\frac{dv(t)}{dt}$$

2.5.2 선형 상계수 미분방정식의 해

이번에는 미분방정식의 해(solution)에 대하여 알아보기로 하자. 미분방정식의 해는 균일해(homogeneous solution)와 특수해(particular solution)의 2개의 해로 구성되며 이 두 가지 해를 합하여 완전해(complete solution)라고 부른다.

균일해는 입력신호는 없다고 가정하고 오직 초기조건에 의해 발생하는 해를 의미한다. 특수해는 초기조건을 0으로 가정하고 오직 입력신호에 의해 만들어지는 출력 신호를 의미한다. 다음 시스템의 미분방정식을 만들고 그 해를 구해보기로 한다. 이 시스템의 출력은 $i(t)$로 정의한다.

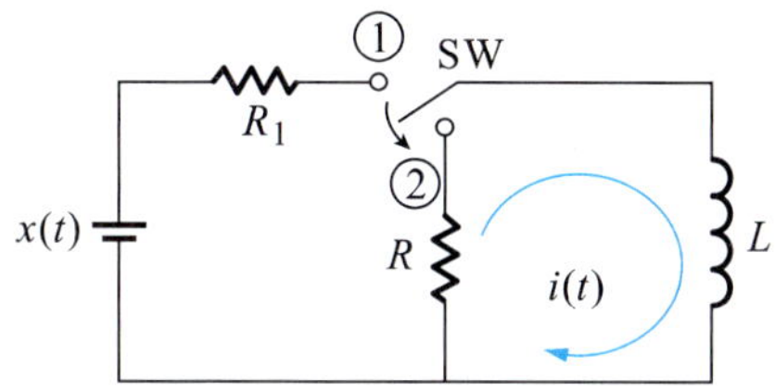

그림 2-39 예제의 RL 시스템

이 시스템에서 $t=0$에 스위치(SW)가 1의 위치에서 2로 스위칭한 후의 미분방정식을 만들면 다음과 같다. 이 시점의 초기 전류 값은 I_0라고 하자.

$$L\frac{di(t)}{dt}+Ri(t)=0 \;\Rightarrow\; \frac{di(t)}{dt}+\frac{R}{L}i(t)=0$$

위의 식에서 입력 신호가 없으므로 특수해는 없다. 따라서 균일해가 완전해가 된다. 이 미분방정식을 풀어서 균일해를 구해보자.

$$\frac{di(t)}{dt}=-\frac{R}{L}i(t), \;\Rightarrow\; \frac{1}{i(t)}di(t)=-\frac{R}{L}dt$$

양변을 부정적분하면 다음과 같다.

$$\int\frac{1}{i(t)}di(t)=-\frac{R}{L}\int dt \;\Rightarrow\; \ln i(t)=-\frac{R}{L}t+c_1$$

위의 식에서 c_1은 적분상수이다. 위의 식을 지수방정식으로 변형하면 다음과 같다.

$$i(t) = e^{\left(-\frac{R}{L}t + c_1\right)} = ce^{-\frac{R}{L}t}$$

위의 식에 초기 값을 대입하면 다음과 같다.

$$I_0 = c \quad \Rightarrow \quad i(t) = I_0 e^{-\frac{R}{L}t}$$

이 식은 $t \geq 0$에서의 해이기 때문에 $i(t) = I_0 e^{-(R/L)t} u(t)$로 나타내기도 한다. 이 예제로부터 다음 미분방정식의 일반적인 균일해를 알 수 있다.

$$\frac{dy(t)}{dt} + ay(t) = x(t) \text{의 균일해 : } y_h(t) = ce^{-at}$$

위의 식에서 c는 초기값이다.

이번에는 다음 RC 시스템의 미분방정식을 만들고 그 해를 구해보기로 한다. 이 시스템의 출력은 $i(t)$로 정의하며 커패시터의 초기전하량은 $q_0 = 0$으로 가정한다.

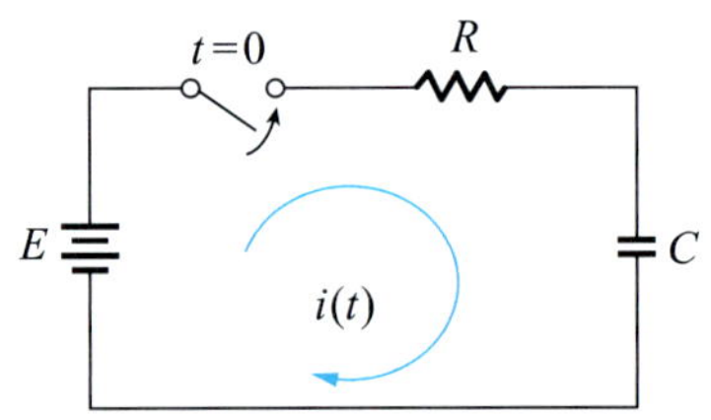

그림 2-40 예제의 RC 시스템

이 시스템에서 $t = 0$에 스위치가 닫힌 후의 미분방정식을 만들면 다음과 같다.

$$Ri(t) + \frac{1}{C}\int i(t)dt = E$$

전류는 다음 식과 같이 전하량의 미분이다.

$$i(t) = \frac{dq(t)}{dt}$$

이를 대입하면 다음의 미분방정식을 얻는다.

$$R\frac{dq(t)}{dt}+\frac{1}{C}q(t)=E, \quad \Rightarrow \quad \frac{dq(t)}{dt}+\frac{1}{RC}q(t)=\frac{E}{R}$$

이 미분방정식의 균일해는 앞의 예제에서와 같이 다음과 같다.

$$q_h(t)=ce^{-\frac{1}{RC}t}$$

이제 특수해를 구해보자. 미분방정식의 우변이 상수이므로 특수해는 $q_p(t)=n$의 상수로 가정한다. 따라서 미분은 $dq_p(t)/dt=0$이므로 이를 대입해 보자.

$$0+\frac{1}{RC}q_p(t)=\frac{E}{R} \quad \Rightarrow \quad q_p(t)=CE$$

따라서 완전해는 다음과 같다.

$$q(t)=q_p(t)+q_h(t)=CE+ce^{-\frac{1}{RC}t}$$

이 식에 초기조건을 대입하면 미정계수 c를 다음과 같이 구할 수 있다.

$$0=CE+c \quad \Rightarrow \quad c=-CE \quad \Rightarrow \quad q(t)=CE(1-e^{-\frac{1}{RC}t})$$

이 식을 미분하여 구한 최종 전류의 완전해는 다음과 같다.

$$i(t)=\frac{E}{R}e^{-\frac{1}{RC}t}$$

이 시스템의 출력 전류는 다음 그림과 같다.

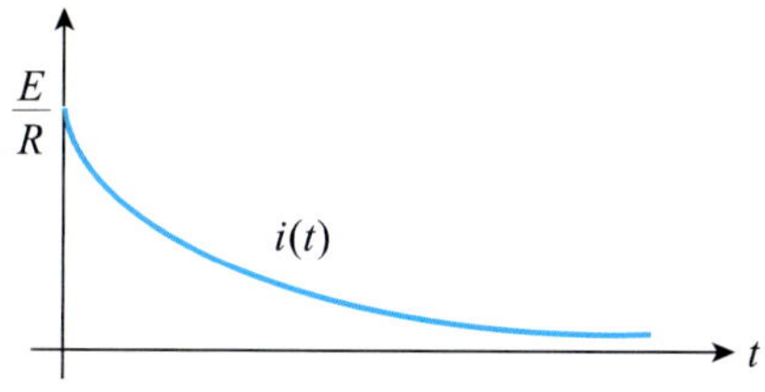

그림 2-41 예제의 출력 전류신호

이번에는 다음 RL 시스템의 미분방정식을 만들고 그 해를 구해보기로 한다. 이 시스템의 출력은 $i(t)$로 정의하며 인덕터의 초기값은 0으로 가정한다.

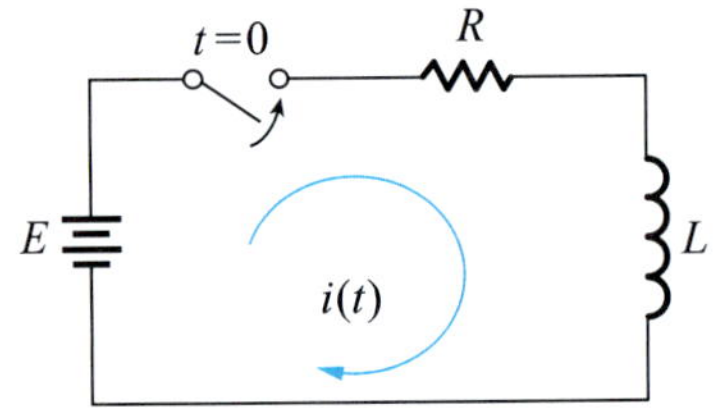

그림 2-42 예제의 RL 시스템

이 시스템에서 $t=0$에 스위치가 닫힌 후의 미분방정식을 만들면 다음과 같다.

$$L\frac{di(t)}{dt}+Ri(t)=E \Rightarrow \frac{di(t)}{dt}+\frac{R}{L}i(t)=\frac{E}{L}$$

이 미분방정식의 균일해는 다음과 같다.

$$i_h(t)=ce^{-\frac{R}{L}t}$$

이제 특수해를 구해보자. 미분방정식의 우변이 상수이므로 특수해는 $i_p(t)=n$의 상수로 가정한다. 따라서 미분은 $di_p(t)/dt=0$이므로 이를 대입해 보자.

$$0+\frac{R}{L}i_p(t)=\frac{E}{L} \Rightarrow i_p(t)=\frac{E}{R}$$

따라서 완전해는 다음과 같다.

$$i(t)=i_p(t)+i_h(t)=\frac{E}{R}+ce^{-\frac{R}{L}t}$$

이 식에 초기조건을 대입하면 미정계수 c를 다음과 같이 구할 수 있다.

$$0=\frac{E}{R}+c \Rightarrow c=-\frac{E}{R}$$

이 식을 미분하여 구한 최종 전류의 완전해는 다음과 같다.

$$i(t) = \frac{E}{R}(1 - e^{-\frac{R}{L}t})$$

이 시스템의 출력 전류는 다음 그림과 같다.

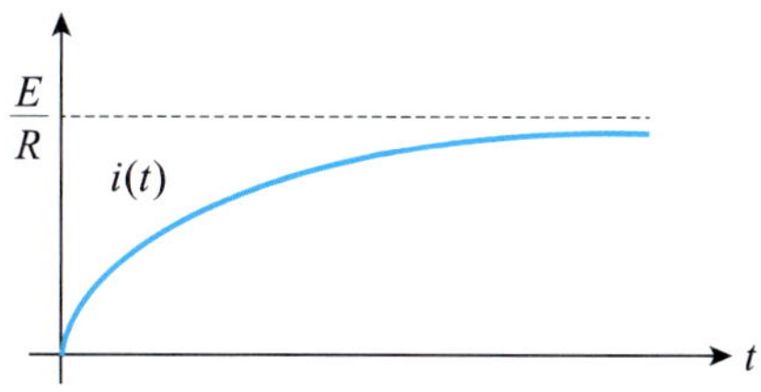

그림 2-43 예제의 출력 전류신호

2.5.3 미분방정식과 임펄스 응답의 관계

시스템을 규정하는 데에 임펄스 응답과 미분방정식이 사용된다. 이 절에서는 주어진 미분방정식으로부터 임펄스 응답을 찾는 방법을 알아보기로 한다.

어느 시스템을 규정하는 다음 미분방정식을 보자.

$$\frac{dy(t)}{dt} + 3y(t) = 2x(t)$$

임펄스 신호 $\delta(t)$가 입력되면 임펄스 응답 $h(t)$가 출력되므로 이 정의를 다음과 같이 미분방정식에 대입할 수 있다.

$$\frac{dh(t)}{dt} + 3h(t) = 2\delta(t)$$

이 임펄스 응답을 출력 신호로 하는 미분방정식을 풀어보자. 이 미분방정식의 완전해는 균일해로만 구성된다. 즉 특수해는 임의의 특정한 입력 신호를 인가한 것에 대한 해이므로 이 경우에는 존재하지 않는다. 따라서 다음과 같이 균일해가 완전해가 된다.

$$h(t)=ce^{-3t}u(t)$$

이 결과 식의 미분은 다음과 같다.

$$\frac{dh(t)}{dt}=-3ce^{-3t}u(t)+ce^{-3t}\delta(t)$$

이 두 식을 미분방정식에 대입하면 다음과 같다.

$$-3ce^{-3t}u(t)+ce^{-3t}\delta(t)+3ce^{-3t}u(t)=2\delta(t)$$
$$\Rightarrow \quad ce^{-3t}\delta(t)=2\delta(t)$$

임펄스 신호의 샘플링 성질을 이용하면 다음과 같다.

$$ce^{-3t}\delta(t)=c\delta(t)=2\delta(t) \quad \therefore \; c=2$$

따라서 최종적으로 임펄스 응답은 다음과 같다.

$$h(t)=2e^{-3t}u(t)$$

4장에서 다루게 될 라플라스 변환을 사용하면 더욱 쉽게 임펄스 응답을 구할 수 있다. 즉 미분방정식으로부터 전달함수를 구하고 이를 역변환하면 임펄스 응답을 구할 수 있다. 이는 4장에서 다룬다.

2.6 LTI 시스템의 구현도

2.6.1 기본 소자

LTI 시스템은 미분방정식으로 표현될 수 있으며, 이 미분방정식은 적분기, 덧셈기, 곱셈기를 사용하여 구현할 수 있다. 이와 같은 소자들은 실제로는 저항, 커패시터, 인덕터, 연산 증폭기 등의 하드웨어 소자로 구현된다.

i) 적분기는 다음과 같은 미분방정식을 나타내기 위한 소자이다.

$$\frac{dy(t)}{dt} = x(t)$$

양변을 적분하여 출력을 표현하면 다음과 같다.

$$y(t) = \int x(t)dt$$

따라서 출력 $y(t)$는 다음 그림과 같은 적분기(integrator)로 나타낸다.

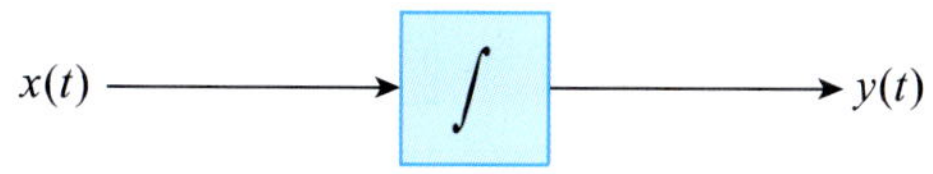

그림 2-44 적분기

ii) 덧셈기(adder)는 다음 그림과 같이 두 신호를 더하거나 빼는 소자이다.

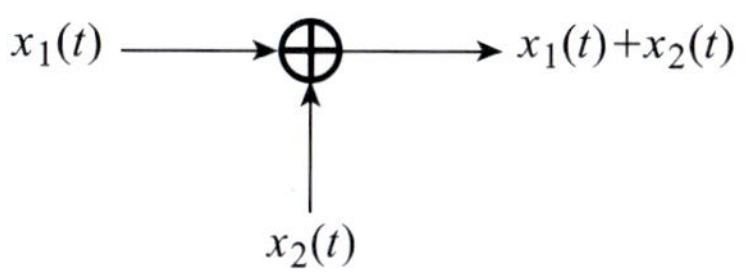

그림 2-45 덧셈기

iii) 세 번째 소자는 다음 그림과 같은 곱셈기(scalar multiplier)이다.

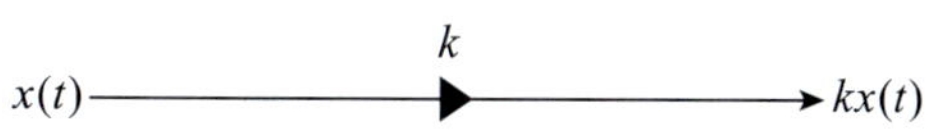

그림 2-46 곱셈기

곱셈기는 신호 $x(t)$를 k배로 크게 하거나 작게 만드는 역할을 한다.

2.6.2 구현도

이 절에서는 적분기, 덧셈기, 곱셈기의 기본 소자들로 구성된 구현도와 미분방정식의 관계를 알아보기로 한다. 먼저 미분방정식으로부터 제1표준형(first canonical form) 구현도를 만들어보도록 한다. 다음의 $n=m$인 연산자 미분방정식을 보자.

$$D^n y(t)+a_{n-1}D^{n-1}y(t)+a_{n-2}D^{n-2}y(t)+\cdots+a_1 Dy(t)+a_0 y(t)$$
$$=b_n D^n x(t)+b_{n-1}D^{n-1}x(t)+b_{n-2}D^{n-2}x(t)+\cdots+b_1 Dx(t)+b_0 x(t)$$

이 연산자 미분방정식에서 D는 $y(t)$를 $dy(t)/dt$로 변환시키는 미분 연산자이다. 그런데 소자를 사용하여 미분방정식을 구현할 때에 미분기보다는 적분기가 구현하기 쉽다. 따라서 미분방정식은 미분기 대신에 적분기를 사용하여 구현된다. 적분기를 사용하기 위하여 양변에 연산자 D^{-n}을 곱하면 다음과 같다.

$$y(t)+a_{n-1}D^{-1}y(t)+a_{n-2}D^{-2}y(t)+\cdots+a_1 D^{-(n-1)}y(t)+a_0 D^{-n}y(t)$$
$$=b_n x(t)+b_{n-1}D^{-1}x(t)+b_{n-2}D^{-2}x(t)+\cdots+b_1 D^{-(n-1)}x(t)+b_0 D^{-n}x(t)$$

여기에서 D^{-1}는 적분 연산자이다. 위의 식은 다음과 같이 나타낼 수 있다.

$$\begin{aligned}y(t)=\ & b_n x(t)+b_{n-1}D^{-1}x(t)+b_{n-2}D^{-2}x(t)+\cdots+b_1 D^{-(n-1)}x(t)\\ &+b_0 D^{-n}x(t)\\ &-\left[a_{n-1}D^{-1}y(t)+a_{n-2}D^{-2}y(t)+\cdots+a_1 D^{-(n-1)}y(t)+a_0 D^{-n}y(t)\right]\end{aligned}$$

이 연산자 미분방정식을 구현해보기로 한다. 구현을 간단히 하기 위하여 위의 식을 2차의 미분방정식으로 단순화시키면 다음과 같다.

$$y(t)=b_2 x(t)+b_1 D^{-1}x(t)+b_0 D^{-2}x(t)-\left[a_1 D^{-1}y(t)+a_0 D^{-2}y(t)\right]$$

이 연산자 미분방정식은 다음 그림과 같이 구현할 수 있다.

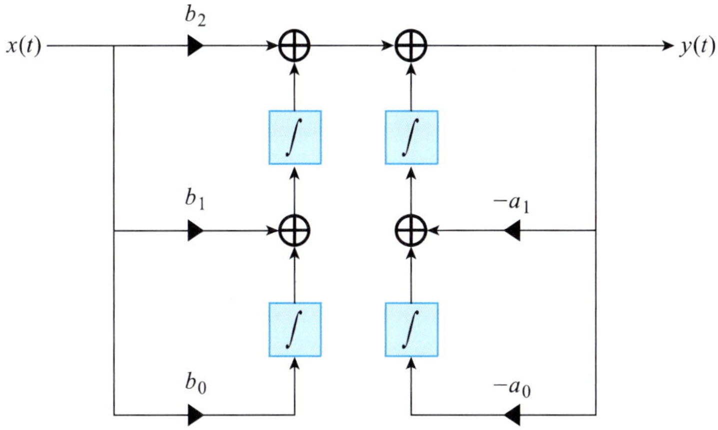

그림 2-47 연산자 미분방정식의 구현도

4개의 적분기는 오직 $y(t)$를 만드는데 사용되므로 더해서 통과시켜도 된다. 따라서 다음의 구현도를 얻을 수 있다.

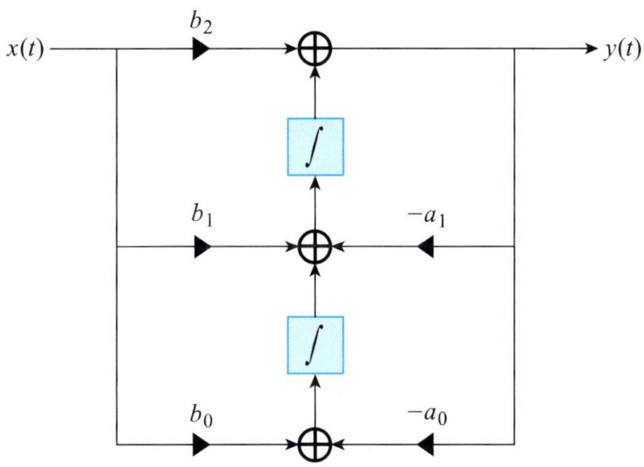

그림 2-48 제1표준형 구현도(2차)

위의 구조를 제1표준형(first canonical form) 구현도라고 부른다. 제1표준형 구현도를 보면 미분방정식과 특별한 관계를 찾을 수 있다. 먼저 미분방정식의 좌변의 계수들은 최고차항을 제외하면 계수가 a_1과 a_0이며 구현도의 우측의 곱셈기 계수들을 보면 반대 부호의 $-a_1$과 $-a_0$임을 알 수 있다. 이번에는 미분방정식의 우변의 계수들을 보자. 최고차항을 포함하여 계수가 b_2, b_1, b_0이며 구현도의 좌측을 보면 곱셈기의 값들이 똑같이 b_2, b_1, b_0임을 알 수 있다.

예제

다음의 미분방정식을 제1표준형으로 구현하시오.

$$\frac{d^2y(t)}{dt^2}+5\frac{dy(t)}{dt}+6y(t)=2\frac{d^2x(t)}{dt^2}+3\frac{dx(t)}{dt}+4x(t)$$

풀이 연산자 미분방정식은 다음과 같다.

$$y(t)=2x(t)+3D^{-1}x(t)+4D^{-2}x(t)-\left[5D^{-1}y(t)+6D^{-2}y(t)\right]$$

이 연산자 미분방정식의 제1표준형 구현도는 다음과 같다.

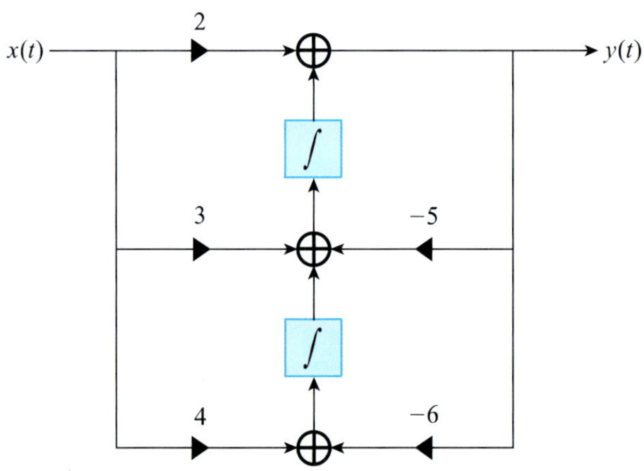

그림 2-49 예제의 제1표준형 구현도

예제

다음 RLC 회로의 미분방정식과 제1표준형 구현도를 구하시오. 이 시스템의 입력과 출력은 각각 전압 $v(t)$와 전류 $i(t)$이다.

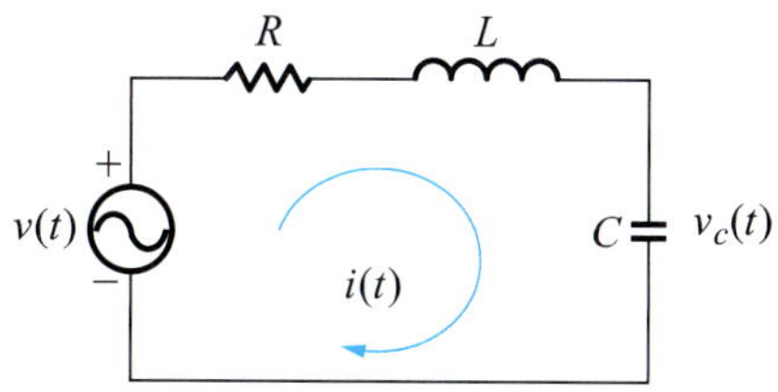

그림 2-50 예제의 RLC 시스템

풀이 이 시스템의 미분방정식은 이미 다음과 같이 구하였다.

$$\frac{d^2 i(t)}{dt^2} + \frac{R}{L}\frac{di(t)}{dt} + \frac{1}{LC} i(t) = \frac{1}{L}\frac{dv(t)}{dt}$$

따라서 이 미분방정식의 제1표준형 구현도는 다음과 같다.

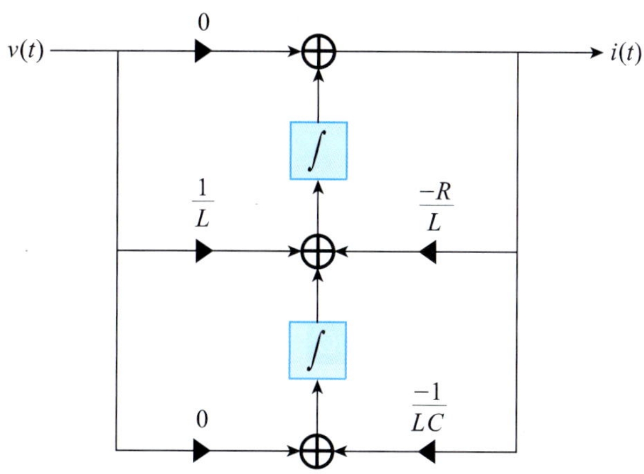

그림 2-51 예제의 제1표준형 구현도

제1표준형 구현도 이외에도 여러 가지 구현도가 가능하다. 이번에는 제2표준형 구현도를 유도해보자. 그림 2-47의 구현도는 두 개 시스템의 직렬연결이므로 다음 그림과 같이 위치를 바꾸어 구현할 수 있다.

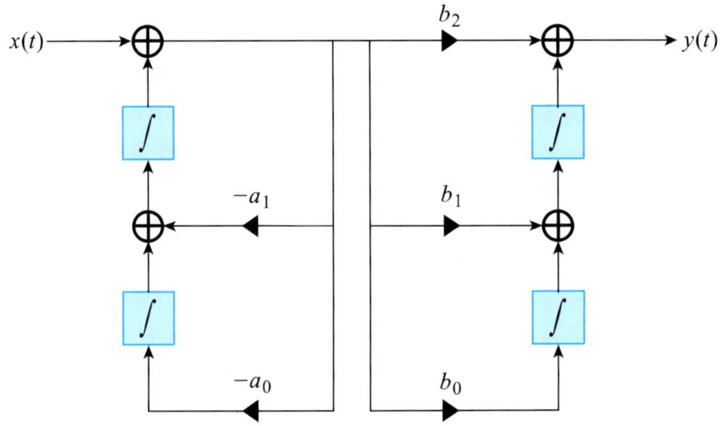

그림 2-52 직렬연결의 위치 바꿈

위의 구현도에서 적분기의 위치는 다음 그림과 같이 옮겨도 등가이다.

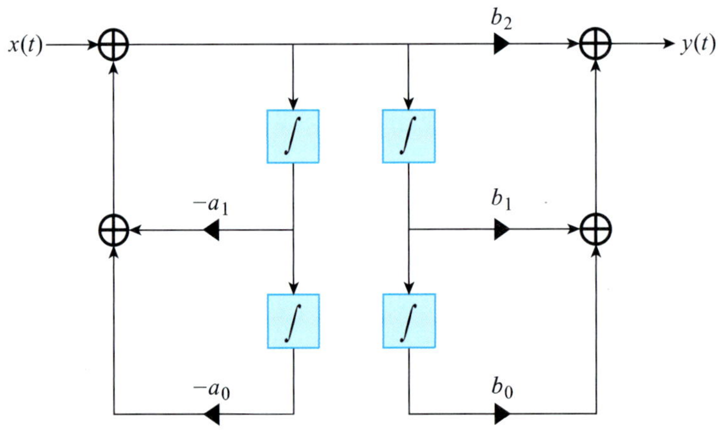

그림 2-53 적분기의 위치 변경

위의 구현도에서 적분기들이 나란히 아래로 향하고 있다. 나란한 적분기의 출력은 같은 신호가 흐르므로 다음 그림과 같은 구조로 단순화될 수 있다.

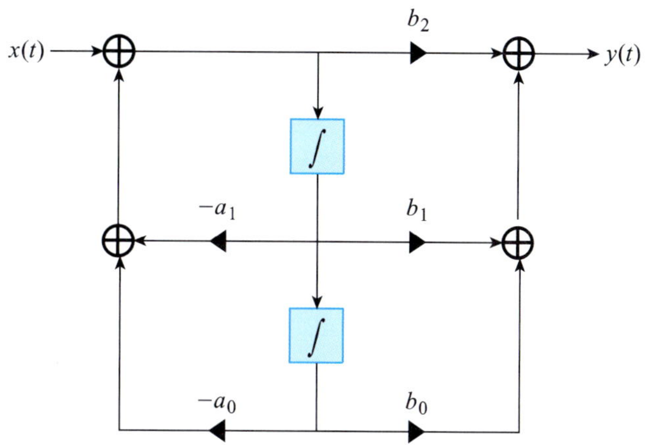

그림 2-54 제2표준형 구현도

위의 구조를 제2표준형(second canonical form) 구현도라고 부른다.

연습문제

2-1 어느 LTI 시스템의 입력과 임펄스 응답은 다음과 같다. 출력을 구하시오.

$$x(t) = u(t), \quad h(t) = u(t)$$

2-2 어느 LTI 시스템의 입력과 임펄스 응답은 다음과 같다. 출력을 구하시오.

$$x(t) = u(t) - u(t-2), \quad h(t) = \delta(t-3)$$

2-3 어느 LTI 시스템의 입력과 임펄스 응답은 다음과 같다. 출력을 구하시오.

$$x(t) = e^{-2t}u(t) + u(t), \quad h(t) = u(t)$$

2-4 어느 LTI 시스템의 입력과 임펄스 응답은 다음과 같다. 출력을 구하시오.

$$x(t) = e^{-t}u(t) + \delta(t), \quad h(t) = u(t)$$

2-5 어느 LTI 시스템의 입력신호와 임펄스 응답이 각각 다음과 같다. 출력을 구하시오.

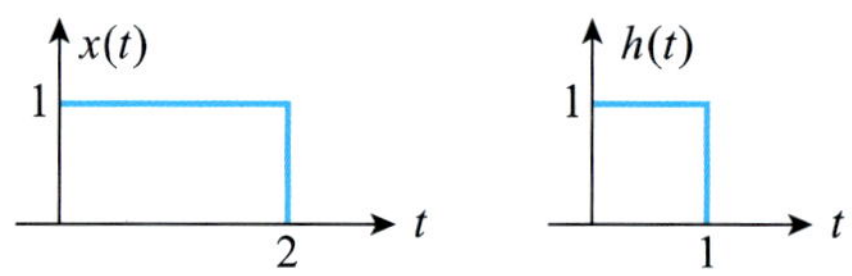

그림 II-1

2-6 어느 LTI 시스템의 입력신호와 임펄스 응답이 각각 다음과 같다. 출력을 구하시오.

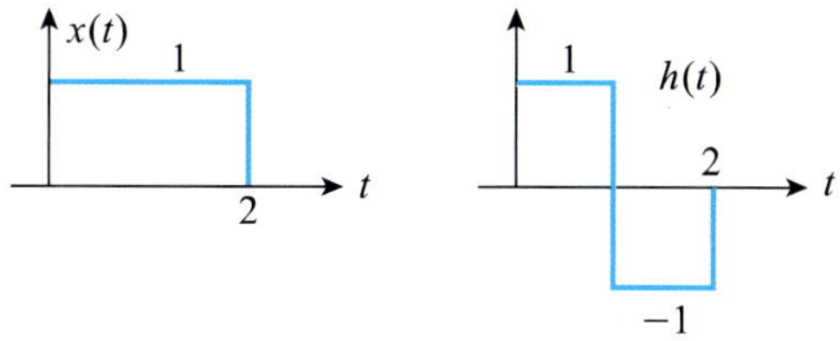

그림 II-2

2-7 어느 LTI 시스템의 입력신호와 임펄스 응답이 각각 다음과 같다. 출력을 구하시오.

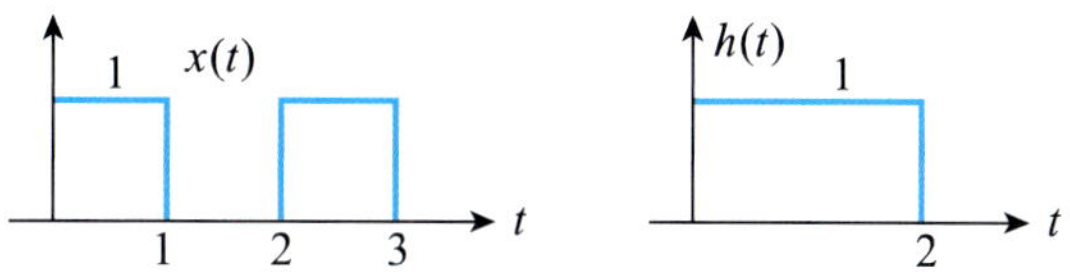

그림 II-3

2-8 어느 LTI 시스템의 입력신호와 임펄스 응답이 각각 다음과 같다. 출력을 구하시오.

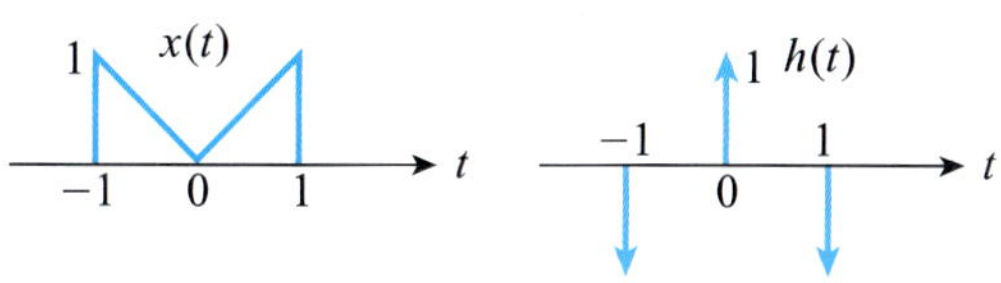

그림 II-4

2-9 두 개의 LTI 시스템이 다음과 같이 직렬로 연결되어 있다. 전체 임펄스 응답을 구하시오 (단 $h_1(t) = e^{-t}u(t)$, $h_2(t) = e^{-2t}u(t)$이다).

그림 II-5

2-10 네 개의 LTI 시스템이 다음과 같이 연결되어 있다. 전체 임펄스 응답을 구하시오(단 $h_1(t) = h_3(t) = e^{-2t}u(t)$, $h_2(t) = e^{-t}u(t)$, $h_4(t) = \delta(t)$이다).

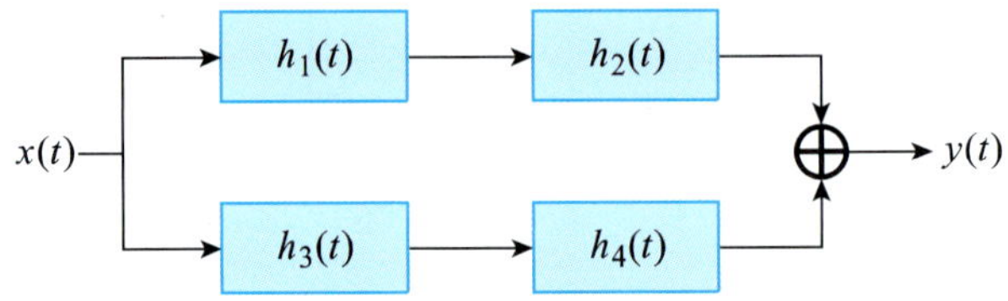

그림 II-6

2-11 세 개의 LTI 시스템이 직렬로 연결되어 있다. 각각의 임펄스 응답은 다음과 같다. 전체 임펄스 응답을 구하시오.

$$h_1(t) = e^{-t}u(t), \quad h_2(t) = e^{-2t}u(t), \quad h_3(t) = u(t)$$

2-12 어느 LTI 시스템의 임펄스 응답은 다음과 같다. 이 시스템이 안정 시스템인지 판별하시오.

$$h(t) = e^{-4t}u(t)$$

2-13 어느 LTI 시스템의 임펄스 응답은 다음과 같다. 이 시스템이 안정 시스템인지 판별하시오.

$$h(t) = e^{3t}u(-t)$$

2-14 다음 그림의 RL 회로 시스템의 미분방정식을 구하시오(단, $R = 10\ \text{k}\Omega$, $L = 1\ \text{mH}$).

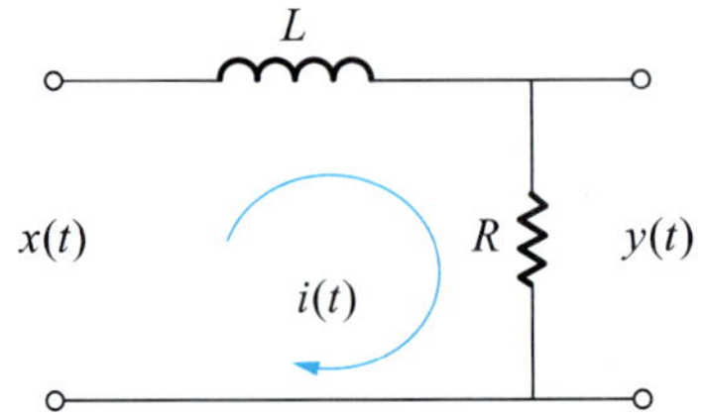

그림 II-7

2-15 다음과 같은 RL 회로 시스템의 미분방정식을 구하시오(단, $R=1\,\text{k}\Omega$, $L=1\,\text{mH}$).

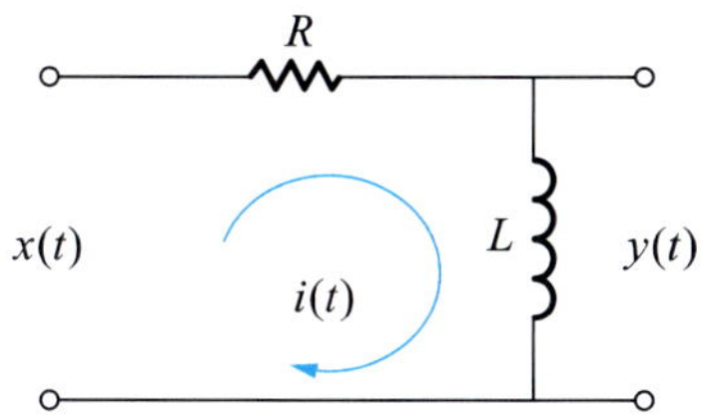

그림 II-8

2-16 다음 그림의 RC 회로 시스템의 미분방정식을 구하시오(단, $R=1\,\text{k}\Omega$, $C=0.01\mu\text{F}$).

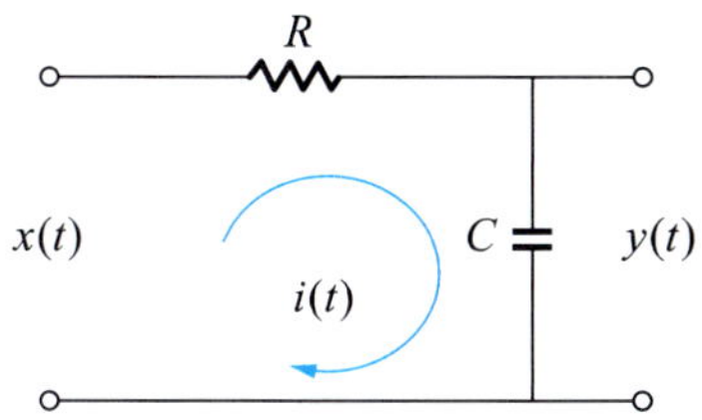

그림 II-9

2-17 다음 그림의 RC 회로 시스템의 미분방정식을 구하시오(단, $R=1\,\text{k}\Omega$, $C=0.01\mu\text{F}$).

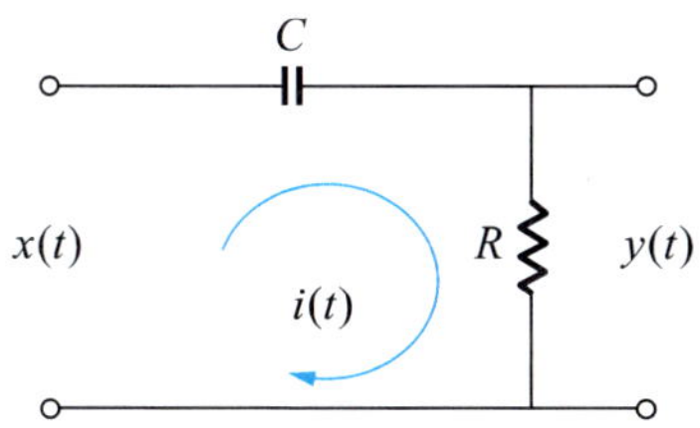

그림 II-10

2-18 다음의 RL 시스템의 미분방정식을 구하고 구현도를 그리시오. 시스템의 입력과 출력은 각각 전압 $v(t)$와 전류 $i(t)$이다(단, $R=2\,\text{k}\Omega$, $L=1\,\text{mH}$).

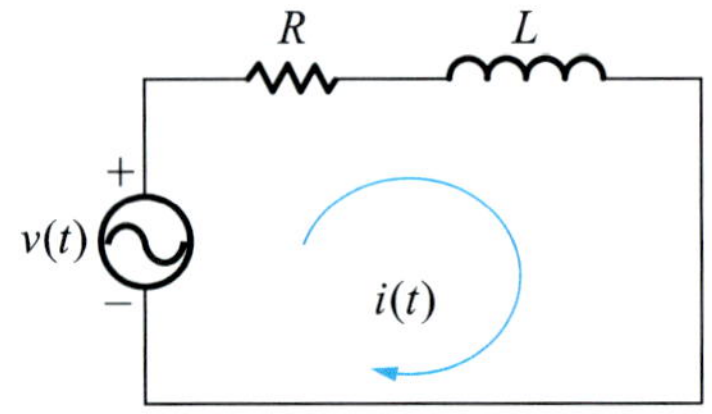

그림 II-11

2-19 다음의 RLC 시스템의 미분방정식을 구하시오. 시스템의 입력과 출력은 각각 전압 $v(t)$와 전류 $i(t)$이다(단, $R=10\,\text{k}\Omega$, $L=1\,\text{mH}$, $C=0.01\,\mu\text{F}$).

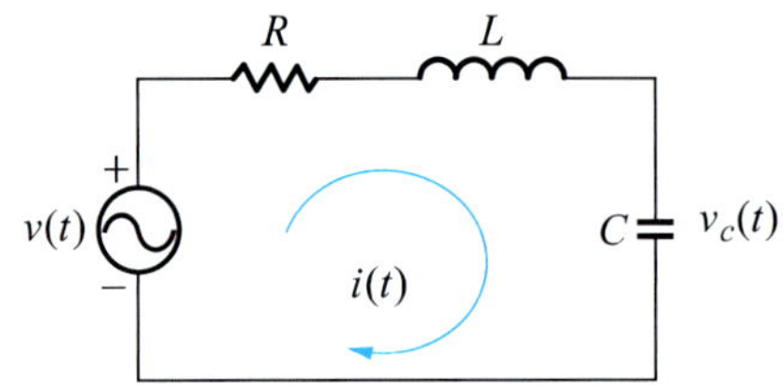

그림 II-12

2-20 다음 시스템의 출력은 $i(t)$로 정의한다.

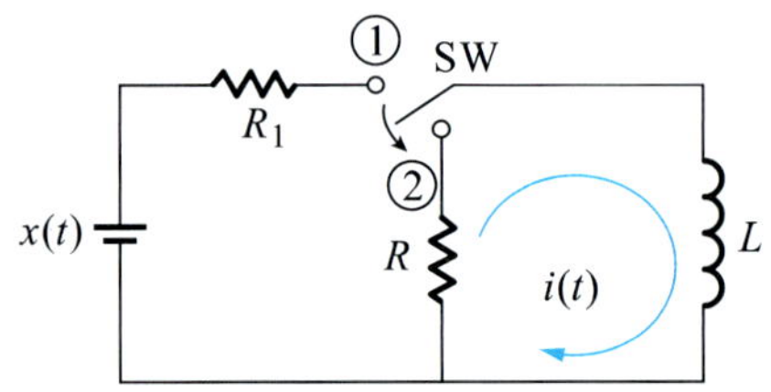

그림 II-13

이 시스템에서 $t=0$에 스위치(SW)가 1의 위치에서 2로 스위칭하였다($R_1=1\Omega$, $R=2\,\Omega$, $L=10\,\text{H}$, $x(t)=2\,\text{V}$).

(a) 전류 $i(t)$를 구하시오.

(b) $t=4$일 때의 전류 $i(4)$를 구하시오.

2-21 어느 LTI 시스템을 규정하는 미분방정식이 다음과 같다. 이 시스템의 임펄스 응답을 구하시오.

$$\frac{dy(t)}{dt} + 4y(t) = 3x(t)$$

2-22 다음 구현도의 미분방정식을 구하시오.

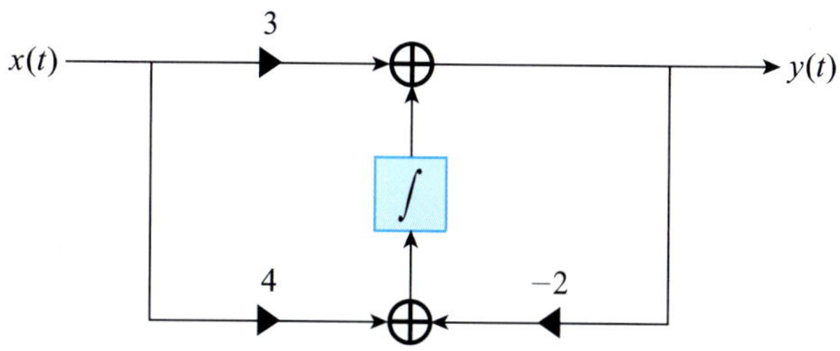

그림 II-14

2-23 다음 구현도의 미분방정식을 구하시오.

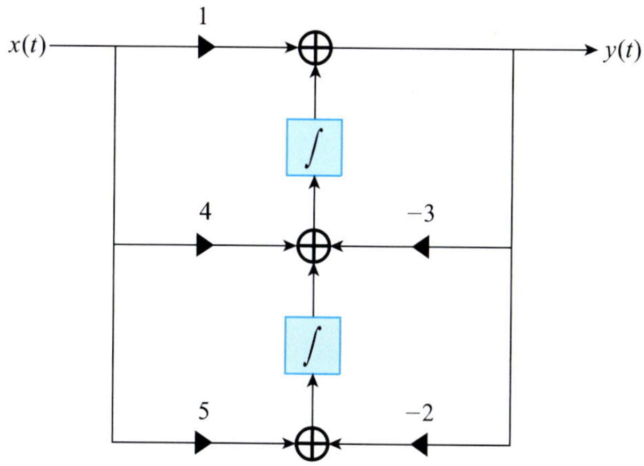

그림 II-15

CHAPTER 3

푸리에 변환

이 장에서는 신호가 갖고 있는 주파수 성분을 분석하는 도구인 푸리에 변환(Fourier Transform)에 대하여 알아보기로 한다. 일반적인 신호뿐만 아니라 가시광선도 다음 그림과 같이 스펙트럼을 갖고 있다.

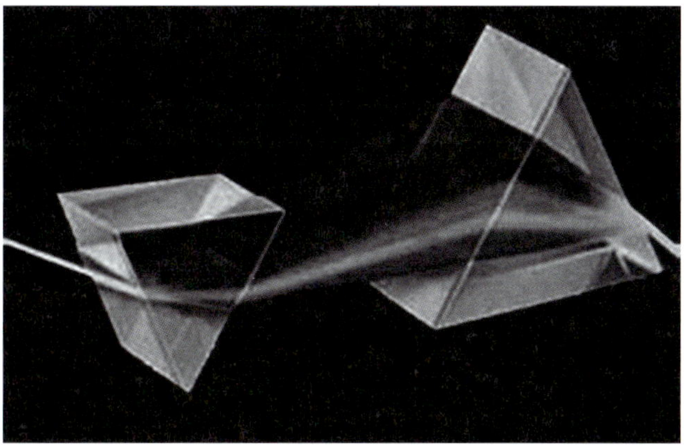

그림 3-1 빛의 스펙트럼(출처 : 네이버)

아이작 뉴튼은 프리즘을 통과한 빛이 주파수에 따라 굴절하는 각도가 다르다는 성질을 발견했다. 이와 같이 분해된 여러 가지 주파수의 띠를 스펙트럼이라고 한다. 이와 마찬가지로 신호도 여러 가지 주파수의 합으로 구성되어 있으며, 이 주파수 성분의 띠를 스펙트럼이라고 한다. 아날로그 신호와 디지털 신호들에 대한 스펙트럼의 표기는 다음과 같다.

$$\tilde{x}(t) \xleftrightarrow{\text{FS}} X_k$$

$$x(t) \xleftrightarrow{\text{CTFT}} X(\omega)$$

$$x[n] \xleftrightarrow{\text{DTFT}} X(e^{j\omega})$$

$$x[n] \xleftrightarrow{\text{DFT}} X(k)$$

위에서 보듯이 시간 영역에서 정의되는 신호는 주기 신호 $\tilde{x}(t)$와 아날로그 신호 $x(t)$가 있다. 그리고 디지털 신호 $x[n]$의 스펙트럼을 나타내는 방법은 DTFT와 DFT가 있다. 각각의 신호들에 대하여 스펙트럼을 정의하는 방법이 다르며 다음과 같이 신호와 스펙트럼의 관계를 표시한다.

- 연속시간 주기 신호 $\tilde{x}(t)$에 대한 스펙트럼과의 관계를 **푸리에 급수**(Fourier Series, FS)라고 한다.
- 연속시간 신호 $x(t)$에 대한 스펙트럼과의 관계를 **연속시간 푸리에 변환**(Continuous Time Fourier Transform, CTFT)이라고 한다.
- 디지털신호 $x[n]$에 대한 스펙트럼과의 관계를 **이산시간 푸리에 변환**(Discrete Time Fourier Transform, DTFT)이라고 한다.
- 디지털신호 $x[n]$에 대한 스펙트럼을 나타내는 또 다른 방법은 **이산 푸리에 변환**(Discrete Fourier Transform, DFT)이다.

스펙트럼 해석의 시작점은 푸리에 급수이다. 프랑스의 수학자인 푸리에(1768~1830)는 열전도론(熱傳導論)을 연구하여 1807년 '열의 해석적 이론'을 발표하였고, 1822년 완성된 이 이론에는 '푸리에의 정리'가 포함되어 있으며, '푸리에 급수'의 이론으로 그 후의 수리물리학 발전에 크게 공헌하였다. 열전도론을 위해 만들어졌던 푸리에 급수는 오늘날 신호처리와 통신분야 등의 전기/전자/정보통신공학 기본이론으로 중요하게 사용되고 있다. 아날로그 시스템과 디지털 시스템을 해석하고 설계하는 데에 많이 사용하는 도구는 다음 그림과 같다.

	연속시간 시스템	이산시간 시스템
시간 영역	$y(t)=h(t)*x(t)$ 미분방정식	$y[n]=h[n]*x[n]$ 차분방정식
주파수 영역	$X(s)$ Fourier $X(\omega)$	$X(z)$ Fourier $X(e^{j\omega})\,X(k)$

그림 3-2 연속시간 시스템과 이산시간 시스템의 해석 도구

이 장에서 다룰 내용은 푸리에 급수(FS)와 CTFT이며 DTFT와 DFT는 7장의 디지털 신호의 스펙트럼 분석에서 다룬다.

3.1 푸리에 급수

3.1.1 삼각 푸리에 급수

주기가 T인 주기 신호 $\tilde{x}(t)$는 다음과 같이 삼각함수들의 가중 합으로 나타낼 수 있다. 이 식을 삼각 푸리에 급수(trigonometric Fourier Series)라고 한다.

$$\tilde{x}(t) = a_0 + \sum_{k=1}^{\infty}[a_k \cos k\omega_0 t \ + \ b_k \sin k\omega_0 t], \quad \omega_0 = 2\pi f_0, \quad T = \frac{2\pi}{\omega_0}$$

위의 식에서 라디안 주파수 ω_0와 헤르츠 주파수 f_0와 관계는 $\omega_0 = 2\pi f_0$이다. 또한 신호의 주기 T와 주파수 f_0는 역수의 관계이므로 주기 T는 다음과 같다.

$$T = \frac{1}{f_0} = \frac{2\pi}{\omega_0}$$

위의 식에서 $k=1$일 때의 라디안 주파수 ω_0를 기본주파수(fundamental frequency)라고 부른다. 위의 삼각 푸리에 급수는 다음과 같이 헤르츠 주파수 f_0를 사용하여 표기할 수도 있다.

$$\tilde{x}(t) = a_0 + \sum_{k=1}^{\infty}[a_k \cos 2\pi k f_0 t \ + \ b_k \sin 2\pi k f_0 t], \quad T = \frac{1}{f_0}$$

이 책에서는 라디안 주파수를 사용한 표기를 사용하기로 한다.

이제 다음의 구형파를 삼각함수의 가중 합으로 표현할 수 있음을 이해해보기로 하자. 이 구형파의 주기는 $T=2\pi$이며 그림 3-3에 한 주기만을 굵은 실선으로 나타냈다.

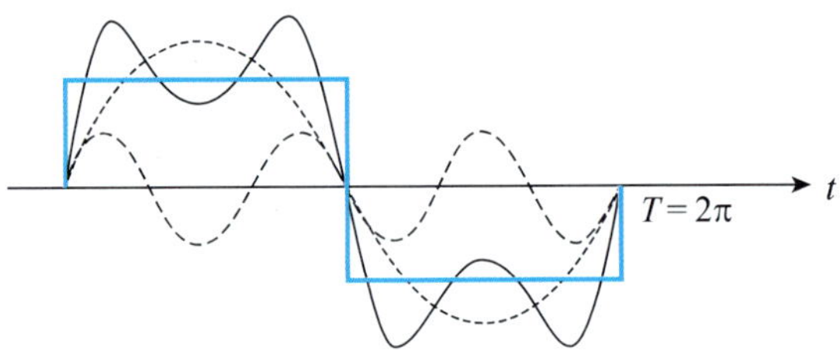

그림 3-3 구형파의 삼각 푸리에 급수 표현

이 구형파를 한 개의 삼각함수만을 사용하여 근사적으로 표현하려면 그림 3-3의 점선과 같이 $b_1 \sin t$를 사용하는 것이 가장 바람직함을 알 수 있다. 이때 b_1을 얼마로 정해야 하는지는 조금 후에 알아보기로 한다. 만일 2개의 삼각함수를 사용하여 근사적으로 나타내려면 그림 3-3의 긴 점선 $b_3 \sin 3t$를 한 개 더 사용하여 $b_1 \sin t$와 더하면 실선의 모양을 얻는다. 이 실선의 모양이 한 개의 삼각함수 $b_1 \sin t$만을 사용한 것보다 더욱 구형파와 닮았음을 알 수 있을 것이다. 따라서 $b_5 \sin 5t$를 한 개 더 사용한다면 구형파와 근사적으로 더욱 닮아 진다는 것을 추측할 수 있다. 독자들은 $b_5 \sin 5t$를 한 개 더 사용하여 확인해 보기 바란다.

예제

다음의 구형파 $\tilde{x}(t)$를 삼각 푸리에 급수로 나타내시오.

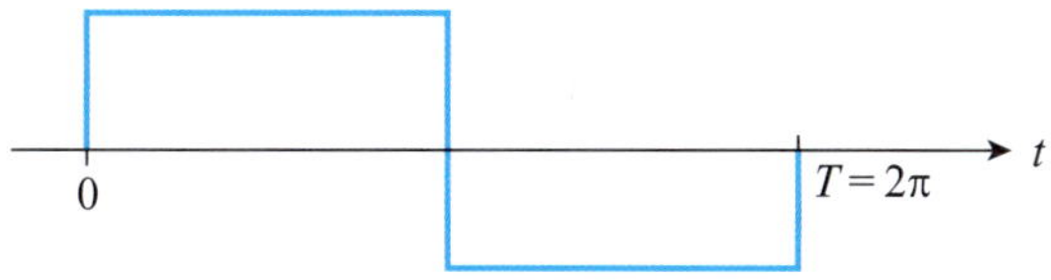

그림 3-4 예제의 구형파

풀이 먼저 $\tilde{x}(t)$를 삼각 푸리에 급수로 나타내면 다음과 같다.

$$\tilde{x}(t) = a_0 + \sum_{k=1}^{\infty} [a_k \cos k\omega_0 t \ + \ b_k \sin k\omega_0 t]$$

위의 구형파는 직류성분을 갖고 있지 않으므로 a_0는 0임을 알 수 있다. 또한 cos 신호는 우함수이므로 사용되지 않는다. 또한 기본주파수 ω_0는 $T = 2\pi/\omega_0$로부터 1임을 알 수 있다. 따라서 이 구형파는 sin 신호의 가중 합으로 표현할 수 있으며, 특히 다음 식과 같이 $b_1 \sin t$, $b_3 \sin 3t$, $b_5 \sin 5t$, ⋯ 등의 홀수의 가중 합으로 나타낼 수 있음을 알 수 있다.

$$\tilde{x}(t) = a_0 + \sum_{k=1}^{\infty} [a_k \cos k\omega_0 t \ + \ b_k \sin k\omega_0 t] = \sum_{k=1}^{\infty} b_k \sin kt$$

$$= b_1 \sin t + b_3 \sin 3t + b_5 \sin 5t + \cdots$$

이제 삼각 푸리에 급수에서의 가중치 즉 삼각 푸리에 급수 계수 a_k, b_k, a_0를 구하는 방법을 생각해보기로 한다.

cos 신호의 가중치 a_k를 어떻게 하면 구할 수 있을까?

주어진 주기 신호에 구하고 싶은 가중치의 cos 신호를 곱하여 적분하면 그 가중치를 구할 수 있다. 예를 들어보기로 한다. 만일 $\cos 5\omega_0 t$의 가중치 a_5를 구하고 싶으면 다음과 같이 주기 신호 $\tilde{x}(t)$에 $\cos 5\omega_0 t$를 곱하여 적분한다.

$$\begin{aligned}
&\int_{t_0}^{t_0+T}\tilde{x}(t)\cos 5\omega_0 t dt \\
&= \int_{t_0}^{t_0+T}\left\{a_0+\sum_{k=1}^{\infty}[a_k\cos k\omega_0 t+b_k \sin k\omega_0 t]\right\}\cos 5\omega_0 t dt \\
&= a_0\int_{t_0}^{t_0+T}\cos 5\omega_0 t dt+\sum_{k=1}^{\infty}a_k[\int_{t_0}^{t_0+T}\cos k\omega_0 t\cos 5\omega_0 t dt] \\
&\quad +\sum_{k=1}^{\infty}b_k[\int_{t_0}^{t_0+T}\sin k\omega_0 t\cos 5\omega_0 t dt]
\end{aligned}$$

위의 식에서 첫 번째 항은 cos 신호의 적분이므로 0이 된다. 그리고 세 번째 항에서 sin 신호와 cos 신호의 곱도 역시 주기 신호가 되므로 적분하면 0이 된다. 따라서 두 번째 항만 남게 되어 다음과 같이 나타낼 수 있다.

$$\int_{t_0}^{t_0+T}\tilde{x}(t)\cos 5\omega_0 t dt=\sum_{k=1}^{\infty}a_k\left[\int_{t_0}^{t_0+T}\cos k\omega_0 t\cos 5\omega_0 t dt\right]$$

위의 식의 우변에서 주기가 다른 두 개의 cos 신호의 곱도 역시 주기 신호이므로 적분하면 0이 된다. 곱하여 적분했을 때 0이 안 되는 오직 하나의 경우는 k가 5인 경우뿐 이다. 즉 같은 주기의 cos 신호를 곱하면 양의 함수가 되어 적분하면 값을 갖게 된다. 그리고 그 값이 $T/2$가 되는지 확인해 보자. 주기 T가 2π인 $\cos t$ 신호를 제곱하면 다음 그림과 같다.

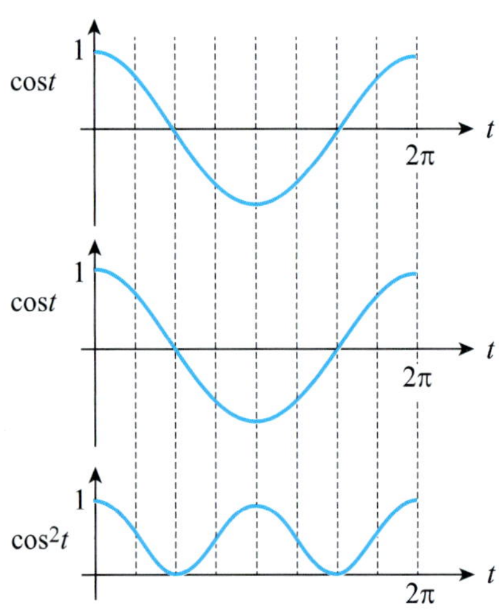

그림 3-5 $\cos t$ 신호의 제곱

이 제곱된 신호를 한주기 동안 적분하면 다음과 같다.

$$\int_0^{2\pi} \cos^2 t\,dt = \int_0^{2\pi} \frac{1+\cos 2t}{2}dt = \frac{1}{2}\int_0^{2\pi}(1+\cos 2t)dt$$

$$= \frac{1}{2}\left[t + \frac{\sin 2t}{2}\right]_0^{2\pi} = \frac{1}{2}(2\pi) = \pi$$

즉 주기가 $T = 2\pi$인 $\cos t$ 신호를 제곱해서 적분하면 그 값은 $T/2$가 됨을 알 수 있다. 따라서 무한개의 항은 다음과 같이 한 개의 항만 남게 된다.

$$\sum_{k=1}^{\infty} a_k \left[\int_{t_0}^{t_0+T} \cos k\omega_0 t \cos 5\omega_0 t dt\right] = a_5 \frac{T}{2}$$

위의 식으로부터 계수 a_5는 다음과 같이 구해진다.

$$a_5 = \frac{2}{T}\int_{t_0}^{t_0+T} \tilde{x}(t)\cos 5\omega_0 t dt$$

따라서 다음과 같이 a_k를 구하는 일반적인 공식을 얻을 수 있다.

$$a_k = \frac{2}{T}\int_{t_0}^{t_0+T} \tilde{x}(t)\cos k\omega_0 t dt$$

sin 신호의 가중치 b_k도 같은 방법으로 구할 수 있다.

주어진 주기 신호에 구하고 싶은 가중치의 sin 신호를 곱하여 적분하면 그 가중치를 구할 수 있다. 만일 $\sin 3\omega_0 t$의 가중치 b_3를 구하고 싶으면 다음과 같이 주기 신호 $\tilde{x}(t)$에 $\sin 3\omega_0 t$를 곱하여 적분한다.

$$\int_{t_0}^{t_0+T} \tilde{x}(t)\sin 3\omega_0 t dt$$

$$= \int_{t_0}^{t_0+T} \left\{a_0 + \sum_{k=1}^{\infty}[a_k \cos k\omega_0 t + b_k \sin k\omega_0 t]\right\}\sin 3\omega_0 t dt$$

$$= a_0 \int_{t_0}^{t_0+T} \sin 3\omega_0 t dt + \sum_{k=1}^{\infty} a_k \left[\int_{t_0}^{t_0+T} \cos k\omega_0 t \sin 3\omega_0 t dt\right]$$

$$+\sum_{k=1}^{\infty} b_k [\int_{t_0}^{t_0+T} \sin k\omega_0 t \sin 3\omega_0 t dt]$$

위의 식에서 첫 번째 항은 sin 신호의 적분이므로 0이 된다. 그리고 두 번째 항에서 sin 신호와 cos 신호의 곱도 역시 주기 신호가 되므로 적분하면 0이 된다. 따라서 세 번째 항만 남게 되어 다음과 같이 나타낼 수 있다.

$$\int_{t_0}^{t_0+T} \tilde{x}(t) \sin 3\omega_0 t dt = \sum_{k=1}^{\infty} b_k [\int_{t_0}^{t_0+T} \sin k\omega_0 t \sin 3\omega_0 t dt]$$

위의 식의 우변에서 주기가 다른 두 개의 sin 신호의 곱도 역시 주기 신호이므로 적분하면 0이 된다. 곱하여 적분했을 때 0이 안 되는 오직 하나의 경우는 k가 3인 경우 뿐 이다. 즉 같은 주기의 sin 신호를 곱하면 양의 함수가 되어 적분하면 값을 갖게 된다. 그리고 그 값은 $T/2$가 된다. 따라서 다음과 같이 나타낼 수 있다.

$$\sum_{k=1}^{\infty} b_k [\int_{t_0}^{t_0+T} \sin k\omega_0 t \sin 3\omega_0 t dt] = b_3 \frac{T}{2}$$

위의 식으로부터 계수 b_3는 다음과 같이 구해진다.

$$b_3 = \frac{2}{T} \int_{t_0}^{t_0+T} \tilde{x}(t) \sin 3\omega_0 t dt$$

따라서 다음과 같이 b_k를 구하는 일반적인 공식을 얻을 수 있다.

$$b_k = \frac{2}{T} \int_{t_0}^{t_0+T} \tilde{x}(t) \sin k\omega_0 t dt$$

마지막으로 a_0를 구해보자.

a_0는 이 주기 신호의 직류성분이므로 다음과 같이 $\tilde{x}(t)$의 한 주기를 적분하면 구할 수 있다.

$$a_0 = \frac{1}{T} \int_{t_0}^{t_0+T} \tilde{x}(t) dt$$

삼각 푸리에 급수의 정의와 이에 대한 계수를 찾는 식을 정리하면 다음과 같다.

$$\tilde{x}(t) = a_0 + \sum_{k=1}^{\infty}[a_k \cos k\omega_0 t + b_k \sin k\omega_0 t], \quad T = \frac{2\pi}{\omega_0}$$

$$a_0 = \frac{1}{T}\int_{t_0}^{t_0+T} x(t)dt$$

$$a_k = \frac{2}{T}\int_{t_0}^{t_0+T} x(t)\cos k\omega_0 t dt, \quad k = 1, 2, \cdots$$

$$b_k = \frac{2}{T}\int_{t_0}^{t_0+T} x(t)\sin k\omega_0 t dt, \quad k = 1, 2, \cdots$$

헤르츠 주파수를 사용하여 삼각 푸리에 급수를 표기하면 다음과 같다.

$$\tilde{x}(t) = a_0 + \sum_{k=1}^{\infty}[a_k \cos 2\pi k f_0 t + b_k \sin 2\pi k f_0 t], \quad T = \frac{1}{f_0}$$

$$a_0 = \frac{1}{T}\int_{t_0}^{t_0+T} x(t)dt$$

$$a_k = \frac{2}{T}\int_{t_0}^{t_0+T} x(t)\cos 2\pi k f_0 t dt, \quad k = 1, 2, \cdots$$

$$b_k = \frac{2}{T}\int_{t_0}^{t_0+T} x(t)\sin 2\pi k f_0 t dt, \quad k = 1, 2, \cdots$$

예제

다음 구형파의 주기 신호를 삼각 푸리에 급수로 나타내었을 때, $k = 0, 1, 2, 3$까지의 삼각 푸리에 급수 계수를 구하시오.

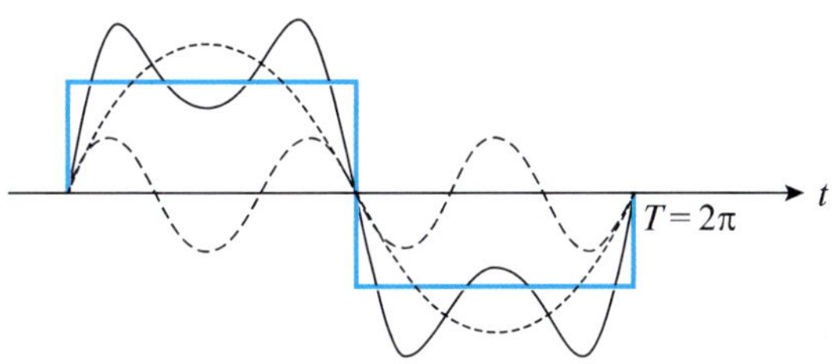

그림 3-6 예제의 구형파와 삼각 푸리에 급수 표현

풀이 이 구형파는 직류성분이 없으므로 a_0는 0이다. 또한 이 주기 신호는 기함수이므로 cos 성분은 없다. 따라서 다음과 같이 나타낼 수 있다.

$$\tilde{x}(t) = a_0 + \sum_{k=1}^{\infty}[a_k \cos k\omega_0 t + b_k \sin k\omega_0 t] = \sum_{k=1}^{\infty} b_k \sin k\omega_0 t = \sum_{k=1}^{\infty} b_k \sin kt$$

위의 식에서 기본주파수 ω_0는 $\omega_0 = 2\pi/T$로부터 1이다. 또한 이 구형파는 $\sin t$, $\sin 2t$, $\sin 3t$, $\sin 4t$, $\sin 5t$, $\cdots$ 의 모든 sin 신호가 사용되는 것은 아니고 홀수의 sin 신호만 사용되고 있으므로 다음과 같이 나타낼 수 있다.

$$\tilde{x}(t) = b_1 \sin t + b_3 \sin 3t + b_5 \sin 5t + \cdots$$

이 식에서 b_1과 b_3는 다음과 같이 구할 수 있다.

$$\begin{aligned} b_1 &= \frac{2}{T}\int_{t_0}^{t_0+T} x(t)\sin\omega_0 t dt = \frac{1}{\pi}\int_0^{2\pi} x(t)\sin t dt \\ &= \frac{1}{\pi}\left\{\int_0^{\pi} \sin t dt - \int_{\pi}^{2\pi} \sin t dt\right\} = \frac{1}{\pi}[2-(-2)] = \frac{4}{\pi} = 1.2732 \\ b_3 &= \frac{2}{T}\int_{t_0}^{t_0+T} x(t)\sin 3\omega_0 t dt = \frac{1}{\pi}\int_0^{2\pi} x(t)\sin 3t dt \\ &= \frac{1}{\pi}\left\{\int_0^{\pi} \sin 3t dt - \int_{\pi}^{2\pi} \sin 3t dt\right\} = \frac{4}{3\pi} = 0.4244 \end{aligned}$$

주기 신호를 삼각 함수들의 가중 합으로 완벽하게 나타내기 위해서는 무한개의 주파수 성분이 필요하다. 그러나 실제로는 무한대의 주파수를 사용할 수 없으므로 유한개의 k를 사용하게 된다. 앞에서 사용된 구형파의 주기 신호에서 k를 증가시키면서 만들어지는 파형을 살펴보면 그림 3-7과 같다. 그림 3-7에서는 $k=3$, $k=7$, $k=303$의 3가지 경우를 살펴보았는데, k를 증가시키면 구형파의 불연속점에서의 기울기는 점점 가파르게 되나 불연속 점에서의 리플 크기는 그대로인 현상을 관찰할 수 있다. 이 현상을 깁스 현상(Gibbs phenomenon)이라고 한다.

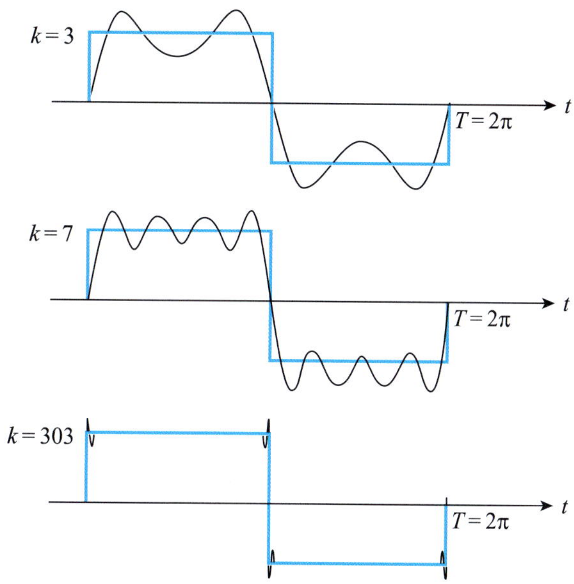

그림 3-7 구형파 주기 신호의 삼각 푸리에 급수 표현

3.1.2 지수 푸리에 급수

주기 신호는 삼각 푸리에 급수를 사용하여 표현할 수 있다. 특히 주기 신호 $\tilde{x}(t)$에 대하여 삼각 푸리에 급수 계수 a_0, a_k, b_k는 역시 모두 실수인 장점을 갖고 있다. 단점은 삼각 푸리에 급수는 한 개의 신호에 대하여 3가지의 계수를 따로 찾아야 한다. 이 절에서 다루게 될 지수 푸리에 급수(exponential Fourier Series)를 사용하여 주기 신호를 표현하면 이런 단점을 없앨 수 있다.

삼각 푸리에 급수는 어느 하나의 k에 대하여 두 가지의 계수의 가중 합이 존재하는데, 다음의 식과 같이 한 가지 종류의 가중 합으로 표현하는 것이 가능하다.

$$a_k \cos k\omega_0 t \ + \ b_k \sin k\omega_0 t$$

$$= a_k \frac{e^{jk\omega_0 t} + e^{-jk\omega_0 t}}{2} + b_k \frac{e^{jk\omega_0 t} - e^{-jk\omega_0 t}}{2j}$$

$$= \frac{a_k - jb_k}{2} e^{jk\omega_0 t} + \frac{a_k + jb_k}{2} e^{-jk\omega_0 t} = X_k e^{jk\omega_0 t} + X_{-k} e^{-jk\omega_0 t}$$

위의 식에서 보듯이 양수의 2개의 항이 1개의 양수 항과 1개의 음수 항으로 표현됨을 알 수 있다. 즉, a_k와 b_k의 2종류의 계수가 X_k의 한 종류의 계수로 표현될 수 있다. 따라서 위의 식을 사용하면 삼각 푸리에 급수를 다음 식과 같은 간단한 모양의 지수 푸리에 급수로 표현할 수 있다.

$$\tilde{x}(t) = \sum_{k=-\infty}^{\infty} X_k e^{jk\omega_0 t}$$

위의 식에서 보듯이 지수 푸리에 급수로 주기 신호를 표현하면 삼각 푸리에 급수의 a_0, a_k, b_k의 세 종류 계수를 한 종류의 계수 X_k로 나타낼 수 있다. 이때, 지수 푸리에 급수 계수 X_k는 다음과 같이 구할 수 있다.

$$\int_0^T \tilde{x}(t) e^{-jm\omega_0 t} dt = \int_0^T \sum_{k=-\infty}^{\infty} X_k e^{j(k-m)\omega_0 t} dt$$

$$= \sum_{k=-\infty}^{\infty} X_k \int_0^T e^{j(k-m)\omega_0 t} dt = \sum_{k=-\infty}^{\infty} X_k T\delta[k-m] = X_m T$$

$$\therefore X_m = \frac{1}{T}\int_0^T \tilde{x}(t) e^{-jm\omega_0 t} dt$$

위의 식에서 변수 m을 k로 치환하여 최종의 지수 푸리에 급수의 계수를 다음 식과 같이 얻을 수 있다.

$$X_k = \frac{1}{T}\int_0^T \tilde{x}(t) e^{-jk\omega_0 t} dt$$

다시 지수 푸리에 급수와 지수 푸리에 급수 계수를 정의하면 다음과 같다.

지수 푸리에 급수	지수 푸리에 급수 계수
$\tilde{x}(t) = \sum_{k=-\infty}^{\infty} X_k e^{jk\omega_0 t}$,	$X_k = \frac{1}{T}\int_0^T \tilde{x}(t) e^{-jk\omega_0 t} dt$

이와 같은 지수 푸리에 급수 계수는 한 개의 주기 신호에 대하여 한 종류의 계수 X_k로 스펙트럼을 나타낼 수 있는 장점이 있으나 이 값이 일반적으로 복소수이므로 그

래프로 표현할 때에 하나의 그래프로 나타낼 수 없다. 지수 푸리에 급수 계수가 복소수이므로 직각형식(rectangular form)이나 극형식(polar form)으로 나타낼 수 있는데, 극형식이 주로 사용되며 다음과 같이 표기한다.

$$X_k = |X_k| e^{j\angle X_k}$$

위의 식에서 $|X_k|$의 그래프를 진폭 스펙트럼이라고 하며 $\tilde{x}(t)$를 구성하는 여러 주파수들의 진폭을 나타낸다. 또한 $\angle X_k$의 그래프를 위상 스펙트럼이라고 한다. 이와 같은 진폭 스펙트럼과 위상 스펙트럼들은 선으로 구성되므로 "선 스펙트럼(line spectra)"이라고도 부른다.

예제

다음 주기 신호 $\tilde{x}(t)$의 지수 푸리에 급수 계수 X_k를 구하시오.

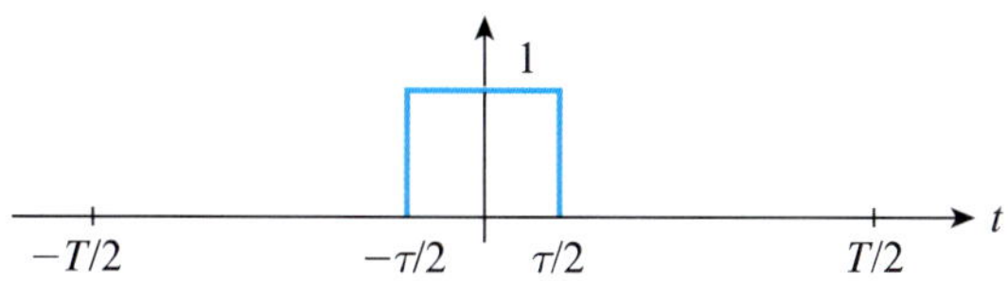

그림 3-8 예제의 주기 신호

풀이

$$X_k = \frac{1}{T}\int_{-T/2}^{T/2} \tilde{x}(t) e^{-j\frac{2\pi}{T}kt} dt = \frac{1}{T}\int_{-\tau/2}^{\tau/2} e^{-j\frac{2\pi}{T}kt} dt$$

$$= \frac{1}{T}\left[\frac{e^{-j\frac{2\pi}{T}kt}}{-j\frac{2\pi}{T}k}\right]_{-\tau/2}^{\tau/2} = \frac{1}{j2\pi k}\left[e^{j\frac{\pi k\tau}{T}} - e^{-j\frac{\pi k\tau}{T}}\right] = \frac{1}{\pi k}\sin\frac{\pi k\tau}{T}$$

3.2 연속시간 푸리에 변환(CTFT)

3.2.1 CTFT

아날로그 주기 신호의 스펙트럼을 분석하기 위하여 푸리에 급수가 사용된다. 푸리에 급수를 사용한 시스템 해석은 입력이 주기 신호이어야 하는 제한을 갖고 있다. 그렇다면 비주기 신호에 대한 스펙트럼은 어떻게 나타낼 수 있을까? 푸리에 급수와 유사한 방법으로 비주기 신호를 표현하는 푸리에 변환이 개발되었으며 이를 연속시간 푸리에 변환(Continuous Time Fourier Transform, CTFT)이라고 한다.

푸리에 변환은 주기 신호의 주기를 무한대로 확장한 푸리에 급수의 개념으로 이해할 수 있다. 이를 알아보기 위해 먼저 다음과 같은 주기 $T=5$인 구형파 주기 신호와 그 푸리에 급수 계수 $|X_k|$를 그려보기로 하자.

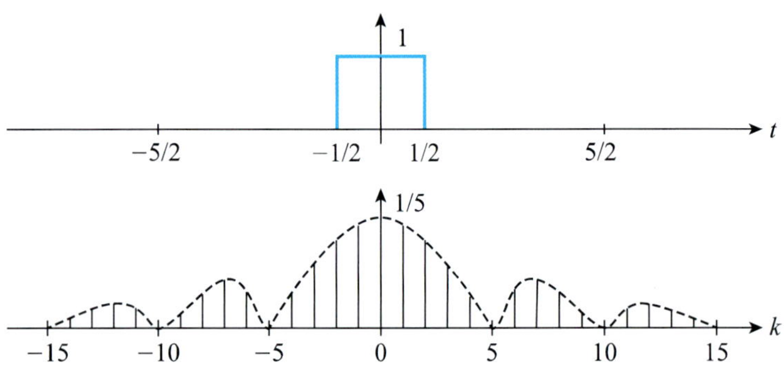

그림 3-9 $T=5$인 구형파 주기 신호와 그 푸리에 급수 계수 $|X_k|$

이 주기 신호의 푸리에 급수 계수는 다음과 같으며 그래프로 나타내면 그림 3-9와 같다(그림 3-8의 예제에서 $T=5$, $\tau=1$인 경우).

$$X_k = \frac{\sin(\pi k/5)}{\pi k}$$

이번에는 구형파의 모양은 똑같고 주기만 $T=10$인 다음 그림과 같은 구형파 주기 신호의 푸리에 급수 계수 $|X_k|$를 그려보기로 하자.

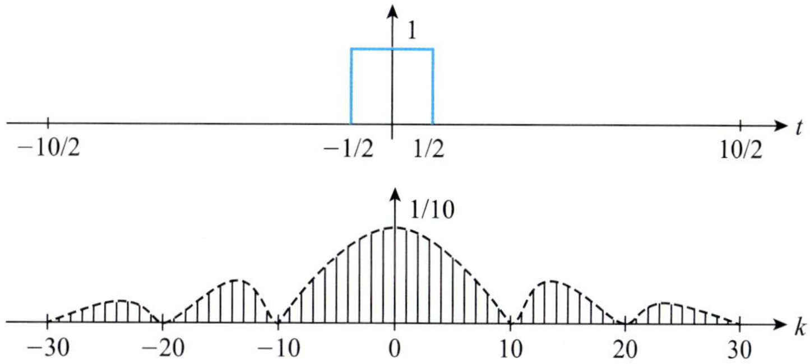

그림 3-10 $T=10$인 구형파 주기 신호와 그 푸리에 급수 계수 $|X_k|$

이 주기 신호의 푸리에 급수 계수는 다음 식과 같다(그림 3-8의 예제에서 $T=10$, $\tau=1$인 경우).

$$X_k = \frac{\sin(\pi k/10)}{\pi k}$$

위의 두 예에서 보듯이 $T=10$으로 주기가 늘어나면 스펙트럼은 처음으로 0이 되는 지점까지의 선 스펙트럼의 수가 5개에서 10개로 늘어남을 볼 수 있다. 그렇다면 주기가 무한대가 되면 어떤 현상이 일어날까? 원점에서부터 처음 0이 되는 지점까지 선 스펙트럼이 무한대로 증가해서 선 스펙트럼이 연속 스펙트럼으로 나타나게 될 것이다. 이와 같은 개념으로 푸리에 급수가 푸리에 변환으로 확장될 수 있다.

이제 수학적으로 어떻게 변하는지 알아보기로 하자. 먼저 푸리에 급수를 다시 불러보자.

푸리에 급수	푸리에 급수 계수
$\tilde{x}(t) = \sum_{k=-\infty}^{\infty} X_k e^{jk\omega_0 t}$	$X_k = \frac{1}{T}\int_0^T \tilde{x}(t) e^{-jk\omega_0 t}\,dt$

(1) 먼저 주기가 무한대가 되면 푸리에 급수 계수 X_k가 어떻게 변하는지 알아보자. 주기가 무한대가 되면($T \to \infty$) 선스펙트럼의 주파수 간격 ω_0는 무한히 작아지므로 다음과 같이 $d\omega$가 된다.

$$\omega_0 = \frac{2\pi}{T} \xrightarrow{T\to\infty} d\omega = \frac{2\pi}{T}$$

또한 주기가 무한대가 되면 선스펙트럼의 주파수 $k\omega_0$는 연속 변수가 된다. 즉,

$$k\omega_0 \xrightarrow{T\to\infty} \omega$$

따라서 푸리에 급수 계수 X_k는 다음과 같이 표현될 수 있다.

$$X_k = \frac{d\omega}{2\pi}\int_{-\infty}^{\infty} \tilde{x}(t)e^{-j\omega t}\,dt$$

(2) 이번에는 푸리에 급수가 어떻게 변하는지 알아보자.

주기가 무한대가 되면 주기 신호는 다음과 같이 표현할 수 있다.

$$\tilde{x}(t) \xrightarrow{T\to\infty} x(t)$$

$$\sum_{k=-\infty}^{\infty} \xrightarrow{T\to\infty} \int_{\omega=-\infty}^{\infty}$$

이 식들을 푸리에 급수 식에 대입하면 다음과 같다.

$$\begin{aligned} x(t) &= \int_{\omega=-\infty}^{\infty} \frac{d\omega}{2\pi}\int_{t=-\infty}^{\infty} x(t)e^{-j\omega t}\,dt\ e^{j\omega t} \\ &= \frac{1}{2\pi}\int_{\omega=-\infty}^{\infty}\left\{\int_{t=-\infty}^{\infty} x(t)e^{-j\omega t}\,dt\right\}e^{j\omega t}d\omega \end{aligned}$$

위의 결과로부터 다음과 같이 CTFT를 정의할 수 있다.

$$x(t) \xleftrightarrow{\text{CTFT}} X(\omega)$$

$$X(\omega) = \int_{-\infty}^{\infty} x(t)e^{-j\omega t}\,dt$$

$$x(t) = \frac{1}{2\pi}\int_{-\infty}^{\infty} X(\omega)e^{j\omega t}d\omega$$

CTFT $X(\omega)$는 $X(j\omega)$로 표기하기도 한다. 이는 신호 $x(t)$가 직각 좌표(rectangular coordinate)의 복소평면으로 CTFT 변환되는 과정에서 복소평면의 허수축인 $j\omega$ 축의 함수로 변환되기 때문이다.

참고 아날로그 신호처리에서 사용되는 라플라스 변환 $X(s)$는 신호 $x(t)$가 직각 좌표로 나타내는 복소평면으로 라플라스 변환되므로 $X(\sigma+j\omega)$의 표기를 사용한다. 또한 $s=\sigma+j\omega$의 치환을 사용하여 한 개의변수 $X(s)$로 표기한다. 따라서 라플라스 변환은 CTFT의 일반화로 간주할 수 있다.

3.2.2 주파수 응답

이 절에서는 주기 신호가 입력되는 시스템의 해석방법을 생각해보기로 한다. 먼저 다음의 LTI 시스템을 보자.

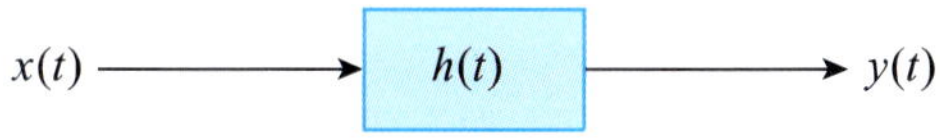

그림 3-11 LTI 시스템

이 시스템의 출력은 다음과 같이 컨볼류션으로 구할 수 있다.

$$y(t) = \int_{-\infty}^{\infty} h(\tau)x(t-\tau)d\tau$$

이 시스템에 $x(t)=e^{j\omega t}$의 주기 신호가 입력되었을 경우 다음과 같이 출력을 구할 수 있다.

$$y(t)=\int_{-\infty}^{\infty}h(\tau)e^{j\omega(t-\tau)}d\tau=e^{j\omega t}\int_{-\infty}^{\infty}h(\tau)e^{-j\omega\tau}d\tau$$

위의 식에서 $e^{j\omega t}$ 이외의 부분을 다음과 같이 정의하여 주파수 응답(frequency response)이라고 부른다.

$$H(\omega)=\int_{-\infty}^{\infty}h(\tau)e^{-j\omega\tau}d\tau$$

이 주파수 응답의 정의는 지난 절에서 기술한 CTFT의 정의와 같음을 알 수 있다. 즉 임펄스 응답 $h(t)$의 CTFT가 주파수 응답이다. 이와 같은 주파수 응답의 정의를 사용하여 시스템의 출력은 다음과 같이 나타낼 수 있다.

$$y(t)=H(\omega)e^{j\omega t}$$

이 식에서 ω는 주파수를 나타내는 연속 변수이다. 따라서 고정된 주파수 ω에 대한 $H(\omega)$는 상수이다. 또한 $H(\omega)$는 복소함수이므로 다음과 같이 진폭 응답(magnitude response)과 위상 응답(phase response)으로 나누어 표기하는 것이 효율적이다.

$$H(\omega)=|H(\omega)|e^{j\measuredangle H(\omega)},\ |H(\omega)|\ :\ \text{진폭 응답},\ \measuredangle H(\omega)\ :\ \text{위상 응답}$$

다음의 예제를 통하여 주파수 응답의 물리적 의미를 좀 더 살펴보기로 한다. 다음 그림과 같은 RC 회로로 구성된 시스템에 여러 가지 주파수의 주기 신호가 입력되는 경우에 어떤 신호가 출력되는지 살펴보자.

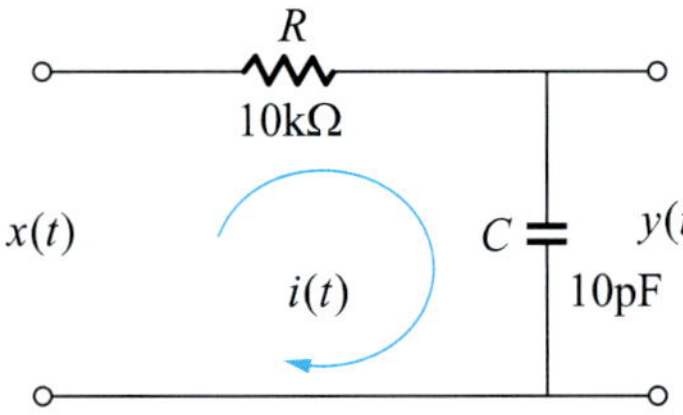

그림 3-12 RC 회로 시스템

커패시터의 특성을 이용한 해석

가장 간단한 해석은 다음과 같다. 즉 DC 신호(주파수가 0)가 입력되면 커패시터는 오픈 상태이므로 저항의 크기와 상관없이 입력 신호가 그대로 출력에 나타난다. 그리고 높은 주파수의 신호가 입력되면 커패시터는 쇼트 상태가 되어 저항이 거의 없게 된다. 따라서 출력 단에는 높은 주파수의 입력신호가 나타나지 않는다. 이와 같이 2가지 경우를 종합하면 이 시스템은 저역통과 필터(LPF, Low Pass Filter)임을 알 수 있다.

주파수 응답을 사용한 분석

이 시스템의 미분방정식은 다음과 같다.

$$Ri(t) + y(t) = x(t), \qquad i(t) = C\frac{dy(t)}{dt}$$

위의 식을 이용하여 입력과 출력의 미분방정식을 구하면 다음과 같다.

$$\frac{dy(t)}{dt} + \frac{1}{RC}y(t) = \frac{1}{RC}x(t)$$

다음과 같은 시스템의 주파수 응답 관계식을 다시 불러보자.

$$x(t) = e^{j\omega t} \quad \Rightarrow \quad y(t) = H(\omega)e^{j\omega t}$$

위의 식과 미분방정식을 이용하여 구한 주파수 응답은 다음과 같다.

$$j\omega H(\omega)e^{j\Omega t} + \frac{1}{RC}H(\omega)e^{j\omega t} = \frac{1}{RC}e^{j\omega t} \Rightarrow \quad H(\omega) = \frac{1/RC}{1/RC + j\omega}$$

저항과 커패시터의 값을 대입하여 구한 이 시스템의 주파수 응답은 다음과 같다.

$$\frac{1}{RC} = \frac{1}{10^4 \times 10^{-11}} = 10^7, \quad H(\omega) = \frac{10^7}{10^7 + j\omega}$$

이와 같은 주파수 응답은 일반적으로 복소함수이므로 그래프로 나타내기 위해서 진폭 응답을 구하면 다음과 같다.

$$|H(\omega)| = \frac{10^7}{\sqrt{10^{14} + \omega^2}}$$

이 식을 사용하면 특정 주파수 1 kHz와 1 GHz에 대한 주파수 응답을 다음과 같이 쉽게 구할 수 있다.

i) $\omega = 2\pi f = 2\pi \times 10^3, \quad |H(\omega)| = \dfrac{10^7}{\sqrt{10^{14} + (2\pi \times 10^3)^2}} \simeq 1$

ii) $\omega = 2\pi f = 2\pi \times 10^9, \quad |H(\omega)| = \dfrac{10^7}{\sqrt{10^{14} + (2\pi \times 10^9)^2}} \simeq \dfrac{10^7}{2\pi \times 10^9}$

$= 0.00159$

이 예제의 진폭 응답을 그리면 다음 그래프와 같다.

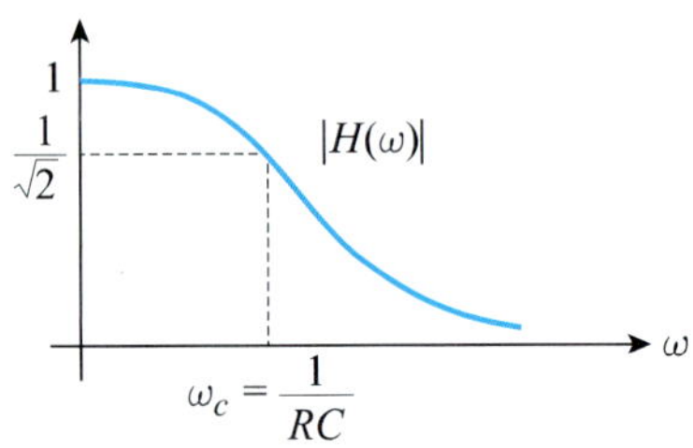

그림 3-13 예제의 주파수 응답

주파수 응답은 그림과 같이 $\omega = 0$일 때 1이 되며 주파수가 증가할수록 주파수 응답은 감소하게 된다. 주파수 응답에서 크기가 $1/\sqrt{2}$로 감소하는 주파수를 3 dB cutoff 주파수라고 부른다. 이 예제에서는 다음과 같다.

$$|H(\omega)| = \frac{1/RC}{\sqrt{(1/RC)^2 + \omega_c^2}} = \frac{1}{\sqrt{2}} \Rightarrow \frac{(1/RC)^2}{(1/RC)^2 + \omega_c^2} = \frac{1}{2}$$

$$\Rightarrow \omega_c = \frac{1}{RC} = 10^7 \quad \Rightarrow f_c = \frac{\omega_c}{2\pi} = 1{,}591{,}549\,\text{Hz} \simeq 1.59\,\text{MHz}$$

이 예제에서 보듯이 주기 신호 입력에 대한 출력 관찰은 주파수 응답을 이용한 방법이 편리함을 알 수 있다.

3.3 여러 가지 신호의 CTFT

3.3.1 지수 신호의 CTFT

지수 신호의 CTFT는 매우 중요하다. 특히 R, L, C로 이루어진 시스템에서 임펄스 응답이 지수 신호인 경우가 많다. 이와 같이 지수 신호의 임펄스 응답을 갖는 시스템의 주파수 응답은 CTFT를 사용하여 구하게 된다. 다음과 같은 임펄스 응답을 보자.

$$h(t) = ae^{-at}u(t), \quad a > 0$$

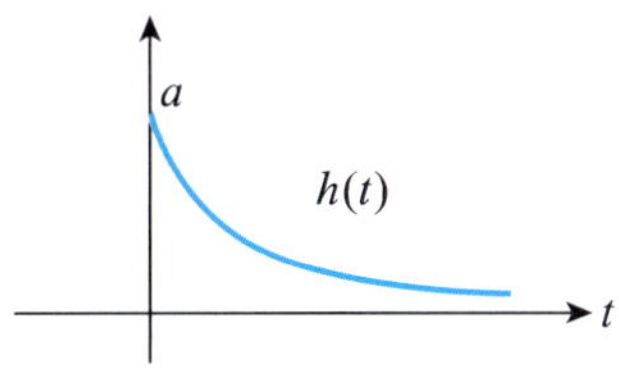

그림 3-14 지수 신호의 임펄스 응답

이 임펄스 응답의 CTFT는 다음과 같다.

$$H(\omega) = \int_{-\infty}^{\infty} ae^{-at}u(t)e^{-j\omega t}dt = a\int_{0}^{\infty} e^{-(a+j\omega)t}dt$$

$$= a\left[\frac{e^{-(a+j\omega)t}}{-(a+j\omega)}\right]_0^{\infty} = \frac{a}{a+j\omega}$$

$$\therefore h(t) = ae^{-at}u(t),\ a > 0 \quad \leftrightarrow \quad H(\omega) = \frac{a}{a+j\omega}$$

3.3.2 임펄스 신호의 CTFT

가장 기본적인 신호인 임펄스 신호 $\delta(t)$의 CTFT를 구해보기로 한다. 이를 위해 임펄스 신호 $\delta(t)$의 솎음 성질 $\int_{-\infty}^{\infty} x(t)\delta(t-t_0)dt = x(t_0)$을 이용하면 다음과 같다.

$$\int_{-\infty}^{\infty} \delta(t)e^{-j\omega t}dt = 1$$

따라서 다음과 같이 표현한다.

$$\delta(t) \quad \leftrightarrow \quad 1$$

그림 3-15 $\delta(t)$와 그 CTFT

예제

임펄스 신호 $\delta(t-2)$의 CTFT를 구하시오.

풀이 솎음 성질을 이용하면 다음과 같다.

$$\int_{-\infty}^{\infty} \delta(t-2)e^{-j\omega t}dt = e^{-j2\omega}$$

이번에는 $\delta(\omega)$의 역 CTFT를 알아보기로 한다. 솎음 성질을 이용하면 다음과 같다.

$$\frac{1}{2\pi}\int_{-\infty}^{\infty} \delta(\omega)e^{j\omega t}d\omega = \frac{1}{2\pi}$$

따라서 다음과 같이 표현한다.

$$1 \quad \leftrightarrow \quad 2\pi\delta(\omega)$$

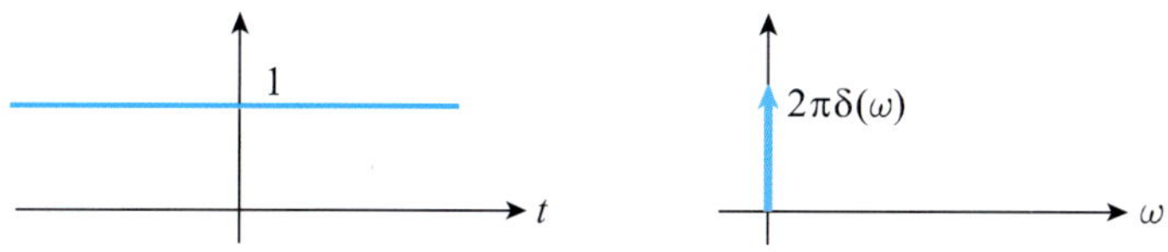

그림 3-16　$\delta(\omega)$와 역 CTFT

3.3.3 펄스 신호의 CTFT

다음과 같은 펄스 신호 $x(t) = \mathrm{rect}\left(\frac{t}{\tau}\right)$의 CTFT를 구해보기로 한다.

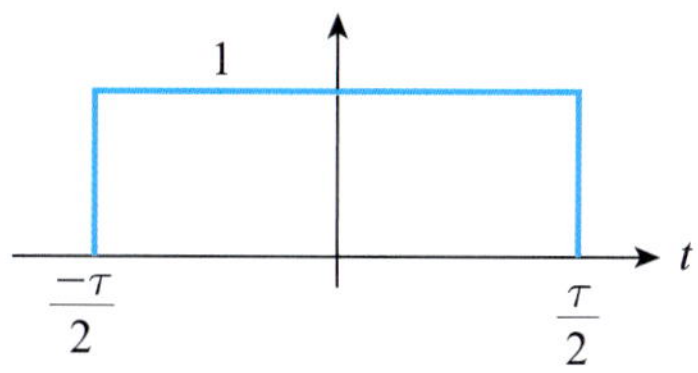

그림 3-17　예제의 펄스 신호

CTFT의 정의에 펄스 신호를 대입하면 다음과 같다.

$$X(\omega) = \int_{-\infty}^{\infty} x(t)e^{-j\omega t}dt = \int_{-\tau/2}^{\tau/2} e^{-j\omega t}dt = \left[\frac{e^{-j\omega t}}{-j\omega}\right]_{-\tau/2}^{\tau/2}$$

$$= \frac{1}{j\omega}(e^{j\omega\tau/2} - e^{-j\omega\tau/2}) = \frac{2}{\omega}\frac{e^{j\omega\tau/2} - e^{-j\omega\tau/2}}{2j} = \frac{2\sin(\omega\tau/2)}{\omega}$$

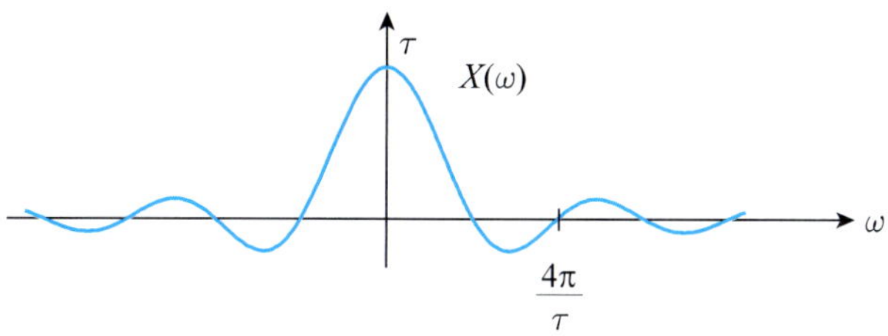

그림 3-18　예제의 CTFT

CTFT에서 $\omega = 0$에서의 값은 다음과 같다.

$$\left.\frac{(2\sin(\tau\omega/2))'}{\omega'}\right|_{\omega=0} = \left.\frac{\tau\cos(\tau\omega/2)}{1}\right|_{\omega=0} = \tau$$

이와 같이 펄스 신호(시간 영역)의 CTFT는 sinc 신호(주파수 영역)의 모양을 갖는다.

3.3.4 sinc 신호의 CTFT

펄스 신호의 CTFT가 주파수 영역에서 sinc 신호의 모양이 됨을 보았다. 이와 마찬가지로 sinc 신호의 CTFT는 주파수 영역에서 펄스의 모양을 갖는다. sinc 신호의 CTFT를 찾기 위하여 주파수 영역의 펄스를 역 CTFT하는 것이 쉽다. 이와 같은 주파수 영역의 펄스를 필터라고 부른다. 다음 그림의 $X(\omega) = \text{rect}\left(\frac{\omega}{2\omega_s}\right)$의 역 CTFT해 보기로 한다.

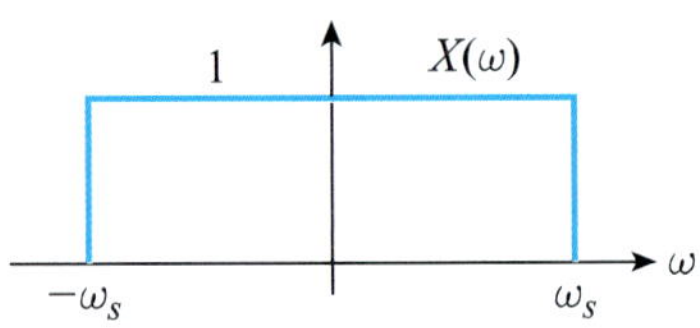

그림 3-19 예제의 $X(\omega)$

$$x(t) = \frac{1}{2\pi}\int_{-\infty}^{\infty} X(\omega)e^{j\omega t}d\omega = \frac{1}{2\pi}\int_{-\omega_s}^{\omega_s} e^{j\omega t}d\omega = \frac{1}{2\pi}\left[\frac{e^{j\omega t}}{jt}\right]_{-\omega_s}^{\omega_s}$$

$$= \frac{1}{2\pi jt}(e^{j\omega_s t} - e^{-j\omega_s t}) = \frac{\sin\omega_s t}{\pi t}$$

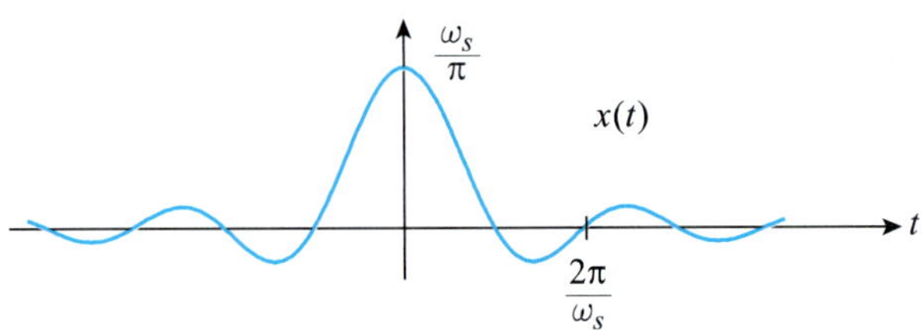

그림 3-20 예제의 $x(t)$

$x(0)$의 값은 다음과 같다.

$$\left.\frac{(\sin\omega_s t)'}{(\pi t)'}\right|_{t=0} = \left.\frac{\omega_s \cos\omega_s t}{\pi}\right|_{t=0} = \frac{\omega_s}{\pi}$$

이와 같이 저역통과 필터(주파수 영역)의 역 CTFT는 sinc 신호(시간 영역)가 됨을 보았다.

예제

다음 두 필터의 임펄스 응답을 구하시오.

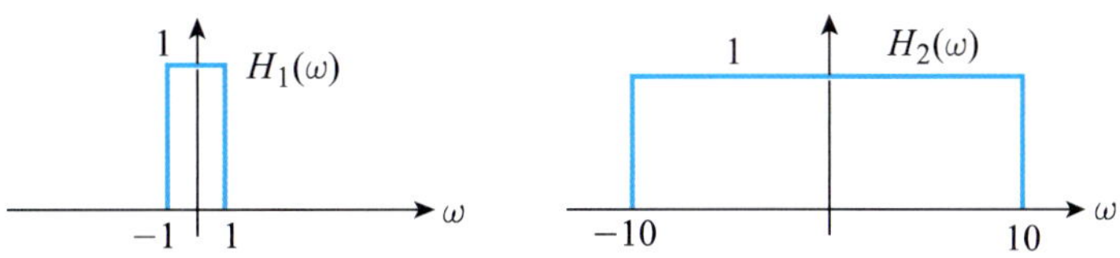

그림 3-21 예제의 필터

풀이 두 필터의 역 CTFT는 다음과 같다.

$$h_1(t) = \frac{1}{2\pi}\int_{-\infty}^{\infty} H_1(\omega)e^{j\omega t}d\omega = \frac{1}{2\pi}\int_{-1}^{1} e^{j\omega t}d\omega = \frac{1}{2\pi}\left[\frac{e^{j\omega t}}{jt}\right]_{-1}^{1}$$

$$= \frac{1}{2\pi jt}(e^{jt} - e^{-jt}) = \frac{\sin t}{\pi t}$$

$$h_2(t) = \frac{1}{2\pi}\int_{-\infty}^{\infty} H_2(\omega)e^{j\omega t}d\omega = \frac{1}{2\pi}\int_{-10}^{10} e^{j\omega t}d\omega = \frac{1}{2\pi}\left[\frac{e^{j\omega t}}{jt}\right]_{-10}^{10}$$

$$= \frac{1}{2\pi jt}(e^{j10t} - e^{-j10t}) = \frac{\sin 10t}{\pi t}$$

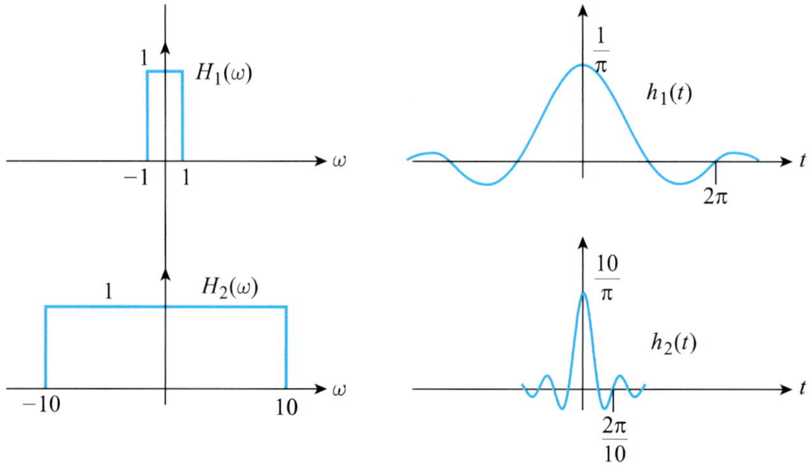

그림 3-22 예제의 임펄스 응답

$h_1(0)$과 $h_2(0)$의 값은 각각 다음과 같다.

$$\left.\frac{(\sin t)'}{(\pi t)'}\right|_{t=0} = \left.\frac{\cos t}{\pi}\right|_{t=0} = \frac{1}{\pi}, \quad \left.\frac{(\sin 10t)'}{(\pi t)'}\right|_{t=0} = \left.\frac{10\cos 10t}{\pi}\right|_{t=0} = \frac{10}{\pi}$$

이 예제에서 보듯이 필터의 대역 폭을 계속 넓히면 역 CTFT인 임펄스 응답은 폭이 점점 좁아짐을 알 수 있다. 만일 대역 폭을 무한대로 넓히면 임펄스 응답은 임펄스로 수렴하게 된다.

3.3.5 복소 지수 신호의 CTFT

복소 지수 신호의 CTFT를 찾기 위하여 먼저 $\delta(t)$와 $\delta(\omega)$를 다음과 같이 나타내보자. $\delta(t)$의 CTFT가 1이므로 역 CTFT 관계식을 사용하면 다음과 같이 나타낼 수 있다.

$$\delta(t) \leftrightarrow 1, \quad \Rightarrow \quad \delta(t) = \frac{1}{2\pi}\int_{-\infty}^{\infty} e^{j\omega t} d\omega$$

$\delta(\omega)$의 역CTFT가 $1/2\pi$이므로 CTFT 관계식을 사용하면 다음과 같이 나타낼 수 있다.

$$\frac{1}{2\pi} \leftrightarrow \delta(\omega), \quad \Rightarrow \quad \delta(\omega) = \int_{-\infty}^{\infty} \frac{1}{2\pi} e^{-j\omega t} dt = \frac{1}{2\pi} \int_{-\infty}^{\infty} e^{-j\omega t} dt$$

이제 복소 주기 신호 $x(t) = e^{j\omega_0 t}$의 CTFT를 찾아보기로 한다. 이 복소 주기 신호의 CTFT는 다음과 같다.

$$X(\omega) = \int_{-\infty}^{\infty} e^{j\omega_0 t} e^{-j\omega t} dt = \int_{-\infty}^{\infty} e^{-j(\omega - \omega_0)t} dt$$

$\int_{-\infty}^{\infty} e^{-j\omega t} dt = 2\pi\delta(\omega)$를 이용하면 다음과 같이 CTFT를 구할 수 있다.

$$X(\omega) = \int_{-\infty}^{\infty} e^{-j(\omega - \omega_0)t} dt = 2\pi\delta(\omega - \omega_0)$$

참고 다음과 같이 CTFT를 구할 수도 있다. 먼저 $x(t)$의 CTFT를 $X(\omega)$라고 하자. 이제 $x(t)e^{j\omega_0 t}$의 CTFT를 구해보기로 한다.

$$\int_{-\infty}^{\infty} x(t) e^{j\omega_0 t} e^{-j\omega t} dt = \int_{-\infty}^{\infty} x(t) e^{-j(\omega - \omega_0)t} dt = X(\omega - \omega_0)$$

또한 다음의 관계식을 이용한다.

$$1 \leftrightarrow 2\pi\delta(\omega)$$

위의 두 식을 이용하면 $e^{j\omega_0 t}$의 CTFT는 다음과 같다.

$$e^{j\omega_0 t} \leftrightarrow 2\pi\delta(\omega - \omega_0)$$

많이 사용되는 CTFT 변환 쌍은 다음 표와 같다.

| 표 3-1 | 중요한 CTFT 변환 쌍

	신호	CTFT
1	$\delta(t)$	1
2	$\delta(t-t_0)$	$e^{-j\omega t_0}$
3	1	$2\pi\delta(\omega)$
4	$e^{j\omega_0 t}$	$2\pi\delta(\omega-\omega_0)$
5	$\cos\omega_0 t$	$\pi[\delta(\omega-\omega_0)+\delta(\omega+\omega_0)]$
6	$\sin\omega_0 t$	$\frac{\pi}{j}[\delta(\omega-\omega_0)+\delta(\omega+\omega_0)]$
7	$u(t)$	$\pi\delta(\omega)+\frac{1}{j\omega}$
8	$rect\left(\frac{t}{\tau}\right)$	$\frac{2\sin(\omega\tau/2)}{\omega}$
9	$\frac{\sin(\omega_s t)}{\pi t}$	$\mathrm{rect}\left(\frac{\omega}{2\omega_s}\right)$
10	$e^{-at}u(t),\ a>0$	$\frac{1}{a+j\omega}$
11	$e^{-a\|t\|},\ a>0$	$\frac{2a}{a^2+\omega^2}$
12	$te^{-at}u(t),\ a>0$	$\left(\frac{1}{a+j\omega}\right)^2$
13	$\sum_{n=-\infty}^{\infty} e^{jn\omega_0 t}$	$2\pi\sum_{n=-\infty}^{\infty} a_n\delta(\omega-n\omega_0)$
14	$\sum_{n=-\infty}^{\infty} \delta(t-nT)$	$\frac{2\pi}{T}\sum_{n=-\infty}^{\infty} \delta(\omega-n\frac{2\pi}{T})$

3.4 CTFT의 성질

3.4.1 선형성

두 개 신호의 CTFT는 각각 다음과 같다.

$$x_1(t) \leftrightarrow X_1(\omega), \qquad x_2(t) \leftrightarrow X_2(\omega)$$

이때 이들 신호의 가중합에 대한 CTFT는 다음과 같다.

$$ax_1(t)+bx_2(t) \leftrightarrow aX_1(\omega)+bX_2(\omega)$$

이 성질을 선형성(linearity)이라고 부른다.

3.4.2 대칭성

신호 $x(t)$가 실수(real)의 신호이면 다음과 같은 관계가 있다.

$$X(-\omega)=X^*(\omega)$$

이 식에서 $*$는 컬레복소함수(complex conjugate)이다. 이 관계식을 대칭성(symmetry)이라고 부른다.

증명 CTFT의 일반식은 다음과 같다.

$$X(\omega)=\int_{-\infty}^{\infty} x(t)e^{-j\omega t}dt$$

$x(t)$가 실수이므로 위의 식에서 양변의 컬레복소함수를 이용하면 다음과 같다.

$$X^*(\omega)=\int_{-\infty}^{\infty} x(t)e^{j\omega t}dt=\int_{-\infty}^{\infty} x(t)e^{-j(-\omega)t}dt=X(-\omega)$$

3.4.3 주파수 이동 성질

신호 $x(t)$의 CTFT가 $x(t) \leftrightarrow X(\omega)$일 때, 다음과 같은 성질이 있다.

$$x(t)e^{j\omega_0 t} \leftrightarrow X(\omega - \omega_0)$$

이 성질을 주파수 이동 성질(frequency shifting property)이라고 부른다.

증명

$$\begin{aligned}\frac{1}{2\pi}\int_{-\infty}^{\infty} X(\omega-\omega_0)e^{j\omega t}d\omega &= \frac{1}{2\pi}\int_{-\infty}^{\infty} X(a)e^{jat}e^{j\omega_0 t}da \\ &= e^{j\omega_0 t}\left\{\frac{1}{2\pi}\int_{-\infty}^{\infty} X(a)e^{jat}da\right\} \\ &= x(t)e^{j\omega_0 t}\end{aligned}$$

3.4.4 시간 이동 성질

신호 $x(t)$의 CTFT가 $x(t) \leftrightarrow X(\omega)$일 때, 다음과 같은 성질이 있다.

$$x(t-t_0) \leftrightarrow X(\omega)e^{-j\omega t_0}$$

이 성질을 시간 이동 성질(time shifting property)이라고 부른다.

증명

$$\begin{aligned}\int_{-\infty}^{\infty} x(t-t_0)e^{-j\omega t}dt &= \int_{-\infty}^{\infty} x(\tau)e^{-j\omega\tau}e^{-j\omega t_0}d\tau \\ &= e^{-j\omega t_0}\left\{\int_{-\infty}^{\infty} x(\tau)e^{-j\omega\tau}d\tau\right\} \\ &= X(\omega)e^{-j\omega t_0}\end{aligned}$$

3.4.5 미분 성질

신호 $x(t)$의 CTFT가 $x(t) \leftrightarrow X(\omega)$일 때, 다음과 같은 성질이 있다.

$$\frac{dx(t)}{dt} \quad \leftrightarrow \quad j\omega X(\omega)$$

이 성질을 미분 성질(differentiation property)이라고 부른다.

증명 다음의 역CTFT 식에서

$$x(t) = \frac{1}{2\pi}\int_{-\infty}^{\infty} X(\omega)e^{j\omega t}d\omega$$

양변을 미분하면 다음과 같다.

$$\frac{dx(t)}{dt} = \frac{1}{2\pi}\int_{-\infty}^{\infty} [j\omega X(\omega)]\, e^{j\omega t}d\omega$$

3.4.6 에너지 정리

신호 $x(t)$의 CTFT가 $x(t) \leftrightarrow X(\omega)$일 때, 다음과 같은 성질이 있다.

$$\int_{-\infty}^{\infty} |x(t)|^2 dt = \frac{1}{2\pi}\int_{-\infty}^{\infty} |X(\omega)|^2 d\omega$$

이 성질을 에너지 정리(energy theorem)라고 부른다.

증명

$$\begin{aligned}
\int_{-\infty}^{\infty} |x(t)|^2 dt &= \int_{-\infty}^{\infty} x(t)x^*(t)dt \\
&= \int_{-\infty}^{\infty} x(t)\left[\frac{1}{2\pi}\int_{-\infty}^{\infty} X^*(\omega)e^{-j\omega t}d\omega\right]dt \\
&= \frac{1}{2\pi}\int_{-\infty}^{\infty} X^*(\omega)\left[\int_{-\infty}^{\infty} x(t)e^{-j\omega t}dt\right]d\omega \\
&= \frac{1}{2\pi}\int_{-\infty}^{\infty} |X(\omega)|^2 d\omega
\end{aligned}$$

예제

어떤 지수 신호의 CTFT는 다음과 같다.

$$x(t) = e^{-t}u(t) \quad \leftrightarrow \quad X(\omega) = \frac{1}{1+j\omega}$$

위의 관계식에서 에너지 정리가 성립하는지 보이시오.

풀이

$$\int_{-\infty}^{\infty} |x(t)|^2 dt = \int_{-\infty}^{\infty} x(t)x^*(t)dt = \int_0^{\infty} e^{-2t}dt = \frac{1}{2}$$

$$\begin{aligned} \frac{1}{2\pi}\int_{-\infty}^{\infty} |X(\omega)|^2 d\omega &= \frac{1}{2\pi}\int_{-\infty}^{\infty} \frac{1}{1+\omega^2} d\omega \\ &= \frac{1}{\pi}\int_0^{\infty} \frac{1}{1+\omega^2} d\omega = \frac{1}{\pi}\left[\tan^{-1}\omega\right]_0^{\infty} \\ &= \frac{1}{2} \end{aligned}$$

참고 $\int \frac{1}{a^2+x^2}dx = \frac{1}{a}\tan^{-1}\left(\frac{x}{a}\right)$

3.4.7 컨볼류션 성질

두 개 신호의 CTFT는 각각 다음과 같다.

$$x(t) \leftrightarrow X(\omega), \qquad h(t) \leftrightarrow H(\omega)$$

이때 이들 신호의 컨볼류션에 대한 CTFT는 다음과 같다.

$$h(t) * x(t) \quad \leftrightarrow \quad H(\omega)X(\omega)$$

이 성질을 컨볼류션 성질(convolution property)이라고 부른다.

증명

$$\int_{-\infty}^{\infty}[x(t)*h(t)]e^{-j\omega t}dt = \int_{-\infty}^{\infty}\left[\int_{-\infty}^{\infty}x(\tau)h(t-\tau)d\tau\right]e^{-j\omega t}dt$$
$$= \int_{-\infty}^{\infty}x(\tau)\left[\int_{-\infty}^{\infty}h(t-\tau)e^{-j\omega t}dt\right]d\tau$$
$$= \int_{-\infty}^{\infty}x(\tau)\left[e^{-j\omega\tau}H(\omega)\right]d\tau = H(\omega)X(\omega)$$

이 성질을 그림으로 나타내면 다음과 같다.

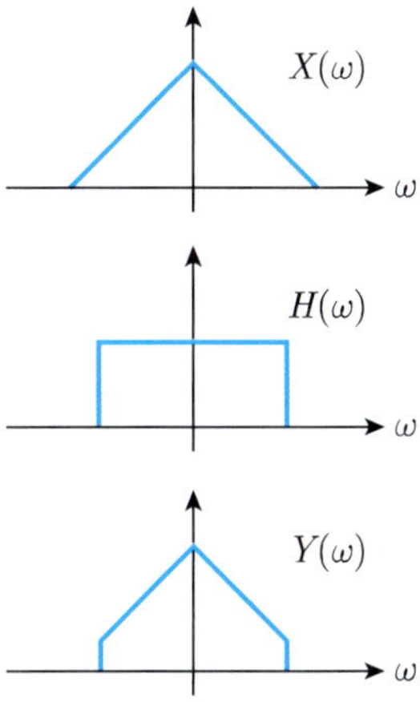

그림 3-23 컨볼류션 성질

3.4.8 변조 성질

두 개 신호의 CTFT는 각각 다음과 같다.

$$x(t) \leftrightarrow X(\omega), \qquad m(t) \leftrightarrow M(\omega)$$

이때 이들 신호의 곱에 대한 CTFT는 다음과 같다.

$$x(t)m(t) \ \leftrightarrow \ \frac{1}{2\pi}X(\omega)*M(\omega)$$

위의 성질을 변조 성질(modulation property)이라고 부른다.

증명

$$\frac{1}{2\pi}\int_{-\infty}^{\infty}[X(\omega)*M(\omega)]e^{j\omega t}d\omega = \frac{1}{2\pi}\int_{-\infty}^{\infty}\left[\int_{-\infty}^{\infty}X(a)M(\omega-a)da\right]e^{j\omega t}d\omega$$

$$= \int_{-\infty}^{\infty}X(a)\left[\frac{1}{2\pi}\int_{-\infty}^{\infty}M(\omega-a)e^{j\omega t}d\omega\right]da$$

$$= \int_{-\infty}^{\infty}X(a)\left[e^{-jat}m(t)\right]da = 2\pi m(t)x(t)$$

3.4.9 스케일링 성질

신호 $x(t)$의 CTFT가 $X(\omega)$이다. $x(t)$가 $y(t)=x(at)$로 스케일링 되었을 때에 $y(t)$의 CTFT는 다음과 같다.

$$Y(\omega)=\frac{1}{|a|}X\left(\frac{\omega}{a}\right)$$

위의 성질을 스케일링 성질(scaling property)이라고 한다.

3.5 푸리에 변환의 용도 : 필터

시스템의 출력은 컨볼류션으로 구할 수 있다. 컨볼류션 성질에서 보듯이 스펙트럼으로 관찰하면 시스템을 더욱 잘 이해할 수 있다. 이와 같은 시스템을 필터라고도 부른다. 이상적인 필터(Ideal filter)의 주파수 응답(frequency response)은 다음과 같이 4가지가 있다.

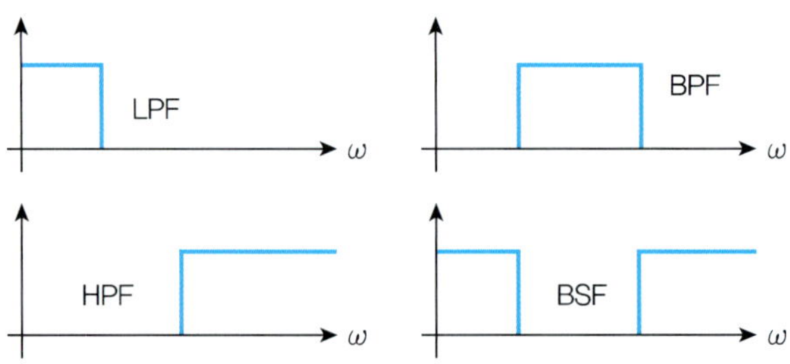

그림 3-24 4가지 종류의 이상적인 필터의 주파수 응답

위의 그림에서 보듯이 필터의 종류는 4가지가 있다.

- **저역통과 필터**(Low Pass Filter, LPF): 낮은 주파수의 신호는 그대로 통과시키고, 상대적으로 높은 주파수의 신호는 제거시키는 필터이다.
- **고역통과 필터**(High Pass Filter, HPF): 높은 주파수의 신호는 그대로 통과시키고, 상대적으로 낮은 주파수의 신호는 제거시키는 필터이다.
- **대역통과 필터**(Band Pass Filter, BPF): 특정 대역의 주파수의 신호는 통과시키고, 그 외의 주파수 대역의 신호는 제거시키는 필터이다.
- **대역저지 필터**(Band Stop Filter, BSF): 특정 대역의 주파수의 신호는 제거시키고, 그 외의 주파수 대역의 신호는 통과시키는 필터이다.

위의 그림에서 보듯이 **이상적인 필터**에서는 통과대역과 저지대역에서의 특성이 다음과 같다.

$$|H(\omega)| = 1, \text{ 통과대역}$$
$$|H(\omega)| = 0, \text{ 저지대역}$$

그러나 실제의 전자회로 또는 반도체로 구현되는 필터의 주파수 응답은 다음 그림과 같이 통과대역과 저지대역 사이가 서서히 변화하는 주파수 응답을 갖는다.

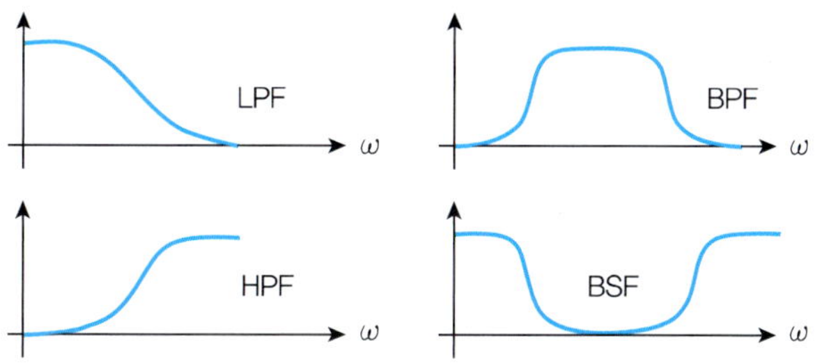

그림 3-25 실제 필터의 주파수 응답

이와 같은 필터는 구현하는 부품에 따라 수동필터(Passive filter)와 능동필터(Active filter)로 분류한다. 수동필터는 저항, 커패시터, 인덕터 등의 수동소자를 사용하여 구현된 필터를 말한다. 능동필터는 연산증폭기(OP amp)와 수동소자를 결합하여 구현된 필터이다.

3.5.1 저역통과 필터

RC 저역통과 필터

저역통과 필터는 상대적으로 낮은 주파수의 입력신호를 통과시키는 필터이다. 이 절에서는 다음 그림과 같은 RC 회로로 이루어진 저역통과 필터를 사용하여 그 개요를 살펴보기로 한다.

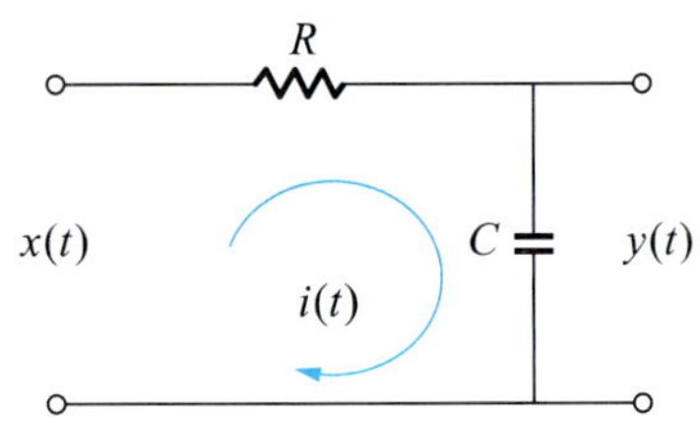

그림 3-26 RC 저역통과 필터

이 RC 시스템의 입력과 출력의 미분방정식은 다음과 같다.

$$\frac{dy(t)}{dt}+\frac{1}{RC}y(t)=\frac{1}{RC}x(t)$$

주파수 응답을 구하기 위해 다음의 주파수 응답 관계식을 이용한다.

$$x(t)=e^{j\omega t} \quad \Rightarrow \quad y(t)=H(\omega)e^{j\omega t}$$

이 식과 미분방정식을 이용하여 주파수 응답을 구하면 다음과 같다.

$$j\omega H(\omega)e^{j\omega t}+\frac{1}{RC}H(\omega)e^{j\omega t}=\frac{1}{RC}e^{j\omega t}$$

$$H(\omega)=\frac{1/RC}{1/RC+j\omega}, \quad |H(\omega)|=\frac{1/RC}{\sqrt{(1/RC)^2+\omega^2}}$$

이와 같은 진폭 응답을 그래프로 나타내면 다음 그림과 같다. 그림에서 보듯이 이 그림은 저역통과 특성을 갖는다.

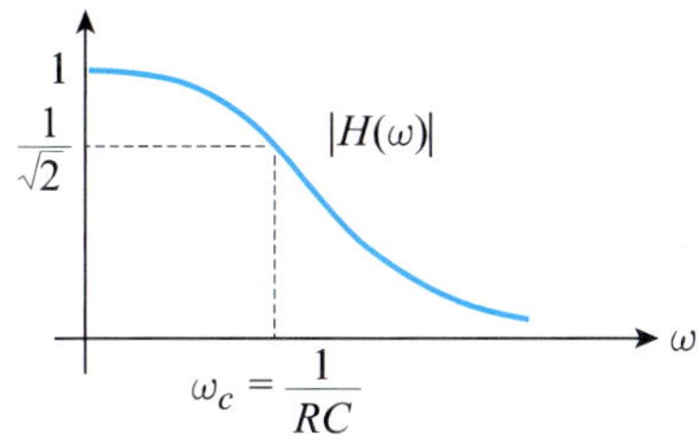

그림 3-27 RC 저역통과 필터의 주파수 응답

또한 임펄스 응답은 다음과 같이 구할 수 있다.

$$H(\omega) = \frac{1/RC}{1/RC + j\omega} \quad \leftrightarrow \quad h(t) = \frac{1}{RC}e^{-\frac{1}{RC}t}u(t)$$

$R = 1\,\mathrm{k\Omega}$, $C = 0.1\mu\mathrm{F}$일 경우에, 저역통과 필터의 주파수 응답을 확인해보기로 한다. 이를 위하여 다음과 같이 직류(DC), 1 kHz, 10 kHz 등의 3가지 단일 주파수 신호를 입력시켜보자. 먼저 주파수 응답은 다음과 같다.

$$\frac{1}{RC} = \frac{1}{10^3 \times 10^{-7}} = 10^4,\ H(\omega) = \frac{10^4}{10^4 + j\omega} \Rightarrow |H(\omega)| = \frac{10^4}{\sqrt{10^8 + \omega^2}}$$

이 필터의 Cutoff 주파수는 다음과 같다.

$$|H(\omega_c)| = \frac{1}{\sqrt{2}} \quad \Rightarrow \quad \frac{1}{1 + (\omega_c RC)^2} = \frac{1}{2} \quad \Rightarrow \quad \omega_c = \frac{1}{RC} = 10^4$$

$$2\pi f_c = 10^4 \quad \therefore f_c = 1{,}591\,\mathrm{Hz} \simeq 1.59\,\mathrm{kHz}$$

(a) 1 V의 직류 주파수의 이득

$$|H(0)| = \frac{10^4}{\sqrt{10^8}} = 1$$

(b) 1 kHz 주파수의 이득(1 V)

$$|H(2\pi \times 1000)| = \frac{10^4}{\sqrt{10^8 + (2\pi \times 1000)^2}} = 0.847$$

(c) 10 kHz 주파수의 이득(1 V)

$$|H(2\pi\times 10000)| = \frac{10^4}{\sqrt{10^8 + (2\pi\times 10000)^2}} = 0.157$$

각각의 입력 신호에 대한 이득을 그래프로 나타내면 다음 그림과 같다.

(a) DC 입력에 대한 출력

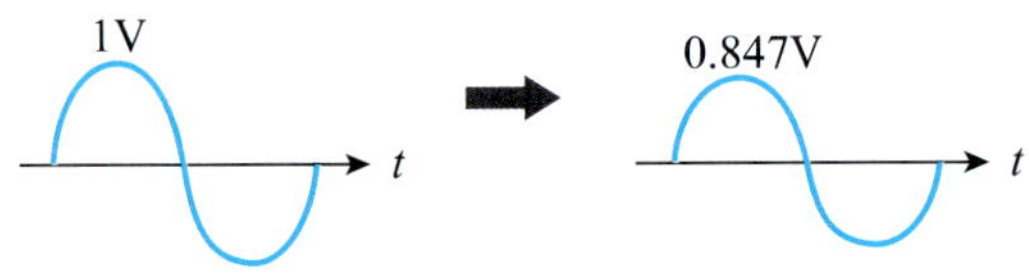

(b) 1 kHz 입력에 대한 출력

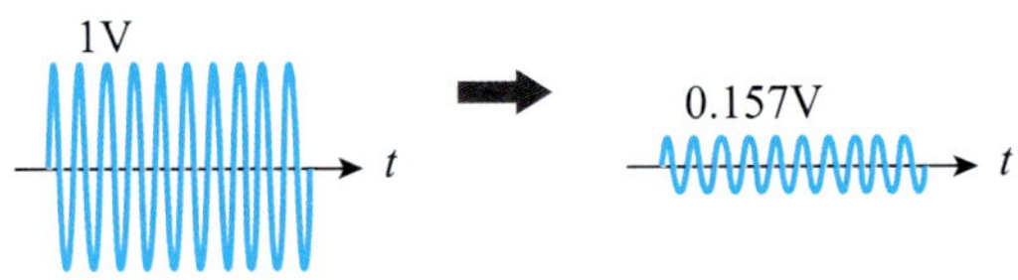

(c) 10 kHz 입력에 대한 출력

그림 3-28 단일 주파수에 대한 이득(RC 저역통과 필터)

그림 (a)에서 보듯이 0 주파수에 해당하는 직류 신호는 출력에 그대로 나타난다. 또한 1 kHz의 신호는 0.847 V로 약간 신호의 크기가 감소됨을 볼 수 있다. 반면에 10 kHz의 높은 주파수 신호는 출력 단에서 보면 0.157 V로 그 크기가 매우 감소됨을 볼 수 있다. 이와 같이 3개의 주파수를 입력시켜보면 저역통과 필터임을 알 수 있다.

RL 저역통과 필터

이 절에서는 다음 그림과 같은 RL 회로로 이루어진 저역통과 필터의 동작 원리를 살펴보기로 한다.

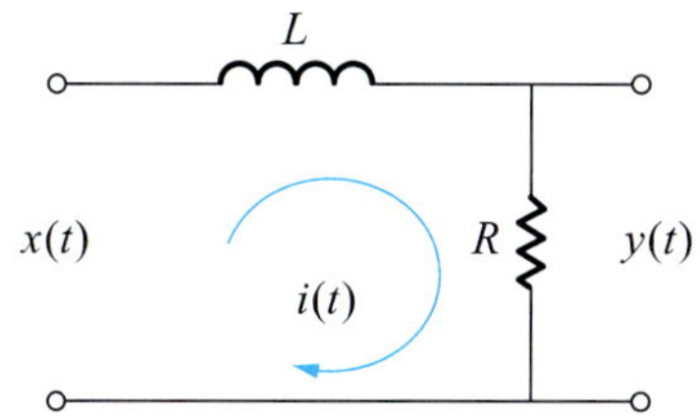

그림 3-29 RL 저역통과 필터

이 시스템의 미분방정식은 다음과 같다.

$$L\frac{di(t)}{dt}+Ri(t)=x(t),\ \ y(t)=Ri(t)\rightarrow i(t)=\frac{1}{R}y(t)\ \rightarrow\ \frac{di(t)}{dt}=\frac{1}{R}\frac{dy(t)}{dt}$$

위의 식을 이용하여 입력과 출력의 미분방정식을 구하면 다음과 같다.

$$\frac{dy(t)}{dt}+\frac{R}{L}y(t)=\frac{R}{L}x(t)$$

다음과 같은 시스템의 주파수 응답 관계식을 다시 불러보자.

$$x(t)=e^{j\omega t}\quad\Rightarrow\quad y(t)=H(\omega)e^{j\omega t}$$

이 식과 미분방정식을 이용하여 주파수 응답을 구하면 다음과 같다.

$$j\omega H(\omega)e^{j\omega t}+\frac{R}{L}H(\omega)e^{j\omega t}=\frac{R}{L}e^{j\omega t}\Rightarrow\quad H(\omega)=\frac{R/L}{R/L+j\omega}$$

이 필터의 주파수 응답은 다음과 같다.

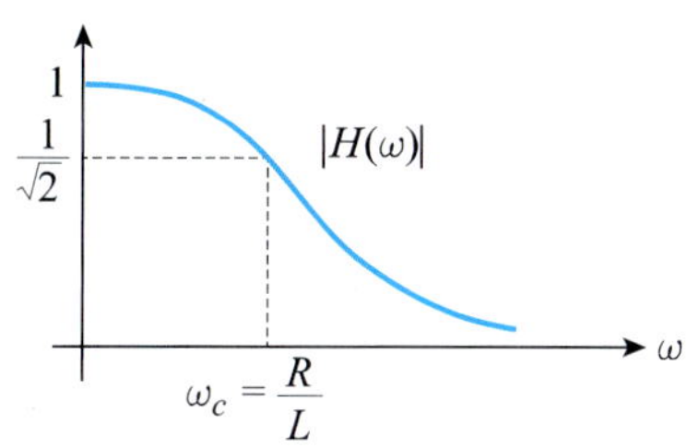

그림 3-30 RL 저역통과 필터의 주파수 응답

임펄스 응답은 다음과 같이 구할 수 있다.

$$H(\omega)=\frac{R/L}{R/L+j\omega} \quad \leftrightarrow \quad h(t)=\frac{R}{L}e^{-\frac{R}{L}t}u(t)$$

$R=1\,\text{k}\Omega$, $L=1\,\text{mH}$일 경우에, 이 시스템의 주파수 응답을 확인해보기로 한다. 이를 위하여 다음과 같이 직류(DC), 100 kHz, 1 MHz 등의 3가지 단일 주파수 신호를 입력시켜보자. 먼저 주파수 응답은 다음과 같다.

$$\frac{R}{L}=\frac{10^3}{10^{-3}}=10^6, \quad H(\omega)=\frac{10^6}{10^6+j\omega} \quad \Rightarrow \quad |H(\omega)|=\frac{10^6}{\sqrt{10^{12}+\omega^2}}$$

이 필터의 Cutoff 주파수는 다음과 같다.

$$|H(\omega_c)|=\frac{1}{\sqrt{2}} \quad \Rightarrow \quad \frac{(R/L)^2}{(R/L)^2 1+\omega_c^2}=\frac{1}{2} \quad \Rightarrow \quad \omega_c=\frac{R}{L}=10^6$$

$$2\pi f_c=10^6 \quad \therefore f_c=159{,}154\,\text{Hz}\simeq 159\,\text{kHz}$$

(a) 1 V의 직류 주파수의 이득

$$|H(0)|=\frac{10^6}{\sqrt{10^{12}}}=1$$

(b) 100 kHz 주파수의 이득(1 V)

$$|H(2\pi\times 10^5)|=\frac{10^6}{\sqrt{10^{12}+(2\pi\times 10^5)^2}}=0.847$$

(c) 1 MHz 주파수의 이득(1V)

$$|H(2\pi\times 10^6)|=\frac{10^6}{\sqrt{10^{12}+(2\pi\times 10^6)^2}}=0.157$$

이와 같이 3개의 주파수를 입력시켜보면 저역통과 필터임을 알 수 있다.

3.5.2 고역통과 필터

RC 고역통과 필터

고역통과 필터는 상대적으로 높은 주파수의 입력신호를 통과시키는 필터이다. 이 절에서는 다음 그림과 같은 RC 회로로 이루어진 고역통과 필터의 동작원리를 살펴보기로 한다.

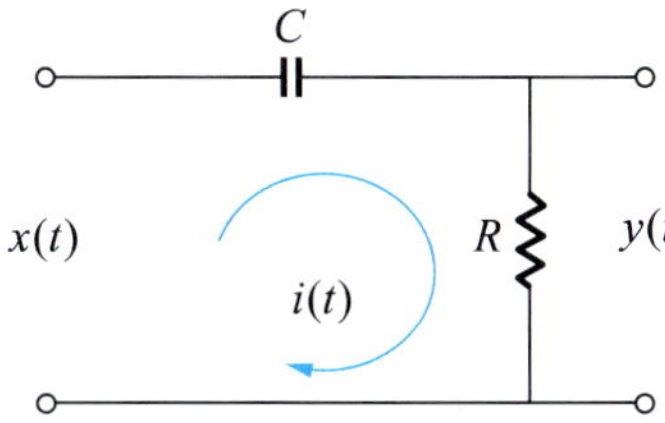

그림 3-31 RC 고역통과 필터

먼저 이 시스템의 미분방정식을 구해보기로 한다.

$$\frac{1}{C}\int i(t)dt + Ri(t) = x(t),\ \ Ri(t) = y(t) \rightarrow i(t) = \frac{1}{R}y(t)$$

$$\therefore \frac{1}{RC}\int y(t)dt + y(t) = x(t) \Rightarrow \frac{dy(t)}{dt} + \frac{1}{RC}y(t) = \frac{dx(t)}{dt}$$

다음과 같은 시스템의 주파수 응답 관계식을 다시 불러보자.

$$x(t) = e^{j\omega t} \quad \Rightarrow \quad y(t) = H(\omega)e^{j\omega t}$$

위의 식과 미분방정식을 이용하여 주파수 응답을 구하면 다음과 같다.

$$j\omega H(\omega)e^{j\omega t} + \frac{1}{RC}H(\omega)e^{j\omega t} = j\omega e^{j\omega t}$$
$$\Rightarrow H(\omega) = \frac{j\omega}{1/RC + j\omega} \quad \Rightarrow |H(\omega)| = \frac{\omega}{\sqrt{(1/RC)^2 + \omega^2}}$$

이 주파수 응답의 진폭 응답은 다음 그림과 같다.

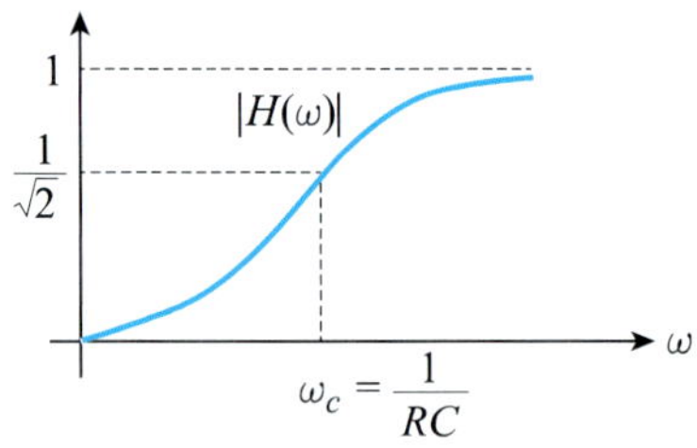

그림 3-32 RC 고역통과 필터의 주파수 응답

위의 주파수 응답은 고역통과 필터이며 임펄스 응답은 다음과 같이 구할 수 있다.

$$H(\omega) = \frac{j\omega}{1/RC + j\omega} = 1 - \frac{1/RC}{1/RC + j\Omega} \quad \leftrightarrow \quad h(t) = \delta(t) - \frac{1}{RC} e^{-\frac{1}{RC}t} u(t)$$

$R = 1\,\text{k}\Omega$, $C = 0.1\mu\text{F}$일 경우에, 이 고역통과 필터의 주파수 응답을 확인해보기로 한다. 이를 위하여 다음과 같이 직류(DC), 1 kHz, 10 kHz 등의 3가지 단일 주파수 신호를 입력시켜보자. 먼저 주파수 응답은 다음과 같다.

$$\frac{1}{RC} = \frac{1}{10^3 \times 10^{-7}} = 10^4, \ H(\omega) = \frac{j\omega}{10^4 + j\omega} \Rightarrow |H(\omega)| = \frac{\omega}{\sqrt{10^8 + \omega^2}}$$

이 필터의 Cutoff 주파수는 다음과 같다.

$$|H(\omega_c)| = \frac{1}{\sqrt{2}} \quad \Rightarrow \quad \frac{\omega_c^2}{(1/RC)^2 + \omega_c^2} = \frac{1}{2} \quad \Rightarrow \quad \omega_c = \frac{1}{RC} = 10^4$$

$$2\pi f_c = 10^4 \quad \therefore f_c = 1{,}591\,\text{Hz} \simeq 1.59\,\text{kHz}$$

(a) 1 V의 직류 주파수의 이득

$$|H(0)| = \frac{0}{\sqrt{10^8}} = 0$$

(b) 1 kHz 주파수의 이득(1 V)

$$|H(2\pi \times 10^3)| = \frac{2\pi \times 10^3}{\sqrt{10^8 + (2\pi \times 10^3)^2}} = 0.532$$

(c) 10 kHz 주파수의 이득(1 V)

$$|H(2\pi \times 10^4)| = \frac{2\pi \times 10^4}{\sqrt{10^8 + (2\pi \times 10^4)^2}} = 0.988$$

각각의 입력 신호에 대한 이득을 그래프로 나타내면 다음 그림과 같다.

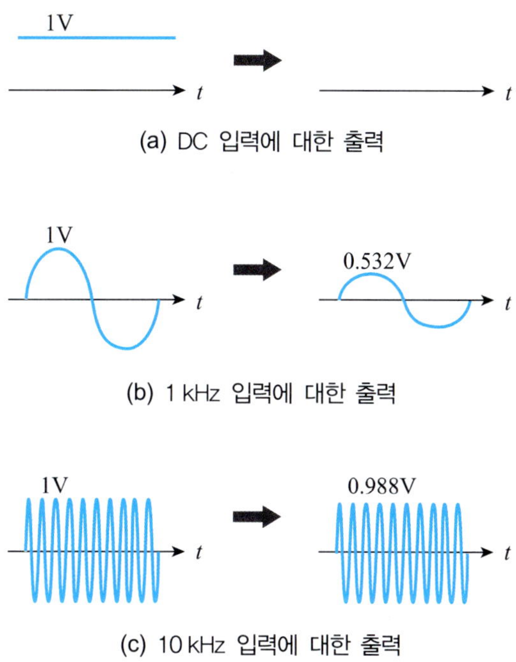

그림 3-33 단일 주파수에 대한 이득(RC 고역통과 필터)

그림 (a)에서 보듯이 0 주파수에 해당하는 직류 신호는 필터를 통과하면서 완전히 제거된다. 또한 1 kHz의 신호는 0.532 V로 신호의 크기가 감소됨을 볼 수 있다. 반면에 10 kHz의 높은 주파수 신호는 출력 단에서 보면 0.988 V로 그 크기가 거의 그대로 통과됨을 볼 수 있다. 이와 같이 3개의 주파수를 입력시켜보면 고역통과 필터임을 알 수 있다.

RL 고역통과 필터

다음 그림과 같이 RL 회로를 사용하여 고역통과 필터를 만들 수 있다. 이 필터의 주파수 응답과 임펄스 응답을 구해보기로 하자.

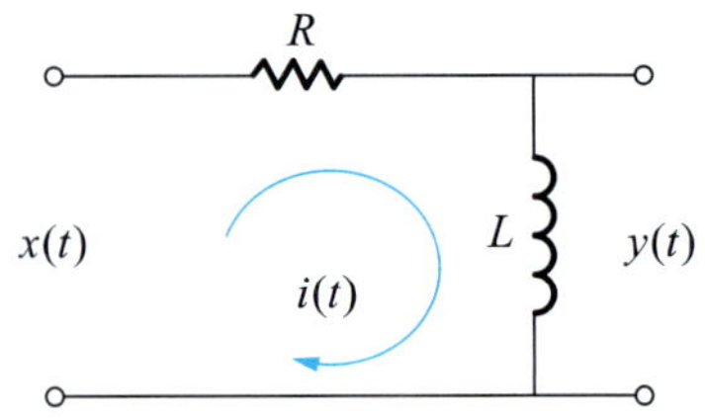

그림 3-34 RL 고역통과 필터

이 RL 회로로 이루어진 시스템의 미분방정식을 구해보자.

$$L\frac{di(t)}{dt}+Ri(t)=x(t),\quad y(t)=L\frac{di(t)}{dt}\rightarrow\frac{1}{L}\int y(t)dt=\int\frac{di(t)}{dt}dt=i(t)$$

$$\therefore y(t)+\frac{R}{L}\int y(t)dt=x(t)\Rightarrow\frac{dy(t)}{dt}+\frac{R}{L}y(t)=\frac{dx(t)}{dt}$$

다음과 같은 시스템의 주파수 응답 관계식을 다시 불러보자.

$$x(t)=e^{j\omega t}\quad\Rightarrow\quad y(t)=H(\omega)e^{j\omega t}$$

위의 식과 미분방정식을 이용하여 주파수 응답을 구하면 다음과 같다.

$$j\omega H(\omega)e^{j\omega t}+\frac{R}{L}H(\omega)e^{j\omega t}=j\omega e^{j\omega t}$$

$$\Rightarrow H(\omega)=\frac{j\omega}{R/L+j\omega}\Rightarrow|H(\omega)|=\frac{\omega}{\sqrt{(R/L)^2+\omega^2}}$$

이 주파수 응답의 그래프는 다음 그림과 같다.

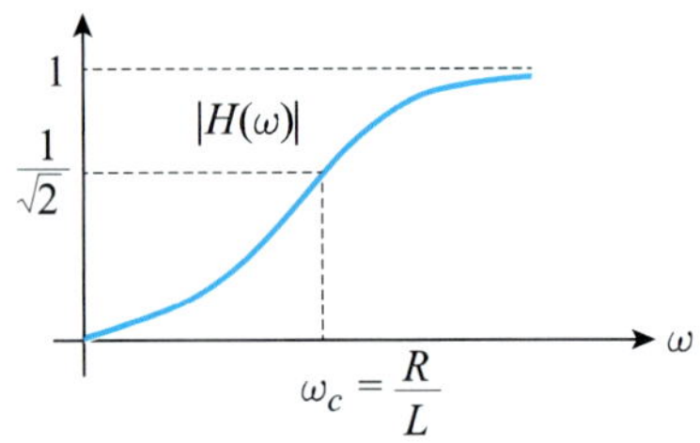

그림 3-35 RL 고역통과 필터의 주파수 응답

위의 그림으로부터 고역통과 필터임을 알 수 있다. 임펄스 응답은 다음과 같이 구할 수 있다.

$$H(\omega)=\frac{j\omega}{R/L+j\omega}=1-\frac{R/L}{R/L+j\omega} \quad \leftrightarrow \quad h(t)=\delta(t)-\frac{R}{L}e^{-\frac{R}{L}t}u(t)$$

$R=1\,\mathrm{k\Omega}$, $L=1\,\mathrm{mH}$일 경우에, 이 고역통과 필터의 주파수 응답을 확인해보기로 한다. 이를 위하여 다음과 같이 직류(DC), 100 kHz, 1 MHz 등의 3가지 단일 주파수 신호를 입력시켜보자. 먼저 주파수 응답은 다음과 같다.

$$\frac{R}{L}=\frac{10^3}{10^{-3}}=10^6, \quad H(\omega)=\frac{j\omega}{10^6+j\omega} \quad \Rightarrow \quad |H(\omega)|=\frac{\omega}{\sqrt{10^{12}+\omega^2}}$$

이 필터의 Cutoff 주파수는 다음과 같다.

$$|H(\omega_c)|=\frac{1}{\sqrt{2}} \quad \Rightarrow \quad \frac{\omega_c^2}{(R/L)^2+\omega_c^2}=\frac{1}{2} \quad \Rightarrow \quad \omega_c=\frac{R}{L}=10^6$$

$$2\pi f_c=10^6 \quad \therefore f_c=159{,}154\,\mathrm{Hz}\simeq 159\,\mathrm{kHz}$$

(a) 1 V의 직류 주파수의 이득

$$|H(0)|=\frac{0}{\sqrt{10^{12}}}=0$$

(b) 100 kHz 주파수의 이득(1 V)

$$|H(2\pi\times 10^5)|=\frac{2\pi\times 10^5}{\sqrt{10^{12}+(2\pi\times 10^5)^2}}=0.532$$

(c) 1 MHz 주파수의 이득(1 V)

$$|H(2\pi\times 10^6)|=\frac{2\pi\times 10^6}{\sqrt{10^{12}+(2\pi\times 10^6)^2}}=0.988$$

이와 같이 3개의 주파수를 입력시켜보면 고역통과 필터임을 알 수 있다.

3.6 푸리에 변환의 용도 : 진폭 변조

음성 신호와 같은 낮은 주파수의 신호를 무선통신으로 송신하기 위해서는 변조가 필요하다. 음성 신호와 같은 낮은 주파수의 신호를 그대로 공중으로 송신하려면 매우 높은 길이의 송신탑을 세워야 하는 데 현실적으로 불가능하다. 따라서 매우 빠른 주파수를 곱하여 전송하게 되는데 이를 진폭 변조라고 부른다. 통신에서 변조를 하는 중요한 이유는 또 하나가 있다. 신호를 멀리 전송하기 위해서는 중간에 신호들이 서로 섞이지 않아야 한다. 즉 신호들을 서로 다른 주파수를 사용해서 변조하면 서로 섞이지 않게 된다.

무선통신에서 사용하는 진폭 변조 시스템의 블록도는 다음 그림과 같다.

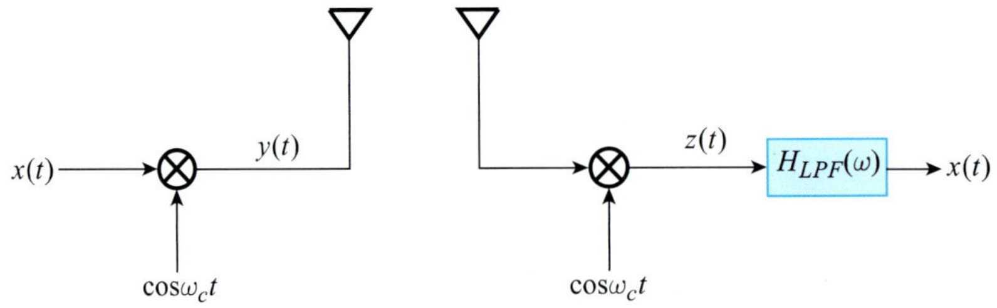

그림 3-36 진폭 변조 통신시스템

변조부

변조부의 신호는 다음과 같이 해석할 수 있다.

먼저 $\cos\omega_0 t$의 CTFT는 다음과 같다.

$$1 \;\leftrightarrow\; 2\pi\delta(\omega) \qquad e^{j\omega_0 t} \leftrightarrow\; 2\pi\delta(\omega-\omega_0)$$

$$\cos\omega_0 t = \frac{e^{j\omega_0 t}+e^{-j\omega_0 t}}{2} \;\leftrightarrow\; \pi\delta(\omega-\omega_0)+\pi\delta(\omega+\omega_0)$$

위의 식을 이용하여 다음과 같이 변조신호의 CTFT를 구할 수 있다.

$$y(t) = x(t)\cos\omega_0 t \quad \leftrightarrow \quad \frac{1}{2\pi}X(\omega) * M(\omega)$$

$$= \frac{1}{2\pi}X(\omega) * \left[\pi\delta(\omega-\omega_0)+\pi\delta(\omega+\omega_0)\right]$$

$$= \frac{1}{2}\left[X(\omega-\omega_0)+X(\omega+\omega_0)\right]$$

송신해야 할 음성 신호 $x(t)$의 스펙트럼이 그림 3-37과 같다면, 변조된 신호 $y(t)$의 스펙트럼은 그림 3-38과 같다.

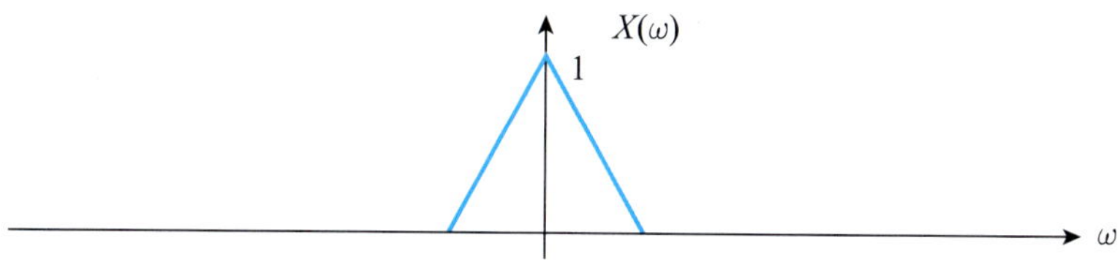

그림 3-37 음성 신호 $x(t)$의 스펙트럼

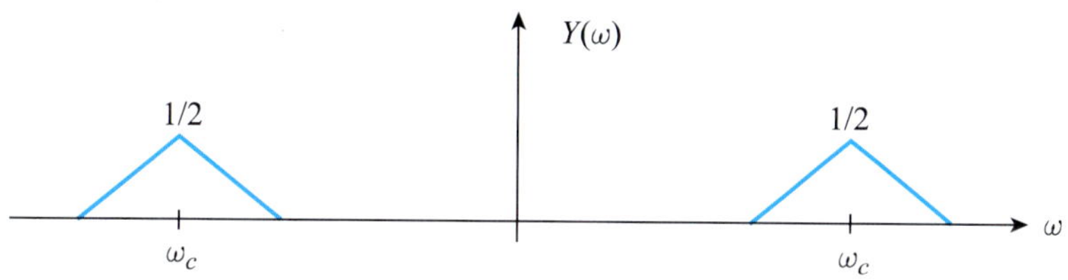

그림 3-38 변조된 신호 $y(t)$의 스펙트럼

복조부

수신된 신호로부터 다시 원래의 정보신호를 찾는 과정을 복조라고 하며 다음과 같이 해석할 수 있다. 먼저 $z(t)$의 CTFT는 다음과 같다.

$$z(t) = y(t)\cos\omega_0 t \leftrightarrow Z(\omega) = \frac{1}{2}\left[Y(\omega-\omega_0)+Y(\omega+\omega_0)\right]$$

$$= \frac{1}{2}\left\{\frac{1}{2}\left[X(\omega-2\omega_0)+X(\omega)\right]+\frac{1}{2}\left[X(\omega)+X(\omega+2\omega_0)\right]\right\}$$

$$= \frac{1}{2}X(\omega)+\frac{1}{4}X(\omega-2\omega_0)+\frac{1}{4}X(\omega+2\omega_0)$$

복조된 신호 $z(t)$의 스펙트럼은 다음 그림과 같다.

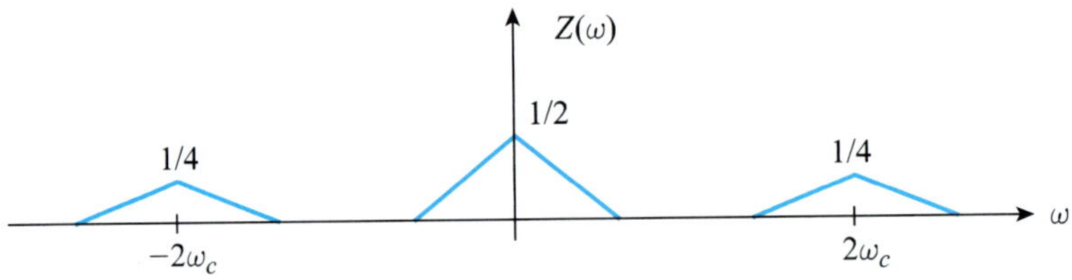

그림 3-39 복조된 신호 $z(t)$의 스펙트럼

위의 스펙트럼을 보면 저역통과 필터를 사용하여 원 신호를 얻을 수 있음을 알 수 있다.

연습문제

3-1 다음 구형파의 주기 신호를 삼각 푸리에 급수로 나타내었을 때, $k=0,\ 1,\ 2,\ \cdots,\ 10$까지 삼각 푸리에 급수 계수를 구하고 컴퓨터를 사용하여 그리시오.

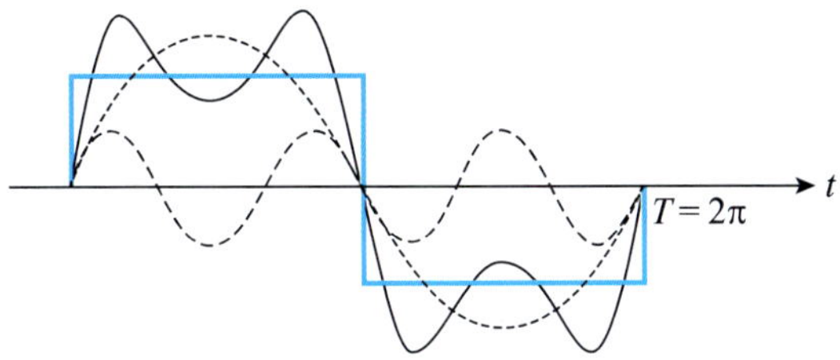

그림 III-1

3-2 다음 구형파의 주기 신호를 삼각 푸리에 급수로 나타내었을 때, $k=0,\ 1,\ 2,\ \cdots,\ 10$까지 삼각 푸리에 급수 계수를 구하고 컴퓨터를 사용하여 그리시오.

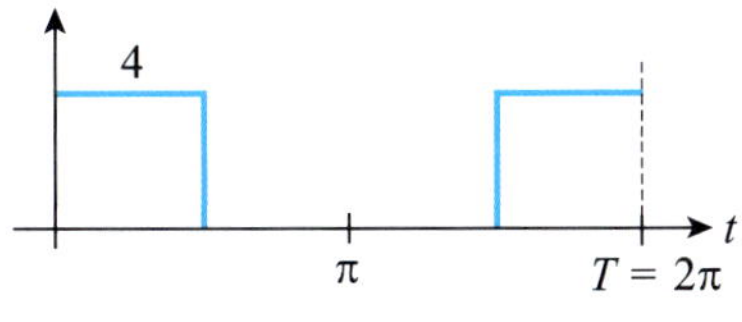

그림 III-2

3-3 다음 주기 신호를 푸리에 급수로 나타내었을 때, 푸리에 급수 계수 X_k를 구하시오.

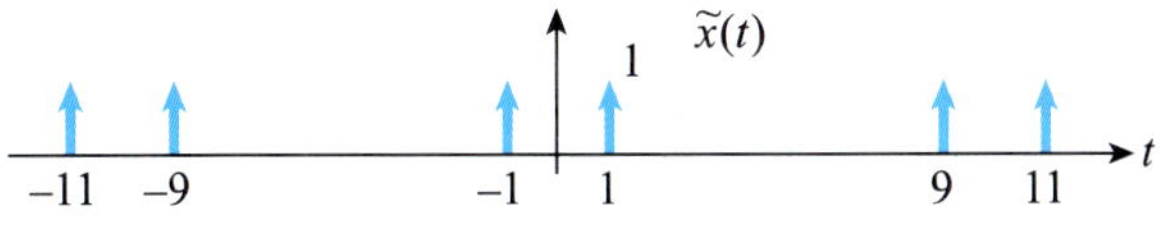

그림 III-3

3-4 어느 시스템의 주파수 응답 $H(\omega)$는 다음 그림과 같다. 이 시스템의 임펄스 응답 $h(t)$를 구하고 그리시오.

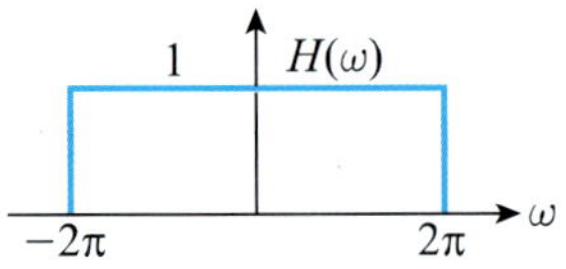

그림 III-4

3-5 다음 그림의 RC 회로로 이루어진 시스템에서 주파수 응답, 임펄스 응답, cutoff 주파수를 구하시오(단 $R=1\,\text{k}\Omega$, $C=0.01\mu\text{F}$이다).

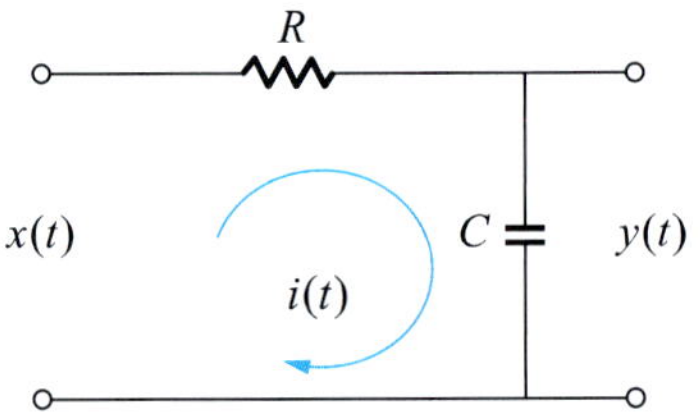

그림 III-5

3-6 다음 그림의 RL 회로로 이루어진 시스템을 보고 물음에 답하시오(단, $L=1\,\text{mH}$, $R=1\,\text{k}\Omega$이다).

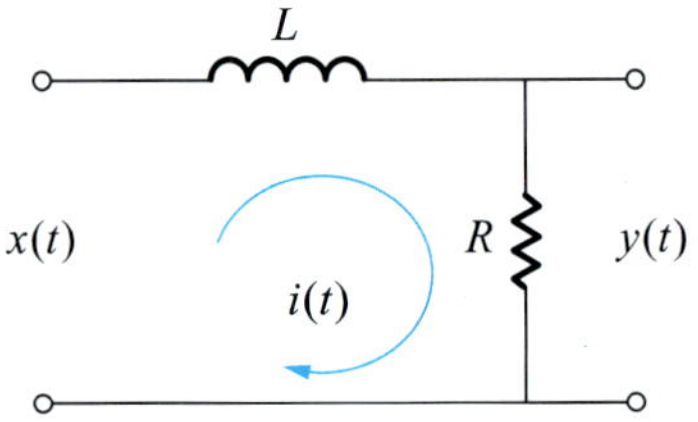

그림 III-6

(a) 주파수 응답, 임펄스 응답을 구하시오.

(b) cutoff 주파수, 1 kHz와 1 MHz 입력 주파수에 대한 이득을 구하시오.

3-7 다음 그림과 같은 RC 회로로 이루어진 시스템에서 주파수 응답과 cutoff 주파수를 구하시오(단, $C=0.001\mu\text{F}$, $R=1\text{ k}\Omega$이다).

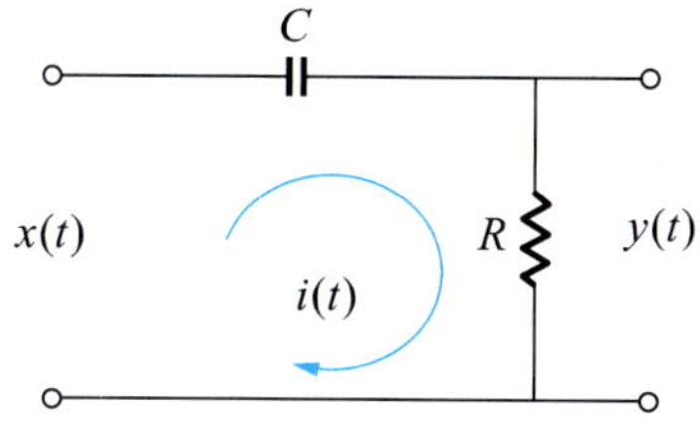

그림 III-7

3-8 다음 그림과 같은 RL 회로로 이루어진 시스템에서 주파수 응답과 cutoff 주파수를 구하시오(단, $L=10\text{ mH}$, $R=1\text{ k}\Omega$이다).

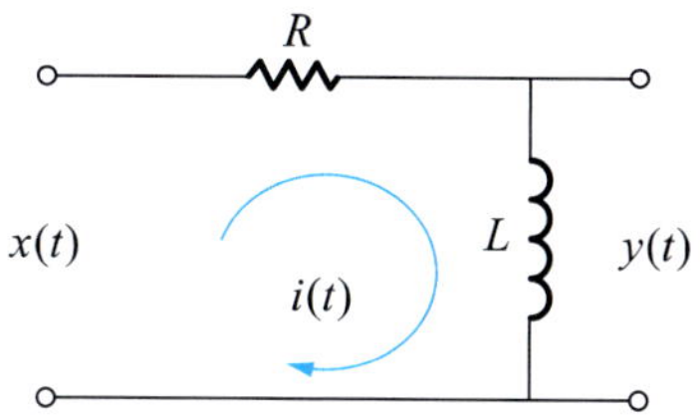

그림 III-8

3-9 다음 $X(\omega)$의 역 CTFT를 구하시오.

$$X(\omega)=\text{rect}\left(\frac{\omega-1}{2}\right)$$

3-10 신호 $x(t)$의 CTFT가 $X(\omega)$일 때, 다음 신호의 CTFT를 구하시오.

(a) $x(-t)$ (b) $x^*(t)$

3-11 신호 $x(t)$의 CTFT가 $X(\omega)$일 때, 다음 신호의 CTFT를 구하시오.

(a) $x_e(t)$ (b) $x_o(t)$

3-12 신호 $x(t)$의 CTFT가 $X(\omega)$일 때, 다음 신호의 CTFT를 구하시오.

(a) $\mathrm{Re}\{x(t)\}$ (b) $\mathrm{Im}\{x(t)\}$

3-13 다음 신호의 에너지를 구하시오.

$$x(t) = e^{-2t}u(t)$$

3-14 다음 신호의 에너지를 구하시오.

$$x(t) = \frac{\sin \pi t}{\pi t}$$

3-15 신호 $x(t) = \frac{\sin t}{\pi t}\cos 10t$로부터 다음을 구하시오.

$$\int_{-\infty}^{\infty} |x(t)|^2 dt$$

3-16 다음 신호 $y(t)$의 CTFT $Y(\omega)$를 구하시오.

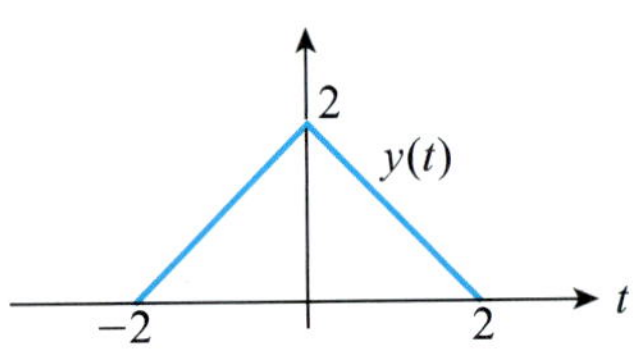

그림 III-9

3-17 다음 그림과 같이 어떤 신호 $x(t)$가 빠른 주파수의 신호 $\cos \omega_0 t$로 변조되었다. $X(\omega)$는 다음 그림과 같다. $Y(\omega)$를 구하고 그리시오(단, $\omega_0 = 4000\pi$).

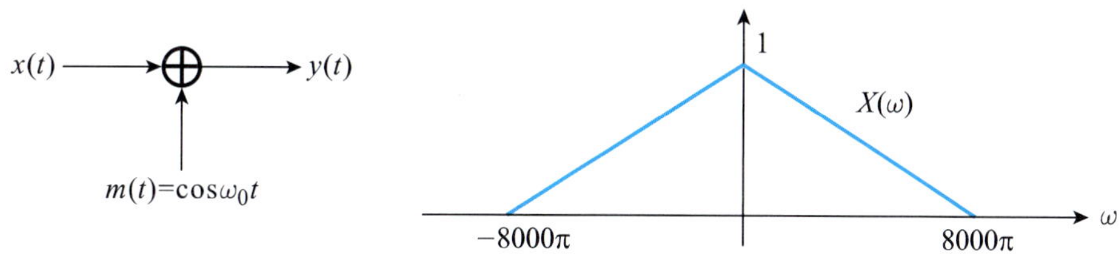

그림 III-10

3-18 신호 $x(t)$가 다음과 같이 변조되었다.

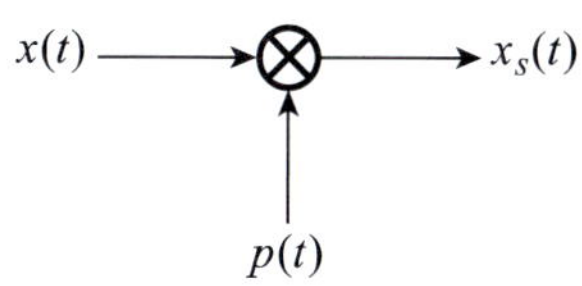

그림 III-11

이 그림에서 $x(t)$와 $p(t)$는 각각 다음과 같다.

$$x(t) = e^{-|t|}, \quad p(t) = \sum_{n=-\infty}^{\infty} \delta(t - nT), \text{ where } T = 1$$

$X_s(\omega)$의 DC 성분인 $X_s(0)$을 구하시오.

3-19 무선 송신을 위해 3 GHz의 변조신호를 사용하여 진폭 변조하였다. 적당한 송신 안테나의 길이를 구하시오. 단 안테나의 길이는 변조된 송신 신호 파장의 1/2을 사용하시오.

3-20 다음과 같은 $x(t)$의 CTFT를 구하시오.

$$x(t) = \frac{\sin t}{\pi t} \cos(2\pi \times 1000)t$$

CHAPTER 4

라플라스 변환

4.1 라플라스 변환의 정의

이 장에서는 푸리에 변환의 일반화인 라플라스 변환에 대하여 알아본다. 라플라스 변환은 미분방정식을 풀거나 아날로그 시스템을 설계할 때에 많이 사용한다. 3장에서 다음과 같은 푸리에 변환을 알아보았다.

$$x(t) \xleftrightarrow{\text{CTFT}} X(\omega)$$

$$X(\omega) = \int_{-\infty}^{\infty} x(t)e^{-j\omega t}dt \qquad x(t) = \frac{1}{2\pi}\int_{-\infty}^{\infty} X(\omega)e^{j\omega t}d\omega$$

이와 같은 CTFT는 시스템을 분석할 수 있는 중요한 도구이나 모든 신호가 CTFT가 가능한 것은 아니다. 예를 들면 다음과 같은 신호는 CTFT가 존재하지 않는다.

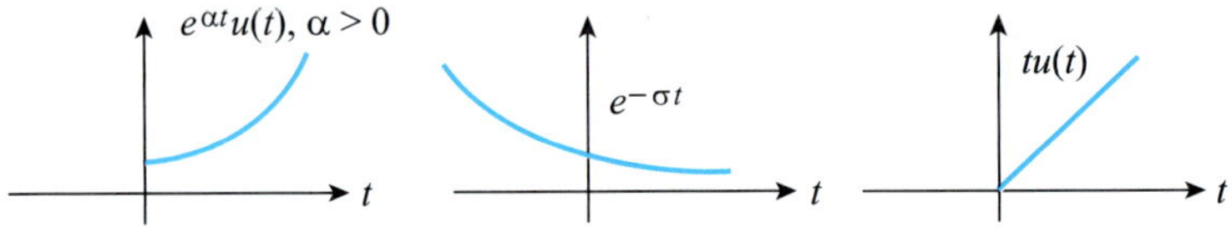

그림 4-1 CTFT가 되지 않는 신호들

신호처리에서는 이와 같이 CTFT가 존재하지 않는 신호들도 주파수영역으로 변환할 필요가 있다. 따라서 이와 같이 CTFT가 존재하지 않는 신호들도 주파수영역으로 변환시킬 수 있는 라플라스 변환이 개발되었다.

이 장에서는 CTFT가 되지 않는 신호들의 주파수 영역의 해석 방법인 라플라스 변환에 대하여 알아보기로 한다. 먼저 다음과 같은 CTFT가 되지 않는 지수 신호를 보기로 하자.

$$x(t) = e^{at}u(t), \quad a > 0$$

이 신호는 그림 4-2(a)와 같이 발산하는 신호이다.

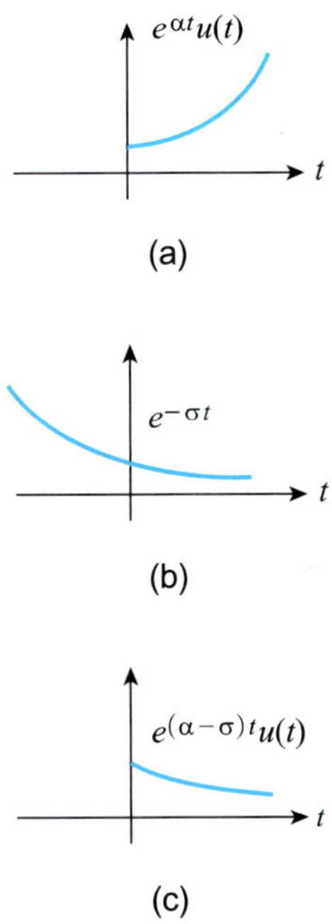

그림 4-2 CTFT가 되도록 변형하는 방법

이와 같이 계속 커지는 지수 신호에 그림 4-2(b)와 같은 감소하는 지수 신호를 곱하면 그림 4-2(c)와 같은 CTFT가 되는 신호로 바꿀 수 있다. 그림 4-2(c)의 CTFT는 다음과 같다.

$$\int_{-\infty}^{\infty} e^{at}u(t)e^{-\sigma t}e^{-j\omega t}dt = \int_{0}^{\infty} e^{at}e^{-(\sigma + j\omega)t}dt= \int_{0}^{\infty} e^{at}e^{-st}dt$$

위의 식의 $s = \sigma + j\omega$에서 보듯이 두 개의 변수가 한 개의 변수로 치환되었다. 이와 같이 지수 신호를 곱하면 CTFT가 가능함을 알 수 있다. 이와 같은 변환을 일반화된 푸리에 변환(generalized Fourier Transform)이라고도 부른다. 위의 식에서 푸리에 변환이 가능하려면 σ의 범위는 다음과 같다.

$$\sigma > a$$

예를 들면 $a = 2$일 때 $\sigma > 2$의 복소평면에서 일반화된 푸리에 변환이 가능하다. 일반화된 푸리에 변환이 가능한 복소평면의 영역은 다음 그림과 같다.

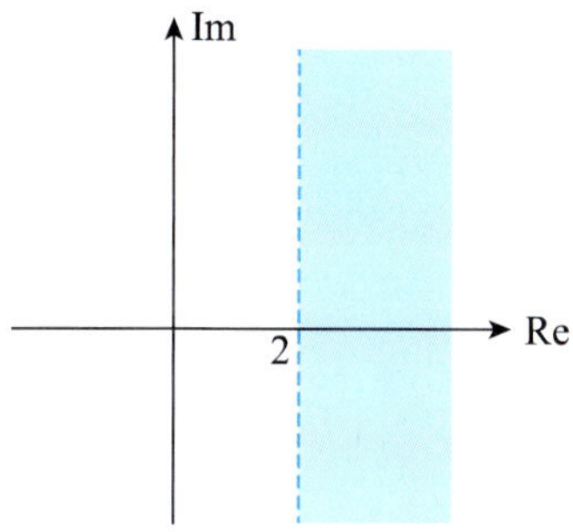

그림 4-3 예제의 일반화된 푸리에 변환이 가능한 영역

위의 그림에서 Re는 실수축(real axis)을 나타내며, Im은 허수축(imaginary axis)을 나타낸다.

일반화된 푸리에 변환이 가능한 영역이 허수축을 포함하면 CTFT도 가능한 신호이다. 그림 4-3의 영역은 허수축은 포함하지 않으므로 CTFT는 불가능하다. 이와 같이 CTFT가 되지 않는 신호도 지수 신호를 곱하면 변환이 가능함을 보았다.

이 변환을 다음과 같이 라플라스 변환(Laplace Transform)으로 정의한다.

$$x(t) \overset{L}{\longleftrightarrow} X(s)$$

$$X(s) = \int_0^\infty x(t)e^{-st}dt$$

위의 라플라스 변환을 다음의 푸리에 변환과 비교해 보자.

$$X(\omega) = \int_{-\infty}^\infty x(t)e^{-j\omega t}dt$$

위의 두 식의 적분의 하한에서 보듯이 라플라스 변환은 오직 $t \geq 0$의 구간에서 정의되는 $x(t)$에 대해서 변환하는 점이 다르다. 또한 푸리에 변환의 지수 부분 $j\omega$가 s로 치환된 점도 다르다.

이번에는 다음의 신호를 보자.

$$x(t) = e^{-at}u(t)$$

$a > 0$일 경우 이 신호는 다음 그림과 같다.

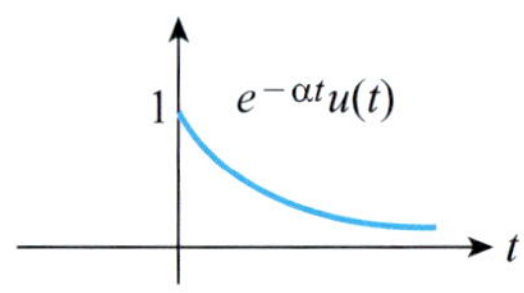

그림 4-4 예제의 신호

이 신호의 라플라스 변환은 다음과 같다.

$$X(s) = \int_0^\infty e^{-at}u(t)e^{-st}dt = \int_0^\infty e^{-(s+a)t}dt = \frac{1}{s+a}$$

이 $X(s)$가 존재하는 복소평면의 영역을 생각해보자. 이 $X(s)$는 $e^{-at}e^{-\sigma t}u(t)$의 푸리에 변환으로 볼 수 있다. 즉 $e^{-(a+\sigma)t}u(t)$가 라플라스 변환이 되려면 적분이 가능해야 하며 다음의 조건을 만족해야 한다.

$$a+\sigma>0 \quad \Rightarrow \quad \sigma>-a$$

$a=1$인 경우에 $\sigma>-1$이면 라플라스 변환이 가능하며 복소평면의 영역은 다음 그림과 같다.

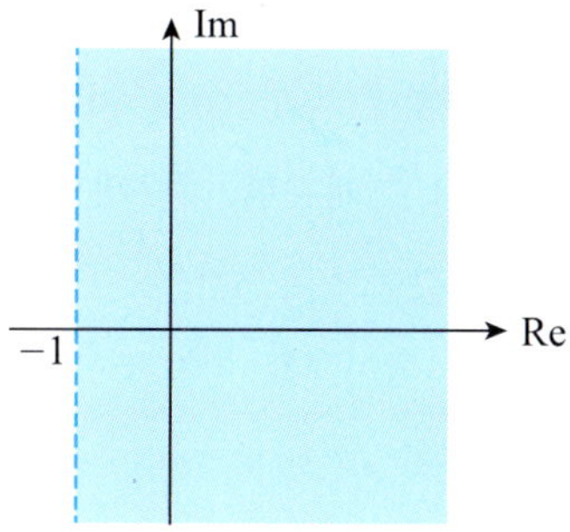

그림 4-5 예제의 라플라스 변환의 수렴영역

그림에서 보듯이 $X(s)$가 존재하는 영역은 $\mathrm{Re}\{s\}>-1$이다. 그림 4-5의 영역이 허수축을 포함하고 있으므로 이 신호는 CTFT가 존재한다. 이와 같은 $X(s)$가 존재하는 영역을 수렴영역(ROC, Region Of Convergence)이라고 한다.

라플라스 변환에 대한 정보를 2차원 평면 위에 나타내는 방법으로는 수렴영역 이외에도 극점(pole)과 영점(zero)이 있다. 일반적으로 라플라스 변환 $X(s)$는 다음과 같이 다항식의 비로 표현된다.

$$X(s)=\frac{N(s)}{D(s)}$$

이 식에서 $D(s)=0$인 복소평면의 s의 좌표를 극점이라고 한다. 극점의 물리적 의미는 s 평면(복소평면)에서 $|X(s)|$의 높이가 무한대인 복소평면의 좌표를 나타낸다. 또한 $N(s)=0$인 복소평면의 s의 좌표를 영점이라고 하며 영점의 물리적 의미는 $|X(s)|$의 높이가 0인 좌표를 나타낸다.

신호 $x(t)$가 라플라스 변환되면 $X(s)$는 복소평면에서 만들어지는 복소수 값이다. 따라서 $|X(s)|$는 복소평면의 공간에서 만들어지는 입체 또는 곡면이라고 볼 수 있다. $|X(s)|$의 가장 일반적인 곡면은 산과 같은 입체를 상상하면 된다. 이와 같은 3차원의 입체 또는 곡면을 2차원의 평면에 효과적으로 표기하기 위한 방법이 영점, 극점, 그리

고 수렴영역이다. $|X(s)|$의 곡면을 3차원 컴퓨터그래픽으로 그려도 되지만, 2차원 평면에 영점, 극점, 수렴영역으로 나타내어도 $|X(s)|$의 곡면을 어느 정도 예측할 수 있어서 효과적인 도구이다. 즉 극점은 입체의 산꼭대기로, 영점은 계곡의 골짜기로 상상할 수 있다.

위의 예제에서 $X(s) = 1/(s+1)$의 라플라스 변환에서는 영점은 없으며 극점의 좌표는 $s = -1$, 즉 직각 좌표로 (−1, 0)의 지점에 극점이 존재한다.

이와 같은 극점을 3차원 그래프로 나타내보기로 한다. 일반적으로 $X(s)$는 복소평면에서 정의되는 복소수 값이므로 3차원 그래프로 나타내려면 $|X(s)|$를 플롯하여야 한다. $|X(s)|$는 3차원의 입체이므로 손으로 그리기는 어려우나 컴퓨터를 사용하면 쉽게 그릴 수 있다. 예를 들어 $X(s) = 1/(s+1)$의 $|X(s)|$를 MatLab을 사용하여 그리면 다음 그림과 같다.

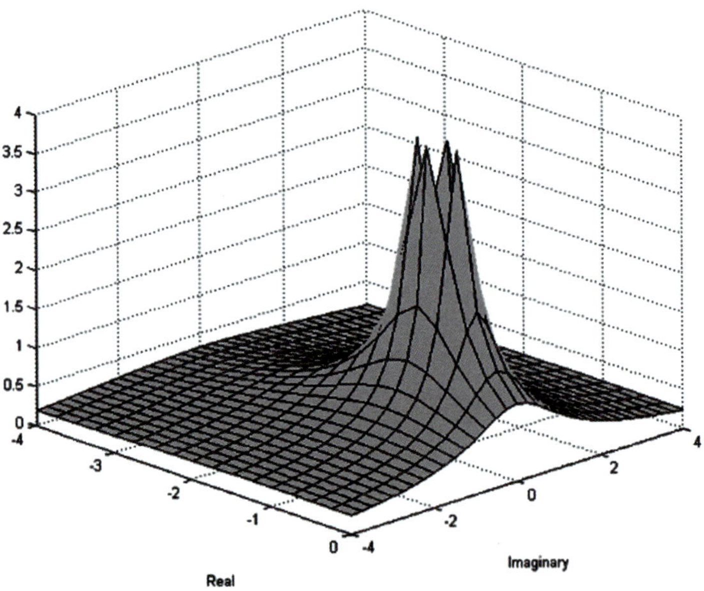

그림 4-6 $e^{-t}u(t)$의 라플라스 변환의 3차원 그래프

그림의 라플라스 변환 3차원 그래프는 실수 부분은 -4부터 0까지, 허수 부분은 $-4j$부터 $4j$까지 나타내었다. 이 그림에서 보듯이 $(-1,\ 0)$에 극점이 있음을 알 수 있다. 이와 같은 3차원 라플라스 변환을 그리기 위한 MatLab 코드는 다음과 같다.

```
[X,Y]=meshgrid(-4:0.25:0,-4:0.25:4);
a=1;
Z = 1./((X+(j*Y))+a);
mesh(X,Y,abs(Z))
xlabel('Real' , 'Fontsize', 10);
ylabel('Imaginary' , 'Fontsize', 10);
set(gcf,'color','w')
```

이 3차원 라플라스 변환 그래프를 보면 라플라스 변환과 푸리에 변환의 관계를 쉽게 이해할 수 있다. 이를 위해 라플라스 변환과 CTFT의 정의를 다시 보자.

$$X(s) = \int_0^{\infty} x(t)e^{-st}dt = \int_0^{\infty} x(t)e^{-(\sigma + j\omega)t}dt$$

$$X(\omega) = \int_{-\infty}^{\infty} x(t)e^{-j\omega t}dt$$

이 식에서 보듯이 푸리에 변환은 라플라스 변환에서 $\sigma = 0$의 특수한 경우임을 알 수 있다. 즉 허수축에서 구한 라플라스 변환이 푸리에 변환이다. 이를 확인하기 위하여 $x(t) = e^{-t}u(t)$의 CTFT $X(\omega) = 1/(1 + j\omega)$의 $|X(\omega)|$를 그래프로 나타내면 다음 그림과 같다.

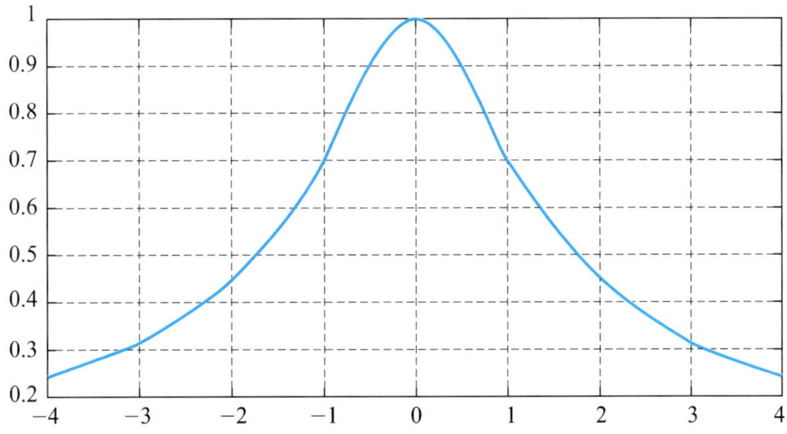

그림 4-7 $e^{-t}u(t)$의 푸리에 변환의 그래프

$e^{-t}u(t)$의 라플라스 변환 그래프와 푸리에 변환 그래프를 비교해보면 푸리에 변환 그래프가 라플라스 변환의 허수축에서의 모양과 같음을 알 수 있다. 즉 라플라스 변환의 3차원 입체를 허수축으로 자르면 그 단면이 바로 푸리에 변환과 같다.

이 CTFT를 그래프로 나타내기 위한 MatLab 코드는 다음과 같다.

```
a = 1;
w = [-4:0.01:4];
b = 1./(a+j*w)
plot(abs(b));
grid
set(gcf,'color','w')
```

지금까지 기술한 내용을 요약하면 다음과 같다.

첫째 : $t \geq 0$ 신호의 라플라스 변환의 수렴영역은 하한값(lower bound)을 갖는다.

둘째 : 라플라스 변환의 수렴영역이 허수축($j\omega$축)을 포함하면 CTFT도 가능하다.

예제

다음 그림과 같은 신호 $x(t) = A$의 라플라스 변환을 구하시오.

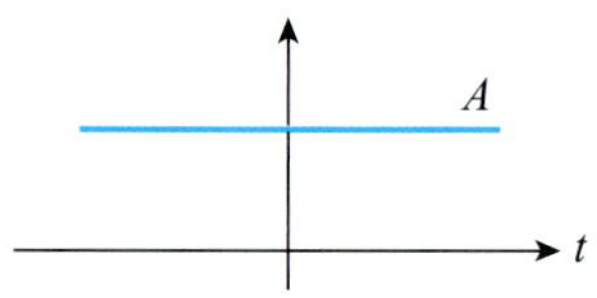

그림 4-8 예제의 신호

풀이 라플라스 변환은 다음과 같이 구할 수 있다.

$$X(s) = \int_0^\infty Ae^{-st}dt = A\left[\frac{e^{-st}}{-s}\right]_0^\infty = \frac{A}{s}$$

수렴영역은 다음 그림과 같이 $\text{Re}\{s\} > 0$이 되며 수렴영역이 허수축을 포함하지 않으므로 CTFT는 존재하지 않는다.

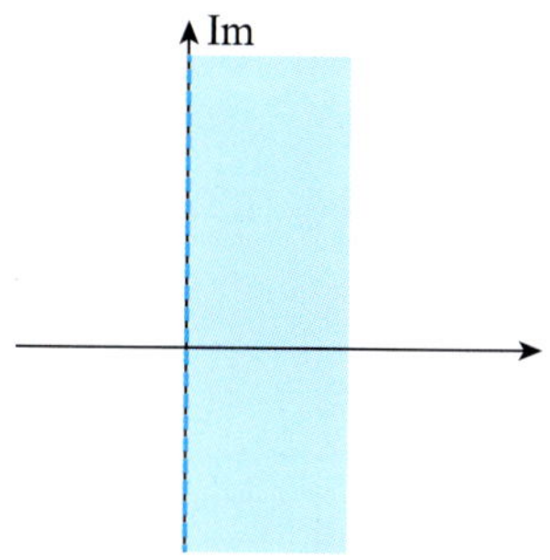

그림 4-9 예제의 수렴영역

예제

임펄스 신호 $x(t)=\delta(t)$의 라플라스 변환을 구하시오.

풀이 라플라스 변환은 다음과 같이 구할 수 있다.

$$X(s)=\int_{0}^{\infty}\delta(t)e^{-st}dt=1$$

수렴영역은 다음 그림과 같이 복소평면 전체를 포함한다.

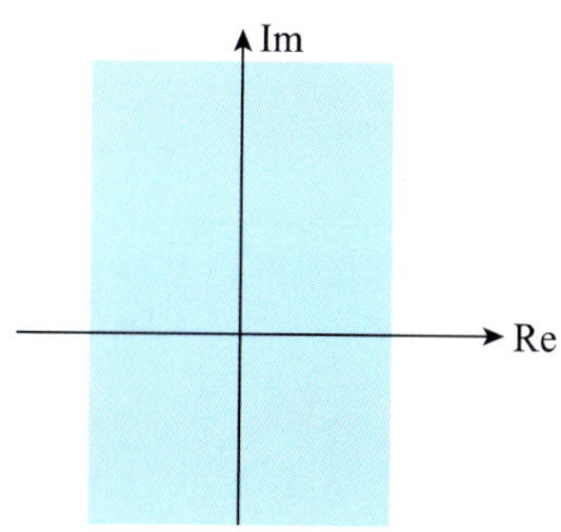

그림 4-10 예제의 수렴영역

예제

신호 $x(t)=e^{j3t}$의 라플라스 변환을 구하시오.

풀이 라플라스 변환은 다음과 같이 구할 수 있다.

$$X(s) = \int_0^{\infty} e^{j3t} e^{-st} dt = \int_0^{\infty} e^{-(s-j3)t} dt = \left[\frac{e^{-(s-j3)t}}{-(s-j3)} \right]_0^{\infty} = \frac{1}{s-j3}$$

중요한 라플라스 변환 쌍은 다음 표와 같다.

| 표 4-1 | 중요한 라플라스 변환 쌍

	신호	라플라스 변환	ROC
1	$u(t)$	$\frac{1}{s}$	$\text{Re}\{s\}>0$
2	$u(t)-u(t-a)$	$\frac{1-e^{-as}}{s}$	$\text{Re}\{s\}>0$
3	$\delta(t)$	1	모든 복소평면
4	$\delta(t-a)$	e^{-as}	모든 복소평면
5	$e^{-at}u(t)$	$\frac{1}{s+a}$	$\text{Re}\{s\}>-a$
6	$\cos\omega_0 t\, u(t)$	$\frac{s}{s+\omega_0^2}$	$\text{Re}\{s\}>0$
7	$\sin\omega_0 t\, u(t)$	$\frac{\omega_0}{s+\omega_0^2}$	$\text{Re}\{s\}>0$
8	$t^n u(t)$	$\frac{n!}{s^{n+1}}$	$\text{Re}\{s\}>0$
9	$t^n e^{-at} u(t)$	$\frac{n!}{(s+a)^{n+1}}$	$\text{Re}\{s\}>-a$
10	$e^{-at}\cos\omega_0 t\, u(t)$	$\frac{s+a}{(s+a)^2+\omega_0^2}$	$\text{Re}\{s\}>-a$
11	$e^{-at}\sin\omega_0 t\, u(t)$	$\frac{\omega_0}{(s+a)^2+\omega_0^2}$	$\text{Re}\{s\}>-a$
12	$t\cos\omega_0 t\, u(t)$	$\frac{s^2-\omega_0^2}{(s^2+\omega_0^2)^2}$	$\text{Re}\{s\}>0$
13	$t\sin\omega_0 t\, u(t)$	$\frac{2\omega_0 s}{(s^2+\omega_0^2)^2}$	$\text{Re}\{s\}>0$

4.2 라플라스 변환의 성질

4.2.1 선형성

두 개 신호의 라플라스 변환은 각각 다음과 같다.

$$x_1(t) \leftrightarrow X_1(s), \qquad x_2(t) \leftrightarrow X_2(s)$$

이 때 이들 신호의 가중합에 대한 라플라스 변환은 다음과 같다.

$$ax_1(t) + bx_2(t) \leftrightarrow aX_1(s) + bX_2(s)$$

이 성질을 선형성(linearity)이라고 부른다.

예제

신호 $x(t) = (2 + 3e^{-at})u(t)$의 라플라스 변환, 극점, 영점, 수렴영역을 구하시오.

풀이 각각의 라플라스 변환은 다음과 같다.

$$u(t) \leftrightarrow \frac{1}{s}, \qquad e^{-at}u(t) \leftrightarrow \frac{1}{s+a}$$

따라서 선형성을 이용하면 라플라스 변환은 다음과 같다.

$$2u(t) + 3e^{-at}u(t) \leftrightarrow \frac{2}{s} + \frac{3}{s+a} = \frac{5s+2a}{s(s+a)}$$

따라서 극점과 영점은 각각 다음과 같다.

$$s_{p_1} = 0, \quad s_{p_2} = -a, \quad s_z = \frac{2a}{5}$$

각각의 수렴영역은 $\mathrm{Re}\{s\} > 0$과 $\mathrm{Re}\{s\} > -a$이다. $a \geq 0$인 경우에 각각의 수렴영역은 다음 그림과 같다.

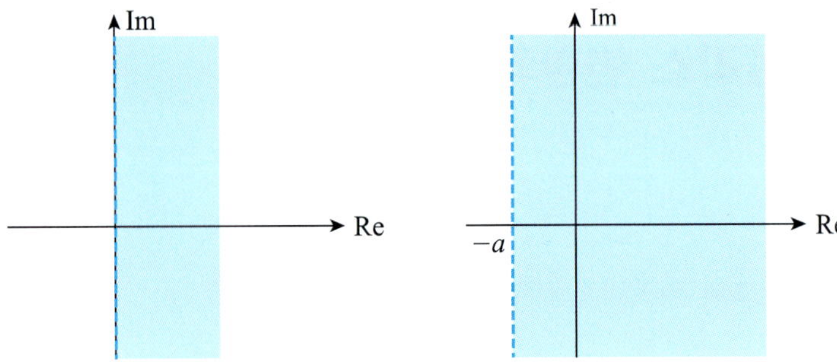

그림 4-11 $a \geq 0$인 경우의 각각의 수렴영역

전체 신호의 ROC는 각각의 수렴영역을 모두 만족하여야 함으로 수렴영역은 $\mathrm{Re}\{s\} > 0$이 된다. $a < 0$인 경우에는 각각의 수렴영역을 모두 만족하여야 함으로 수렴영역은 $\mathrm{Re}\{s\} > -a$가 된다.

4.2.2 시간 이동 성질

$x(t) \leftrightarrow X(s)$일 때, 다음과 같은 성질이 있다.

$$x(t-t_0)u(t-t_0) \leftrightarrow e^{-t_0 s}X(s)$$

이 식에서 t_0는 양의 실수이다. 이 성질을 시간 이동 성질(time shifting property)이라고 부른다.

증명

$$\int_0^{\infty} x(t-t_0)u(t-t_0)e^{-st}dt = \int_{-t_0}^{\infty} x(t-t_0)e^{-st}dt$$

이 식에서 $t-t_0=\tau$로 치환하면 다음과 같이 증명된다.

$$\begin{aligned}\int_{-t_0}^{\infty} x(t-t_0)e^{-st}dt &= \int_0^{\infty} x(\tau)e^{-s(\tau+t_0)}d\tau \\ &= e^{-t_0 s}\int_0^{\infty} x(\tau)e^{-s\tau}d\tau = e^{-t_0 s}X(s)\end{aligned}$$

4.2.3 주파수 이동 성질

$x(t) \leftrightarrow X(s)$일 때, 다음과 같은 성질이 있다.

$$x(t)e^{s_0 t} \leftrightarrow X(s-s_0)$$

이 성질을 주파수 이동 성질(frequency shifting property)이라고 부른다.

증명

$$\int_0^{\infty} x(t)e^{s_0 t}e^{-st}dt = \int_0^{\infty} x(t)e^{-(s-s_0)t}dt = X(s-s_0)$$

4.2.4 스케일링 성질

신호 $x(t)$의 라플라스 변환은 다음과 같다.

$$x(t) \leftrightarrow X(s), \qquad \mathrm{Re}\{s\} > b$$

이때 양의 실수 a에 대하여 다음의 관계가 성립한다.

$$x(at) \quad \leftrightarrow \quad \frac{1}{a}X\left(\frac{s}{a}\right), \qquad \mathrm{Re}\{s\} > ab$$

이 성질을 스케일링 성질(scaling property)이라고 한다.

4.2.5 컨볼류션 성질

두 개 신호의 라플라스 변환은 각각 다음과 같다.

$$x(t) \leftrightarrow X(s), \qquad h(t) \leftrightarrow H(s)$$

이때 이들 신호의 컨볼류션에 대한 라플라스 변환은 다음과 같다.

$$h(t) * x(t) \quad \leftrightarrow \quad H(s)X(s)$$

이 성질을 컨볼류션 성질(convolution property)이라고 부른다.

예제

어느 LTI 시스템에서 초기조건은 0이며 입력신호와 출력신호는 각각 다음과 같다.

$$x(t) = e^{-2tu(t)}, \qquad y(t) = \frac{2}{3}(e^{-t} + e^{-2t} - e^{-3t})u(t)$$

이 시스템의 임펄스 응답 $h(t)$를 구하시오.

풀이

$$X(s) = \frac{1}{s+2},$$

$$Y(s) = \frac{2}{3}\left(\frac{1}{s+1} + \frac{1}{s+2} - \frac{1}{s+3}\right) = \frac{2(s^2+6s+7)}{3(s+1)(s+2)(s+3)}$$

$Y(s) = H(s)X(s)$를 이용하여 다음과 같이 $h(t)$를 구할 수 있다.

$$H(s) = \frac{2(s^2+6s+7)}{3(s+1)(s+3)} = \frac{2}{3}\left(1 + \frac{2s+4}{(s+1)(s+3)}\right)$$

$$= \frac{2}{3}\left(1 + \frac{1}{s+1} + \frac{1}{s+3}\right)$$

$$\therefore h(t) = \frac{2}{3}\delta(t) + \frac{2}{3}e^{-t}u(t) + \frac{2}{3}e^{-3t}u(t)$$

4.2.6 미분 성질

$x(t) \leftrightarrow X(s)$일 때, 다음과 같은 성질이 있다.

$$\frac{dx(t)}{dt} \quad \leftrightarrow \quad sX(s) - x(0)$$

이 성질을 미분 성질(differentiation property)이라고 부른다.

증명

$$\mathcal{L}\left\{\frac{dx(t)}{dt}\right\} = \int_0^\infty \frac{dx(t)}{dt} e^{-st} dt$$

부분 적분을 이용하면 다음과 같다.

$$\int_0^\infty \frac{dx(t)}{dt}e^{-st}dt = e^{-st}x(t)\Big|_0^\infty - \int_0^\infty x(t)(-s)e^{-st}dt$$

$$= \lim_{t\to\infty}[e^{-st}x(t)] - x(0) + sX(s)$$

참고로 부분적분은 다음과 같다.

$$\int \frac{dx(t)}{dt}y(t)dt = x(t)y(t) - \int_0^\infty x(t)\frac{dy(t)}{dt}dt$$

$\lim_{t\to\infty}[e^{-st}x(t)] = \lim_{t\to\infty}[e^{-\sigma t}e^{-j\omega t}x(t)]$에서 $X(s)$가 존재하므로 $\lim_{t\to\infty}[e^{-\sigma t}] = 0$이 된다. 따라서 다음과 같이 증명할 수 있다.

$$\lim_{t\to\infty}[e^{-st}x(t)] - x(0) + sX(s) = sX(s) - x(0)$$

시간영역에서의 미분은 주파수 영역에서의 s의 곱으로 나타난다. 이와 같은 미분성질은 다음과 같이 확장할 수 있다.

$$\frac{d^2x(t)}{dt^2} \quad \leftrightarrow \quad s^2X(s) - sx(0) - x'(0)$$

$$\frac{d^nx(t)}{dt^n} \quad \leftrightarrow \quad s^nX(s) - s^{n-1}x(0) - \cdots - sx^{(n-2)}(0) - x^{(n-1)}(0)$$

4.2.7 적분 성질

0부터 시작되는 신호 $x(t)$에 대하여 다음의 관계가 있다.

$$y(t) = \int_0^t x(\tau)\,d\tau$$

이 신호의 라플라스 변환은 다음과 같다.

$$Y(s) = \frac{X(s)}{s}$$

이 성질을 적분 성질(integral property)이라고 부른다.

증명

$x(t)$가 0부터 시작되는 신호이므로 $u(t)$와의 컨볼류션은 다음과 같다.

$$x(t) * u(t) = \int_{-\infty}^{\infty} x(\tau)u(t-\tau)d\tau = \int_{0}^{\infty} x(\tau)u(t-\tau)d\tau = \int_{0}^{t} x(\tau)d\tau$$

$x(t)$와 $u(t)$에 컨볼류션 성질을 적용하면 다음과 같다.

$$x(t) * u(t) \quad \leftrightarrow \quad X(s)\frac{1}{s}$$

위의 두식을 이용하면 다음과 같이 증명된다.

$$\int_{0}^{t} x(\tau)d\tau \quad \leftrightarrow \quad \frac{X(s)}{s}$$

이 관계를 시간 영역과 주파수 영역에서 나타내면 다음 그림과 같다.

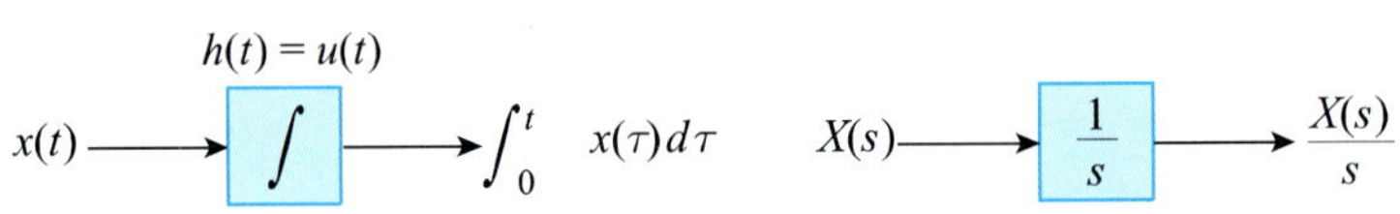

그림 4-12 적분 성질

4.2.8 주파수 영역의 미분성질

다음의 라플라스 변환에서

$$X(s) = \int_{0}^{\infty} x(t)e^{-st}dt$$

양변을 s로 미분하면 다음과 같다.

$$\frac{dX(s)}{ds} = \int_0^{\infty} (-t)x(t)e^{-st}dt$$

따라서 다음의 관계식이 성립한다.

$$-tx(t) \leftrightarrow \frac{dX(s)}{ds}$$

위의 식을 반복하여 적용하면 다음의 식을 얻는다.

$$(-t)^n x(t) \leftrightarrow \frac{d^n X(s)}{ds^n}$$

4.2.9 변조 성질

라플라스 변환 $x(t) \leftrightarrow X(s)$에서

$$x(t)\cos\omega_0 t \leftrightarrow \frac{1}{2}[X(s+j\omega_0) + X(s-j\omega_0)]$$

의 관계가 성립한다. 이 성질을 변조 성질(modulation property)이라고 한다.

증명

$$x(t)\cos\omega_0 t = x(t)\frac{e^{j\omega_0 t} + e^{-j\omega_0 t}}{2}$$

주파수 이동 성질을 이용하면 다음과 같이 증명된다.

$$x(t)\frac{e^{j\omega_0 t} + e^{-j\omega_0 t}}{2} \leftrightarrow \frac{1}{2}[X(s+j\omega_0) + X(s-j\omega_0)]$$

4.3 전달함수

전달함수는 3가지 정의를 갖는다. 첫 번째 정의는 다음과 같다. 인과 LTI 시스템에 $x(t)=e^{st}$의 신호를 입력시켜 보자. 이때 출력은 다음과 같이 구할 수 있다.

$$y(t)=\int_{-\infty}^{\infty} h(\tau)x(t-\tau)d\tau=\int_{0}^{\infty} h(\tau)e^{s(t-\tau)}d\tau=e^{st}\int_{0}^{\infty} h(\tau)e^{-s\tau}d\tau$$

위의 식을 다음과 같이 쓸 수 있다.

$$y(t)=H(s)e^{st}, \quad \text{where} \quad H(s)=\int_{0}^{\infty} h(t)e^{-st}dt$$

이 식에서 $H(s)$를 전달함수(transfer function)로 정의한다.

두 번째 전달함수의 정의는 위의 식에서도 보듯이 임펄스 응답의 라플라스 변환으로 해석되기도 한다.

$$h(t) \quad \leftrightarrow \quad H(s)$$

세 번째 정의는 컨볼류션 성질에서 보듯이 $H(s)$는 다음과 같다.

$$H(s)=\frac{Y(s)}{X(s)}$$

즉 전달함수는 출력의 라플라스 변환과 입력의 라플라스 변환의 비를 의미한다. 이 전달함수 $H(s)$는 초기 에너지(initial condition)가 없다고 가정하고, $X(s)$에서 $Y(s)$로의 전달을 의미한다. 지금까지 기술한 연속시간 시스템을 규정하는 방식은 다음과 같이 4가지가 있다.

(a) 임펄스 응답 : $h(t)$

(b) 미분방정식

(b) 주파수 응답 : $H(\omega)$

(c) 전달함수 : $H(s)$

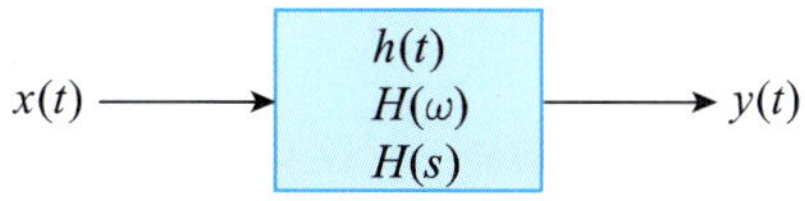

그림 4-13 연속시간 시스템의 규정

예제

다음 그림은 RC 회로의 LTI 시스템이다.

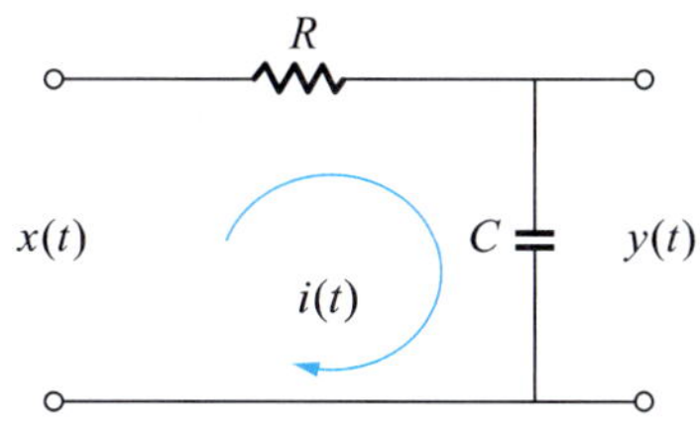

그림 4-14 예제의 RC 시스템

이 시스템의 임펄스 응답은 다음과 같다. 시스템의 전달함수 $H(s)$를 구하시오.

$$h(t) = \frac{1}{RC} e^{-\frac{1}{RC}t} u(t)$$

풀이 다음의 라플라스 변환을 이용한다.

$$e^{-at} u(t) \quad \leftrightarrow \quad \frac{1}{s+a}$$

따라서 다음의 전달함수를 얻는다.

$$h(t) = \frac{1}{RC} e^{-\frac{1}{RC}t} u(t) \leftrightarrow \frac{\frac{1}{RC}}{s + \frac{1}{RC}} = H(s)$$

예제

다음의 미분방정식이 규정하는 시스템에서 전달함수를 구하시오.

$$\frac{dy(t)}{dt} + 3y(t) = 2x(t)$$

풀이 이 미분방정식의 라플라스 변환과 전달함수는 다음과 같다.

$$(s+3)Y(s) = 2X(s), \quad \Rightarrow \quad H(s) = \frac{2}{s+3}$$

4.4 역 라플라스 변환

이 절에서는 주어진 라플라스 변환으로부터 변환 이전의 신호를 찾는 방법인 역 라플라스 변환(Inverse Laplace Transform)에 대하여 기술한다. 특히 주어진 전달함수 $H(s)$로부터 임펄스 응답 $h(t)$를 찾아야 할 경우가 많다. 이 절에서는 부분분수 전개(partial fraction expansion)를 사용한 역 라플라스 변환을 소개하도록 한다. 일반적으로 라플라스 변환 $X(s)$는 분수 형이며 분자와 분모는 각각 다항식으로 이루어진다. 따라서 주어진 라플라스 변환의 식은 다음과 같이 부분 분수의 합으로 전개할 수 있다.

$$X(s) = \sum_{n=0}^{N-1} \frac{b_n}{s+a_n}$$

이와 같이 전개한 후에 $1/(s+a) \leftrightarrow e^{-at}u(t)$ 의 관계를 이용하여 역 변환한다. 다음의 예제를 보자.

예제

다음의 $X(s)$를 역 라플라스 변환하시오.

$$X(s) = \frac{2s+1}{s^3+3s^2-4s}$$

풀이

$$X(s)=\frac{2s+1}{s^3+3s^2-4s}=\frac{2s+1}{s(s+4)(s-1)}=\frac{A_1}{s}+\frac{A_2}{s+4}+\frac{A_3}{s-1}$$

$$A_1+\frac{A_2 s}{s+4}+\frac{A_3 s}{s-1}\bigg|_{s=0}=\frac{2s+1}{(s+4)(s-1)}\bigg|_{s=0},\quad \therefore A_1=-\frac{1}{4}$$

$$A_2+\frac{A_1(s+4)}{s}+\frac{A_3(s+4)}{s-1}\bigg|_{s=-4}=\frac{2s+1}{s(s-1)}\bigg|_{s=-4},\quad \therefore A_2=-\frac{7}{20}$$

$$A_3+\frac{A_1(s-1)}{s}+\frac{A_2(s-1)}{s+1}\bigg|_{s=1}=\frac{2s+1}{s(s+1)}\bigg|_{s=1},\quad \therefore A_3=\frac{3}{5}$$

$$X(s)=\frac{-1/4}{s}+\frac{-7/20}{s+4}+\frac{3/5}{s-1},$$

$$\therefore x(t)=-\frac{1}{4}u(t)-\frac{7}{20}e^{-4t}u(t)+\frac{3}{5}e^{t}u(t)$$

중근이 있는 경우의 부분분수 전개 방법에 대하여 다음의 예제를 통하여 알아보자.

예제

다음의 $X(s)$를 역 라플라스 변환하시오.

$$X(s)=\frac{2s^2-25s-33}{s^3-3s^2-9s-5}$$

풀이

$$X(s)=\frac{2s^2-25s-33}{s^3-3s^2-9s-5}=\frac{2s^2-25s-33}{(s-5)(s+1)^2}$$

$$=\frac{A_1}{s-5}+\frac{A_2}{s+1}+\frac{A_3}{(s+1)^2}$$

$$A_1+\frac{A_2(s-5)}{s+1}+\frac{A_3(s-5)}{(s+1)^2}\bigg|_{s=5}=\frac{2s^2-25s-33}{(s+1)^2}\bigg|_{s=5}\quad \therefore A_1=-3$$

$$\frac{A_1(s+1)^2}{s-5}+\frac{A_2(s+1)^2}{s+1}+A_3\bigg|_{s=-1}=\frac{2s^2-25s-33}{s-5}\bigg|_{s=-1}\quad \therefore A_3=1$$

위의 식을 미분하면 다음과 같다.

$$A_1 \frac{2(s+1)(s-5)-(s+1)^2}{(s-5)^2} + A_2 \Big|_{s=-1}$$

$$= \frac{(4s-25)(s-5)-(2s^2-25s-33)}{(s-5)^2}\Big|_{s=-1}$$

$$\therefore A_2 = 5$$

$$X(s) = \frac{-3}{s-5} + \frac{5}{s+1} + \frac{1}{(s+1)^2}$$

s 영역 미분성질 $-tx(t) \leftrightarrow \dfrac{dX(s)}{ds}$ 를 이용하면 역변환은 다음과 같다.

$$x(t) = -3e^{5t}u(t) + 5e^{-t}u(t) + te^{-t}u(t)$$

4.5 라플라스 변환의 용도 : 미분방정식의 해

라플라스 변환은 미분방정식의 해를 찾는데 매우 유용하게 사용된다. 먼저 미분 성질을 이용하여 $Y(s)$를 구한 후에 역 라플라스 변환을 이용하여 시스템의 출력인 $y(t)$를 찾을 수 있다.

예제

다음 미분방정식의 해를 구하시오.

$$\frac{d^2y(t)}{dt} + 3\frac{dy(t)}{dt} + 2y(t) = 0, \quad y(0) = 3, \quad \frac{dy(0)}{dt} = 1$$

풀이 $y(t) \leftrightarrow Y(s), \quad \dfrac{dy(t)}{dt} \leftrightarrow sY(s) - y(0) = sY(s) - 3,$

$$\frac{d^2y(t)}{dt^2} \leftrightarrow s^2Y(s) - sy(0) - \frac{dy(0)}{dt} = s^2Y(s) - 3s - 1$$

주어진 미분방정식을 라플라스 변환하면 다음과 같다.

$$s^2 Y(s) - 3s - 1 + 3s\,Y(s) - 9 + 2\,Y(s) = 0$$

$$\Rightarrow s^2 Y(s) + 3s\,Y(s) + 2\,Y(s) = 3s + 10$$

$$\Rightarrow Y(s) = \frac{3s+10}{s^2+3s+2} = \frac{3s+10}{(s+1)(s+2)} = \frac{A}{s+1} + \frac{B}{s+2}$$

$$A + \frac{B(s+1)}{s+2} = \frac{3s+10}{s+2} \quad \Rightarrow \quad A = 7$$

$$B + \frac{A(s+2)}{s+1} = \frac{3s+10}{s+1} \quad \Rightarrow \quad B = -4$$

$$\therefore\ y(t) = 7e^{-t}u(t) - 4e^{-2t}u(t)$$

예제

다음 미분방정식의 해를 구하시오.

$$\frac{d^2y(t)}{dt^2} + 5\frac{dy(t)}{dt} + 6y(t) = e^{-t}u(t), \quad \frac{dy(0)}{dt} = 1,\ y(0) = 2$$

풀이

$$s^2 Y(s) - 2s - 1 + 5[s\,Y(s) - 2] + 6\,Y(s) = \frac{1}{s+1}$$

$$\Rightarrow s^2 Y(s) - 5s\,Y(s) + 6\,Y(s) = \frac{1}{s+1} + 2s + 11$$

$$\Rightarrow (s^2 - 5s + 6)\,Y(s) = \frac{2s^2+13s+12}{s+1}$$

$$Y(s) = \frac{2s^2+13s+12}{(s+1)(s+2)(s+3)} = \frac{A_1}{s+1} + \frac{A_2}{s+2} + \frac{A_3}{s+3}$$

$$A_1 + \frac{A_2(s+1)}{s+2} + \frac{A_3(s+1)}{s+3}\bigg|_{s=-1} = \frac{2s^2+13s+12}{(s+2)(s+3)}\bigg|_{s=-1}$$

$$\therefore\ A_1 = \frac{1}{2}$$

$$A_2 + \frac{A_1(s+2)}{s+1} + \frac{A_3(s+2)}{s+3}\bigg|_{s=-2} = \frac{2s^2+13s+12}{(s+1)(s+3)}\bigg|_{s=-2} \quad \therefore A_2 = 6$$

$$A_3 + \frac{A_1(s+3)}{s+1} + \frac{A_2(s+3)}{s+2}\bigg|_{s=-3} = \frac{2s^2+13s+12}{(s+1)(s+2)}\bigg|_{s=-3}$$

$$\therefore A_3 = -\frac{9}{2}$$

$$Y(s) = \frac{1/2}{s+1} + \frac{6}{s+2} + \frac{-9/2}{s+1}$$

$$\therefore y(t) = \frac{1}{2}e^{-t}u(t) + 6e^{-2t}u(t) - \frac{9}{2}e^{-3t}u(t)$$

예제

다음 그림의 RL 회로 시스템에서 $t=0$에서 스위치가 닫혔다. 라플라스 변환을 사용하여 출력 전류를 구하시오(단 초기값은 $i(0)=0$임).

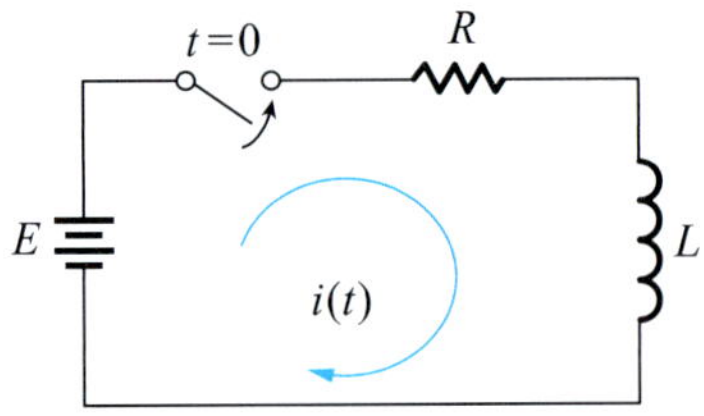

그림 4-15 예제의 RL 시스템

풀이

$$L\frac{di(t)}{dt} + Ri(t) = E$$

주어진 미분방정식을 라플라스 변환하면 다음과 같다.

$$L[sI(s) - i(0)] + RI(s) = \frac{E}{s}$$

$$\Rightarrow I(s)(Ls+R) = \frac{E}{s} \Rightarrow I(s) = \frac{E/L}{s(s+R/L)} = \frac{A}{s} + \frac{B}{s+R/L}$$

$$A+\frac{Bs}{s+R/L}=\frac{E/L}{s+R/L} \quad\Rightarrow\quad A=\frac{E}{R}$$

$$B+\frac{A(s+R/L)}{s}=\frac{E/L}{s} \quad\Rightarrow\quad B=-\frac{E}{R}$$

$$\Rightarrow I(s)=\frac{E}{R}\left(\frac{1}{s}-\frac{1}{s+R/L}\right) \Rightarrow i(t)=\frac{E}{R}(1-e^{-\frac{R}{L}t})u(t)$$

따라서 출력 전류는 다음 그림과 같다.

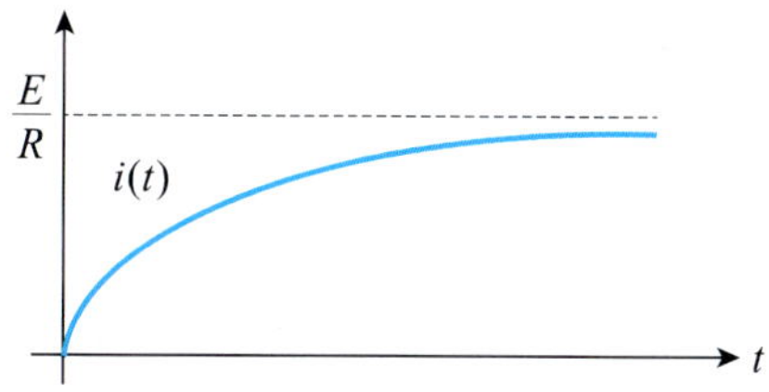

그림 4-16 예제의 출력 전류

예제

앞의 예제에서 미분방정식을 직접 풀어서 출력 전류를 구하시오(단 초기값은 $i(0)=0$임).

풀이

$$L\frac{di(t)}{dt}+Ri(t)=E \Rightarrow \frac{di(t)}{dt}+\frac{R}{L}i(t)=\frac{E}{L}$$

$$\Rightarrow i_h(t)=ce^{-\frac{R}{L}t}$$

입력이 상수이므로 특수해는 $i_p(t)=n$의 상수로 가정한다.

$$\frac{di_p(t)}{dt}=\frac{d}{dt}n=0 \Rightarrow 0+\frac{R}{L}i_p(t)=\frac{E}{L} \Rightarrow i_p(t)=\frac{E}{R}$$

$$\therefore\ i(t)=i_h(t)+i_p(t)=ce^{-\frac{R}{L}t}+\frac{E}{R}$$

초기조건 $i(0)=0$을 사용하여 c를 구할 수 있다.

$$c+\frac{E}{R}=0,\ \Rightarrow c=-\frac{E}{R} \qquad \therefore i(t)=\frac{E}{R}(1-e^{-\frac{R}{L}t})$$

이번에는 다음 미분방정식의 해를 찾아보기로 한다. 여기서 초기조건은 모두 0이다.

$$\frac{dy(t)}{dt}+y(t)=\cos t\,u(t)$$

먼저 라플라스 변환을 하자.

$$sY(s)+Y(s)=\frac{s}{s^2+1}, \quad \Rightarrow \quad Y(s)=\frac{s}{(s+1)(s^2+1)}$$

부분분수로 나타내면 다음과 같다.

$$Y(s)=\frac{s}{(s+1)(s^2+1)}=\frac{-1/2}{s+1}+\frac{1}{2}\frac{s+1}{s^2+1}=\frac{-1/2}{s+1}+\frac{1}{2}\left(\frac{s}{s^2+1}+\frac{1}{s^2+1}\right)$$

역 라플라스 변환을 통해 다음과 같이 출력을 구할 수 있다.

$$y(t)=-\frac{1}{2}e^{-t}u(t)+\frac{1}{2}\cos tu(t)+\frac{1}{2}\sin tu(t)$$

다음 그림과 같은 RC 회로가 있다. 이 시스템의 미분방정식의 해를 라플라스 변환을 사용하여 구해보기로 한다($R=10\,\text{k}\Omega,\ C=1\mu\text{F}$).

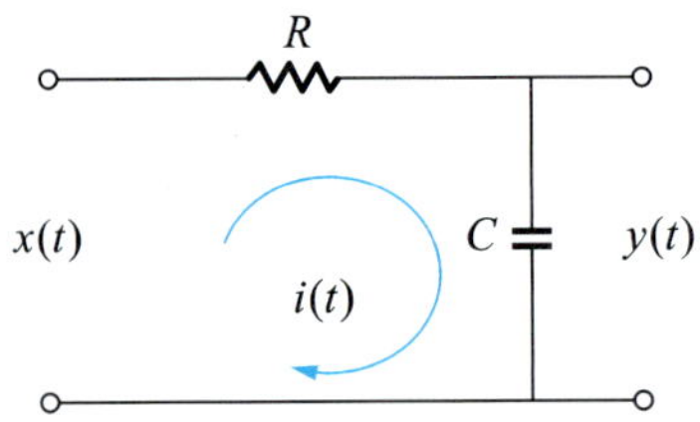

그림 4-17 예제의 RC 시스템

이 시스템의 입력신호는 다음과 같다.

$$x(t) = \cos 2\pi f t \, u(t) = \cos 10^5 t \, u(t)$$

이 시스템의 미분방정식은 다음과 같다.

$$Ri(t) + y(t) = x(t), \qquad i(t) = C\frac{dy(t)}{dt}$$

입력과 출력의 미분방정식을 구하면 다음과 같다.

$$\frac{dy(t)}{dt} + \frac{1}{RC}y(t) = \frac{1}{RC}x(t)$$

R과 C의 값을 대입하면 다음과 같다.

$$\frac{1}{RC} = \frac{1}{10^4 \times 10^{-9}} = 10^5$$

R과 C의 값과 입력신호를 대입한 미분방정식은 다음과 같다.

$$\frac{dy(t)}{dt} + 10^5 y(t) = 10^5 \cos 10^5 t u(t)$$

위의 미분방정식을 라플라스 변환하면 다음과 같다.

$$sY(s) + 10^5 Y(s) = \frac{10^5 s}{s^2 + 10^{10}}, \quad \Rightarrow \quad Y(s) = \frac{10^5 s}{(s+10^5)(s^2+10^{10})}$$

위의 라플라스 변환을 부분분수로 나타내보자.

$$Y(s) = \frac{10^5 s}{(s+10^5)(s^2+10^{10})} = \frac{A_1}{s+10^5} + \frac{A_2 s + A_3}{s^2+10^{10}}$$

$A_1 = -1/2$, $A_2 = 1/2$, $A_3 = (1/2)10^5$이므로 다음과 같이 나타낼 수 있다.

$$Y(s) = \frac{-1/2}{s+10^5} + \frac{(1/2)s + (1/2)10^5}{s^2+10^{10}} = \frac{-1/2}{s+10^5} + \frac{(1/2)s}{s^2+10^{10}} + \frac{(1/2)10^5}{s^2+10^{10}}$$

역 라플라스 변환을 통해 다음과 같이 출력을 구할 수 있다.

$$y(t) = -\frac{1}{2}e^{-10^5 t}u(t) + \frac{1}{2}\cos 10^5 tu(t) + \frac{1}{2}\sin 10^5 tu(t)$$

4.6 라플라스 변환의 용도 : 필터 설계

이 절에서는 전달함수를 사용한 필터의 설계방법을 알아보기로 한다. 이전 절에서 라플라스 변환 그래프와 푸리에 변환 그래프의 관계를 알아보았다. 즉, 전달함수 $H(s)$의 3차원 그래프에서 허수축으로 자른 단면이 바로 주파수 응답 $H(\omega)$가 된다. 이 관계를 이용하여 시스템을 설계할 수 있다. 먼저 원하는 주파수 응답 $H(\omega)$의 사양을 결정한다. 원하는 모양의 $H(\omega)$를 얻기 위하여 $H(s)$의 극점과 영점을 조정하여 최적의 전달함수를 얻을 수 있다.

예제를 통하여 설계방법을 자세히 알아보기로 한다. 예제로서 다음 그래프와 같은 주파수 응답을 갖는 저역통과 필터를 설계해 보자.

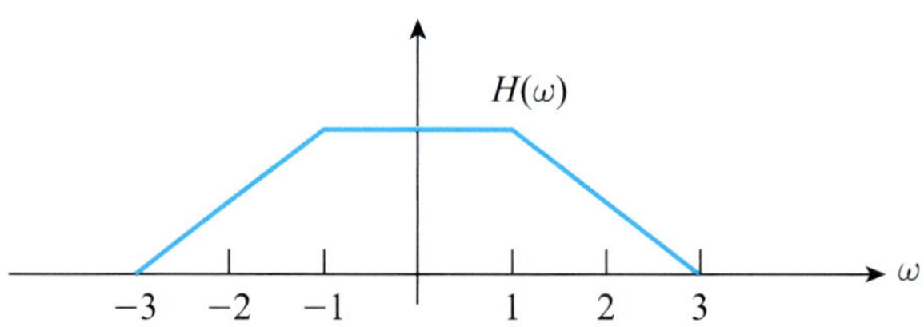

그림 4-18 원하는 저역통과 필터의 주파수 응답 사양

위와 같은 주파수 응답을 얻기 위한 시스템의 차수를 3차로 정해보자. 차수를 높이면 높일수록 원하는 주파수 응답 사양에는 근접할 수 있지만 구현비용은 증가하게 된다. 전달함수의 사양이 3차이므로 분모다항식은 3개의 근을 갖는다. 분자다항식은 3개 이하의 근을 갖는다. 이 예제에서는 원하는 주파수 응답 사양을 얻기 위해서 다음과 같이 극점과 영점의 위치를 정하였다.

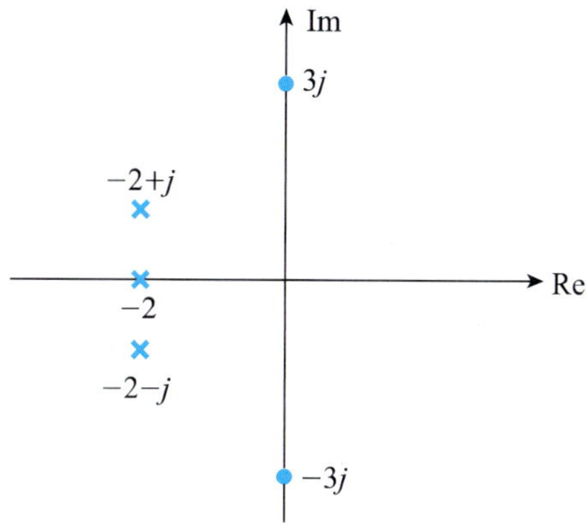

그림 4-19 전달함수(3차)의 영점과 극점

원하는 주파수 응답 사양을 얻기 위해서 3개 이하의 영점의 위치는 위의 그림과 같이 허수축에 2개를 위치시켜야 한다. 즉 2개만 사용한다. 그리고 3개의 극점의 위치는 그림과 같이 2와 3사분면에 위치시켜야 한다. 만일 극점이 1과 4사분면에 위치하면 불안정 시스템이 된다. 이와 같이 위치시킨 극점과 영점의 주파수 응답은 다음과 같다.

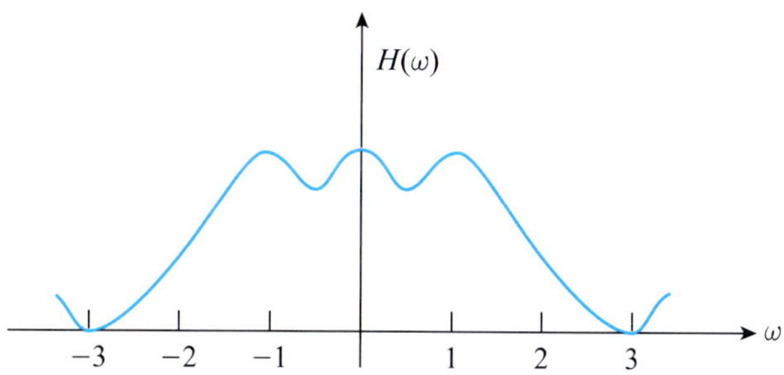

그림 4-20 영점과 극점에 의한 주파수 응답

실제 필터 설계에서는 이와 같이 위치시킨 극점과 영점의 위치를 조금씩 이동시키면서 원하는 주파수 응답과 근접한 최적의 주파수 응답을 얻어낼 수 있다.

그림 4-19의 영점과 극점이 최종적으로 얻어진 것으로 가정하여 전달함수를 얻어보자. 전달함수는 다음과 같이 분모다항식과 분자다항식으로 구성된다.

$$H(s) = \frac{N(s)}{D(s)}$$

먼저 극점을 사용하여 $D(s)$를 계산해 보자. 최종적으로 확정된 극점의 위치가 그림 4-19와 같으므로 3개의 극점의 좌표는 다음과 같다.

$$s = -2, \quad s = -2 + j, \quad s = -2 - j$$

-2의 좌표로부터 $(s+2)$의 다항식을 얻을 수 있다. 나머지 2개의 극점 좌표를 이용하여 다음의 다항식을 얻을 수 있다.

$$[s - (-2 + j)][s - (-2 - j)] = s^2 - (-2 + j)s - (-2 - j)s + 5 = s^2 + 4s + 5$$

따라서 다음의 분모다항식 $D(s)$를 얻을 수 있다.

$$D(s) = (s + 2)(s^2 + 4s + 5) = s^3 + 6s^2 + 13s + 10$$

다음은 영점을 사용하여 $N(s)$를 계산해 보자. 그래프에 있는 2개의 영점의 좌표는 다음과 같다.

$$s = 3j, \quad s = -3j$$

위의 두 개의 좌표를 이용하여 다음의 분자다항식 $N(s)$를 얻을 수 있다.

$$N(s) = (s - 3j)(s + 3j) = s^2 + 9$$

이렇게 얻어진 두 다항식을 사용하여 다음의 전달함수를 구할 수 있다.

$$H(s) = \frac{N(s)}{D(s)} = \frac{s^2 + 9}{s^3 + 6s^2 + 13s + 10}$$

이와 같이 설계된 저역통과 필터는 다음의 구현도로 만들어진다.

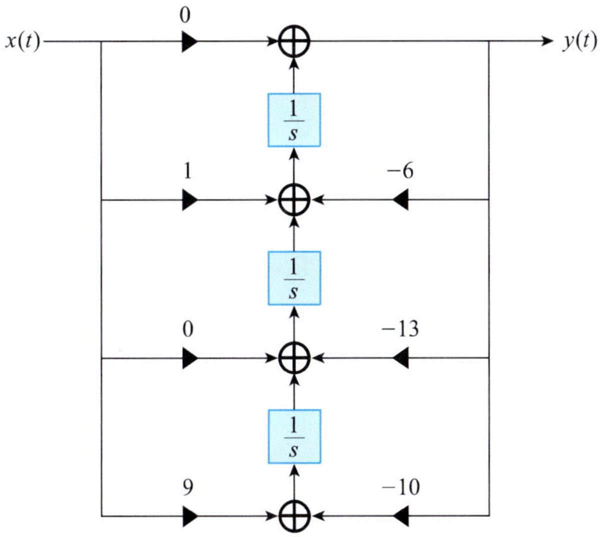

그림 4-21 예제의 저역통과 필터의 구현도

이 설계된 저역통과 필터의 미분방정식은 다음과 같다.

$$\frac{d^3y(t)}{dt^3}+6\frac{d^2y(t)}{dt^2}+13\frac{dy(t)}{dt}+10y(t)=\frac{d^2x(t)}{dt^2}+9x(t)$$

지금까지 살펴보았듯이 전달함수의 극점과 영점의 위치를 조정하여 원하는 필터를 설계할 수 있다. 이를 요약하면 다음과 같다.

1. 원하는 주파수 응답 사양을 결정한다.
2. 설계할 시스템의 차수를 결정한다.
3. 극점과 영점의 위치를 조정하여 최적의 주파수 응답을 얻는다(컴퓨터 이용).
4. 결정된 극점과 영점을 사용하여 전달함수를 얻는다.
5. 구현도와 미분방정식을 완성한다.

연습문제

4-1 다음 그림 (a)의 $x(t)$는 CTFT가 되지 않는다. 그림 (b)의 $y(t)$를 곱하여 $z(t)$를 만들었다. $z(t)$가 CTFT가 되기 위한 σ의 조건을 구하시오.

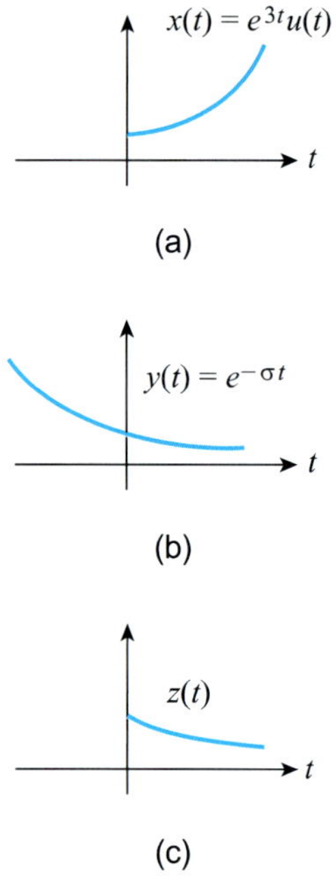

그림 IV-1

4-2 $x(t)=\delta(t-3)$의 라플라스 변환을 구하시오.

4-3 다음 미분방정식의 전달함수 $H(s)$를 구하시오.

$$\frac{d^3y(t)}{dt^3}+2\frac{d^2y(t)}{dt^2}-\frac{dy(t)}{dt}+5y(t)=3\frac{dx(t)}{dt}+x(t)$$

4-4 다음 그림은 RC 회로의 LTI 시스템이다.

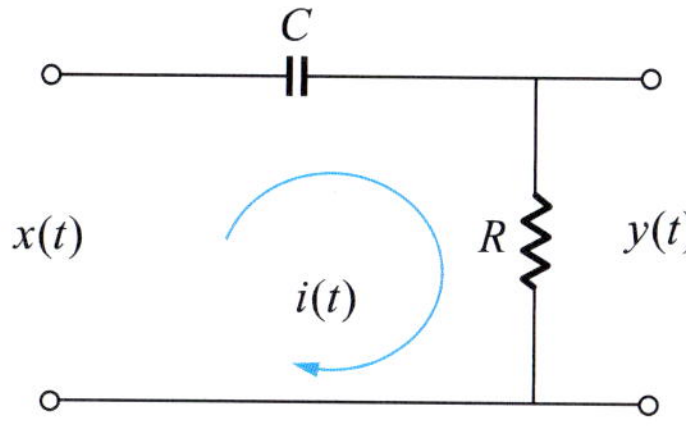

그림 IV-2

이 시스템의 임펄스 응답은 다음과 같다. 시스템의 전달함수 $H(s)$를 구하시오.

$$h(t) = \delta(t) - \frac{1}{RC}e^{-\frac{1}{RC}t}u(t)$$

4-5 다음의 $X(s)$를 역 라플라스 변환하시오.

$$X(s) = \frac{s}{s^2 - s - 2}$$

4-6 다음의 $X(s)$를 역 라플라스 변환하시오.

$$X(s) = \frac{s^2 + s}{s^2 + 3s + 2}$$

4-7 다음의 $X(s)$를 역 라플라스 변환하시오.

$$X(s) = \frac{2s^2 - 3s}{s^3 - 4s^2 + 5s - 2}$$

4-8 다음의 $X(s)$를 역 라플라스 변환하시오.

$$X(s) = \frac{s^2 + 3s + 3}{s^2 + 2s + 2}$$

4-9 다음 미분방정식으로 규정되는 시스템의 임펄스 응답을 구하시오.

$$\frac{dy(t)}{dt} + 4y(t) = 2\frac{dx(t)}{dt} + x(t)$$

4-10 다음 미분방정식으로 규정되는 시스템의 임펄스 응답을 구하시오.

$$\frac{d^2y(t)}{dt^2} + 5\frac{dy(t)}{dt} + 6y(t) = 3\frac{dx(t)}{dt} - 2x(t)$$

4-11 다음의 주어진 입력신호와 출력신호로부터 시스템의 임펄스 응답을 구하시오.

$$x(t) = u(t)$$

$$y(t) = tu(t) - e^{-3t}u(t)$$

4-12 다음의 주어진 입력신호와 출력신호로부터 시스템의 임펄스 응답을 구하시오.

$$x(t) = e^{-2t}u(t)$$

$$y(t) = e^{-t}u(t) - 3e^{-2t}u(t)$$

4-13 다음의 주어진 입력신호와 출력신호로부터 시스템의 임펄스 응답을 구하시오.

$$x(t) = e^{-3t}u(t)$$

$$y(t) = (e^{-t} - e^{-2t} + e^{-3t})u(t)$$

4-14 다음 미분방정식의 해를 구하시오.

$$\frac{dy(t)}{dt} + 3y(t) = u(t), \quad y(0) = 2$$

4-15 다음 미분방정식의 해를 구하시오.

$$\frac{dy(t)}{dt}+y(t)=\cos t\,u(t),\quad y(0)=2$$

4-16 다음 미분방정식의 해를 구하시오.

$$\frac{dy(t)}{dt}+3y(t)=e^{-t}u(t),\quad y(0)=1$$

4-17 다음 미분방정식의 해를 구하시오.

$$\frac{d^2y(t)}{dt^2}+3\frac{dy(t)}{dt}+2y(t)=u(t),\quad y(0)=2,\quad \frac{dy(0)}{dt}=1$$

4-18 어느 시스템을 나타내는 미분방정식이 다음과 같다.

$$\frac{d^2y(t)}{dt^2}+3\frac{dy(t)}{dt}+2y(t)=x(t),\quad y(0)=2,\quad \frac{dy(0)}{dt}=1$$

$x(t)=e^{-3t}u(t)$가 입력되었을 때, 출력 $y(t)$를 구하시오.

4-19 다음 미분방정식의 해를 구하시오.

$$\frac{d^2y(t)}{dt}+5\frac{dy(t)}{dt}+6y(t)=0,\quad y(0)=3,\quad \frac{dy(0)}{dt}=1$$

4-20 다음 그림의 RL 회로 시스템에서 $t=0$에서 스위치가 닫혔다. 라플라스 변환을 사용하여 출력 전류 $i(t)$를 구하시오(단 초기값은 $i(0)=0$, $R=2\Omega$, $L=1\text{H}$, $E=2\text{V}$).

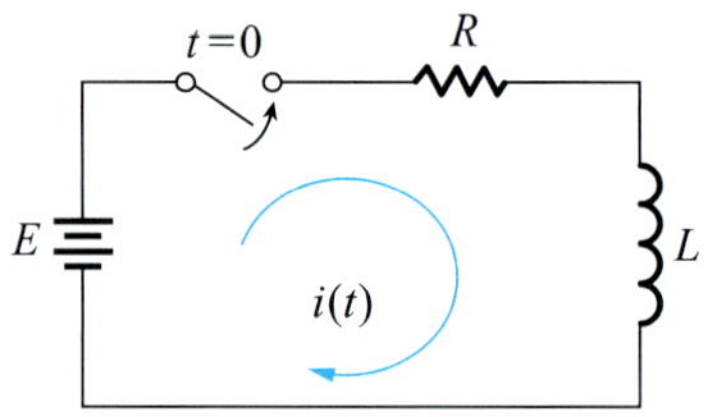

그림 IV-3

4-21 다음 RLC 회로의 미분방정식, 구현도, $H(s)$를 찾으시오. 이 시스템의 입력과 출력은 각각 전압 $v(t)$와 전류 $i(t)$이다.

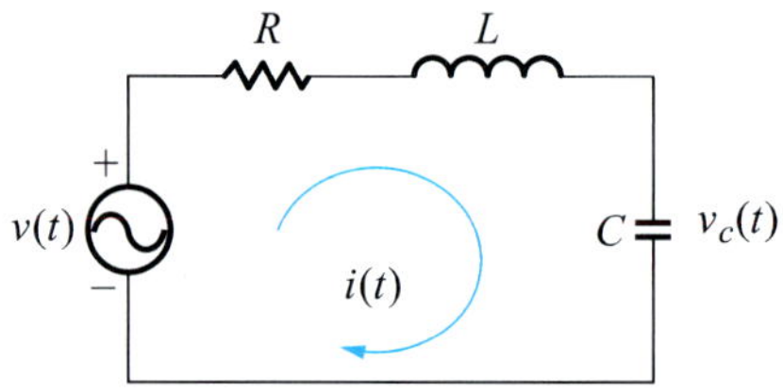

그림 IV-4

4-22 어떤 시스템의 전달함수는 다음과 같다. 제1표준형의 구현도를 그리시오.

$$H(s) = \frac{s^2 - 3s + 2}{s^3 + 6s^2 + 11s + 6}$$

4-23 다음 그림과 같은 RL 시스템이 있다.

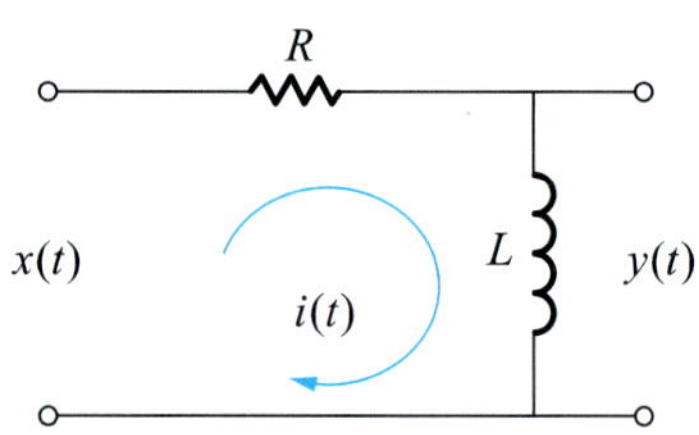

그림 IV-5

이 시스템에서 다음을 구하시오.

(a) 미분방정식

(b) 주파수 응답

(c) 임펄스 응답

(d) 전달함수

(e) 구현도

4-24 다음 그림과 같은 RC 시스템이 있다.

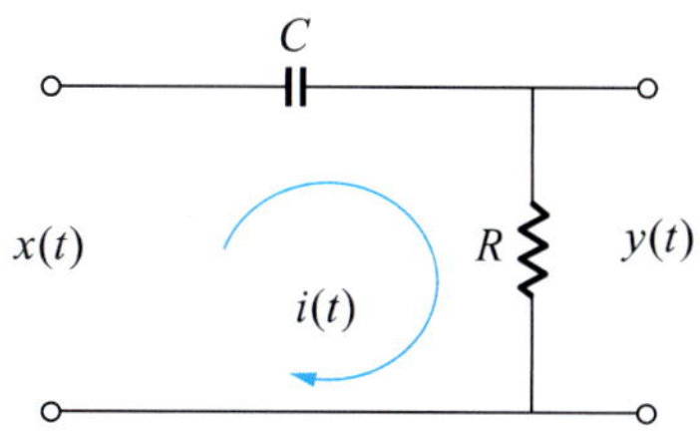

그림 IV-6

이 시스템에서 다음을 구하시오.

(a) 미분방정식

(b) 주파수 응답

(c) 임펄스 응답

(d) 전달함수

(e) 구현도

CHAPTER 5

디지털 신호

5.1 생활 속의 디지털 신호처리 제품들

디지털 신호처리(Digital Signal Processing)의 이론을 이해하기에 앞서 우리 주변에 어떤 디지털 신호처리 제품들이 있는지 먼저 살펴보자.

디지털 신호처리 제품을 분류하는 데에는 여러 방법이 있을 수 있지만 여기서는 신호의 차원으로 분류해 보기로 한다.

- 1차원 신호란 신호를 표현하는 축이 한 개인 신호를 말하며 대표적인 것으로 음성 신호, 오디오 신호, 안테나로 수신되는 통신 신호 등이 있다(스마트폰, MP3 플레이어, CD 플레이어).
- 2차원 신호는 신호를 표현하는 축이 두 개인 신호이며 대표적인 것이 사진과 같은 이미지 신호이다(스마트폰, 디지털 카메라).
- 3차원 신호는 세 개의 축으로 표현되는 신호로서 비디오 신호가 대표적이다(스마트폰, HDTV, DVD 플레이어, 디지털 비디오 레코더).

대표적인 디지털 신호처리 제품들을 그림 5-1에 나타냈다.

그림 5-1 디지털 신호처리 제품들

디지털 신호처리 제품 가운데서, 처리해야 할 연산이 가장 많고 상대적으로 큰 저장 메모리를 요구하는 제품이 비디오 신호처리 제품이다. 그러나 시스템 반도체와 메모리 반도체의 괄목할만한 성장으로 말미암아 용이하게 구현되고 있다.

이 책에서는 1차원 신호처리에 대하여 다룬다. 정지영상이나 동영상 처리 같은 2, 3 차원 신호처리 이론은 1차원 신호처리 이론을 확장시켜 이해할 수 있으며, 영상처리 서적을 통하여 이론을 접할 수 있다.

5.2 디지털 신호의 개념

디지털 신호는 비트(bit), 샘플링(sampling), 양자화(quantization) 등의 3가지 개념을 통하여 만들어진다. 먼저 이 3가지 개념들에 관해 살펴보기로 한다.

5.2.1 비트

1948년에 샤논(C. E. Shannon)의 "통신의 수학적 이론"이란 논문을 통해 완성된 비트(bit) 이론은 정보를 표현하는 수단이다. 1948년은 또한 쇼클리(W. B. Shockley) 등에 의해서 트랜지스터가 발명된 해이기도 하다. 1948년에 태어난 비트 이론과 트랜지스터 반도체가 지금의 디지털 시대를 여는 밑거름이 되었다. 0과 1로 표현되는 비트는 텍스트의 정보화, 수치 계산, 디지털 신호처리 등에 이용되는 중요한 도구이다. 먼저 텍스트의 정보화를 알아보기 위해서 비트를 사용하여 한글을 나타내 보기로 하자. 한글은 14개의 자음과 10개의 모음으로 구성되므로 다음 표와 같이 5비트로 그 정보를 표현할 수 있다.

표 5-1 한글 비트 표현의 예

ㄱ	00000	ㅈ	01000	ㅓ	10000	.	11000
ㄴ	00001	ㅊ	01001	ㅕ	10001	,	11001
ㄷ	00010	ㅋ	01010	ㅗ	10010	?	11010
ㄹ	00011	ㅌ	01011	ㅛ	10011	!	11011
ㅁ	00100	ㅍ	01100	ㅜ	10100	(	11100
ㅂ	00101	ㅎ	01101	ㅠ	10101	)	11101
ㅅ	00110	ㅏ	01110	ㅡ	10110	“	11110
ㅇ	00111	ㅑ	01111	ㅣ	10111	:	11111

위의 표에서 보듯이 32가지로 구분되는 정보는 비트를 사용하면 $2^5=32$이므로 5비트로 나타내는 것이 가능하다. 이와 같이 비트를 사용하면 텍스트를 쉽게 디지털 정보로 나타낼 수 있음을 알 수 있다.

예제

"디지털"을 위의 표 5-1을 사용하여 표기하시오.

풀이 다음과 같이 표기할 수 있다.

ㄷ	ㅣ	ㅈ	ㅣ	ㅌ	ㅓ	ㄹ
00010	10111	01000	10111	01011	10000	00011

비트는 텍스트의 정보화 이외에도 수치계산에도 사용할 수 있다. 예를 들면 컴퓨터나 계산기 등에서 비트를 사용하여 다음과 같이 3+5=8의 덧셈을 수행할 수 있다.

$$\begin{array}{r} 0011 \\ +\ 0101 \\ \hline 1000 \end{array}$$

이와 같은 비트 이론을 사용하는 텍스트의 정보화나 수치해석은 반도체의 집적도가 높지 않았던 1950~70년대에는 군사용 암호기나 중대형 컴퓨터 등에서 제한적으로 사용되었으며, 개인이 접할 수 있는 제품으로는 계산기 정도밖에 상용화되지 못하였다.

5.2.2 샘플링

비트 이론은 반도체의 집적도의 괄목할 만한 성장으로 드디어 1980년대부터 신호의 표현 방법으로 이용되기 시작하였다. 텍스트의 정보화나 수치 해석보다 신호의 정보화는 더 많은 메모리와 더 빠른 처리용 하드웨어를 필요로 한다.

먼저 신호의 정보화를 위해서 연속시간 신호(continuous-time signal), 아날로그 신호(analog signal), 이산시간 신호(discrete-time signal), 디지털 신호(digital signal) 등 4가지 신호의 정의를 알아보기로 하자. 그림 5-2(a)와 같이 시간 축의 모든 점에서 신호가 정의되는 신호를 연속시간 신호라고 한다. 또한 연속시간 신호 중에서도 신호의 값도 연속인 신호를 아날로그 신호라고 한다. 연속시간 신호와 아날로그 신호의 정의는 이와 같이 조금 다르지만 보통은 차이 없이 사용하고 있다. 연속시간 신호는 그림 5-2(b)와 같이 샘플링(sampling)을 통해서 이산시간 신호로 만들 수 있으며, 시간 축의 일정한 점에서만 신호가 정의되는 신호이다. 이와 같이 샘플링을 통해 만들어진 이산시간 신호는 그림으로 표현할 때에 막대사탕의 모양으로 나타내며, 저장되거나 처리되기가 쉬워진다. 그림 5-2(b)에서 보듯이, 시간 축은 실제의 샘플링 시간 대신에 정수로 표기된다. 디지털 신호의 정의는 다음 절의 양자화에서 알아보기로 한다.

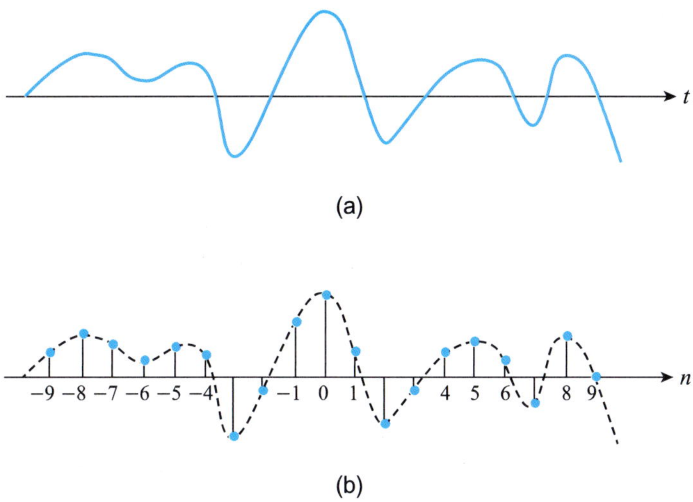

그림 5-2 (a) 연속시간 신호, (b) 이산시간 신호

5.2.3 양자화

샘플링만을 통해서 연속시간 신호의 디지털화가 완성되지는 않는다. 즉, 샘플링된 신호의 값은 이론적으로 무한대의 정세도(infinite precision)를 가질 수 있다. 이와 같은 신호의 값을 비트를 사용하여 정보화하는 과정을 양자화(quantization)라고 한다. 다음 그림과 같은 아날로그 신호를 보자.

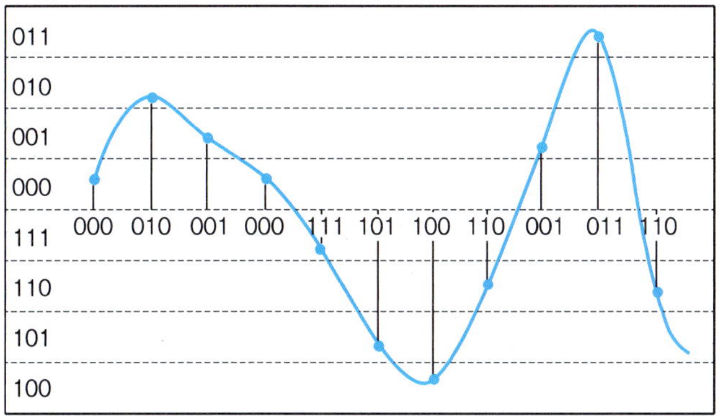

그림 5-3 이산시간 신호와 디지털 신호

위의 그림에서 아날로그 신호는 샘플링을 통해 11개의 이산시간 신호로 변환되었다.(막대사탕) 그리고 양자화를 통해 000, 010 등의 디지털 신호로 변환되었다. 이 그림에서 보듯이 할당하는 비트의 양은 유한하기 때문에 샘플링된 신호 값을 비트를 사용하여 정확하게 나타낼 수 없다. 즉 오차가 생기게 된다.

예를 들어 샘플링한 신호 값이 0.8인 경우를 생각해 보자. 3비트로 이 값을 표현해 보자. 3비트를 사용하여 이 값을 가장 가깝게 표현하면 다음과 같이 0.75가 된다.

$$011 = 0.5 + 0.25 = 0.75$$

$$01100110 = 0.5 + 0.25 + 0.03125 + 0.015625 = 0.796875$$

0.8을 8비트를 사용하여 이 양자화하면 0.796875가 되어 원래의 이산시간 신호에 가깝게 근접하나 역시 양자화 오차를 완전히 제거할 수는 없다. 신호는 반도체 등에 저장되거나 처리되어야 하므로 반드시 유한개의 비트로 정보화되어야 하며, 이렇게 비트로 양자화된 이산시간 신호를 디지털 신호라고 정의한다. 즉, 연속시간 신호는 샘플링을 통하여 이산시간 신호가 되며 비트를 사용한 양자화를 통하여 디지털 신호가 된다. 정의의 차이에도 불구하고 이산시간 신호와 디지털 신호는 거의 같은 의미로 사용되고 있다.

디지털 신호를 좀 더 쉽게 이해하기 위하여 그림 5-3과 같은 악보를 보자.

그림 5-4 디지털 신호의 이해 : 악보

그림 5-4에서 오선은 시간 축으로 볼 수 있으며 모든 음은 시간 축에서 분리되어 있다. 이는 연속시간 신호에서 샘플링에 의해 이산시간 신호가 된 것과 같은 원리로 생각할 수 있다. 또한 예를 들어 "미"와 "파" 사이에는 다른 음이 존재하지 않는다. 이는 이산시간 신호가 비트 할당에 의해 양자화되는 원리와 비슷하다. 이와 같이 오래 전부터 사용되어 온 악보는 디지털 신호의 기원으로 간주할 수도 있으며, 비트와 샘플링과 양자화를 악보를 사용하여 정보화하고 있음을 알 수 있다.

연속시간 신호를 디지털 신호로 만들 때에, 샘플링하는 시간과 양자화 비트할당이 정보의 량과 직결되므로 경제적으로 결정되어야 한다. 샘플링의 시간을 길게 하거나 양자화의 비트할당을 줄이면 디지털 신호의 정보량은 작아지나 정보의 손실이 생길 수 있고, 또한 너무 샘플링 시간을 짧게 하거나 비트할당을 늘이면 정보량이 너무 많아져 비경제적이 되기 때문이다. 따라서 가능한 한 샘플링 시간을 길게 하고 비트할당을 작게 하되, 다시 아날로그 신호로 복원시켰을 때 원래의 아날로그 신호와 차이를 느끼지 않도록 결정하여야 한다. 예를 들면 음성 신호의 경우에는 1/8000초의 샘플링 시간과 8비트 정도의 비트할당을 주로 사용하며, 오디오 신호의 경우에는 1/44100초의 샘플링 시간과 16비트의 비트할당을 주로 사용한다.

5.3 디지털 신호처리의 장점 및 구현 방식

5.3.1 디지털 신호처리의 장점

아날로그 신호를 디지털 신호로 변환하여 처리하는 블록도는 다음 그림과 같다.

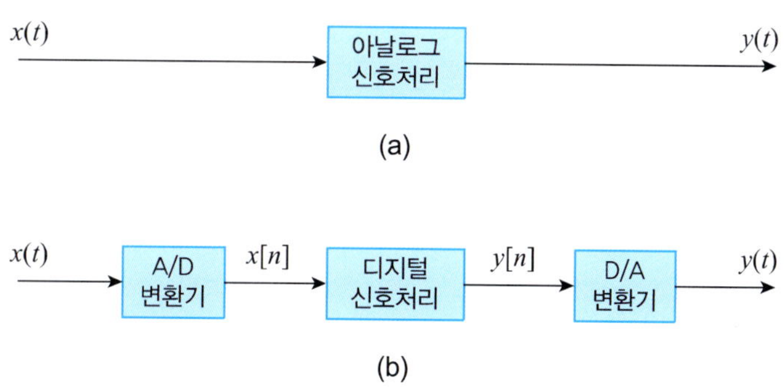

그림 5-5 (a) 아날로그 신호처리, (b) 디지털 신호처리

그림에서 보듯이 디지털 신호처리 시스템은 아날로그 신호처리 시스템과 비교하여 A/D 변환기(Analog-to-Digital Converter, ADC)와 D/A 변환기(Digital-to-Analog Converter, DAC)의 소자를 필요로 한다. 사람이 감지하거나 만들어내는 신호가 아날

로그 신호이기 때문이다. 디지털 신호로 변환하여 처리하면 다음과 같은 여러 가지 장점이 있다.

디지털 신호는 메모리 반도체에 저장이 쉽다.

디지털 신호는 저장이 매우 용이하다. 특히 메모리 반도체의 용량이 빠른 속도로 커지고 있으므로 앞으로는 디지털 신호의 저장이 더 늘어날 것이다. 다음 그림은 최근에 개발된 메모리 반도체이다.

(a) (b)

그림 5-6 (a) 플래시 메모리 반도체, (b) DRAM 메모리 반도체

그림 (a)는 스마트폰용 플래시 메모리 반도체(삼성전자 eUFS 3.0)이다. 이 칩은 내부에 512 Gbit 칩을 8개 쌓아서 512 GByte의 용량이다. 이 플래시 메모리에는 2 GB 용량의 영화가 256편이 저장될 수 있다.

그림 (b)는 모바일용 DRAM 메모리 반도체(삼성전자 LPDDR5)이다. 이 반도체는 16 GB 패키지로서 12 Gb 칩 8개와 8 Gb 칩 4개를 탑재하고 있다. 이와 같은 메모리 반도체의 용량증가 속도는 2년마다 약 2배 정도로 증가하고 있다.

디지털 신호는 시스템 반도체로 신호처리가 쉽다.

디지털 신호는 시스템 반도체 프로세서를 사용하여 처리하기 쉽다. 다음 그림은 최근에 개발된 시스템 반도체이다.

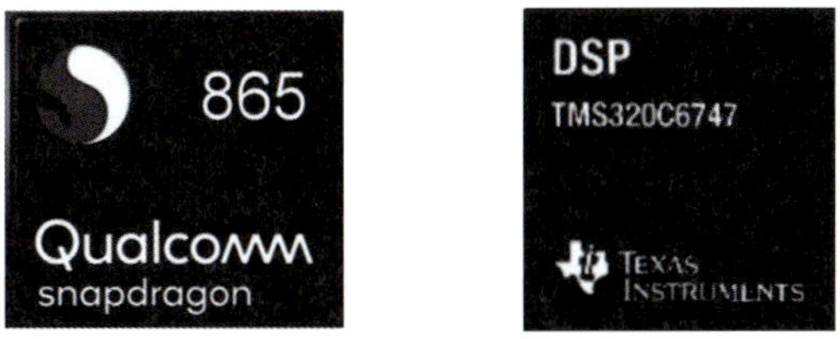

(a) (b)

그림 5-7 (a) AP 시스템 반도체, (b) DSP 시스템 반도체

그림 (a)는 스마트폰용 AP 프로세서(퀄컴 스냅드래곤 865)이다. 이 시스템 반도체 칩은 CPU, GPU, 그리고 모뎀을 내장하고 있다. CPU는 8개의 코어가 내장되어 있으며, GPU는 초당 2G 픽셀의 이미지를 처리할 수 있다. 또한 모뎀은 LTE 통신과 5G 통신용 모뎀을 처리한다.

그림 (b)는 DSP 프로세서(TI DSP 칩 싱글코어 C674X)이다. 이 DSP 프로세서는 2.7 GFLOPS(Giga FLoating Point Operation)의 연산이 가능하다. 즉 1초에 27억 번의 부동소숫점 연산을 수행한다.

디지털 신호의 통신은 잡음에 강하다.

디지털 신호의 통신은 1 또는 0을 송신하므로 아날로그 신호의 통신보다 잡음에 강하다.

디지털 신호는 압축이 가능하다.

디지털 신호를 통신 시스템을 통하여 신호를 필요로 하는 곳으로 전송하는 것을 디지털 통신이라고 한다. 이때에 신호의 양이 비용과 비례하므로 신호의 양을 줄이는 것이 매우 중요하다. 그런데 디지털 신호는 압축을 통하여 신호의 양을 줄일 수 있다. 이를 신호의 압축이라고 한다.

예를 들어 MP3 오디오 신호의 압축은 다음 그림과 같다.

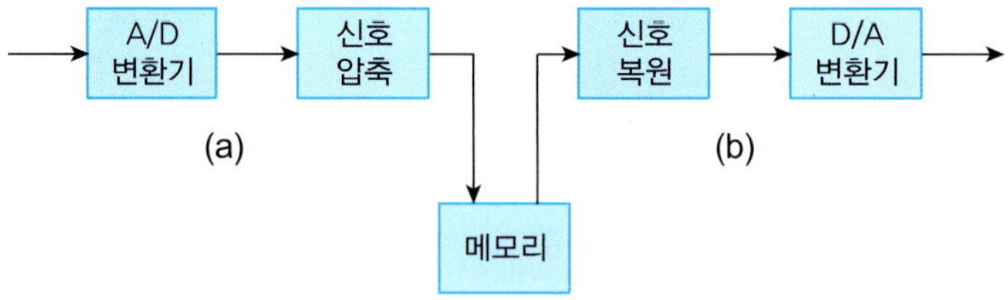

그림 5-8 (a) MP3 부호기, (b) MP3 복호기

그림 5-8(a)의 MP3 부호기를 수행하는 작업은 주로 인터넷 음악 서비스 회사를 통하여 이루어진다. 많은 음악들을 MP3 알고리즘을 사용하여 압축되어 서비스된다. MP3 부호기의 압축 전과 압축 후의 신호의 양을 비교해 보자. 압축되기 전에는 1초의 신호 양은 44100 샘플링/sec×16비트×2스테레오 = 1.4112 Mbits/sec이다. 압축된 후에는 128 kbits/sec의 비트율이 된다. 이는 약 11분의 1로 신호가 압축되었다는 의미이다.

MP3 복호기의 수행은 MP3 파일을 다운받아서 스마트폰이나 PC를 사용하여 이루어진다. 표준화된 압축알고리즘은 다음과 같은 것들이 있다.

- 음성 신호 압축
- 오디오 신호 압축(MP3)
- 이미지 신호 압축(JPEG)
- 비디오 신호 압축(MPEG)

DSP는 두 가지의 의미로 사용된다. 즉 Digital Signal Processing(디지털 신호처리)과 Digital Signal Processor(디지털 신호처리 프로세서)의 약자로 사용되는데, 조금 다른 의미이다. Digital Signal Processing은 디지털 신호를 처리하는 개념을 총칭하는 단어이며, Digital Signal Processor는 디지털 신호를 처리하는 반도체 칩을 의미한다.

5.3.2 디지털 신호처리 시스템의 구현 방식

이 절에서는 신호처리 알고리즘이 구현되는 방법을 알아보기로 하자. 신호처리 알고리즘은 시스템 반도체 칩을 사용하여 구현된다. 시스템 반도체 칩을 사용하여 구현되는 방법은 다음과 같이 2가지 방식이 있다.

(1) 프로세서 방식

프로세서 칩을 사용하여 구현하는 방식이다. 예를 들어 다음과 같은 신호처리 알고리즘들을 프로세서 방식으로 구현한다고 가정해 보자.

- 음성 압축(speech coding)
- 음성 인식(speech recognition)
- 음성 합성(speech synthesis)
- MP3 오디오 디코딩(MP3 audio decoding)
- JPEG 코딩(JPEG coding)
- 이미지 인식(image recognition)
- MPEG 비디오 코딩(MPEG video coding)

프로세서 방식은 위의 알고리즘들에 대한 프로그램이 내장되어있어, 필요한 알고리즘이 수행될 때마다 원하는 소프트웨어 프로그램이 실행되는 방식이다. 프로세서 방식에는 수많은 종류의 프로세서가 사용되고 있으며, 대표적인 프로세서 칩으로는 다음과 같은 것들이 있다.

- 인텔 마이크로 프로세서 칩을 탑재한 PC
- 퀄컴 AP 프로세서 칩을 탑재한 스마트폰
- 삼성 엑시노스 AP 프로세서를 탑재한 스마트폰
- TI TMS320 프로세서를 탑재한 플레이어

많은 시스템 반도체 회사들이 고속 프로세서 칩을 갖고 있으며 디지털 신호처리 알고리즘을 구현할 수 있는 개발환경을 갖추고 있다. 이와 같은 프로세서 방식으로 구현하기 위해서는 특정 프로세서의 명령어를 사용하여 알고리즘을 프로그램하여야 하며 다음과 같은 과정을 통해 구현된다.

- 알고리즘 및 사양 완성
- 특정 컴퓨터 언어로 시뮬레이션

- 선정된 프로세서가 탑재된 emulation 보드를 사용하여 코딩
- 소프트웨어 완성 또는 프로세서 칩 제작

(2) Hard-wired 방식

디지털 신호처리 알고리즘을 구현하는 또 다른 방식의 하나로 hard-wired 방식이 있다. 이 방식은 알고리즘을 구성하는 모든 연산과정을 각각의 반도체 하드웨어로 구현하는 방식이다. Hard-wired 방식의 구현에서는 시스템 반도체 칩 설계시 Verilog나 VHDL과 같은 RTL(Register Transfer Logic) 언어를 사용하여 코딩한다. 이와 같은 언어를 사용하여 알고리즘을 설계하고 시뮬레이션한 후에, 완성된 언어는 반도체 하드웨어로 자동 변환된다. 이 방식으로 설계하는 순서는 다음과 같다.

- 알고리즘 및 사양 완성
- 특정 컴퓨터 언어로 시뮬레이션
- RTL(Verilog 또는 VHDL) 코딩
- 시스템 반도체 칩 제작

5.4 기본 디지털 신호

이 장에서 다루는 신호는 디지털 신호이다. 자연에 존재하는 대부분의 신호는 아날로그 신호이므로 아날로그 신호와 디지털 신호의 관계에 대하여 이해할 필요가 있다. 이 두 신호의 관계는 주파수 영역의 해석이 필요하므로 7장에서 주파수 영역의 신호처리를 다루기로 한다.

아날로그 신호 $x(t)$를 샘플링하여 $x(nT)$를 얻고 이를 다시 시간영역에서 n으로 정의하여 디지털 신호 $x[n]$으로 표기한다. 이 책에서 아날로그 신호는 ( )의 괄호를 사용하여 표기하고, 디지털 신호는 [ ]의 괄호를 사용하여 표기하기로 한다. 일반적으로 n은 여러 가지 경우가 있다. 음악과 같은 아날로그 신호에서 샘플링을 통하여 디지털 신호를 얻는다면 이 경우에 n은 시간의 의미를 갖고, 사진의 아날로그 신호에서 샘

플링을 통하여 디지털 신호를 얻는다면 이 경우에 n은 화소(pixel)의 의미를 갖는다.

디지털 신호처리 이론을 다루기에 앞서 먼저 많이 사용되는 다음과 같은 기본적인 신호들을 알아보기로 한다.

5.4.1 단위 임펄스 신호

단위 임펄스 신호(unit impulse signal)는 다음 그림과 같은 신호로서 델타신호, 또는 줄여서 임펄스 신호라고도 한다. 이 책에서는 주로 임펄스 신호를 사용하기로 한다. 임펄스 신호는 디지털 신호를 수학으로 표현하기 위하여 사용되며 디지털 신호처리에서 가장 중요하게 사용되는 신호 중의 하나이다.

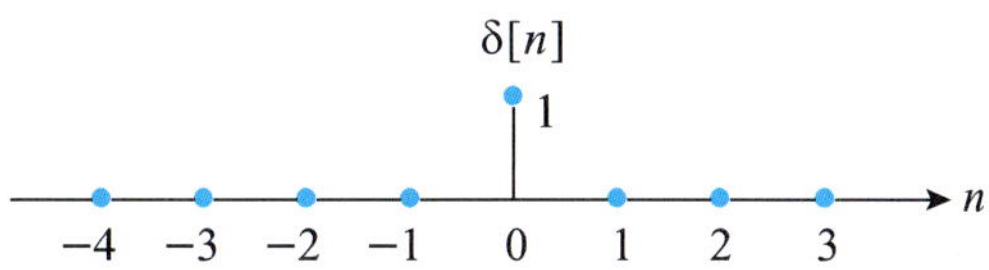

그림 5-9 단위 임펄스 신호

그림으로 표기된 임펄스 신호를 식으로 표현하면 다음과 같다.

$$\delta[n] = \begin{cases} 1, & n = 0 \\ 0, & n \neq 0 \end{cases}$$

위의 그림과 식에서 보듯이 임펄스 신호는 눈금 n이 0일 때에만 1의 값을 갖고, 그 외의 모든 점에서 0의 값을 갖는 신호이다. 즉, $\delta[n]$의 괄호 안이 0일 때에만 1의 값을 갖게 된다. 따라서 다음 그림도 역시 임펄스 신호로서 $\delta[n]$이 k 만큼 지연된 신호이다.

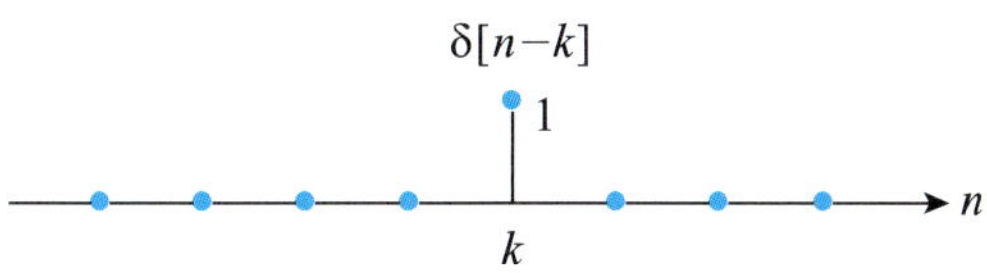

그림 5-10 다른 종류의 단위 임펄스 신호

위의 그림의 임펄스 신호를 식으로 표현하면 다음과 같다.

$$\delta[n-k] = \begin{cases} 1, & n = k \\ 0, & n \neq k \end{cases}$$

이와 같은 임펄스 신호는 디지털 신호를 표현하는데 사용되며 시스템을 해석하는 데에도 매우 중요하게 사용된다.

5.4.2 단위 계단 신호

임펄스 신호와 더불어 다음 그림과 같은 단위 계단 신호(unit step signal)도 신호처리에서 매우 널리 사용되는 신호이다.

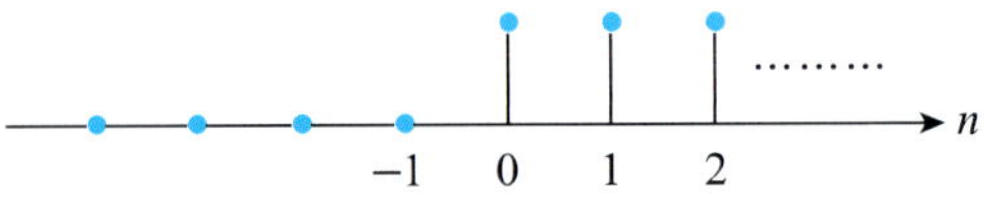

그림 5-11 단위 계단 신호

위의 단위 계단 신호는 다음과 같은 식으로 나타낼 수 있다.

$$u[n] = \begin{cases} 1, & n \geq 0 \\ 0, & n < 0 \end{cases}$$

이와 같은 단위 계단 신호는 임의의 신호의 시작점을 제한하는 용도로 많이 사용된다. 즉, 다음 그림의 (a)와 같이 잡음 신호가 계속되다가 일정한 시점에서 유효한 신호가 시작되는 경우에 그림 (b)와 같은 단위 계단 신호를 곱하면 (c)와 같은 잡음이 제거된 신호를 얻을 수 있다.

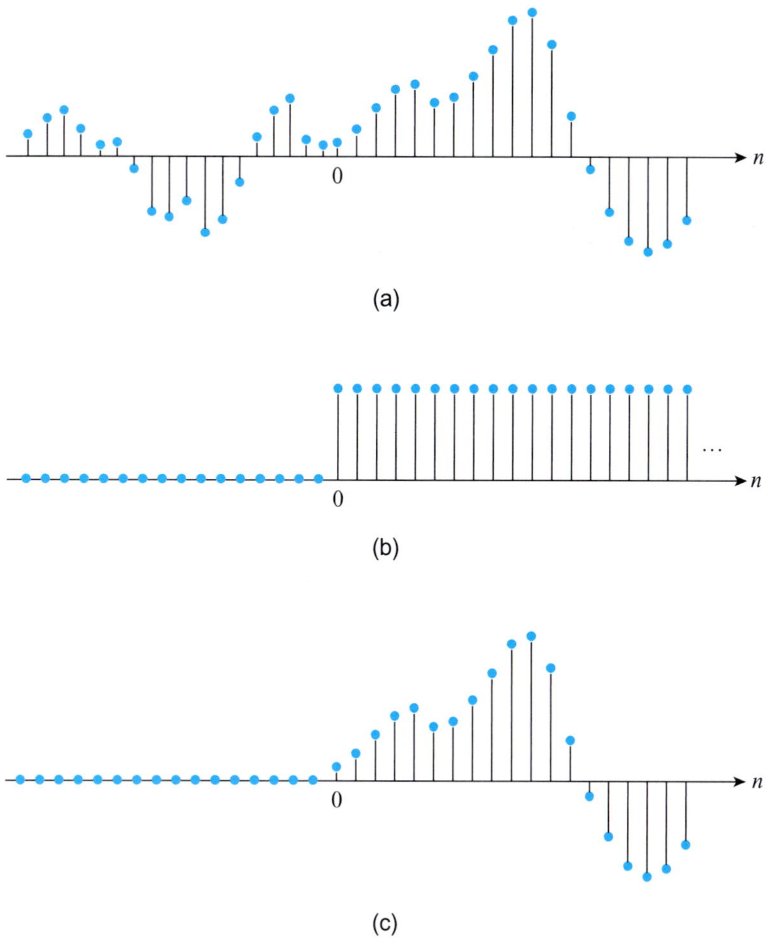

그림 5-12 (a) 잡음이 있는 신호 $x[n]$, (b) 단위 계단 신호 $u[n]$, (c) $x[n]u[n]$ 신호

단위 계단 신호를 사용하여 다음 그림과 같은 단위 펄스 신호(unit pulse signal)라고 하는 신호를 정의할 수 있다.

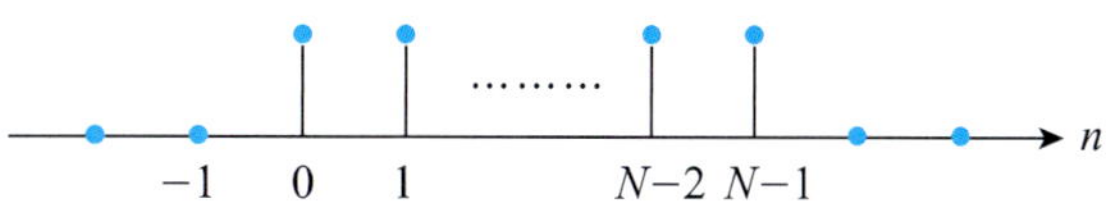

그림 5-13 단위 펄스 신호

위의 단위 펄스 신호는 $u[n]-u[n-N]$으로 나타낼 수 있다. 이와 같은 단위 펄스 신호를 사용하여 임의의 디지털 신호의 필요한 시간영역을 적절히 제한할 수 있다. 즉 매우 긴 디지털 신호 $x[n]$에서 $n=0$부터 $n=N-1$까지의 신호만 관심이 있으면 $x[n](u[n]-u[n-N])$의 과정을 통해서 그 영역의 신호만을 표현할 수 있다.

5.5 디지털 신호의 표기 방법

5.5.1 그림을 사용한 표기 방법

디지털 신호는 아날로그 신호의 샘플링에 의해서 얻을 수 있으므로 아날로그 신호처럼 그림으로 표현할 수 있다. 디지털 신호는 다음 그림과 같이 막대사탕의 모양으로 나타낸다. 가로축은 샘플링 시간을 정수로 표시하며 막대사탕 옆에 샘플링된 값을 적기도 한다.

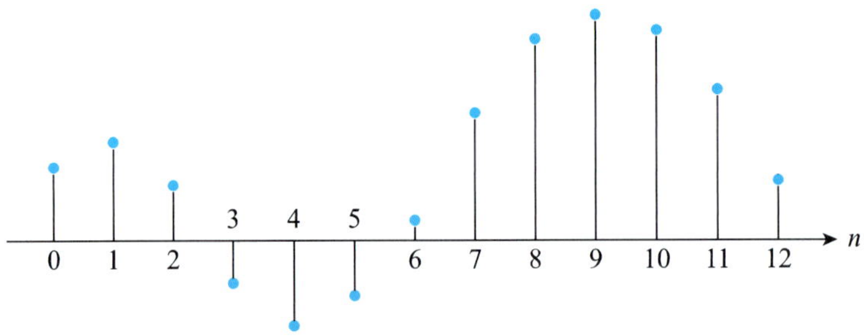

그림 5-14 그림을 사용한 디지털 신호 표기

위의 그림에서 보듯이 샘플링 인덱스는 정수로 표시되므로 원 신호인 아날로그 신호의 샘플링 주기에 대한 정보는 표시되지 않는다.

5.5.2 임펄스 신호를 사용한 표기 방법

임의의 디지털 신호를 수학으로 표기하기 위해서 임펄스 신호가 유용하게 이용된다.

다음 그림의 예를 통하여 알아보기로 하자.

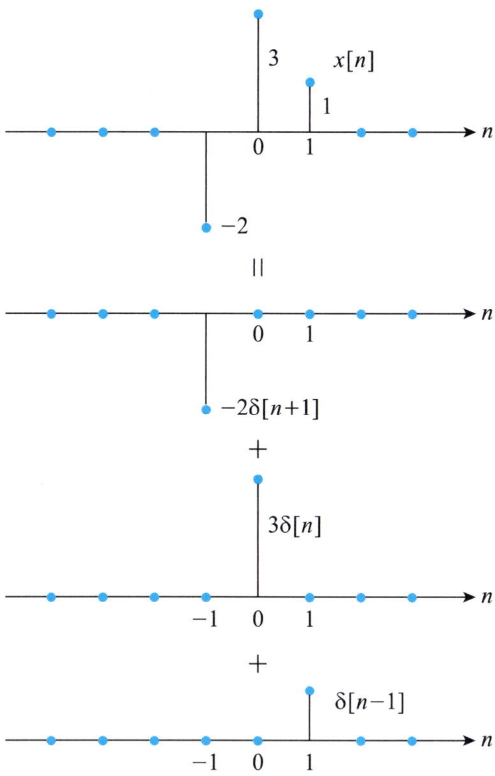

그림 5-15 임펄스 신호를 사용한 디지털 신호 표기

그림에서 보듯이 신호 $x[n]$은 3개의 임펄스 신호의 합으로 나타내어진다. 따라서 다음과 같이 쓸 수 있다.

$$x[n] = -2\delta[n+1] + 3\delta[n] + \delta[n-1]$$

위의 예에서 보듯이 임의의 신호는 임펄스 신호의 가중 합으로 표시할 수 있음을 알 수 있다. 따라서 일반적으로 임의의 디지털 신호는 다음과 같이 나타낼 수 있다.

$$x[n] = \sum_{k=-\infty}^{\infty} x[k]\delta[n-k]$$

위의 식에서 $x[k]$는 인덱스 n이 k일 때의 신호 값 즉 가중치임을 알 수 있다. 임의의 디지털 신호가 위와 같이 임펄스 신호의 가중 합으로 표시될 수 있다는 것은 시스템의 해석의 중요한 의미를 갖는다.

5.5.3 괄호를 사용한 표기 방법

그림이나 임펄스 신호를 사용하는 디지털 신호의 표기 방법보다 더욱 빠르게 나타낼 수 있는 방법이 괄호를 사용하여 표기하는 방법이다. 앞 절의 신호를 괄호를 사용하여 나타내면 다음과 같다.

$$x[n] = \{-2,\ \underset{\uparrow}{3},\ 1\}$$

위의 표현에서 보듯이 신호의 값과 값 사이는 쉼표로 구분하며, 원점에서의 샘플 값은 화살표를 사용하여 나타낸다. 샘플의 수가 몇 개밖에 안 되는 경우에 이 방법이 가장 빨리 신호를 나타낼 수 있다.

예제

다음의 디지털 신호를 괄호를 사용하여 나타내시오.

(a) $x_1[n] = 3\delta[n] + 2\delta[n-1] + \delta[n-2]$

(b) $x_2[n] = 3\delta[n] + 2\delta[n-100] + \delta[n-200]$

풀이 (a)는 다음과 같이 괄호를 사용하여 쉽게 나타낼 수 있다.

$$x_1[n] = \{\underset{\uparrow}{3},\ 2,\ 1\}$$

그러나 (b)의 신호는 괄호를 사용하면 0의 값이 너무나 많이 들어가므로 효과적으로 표기할 수 없다. 따라서 (b)와 같은 신호는 임펄스 신호를 사용하여 표기하는 것이 효과적이다.

5.6 기본적인 디지털 신호의 연산

디지털 신호를 수학으로 다루기 위한 기본적인 연산을 알아보기로 하자. 기본적인 연산에는 이동(shift) 연산과 반사(reflection) 연산이 있다.

5.6.1 이동 연산

신호처리의 과정에는 신호의 이동 연산(shift operation)을 많이 다루게 된다. 다음 그림의 예를 사용하여 이동 동작을 알아보기로 하자.

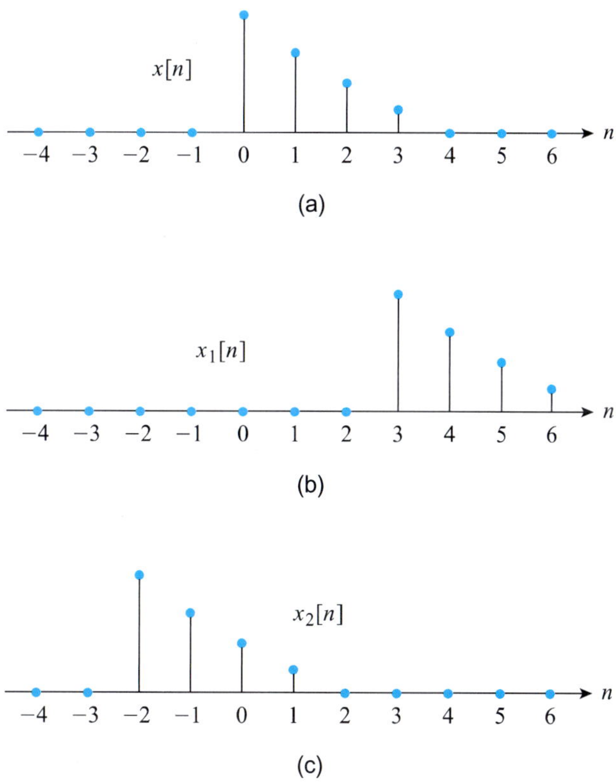

그림 5-16 이산 신호의 이동 연산 (a) 원 신호, (b) 우로 3 이동 연산, (c) 좌로 2 이동 연산

위의 그림 (b)는 원 신호 $x[n]$을 오른쪽으로 3만큼 이동시킨 것이다. 특히 시간 축의 경우에 오른쪽으로의 이동을 지연이라고도 한다. 좌측으로 이동도 가능하다. 그림 (c)는 (a)의 원 신호를 좌로 2만큼 이동시킨 것이다. 위의 그림의 이동 연산을 식으로 표현하면 다음과 같다.

(b) $x_1[n] = x[n-3]$

(c) $x_2[n] = x[n+2]$

아날로그 신호 $x(t)$를 우로 3만큼 이동시켰을 때 $x(t-3)$으로 표현하는 것과 마찬가지로 디지털 신호 $x[n]$도 우로 3만큼 이동시켰을 때에 $x[n-3]$으로 표현한다.

5.6.2 반사 연산

반사 연산(reflection operation)도 신호처리에서 널리 사용되는 중요한 연산이다. 원 신호 $x[n]$의 반사 연산은 $x[-n]$으로 표현하며 다음 그림과 같은 연산이다.

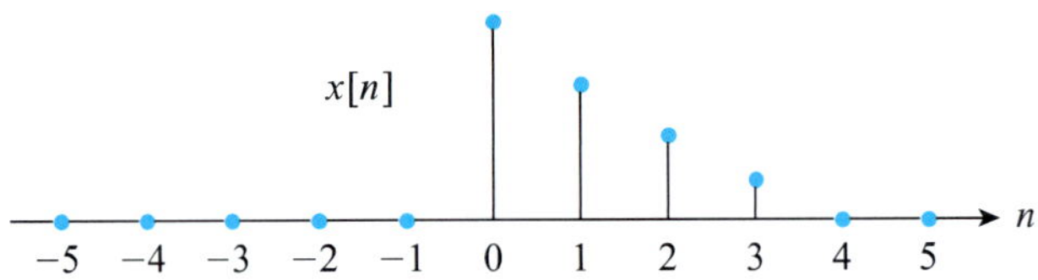

(a)

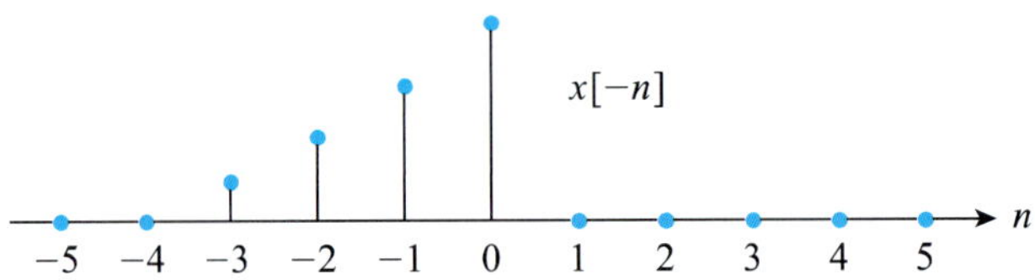

(b)

그림 5-17 디지털 신호의 반사 연산 (a) 원 신호, (b) 반사 연산된 신호

아날로그 신호 $x(t)$에서 변수 t를 $-t$로 치환하면 $x(-t)$가 되며 이 함수는 $t=0$의 축으로 반사시킨 모양이 된다. 이와 마찬가지로 디지털 신호 $x[n]$의 반사 연산된

신호 $x[-n]$의 모양도 $n=0$의 축으로 반사시킨 모양이 된다.

5.6.3 반사 후 이동 연산

반사 후 이동 연산도 신호처리에서 많이 사용된다. 디지털 신호 $x[n]$을 먼저 반사시키면 $x[-n]$이 되고 이를 다시 k만큼 지연(우로 이동)시키면 $x[-(n-k)]=x[k-n]$으로 표현할 수 있다. $k=2$인 경우에 그림으로 나타내면 다음 그림 (b)와 같다.

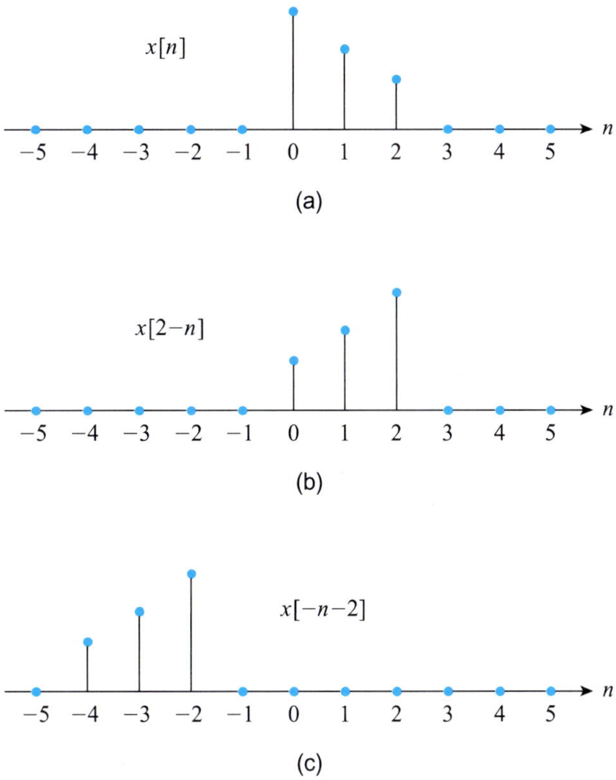

그림 5-18 (a) 원 신호, (b) 반사후 우로 2 이동 연산, (c) 우로 2 이동후 반사 연산

반사 연산과 이동 연산은 교환법칙이 성립하지 않는다. 즉, 원 신호 $x[n]$에서 이동을 먼저 연산하면 $x[n-k]$가 되고, 이 후에 반사 연산을 수행하면 $x[-n-k]$가 된다. 그림 (c)의 이동후 반사 연산 결과는 반사 후 이동 연산 $x[n-k]$의 결과인 (b)와 다름을 알 수 있다.

연습문제

5-1 다음의 괄호로 표현된 디지털 신호들을 그림과 임펄스 신호를 사용하여 각각 표현하시오.

(a) $x_1[n] = \{\underset{\uparrow}{1},\ 0.8,\ -0.4,\ 0.2\ \}$

(b) $x_2[n] = \{0.2,\ \underset{\uparrow}{0.5},\ 0.2\ \}$

(c) $x_3[n] = \{\underset{\uparrow}{1},\ 0,\ 0,\ -0.5\ \}$

5-2 다음의 임펄스 신호로 표현된 디지털 신호들을 그림과 괄호를 사용하여 각각 표현하시오.

(a) $x_1[n] = \delta[n] + \delta[n-1] + \delta[n-2]$

(b) $x_2[n] = 0.5\delta[n+1] + 0.3\delta[n] + 0.2\delta[n-1]$

(c) $x_3[n] = -0.5\delta[n+2] + 0.8\delta[n] - 0.5\delta[n-2]$

5-3 다음과 같은 디지털 신호가 있다.

$$x[n] = \{\underset{\uparrow}{1},\ 0.8,\ -0.4,\ 0.2\ \}$$

(a) $x[n]$을 그리시오.

(b) $x[n-2]$를 그리시오(우로 2 이동 연산).

(c) $x[-n]$을 그리시오(반사 연산).

(d) $x[2-n]$을 그리시오(반사후 우로 2 이동 연산).

(e) $x[-n-2]$를 그리시오(우로 2 이동후 반사 연산).

5-4 다음과 같은 디지털 신호가 있다.

$$x[n] = \{0.2,\ \underset{\uparrow}{0.5},\ 0.1\ \}$$

(a) $x[n]$을 그리시오.

(b) $x[n-3]$을 그리시오(우로 3 이동 연산).

(c) $x[-n]$을 그리시오(반사 연산).

(d) $x[3-n]$을 그리시오(반사후 우로 3 이동 연산).

(e) $x[-n-3]$를 그리시오(우로 3 이동후 반사 연산).

CHAPTER 6

디지털 시스템

6.1 시스템의 정의 및 성질

디지털 신호처리 시스템의 정의는 하나의 신호를 다른 신호로 매핑(mapping) 또는 변형(transformation)하는 규칙이다. 앞으로 이 책에서는 디지털 신호처리 시스템을 간단히 줄여서 "시스템"이란 용어를 사용하기로 한다. 일반적으로 시스템의 입력신호로서 $x[n]$을 사용하며 시스템의 출력신호로는 $y[n]$을 사용한다. 따라서 시스템이란 입력신호 $x[n]$을 출력신호 $y[n]$으로 변형하는 규칙이며 다음과 같은 식으로 표현한다.

$$y[n] = T\{x[n]\}$$

시스템은 다음 그림과 같은 블록도로 나타낸다. 즉, 입력과 출력은 선으로 표현하며 신호처리는 네모의 상자로 표현한다.

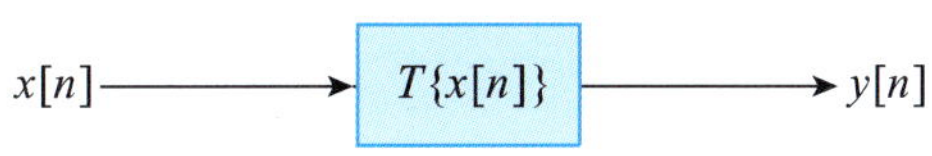

그림 6-1 디지털 신호처리 시스템의 블록도

앞으로 다루게 될 시스템이 갖고 있는 몇 가지 성질을 알아보기로 한다.

6.1.1 선형 시스템

어느 시스템에서 다음과 같이 $x_1[n]$의 신호가 입력될 때 $y_1[n]$의 신호가 출력되고, $x_2[n]$의 신호가 입력될 때 $y_2[n]$의 신호가 출력된다고 가정하자.

$$y_1[n] = T\{x_1[n]\}, \qquad y_2[n] = T\{x_2[n]\}$$

이 시스템에서 다음의 두 가지 성질을 만족할 때 선형 시스템(linear system)이라고 한다. 첫 번째 성질은 덧셈 성질(additivity property)이라고 하며, 두 개의 신호를 더해서 입력시켰을 때의 출력과, 각각의 신호를 입력시켜서 얻은 출력의 합이 같은 성질을 의미한다. 두 번째 성질은 스케일링 성질(scaling property)이라고 하며, 입력신호 $x[n]$에 계수 a를 곱해서 입력시켜 얻은 출력과, $x[n]$을 직접 입력시켜서 얻은 출력에 a를 곱한 신호가 같아야 한다. 이를 각각 식으로 표현하면 다음과 같다.

$$T\{x_1[n] + x_2[n]\} = T\{x_1[n]\} + T\{x_2[n]\}$$
$$T\{ax[n]\} = aT\{x[n]\}$$

이와 같은 두 가지 성질을 하나의 식으로 표현하면 다음과 같다.

$$\begin{aligned} T\{ax_1[n] + bx_2[n]\} &= T\{ax_1[n]\} + T\{bx_2[n]\} = aT\{x_1[n]\} + bT\{x_2[n]\} \\ &= ay_1[n] + by_2[n] \end{aligned}$$

덧셈 성질과 스케일링 성질을 그림으로 나타내면 그림 6-2와 6-3과 같다.

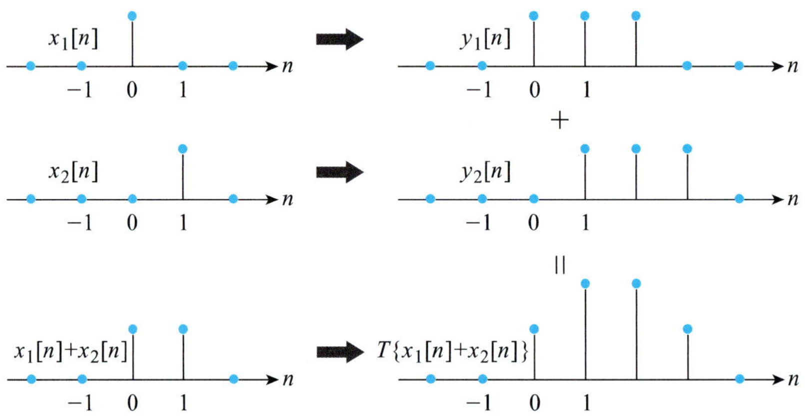

그림 6-2 덧셈 성질

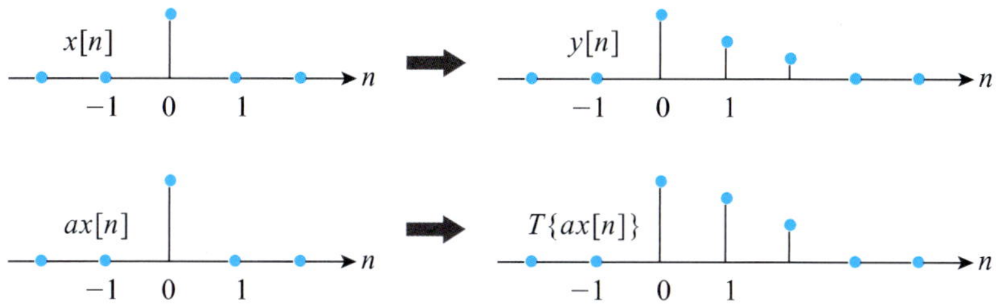

그림 6-3 스케일링 성질

6.1.2 시불변 시스템

$y[n] = T\{x[n]\}$의 시스템에서 다음의 성질을 만족할 때 시불변(time invariant, 또는 shift invariant)의 성질을 갖는다고 한다.

$$y[n-k] = T\{x[n-k]\}$$

즉 입력을 k만큼 지연시켜서 입력시켰을 때 얻은 출력과 지연시키지 않고 입력시켰을 때 얻은 출력을 직접 k만큼 지연시킨 결과가 같음을 의미한다. 시불변의 성질을 그림으로 나타내면 다음 그림 6-4와 같다.

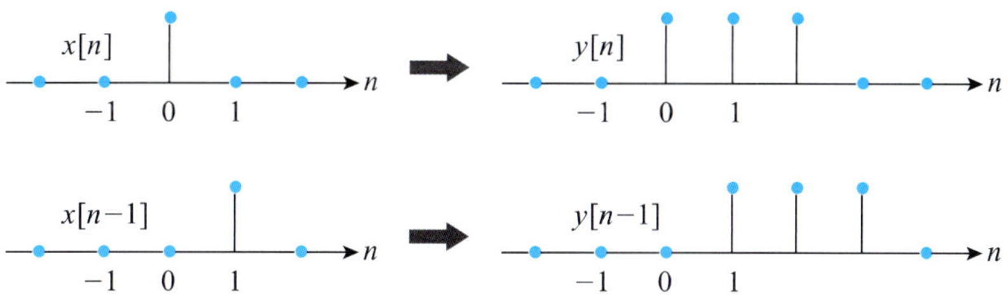

그림 6-4 시불변 성질

입력을 k만큼 지연시켜서 입력시켰을 때 얻은 출력과 지연시키지 않고 입력시켰을 때 얻은 출력을 직접 k만큼 지연시킨 결과가 같지 않을 경우에 이와 같은 시스템을 시변(time varying, 또는 shift varying) 시스템이라고 부른다.

6.1.3 인과 시스템

어떤 시스템에서 $n=k$일 때의 출력 $y[k]$가 n이 k보다 작거나 같은 $x[n]$에 의해서만 결정될 때 이 시스템을 인과 시스템(causal system)이라고 한다. 물리적인 의미는 아직 시스템에 입력되지 않은 미래의 신호 값이 현재의 출력에 영향을 미칠 수 없음을 뜻한다. 만일 아직 입력되지 않은 미래의 신호 값이 현재의 시스템 출력 신호 값에 영향을 미치면 이 시스템을 비인과 시스템(non-causal system)이라고 부른다. 이 두 성질을 그림으로 나타내면 다음 그림 6-5와 같다.

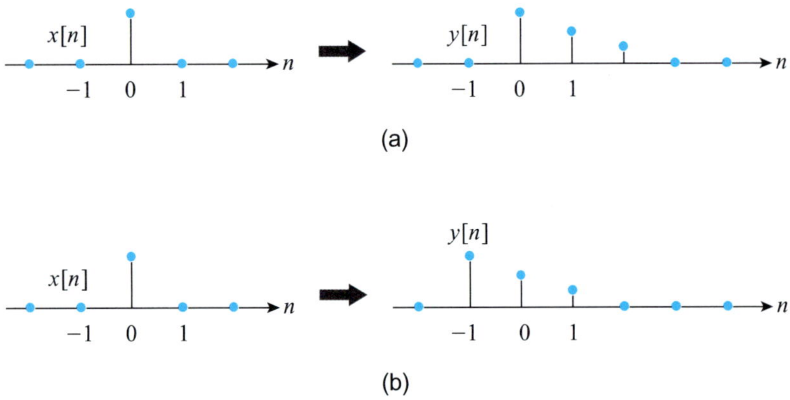

그림 6-5 (a) 인과 시스템의 입출력의 예, (b) 비인과 시스템의 입출력의 예

위의 비인과 시스템에서 보듯이 $y[-1]$의 출력 값이 미래 입력 신호 값 $x[0]$의 에 의존하므로 비인과 시스템이다. 즉, $n=-1$의 시점에서 보면 $n=0$은 미래의 시점이다.

예제

다음 시스템은 비인과 시스템임을 보이시오.

$$y[n]=0.5x[n+1]+0.8x[n]+0.5x[n-1]$$

풀이 $y[n]$이 $x[n+1]$ 즉 미래의 입력 신호에 의존하므로 인과 시스템이 아니다.

6.2 디지털 컨볼류션

전 절에서 디지털 신호와 시스템의 성질에 대하여 다루었다. 이 절에서는 시스템의 출력(또는 응답)을 어떻게 구할 수 있는 지를 알아보기로 한다. 원하는 시스템을 구성한 후에는 대부분의 경우, 출력 신호를 방정식을 사용하여 구할 필요는 없다. 입력이 들어오면 원하는 출력을 바로 내보내기 때문이다. 그러나 시스템을 설계할 때에 원하는 사양으로 설계되었는지 테스트하기 위해서 출력신호를 계산하는 방법을 알아야 할 필요가 있다. 시스템의 출력을 구하는데 사용하는 방법은 디지털 컨볼류션을 이용하는 방법과 차분방정식(difference equation)을 이용하는 두 가지 방법이 있다. 먼저 디지털 컨볼류션을 이용하는 방법을 알아보기로 한다.

6.2.1 임펄스 응답

임펄스 응답은 디지털 컨볼류션 뿐 아니라 디지털 신호처리에서 매우 중요하게 사용되는 정의이다. 어떤 시스템에 임펄스 신호$\delta[n]$이 입력되었을 때의 출력신호를 임펄스 응답(impulse response)이라고 하며 $h[n]$으로 표기한다. 임펄스 응답에 대한 블록도는 다음 그림 6-6과 같다.

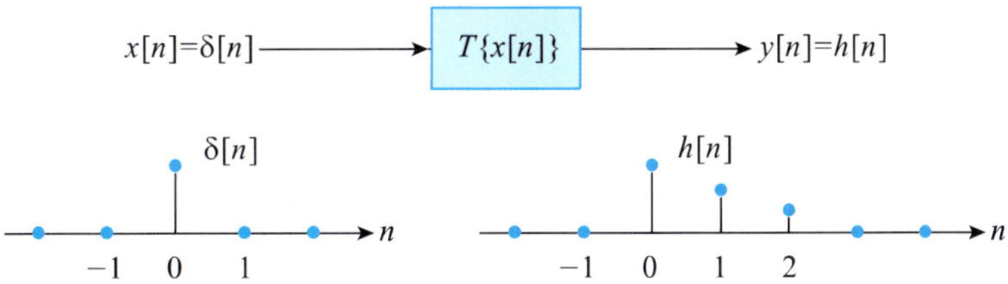

그림 6-6 임펄스 응답의 블록도 및 예제

디지털 신호처리 시스템을 분류하는 방법 중 가장 많이 사용되는 방법이 임펄스 응답에 의한 분류이다. 그림 6-6과 같이 임펄스 응답의 수가 유한한 시스템을 FIR(Finite Impulse Response) 시스템이라고 하며, 임펄스 응답의 수가 무한한 시스템을 IIR(Infinite Impulse Response) 시스템이라고 한다. 어느 시스템에서 임펄스 응답이 주어지면 완벽하게 출력을 구할 수 있으므로 임펄스 응답은 시스템을 규정하는 완전한 정보라고 할 수 있다. 즉, 어떤 시스템에서 입력신호와 임펄스 응답이 고정되면 두 가지 종류의 출력신호가 나올 수 없기 때문이다.

6.2.2 디지털 컨볼류션 방정식

임펄스 응답을 사용하여 시스템의 출력을 구하는 방정식을 디지털 컨볼류션이라고 한다. 임펄스 응답을 사용하여 시스템 응답을 방정식으로 나타내기 위하여 먼저 LTI 시스템(Linear Time Invariant system)이라는 가정이 있어야 한다. 시스템의 선형성과 시불변 성질에 대하여는 이전 절에서 이미 논하였다. 이제부터 LTI 시스템에서 출력이 임펄스 응답에 의해서 어떻게 표현되는지 예제를 통하여 알아보기로 한다. 어느 시스템의 입력이 다음과 같다고 가정해 보자.

$$x[n] = 0.5\delta[n] + 0.9\delta[n-1] + 0.3\delta[n-2]$$

이 경우에 출력신호 $y[n]$은 다음과 같이 표현된다.

$$y[n] = T\{x[n]\} = T\{0.5\delta[n] + 0.9\delta[n-1] + 0.3\delta[n-2]\}$$

그런데 선형 시스템이므로 먼저 덧셈 성질을 적용하면 다음과 같이 나타낼 수 있다.

$$\begin{aligned} &T\{0.5\delta[n] + 0.9\delta[n-1] + 0.3\delta[n-2]\} \\ &\quad = T\{0.5\delta[n]\} + T\{0.9\delta[n-1]\} + T\{0.3\delta[n-2]\} \end{aligned}$$

스케일링 성질을 적용하면 다시 다음과 같이 나타낼 수 있다.

$$\begin{aligned} &T\{0.5\delta[n]\} + T\{0.9\delta[n-1]\} + T\{0.3\delta[n-2]\} \\ &\quad = 0.5\,T\{\delta[n]\} + 0.9\,T\{\delta[n-1]\} + 0.3\,T\{\delta[n-2]\} \end{aligned}$$

지금까지 선형시스템의 정의를 사용하여 표현하였다. 이 식에 임펄스 응답의 정의와 시불변 성질을 적용하면 다음과 같이 나타낼 수 있다.

$$0.5\,T\{\delta[n]\}+0.9\,T\{\delta[n-1]\}+0.3\,T\{\delta[n-2]\}$$
$$=0.5h[n]+0.9h[n-1]+0.3h[n-2]$$

이 식에서 보듯이 LSI 시스템의 출력은 임펄스 응답의 가중 합으로 나타낼 수 있다. 가중치는 바로 입력신호의 값들이 됨을 위의 식에서 알 수 있다. 위의 식을 $\sum$ 기호를 사용하여 표현하면 다음과 같다.

$$y[n]=0.5h[n]+0.9h[n-1]+0.3h[n-2]=\sum_{k=0}^{2}x[k]h[n-k]$$

위의 방법을 일반화하여 임의의 입력신호 $x[n]$에 대한 출력을 방정식으로 나타내면 다음과 같다.

$$y[n]=T\{x[n]\}=T\left\{\sum_{k=-\infty}^{\infty}x[k]\delta[n-k]\right\}: \text{ 입력신호의 임펄스 표현}$$
$$=\sum_{k=-\infty}^{\infty}T\{x[k]\delta[n-k]\}: \text{ 덧셈 성질}$$
$$=\sum_{k=-\infty}^{\infty}x[k]\,T\{\delta[n-k]\}: \text{ 스케일링 성질}$$
$$=\sum_{k=-\infty}^{\infty}x[k]h[n-k]: \text{ 시불변 성질}$$

위의 마지막 식에서 보듯이 출력신호는 이동된 임펄스 응답의 가중 합으로 구할 수 있음을 알 수 있다. 이 방정식을 디지털 컨볼류션이라고 한다. 이 식은 변수 치환에 의하여 또 다른 표현을 갖는다. 즉, $n-k$를 m으로 치환하면 다음의 식을 얻을 수 있다.

$$y[n]=\sum_{k=-\infty}^{\infty}x[k]h[n-k]=\sum_{m=-\infty}^{\infty}x[n-m]h[m]=\sum_{k=-\infty}^{\infty}h[k]x[n-k]$$

출력신호 $y[n]$은 이동된 임펄스 신호들의 가중 합으로 나타낼 수 있으며, 그때의 가중치는 입력신호의 값들이 된다. 또한 출력신호 $y[n]$은 이동된 입력 신호들의 가중 합으로 나타낼 수도 있으며, 이때의 가중치는 임펄스 신호가 된다.

위의 두 식에서 보듯이 시스템의 출력은 두 신호의 디지털 컨볼류션 연산일 뿐 어느 것이 입력신호이고 어느 것이 임펄스 신호인지는 연산 결과에 영향을 미치지 않음을 의미한다. 디지털 컨볼류션은 $*$를 사용하여 다음과 같이 나타내기도 한다.

$$y[n] = h[n] * x[n] = \sum_{k=-\infty}^{\infty} h[k]x[n-k]$$

$$y[n] = x[n] * h[n] = \sum_{k=-\infty}^{\infty} x[k]h[n-k]$$

디지털 컨볼류션은 위의 식에서 보듯이 교환법칙(commutative law)이 성립한다. 시스템의 출력을 구할 경우 위의 식을 사용하게 되는데, 좀 더 사용하기 간편한 식으로 단순화시키기 위하여 k의 범위를 생각해 보자. 신호의 샘플링을 통하여 만들어지는 입력 $x[k]$의 시작점은 대부분의 경우에 0에서 시작하도록 정의된다. 또한 임펄스 응답 $h[k]$도 대부분의 시스템이 인과 시스템이므로 0에서 시작된다. 따라서 위의 식은 다음과 같이 k의 범위를 축소시킬 수 있다.

$$y[n] = \sum_{k=0}^{\infty} x[k]h[n-k] = \sum_{k=0}^{\infty} h[k]x[n-k]$$

디지털 컨볼류션의 용도는 시스템의 출력을 계산하는데 있으나, 위의 식에서 보듯이 임펄스 응답이 무한개인 IIR 시스템의 경우에는 실질적으로 이 식을 사용할 수 없게 된다. 임펄스 응답의 길이가 N개인 FIR 시스템의 경우에 위의 식은 다음과 같이 나타낼 수 있다.

$$y[n] = \sum_{k=0}^{N-1} h[k]x[n-k]$$

이 식이 실제로 FIR 시스템의 출력을 계산할 때에 사용하는 식이며, IIR 시스템에서는 디지털 컨볼류션을 사용하지 않고 다음 절에서 다루게 될 차분방정식을 사용하게 된다. 이제 디지털 컨볼류션을 실제로 계산하는 방법을 알아보기로 한다.

6.3 디지털 컨볼류션의 계산 방법

디지털 컨볼류션의 식을 이용하여 시스템의 출력을 계산하는 두 가지 방법을 알아보기로 하자. 첫 번째 방법은 $h[k]$를 고정시키고 $x[n-k]$를 왼쪽으로부터 슬라이딩시켜서 곱의 합을 구하는 방법이다. 두 번째 방법은 입력신호를 각각의 임펄스 신호 $x[k]\delta[n-k]$로 분해하여 임펄스 응답의 정의에 의해 $x[k]h[n-k]$를 구한 뒤에 그것들을 합하는 방법이다. 시스템의 출력을 계산할 때, 대부분의 경우 입력의 길이가 임펄스 응답의 길이보다 훨씬 길다. 따라서 실무에서 반도체 칩 등으로 출력을 계산하는 경우에 슬라이딩 방법이 더 많이 사용된다.

6.3.1 슬라이딩에 의한 디지털 컨볼류션의 계산

다음 시스템의 예로 슬라이딩 방법을 알아보기로 하자. 다음 그림 6-7과 같은 입력신호와 임펄스 응답의 시스템을 살펴보자.

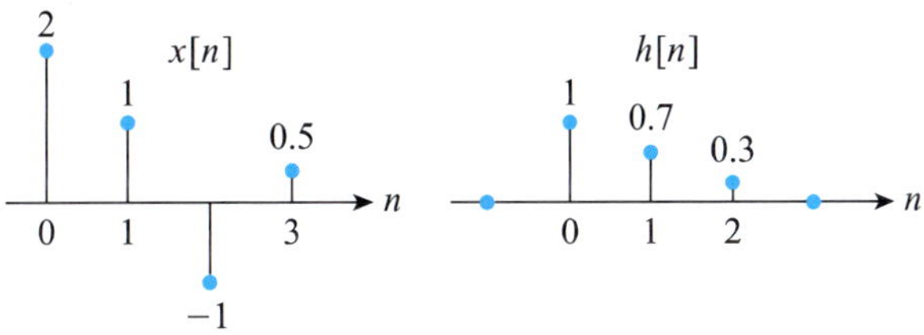

그림 6-7 어느 시스템의 입력 신호와 임펄스 응답

임펄스 응답의 길이가 $N=3$이므로 출력신호는 구하는 식은 다음과 같이 k의 길이가 한정된다.

$$y[n] = \sum_{k=0}^{2} h[k]x[n-k]$$

슬라이딩 방식은 다음과 같이 $n=0$부터 출력신호 $y[n]$을 하나씩 구한다.

$y[0]$을 구하는 방법

$y[0]$은 다음의 식으로 표시할 수 있다.

$$y[0] = \sum_{k=0}^{2} h[k]x[0-k]$$

$y[0]$을 구하기 위해서 $h[k]$와 $x[0-k]$의 신호가 필요하다. $h[k]$는 그림 6-8과 같이 주어진 $h[n]$에서 n을 k로 치환하여 간단히 나타낼 수 있다. $x[0-k]$는 $x[-k]$이므로 우선 변수 치환으로 $x[n]$을 $x[k]$로 만든 후에 앞 절에서 다룬 반사 연산을 통하여 나타낼 수 있다.

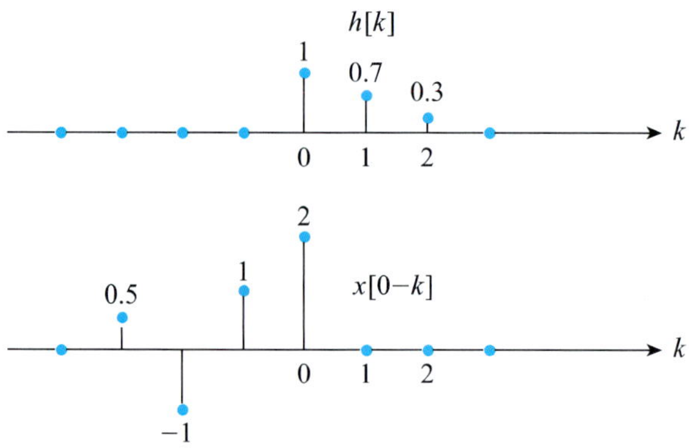

그림 6-8 $h[k]$와 $x[0-k]$의 그림

$y[0]$을 구하는 식은 위의 그림에서 두 신호의 곱을 구하여 합을 계산해야 함을 의미한다. 위의 그림에서 보듯이 곱의 값이 존재하는 경우는 $k=0$일 때 뿐이므로 다음과 같이 구할 수 있다.

$$y[0] = 1 \times 2 = 2$$

$y[1]$을 구하는 방법

$y[1]$은 다음의 식으로 표현된다.

$$y[1] = \sum_{k=0}^{2} h[k]x[1-k]$$

$y[1]$을 구하기 위해서는 새로 $x[1-k]$의 신호가 필요하며 이를 그림으로 나타내 보자. 변수 치환으로 $x[n]$을 $x[k]$로 만든 후에 반사 연산을 통하여 $x[-k]$을 만들고 최종적으로 우측으로 1만큼 이동하여 그림 6-9와 같은 $x[1-k]$를 얻을 수 있다. 이동을 먼저 연산하고 반사 연산을 수행하면 결과가 달라지므로 주의하여야 한다.

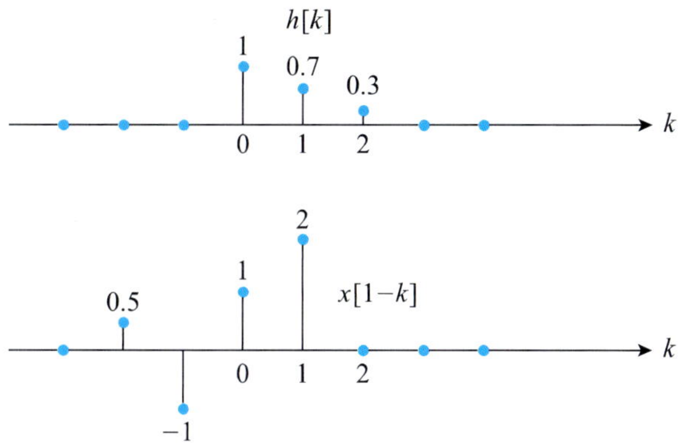

그림 6-9 $h[k]$와 $x[1-k]$의 그림

$y[1]$을 구하기 위하여 위의 그림 6-9에서 곱이 존재하는 점들을 살펴보자. 여기서 곱의 값이 존재하는 경우는 $k=0$과 $k=1$일 때 뿐이므로 다음과 같이 $y[1]$을 구할 수 있다.

$$y[1] = (1\times 1) + (0.7\times 2) = 2.4$$

$y[2]$를 구하는 방법

$y[2]$는 다음의 식으로 표현된다.

$$y[2] = \sum_{k=0}^{2} h[k]x[2-k]$$

$y[2]$를 구하기 위해서는 새로 $x[2-k]$의 신호가 필요한데 이는 그림 6-10과 같이 나타낼 수 있다. $x[2-k]$를 만드는 방법은 $x[1-k]$를 만드는 방법과 같다.

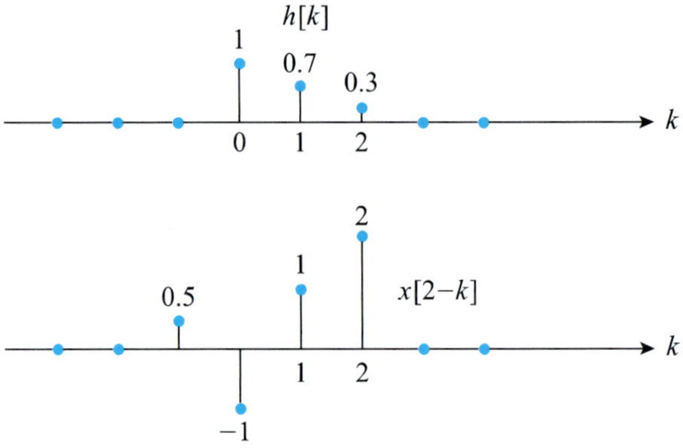

그림 6-10 $h[k]$와 $x[2-k]$의 그림

$y[2]$를 구하기 위하여 위의 그림 6-10에서 곱이 존재하는 점들을 살펴보자. 여기서 곱의 값이 존재하는 경우는 $k=0,1,2$일 때이므로 다음과 같이 $y[2]$를 구할 수 있다.

$$y[2]=(1\times(-1))+(0.7\times1)+(0.3\times2)=0.3$$

$y[3]$을 구하는 방법

$y[3]$은 다음의 식으로 표현된다.

$$y[3]=\sum_{k=0}^{2}h[k]x[3-k]$$

$y[3]$를 구하기 위해서는 새로 $x[3-k]$의 신호가 필요한데, 이는 그림 6-11과 같다. $x[3-k]$를 만드는 방법은 $x[1-k]$를 만드는 방법과 같다.

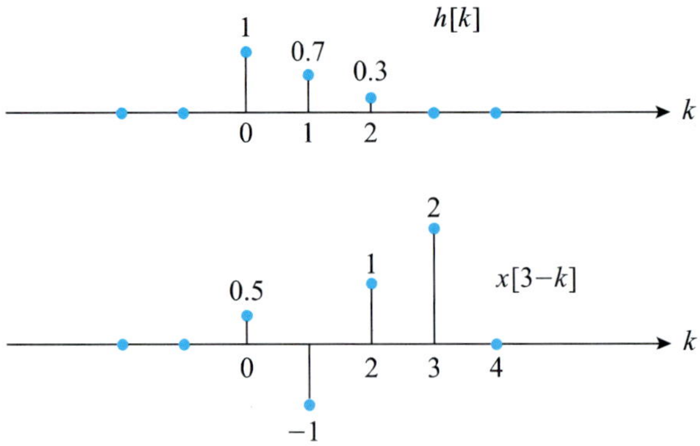

그림 6-11 $h[k]$와 $x[3-k]$의 그림

$y[3]$을 구하기 위하여 위의 그림 6-11에서 곱이 존재하는 점들을 살펴보자. 여기서 곱의 값이 존재하는 경우는 $k = 0,1,2$일 때이므로 다음과 같이 $y[3]$을 구할 수 있다.

$$y[3] = (1 \times 0.5) + (0.7 \times (-1)) + (0.3 \times 1) = 0.1$$

$y[4]$을 구하는 방법

$y[4]$는 다음의 식으로 표현된다.

$$y[4] = \sum_{k=0}^{2} h[k]x[4-k]$$

$y[4]$를 구하기 위해서는 새로 $x[4-k]$의 신호가 필요한데 이를 그림으로 나타내면 다음 그림 6-12와 같다.

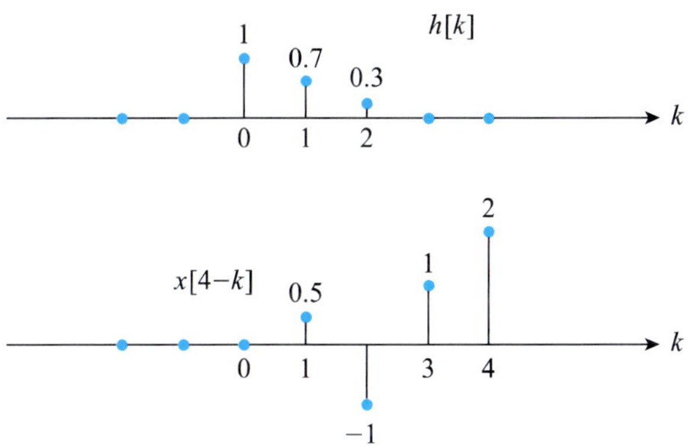

그림 6-12 $h[k]$와 $x[4-k]$의 그림

$y[4]$를 구하기 위하여 위의 그림 6-12에서 곱이 존재하는 점들을 살펴보자. 여기서 곱의 값이 존재하는 경우는 $k = 0,\ 1,\ 2$일 때이므로 다음과 같이 $y[4]$를 구할 수 있다.

$$y[4] = (0.7 \times 0.5) + (0.3 \times (-1)) = 0.05$$

$y[5]$을 구하는 방법

$y[5]$는 다음의 식으로 표현된다.

$$y[5] = \sum_{k=0}^{2} h[k]x[5-k]$$

$y[5]$를 구하기 위한 $x[5-k]$의 신호는 그림 6-13과 같다.

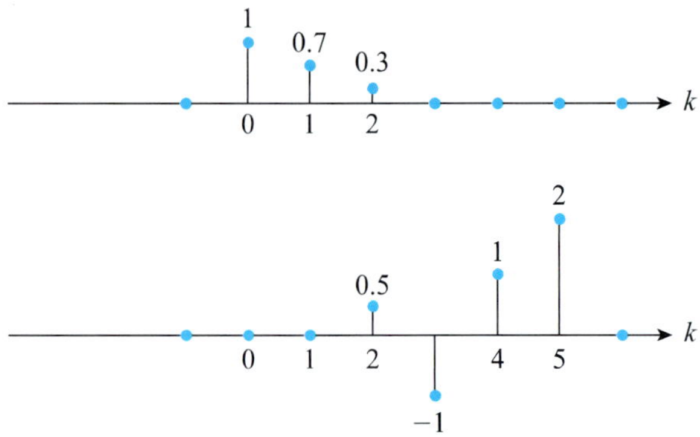

그림 6-13 $h[k]$와 $x[5-k]$의 그림

$y[5]$를 구하기 위하여 위의 그림 6-13에서 곱이 존재하는 점들을 살펴보자. 여기서 곱의 값이 존재하는 경우는 $k=2$일 때뿐이므로 다음과 같이 $y[5]$를 구할 수 있다.

$$y[5] = 0.3 \times 0.5 = 0.15$$

$y[6]$부터는 곱의 값이 존재하는 k의 영역이 없다. 즉 $x[n-k]$를 오른쪽으로 계속 슬라이딩시켰을 때 곱의 값은 모든 k의 영역에서 0이므로 $y[n]$의 값도 0이 된다. 지금까지 구한 결과를 종합하여 $y[n]$을 나타내면 그림 6-14와 같다.

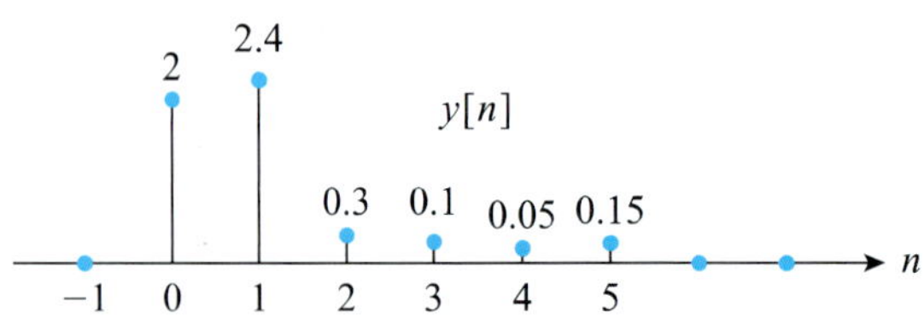

그림 6-14 슬라이딩 방법으로 구한 출력 $y[n]$

출력신호의 길이는 어떻게 정의될 수 있을까? 입력신호의 길이를 M, 임펄스 응답의 길이를 N, 출력신호의 길이를 L이라고 하면, 출력신호의 길이는 $L=M+N-1$로 구할 수 있다. 위의 예제에서는 $M=4$이고 $N=3$이므로 이 경우 출력신호의 길이는 $L=M+N-1=4+3-1=6$이 됨을 알 수 있다.

슬라이딩 방법의 이해를 돕기 위하여 다음 그림의 현수교를 보자.

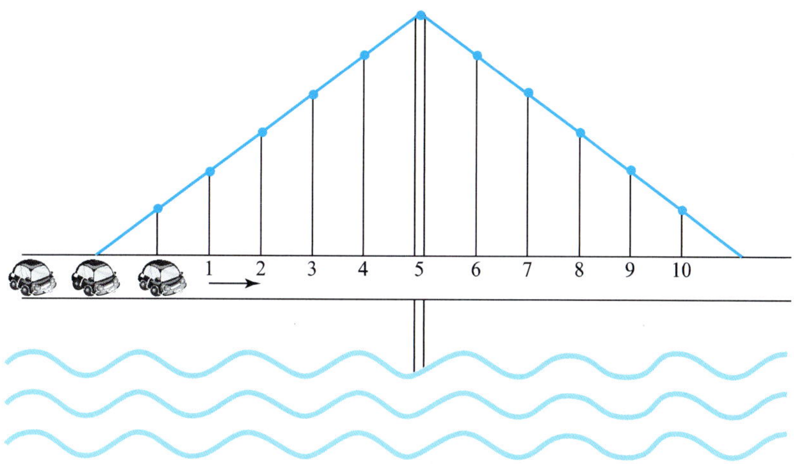

그림 6-15 슬라이딩 방법과 현수교의 비교

위의 현수교 그림에서 교량을 붙들고 있는 와이어들을 임펄스 응답으로 생각할 수 있으며, 좌에서 우로 운행하고 있는 차량들을 입력 신호로 간주할 수 있다. 이때에 차량들이 와이어들을 한 칸씩 통과할 때마다 출력이 계산되며 모든 차량이 완전히 와이어를 빠져나가면 더 이상의 출력은 발생하지 않는다.

이와 같은 슬라이딩 방법은 표를 사용하여 더욱 간편하게 계산할 수 있다. 다음 표를 살펴보자.

| 표 6-1 | 표에 의한 슬라이딩 방법

$y[n]$				$y[0]=2$	$y[1]=2.4$	$y[2]=0.3$	$y[3]=0.1$	$y[4]=0.05$	$y[5]=0.15$
k	−3	−2	−1	0	1	2	3	4	5
$h[k]$				1	0.7	0.3			
$x[0-k]$	0.5	−1	1	2					
$x[1-k]$		0.5	−1	1	2				
$x[2-k]$			0.5	−1	1	2			
$x[3-k]$				0.5	−1	1	2		
$x[4-k]$					0.5	−1	1	2	
$x[5-k]$						0.5	−1	1	2

표를 작성할 때 먼저 k의 인덱스를 적는다. 그리고 $h[k]$를 기록한다. 오버랩이 가장 먼저 발생하는 $x[n-k]$를 기록하고 그때의 $y[n]$을 구한다. $x[n-k]$를 우측으로 이동시키면서 $y[n]$을 한 개씩 계산한다. 오버랩이 사라지면 $y[n]$의 계산도 끝나게 된다.

예제

어느 시스템의 입력과 임펄스 응답이 다음과 같을 때, 표를 사용한 슬라이딩 방법으로 출력을 구하시오.

$$x[n]=\{\underset{\uparrow}{2},\ 1, -1,\ 0.5\},\quad h[n]=\{1,\ \underset{\uparrow}{0.7},\ 0.3\}$$

풀이 슬라이딩 방식을 표로 나타내면 다음과 같다.

| 표 6-2 | 예제의 표에 의한 슬라이딩 방법

$y[n]$				$y[-1]=2$	$y[0]=2.4$	$y[1]=0.3$	$y[2]=0.1$	$y[3]=0.05$	$y[4]=0.15$
k	−4	−3	−2	−1	0	1	2	3	4
$h[k]$				1	0.7	0.3			
$x[-1-k]$	0.5	−1	1	2					
$x[0-k]$		0.5	−1	1	2				
$x[1-k]$			0.5	−1	1	2			
$x[2-k]$				0.5	−1	1	2		
$x[3-k]$					0.5	−1	1	2	
$x[4-k]$						0.5	−1	1	2

위의 예제에서 $h[k]$와 $x[n-k]$의 오버랩이 시작되는 인덱스 n은 -1이므로 출력도 $y[-1]$부터 0이 아닌 값을 갖기 시작한다.

6.3.2 임펄스 응답을 사용한 디지털 컨볼류션의 계산

이 방법도 슬라이딩 방식의 설명에서 사용했던 같은 예를 사용하여 알아보자. 입력신호와 임펄스 응답은 다음 그림과 같다.

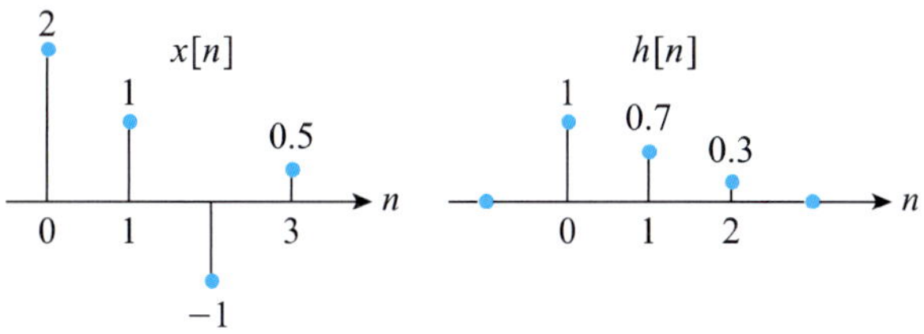

그림 6-16 어느 시스템의 입력신호와 임펄스 응답

디지털 컨볼류션의 식은 다음과 같다.

$$y[n] = \sum_{k=0}^{3} x[k]h[n-k]$$

$$= (2)h[0] + (1)h[n-1] + (-1)h[n-2] + (0.5)h[n-3]$$

입력신호의 길이가 $N=4$이므로 출력신호를 구하는 식은 위와 같이 k의 길이가 0에서 3까지 4개로 한정된다. 위의 식과 같이 출력 $y[n]$은 4개의 임펄스 응답들의 가중합으로 표현할 수 있음을 알 수 있다. 4개의 임펄스 신호와 그들의 응답을 그림으로 나타내면 그림 6-17과 같다.

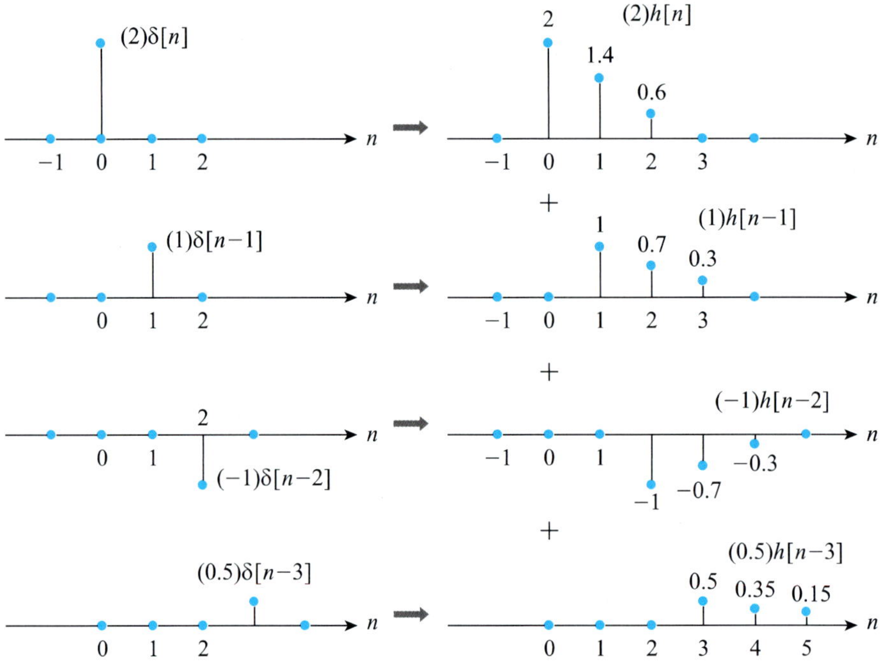

그림 6-17 임펄스 응답을 사용한 디지털 컨볼류션의 계산

입력신호 각각의 샘플에 대한 출력은 위 그림의 오른쪽에 구해졌다. 따라서 위 그림의 오른쪽 신호들을 모두 합하면 $y[n]$이 구해진다. 위의 결과와 슬라이딩 방법의 결과가 같음을 알 수 있다. 다음에서 보는 것처럼 이것을 표로 구하는 방법도 매우 편리하다.

표 6-3 표에 의한 임펄스 응답 방법

$y[n]$	$y[0]=2$	$y[1]=2.4$	$y[2]=0.3$	$y[3]=0.1$	$y[4]=0.05$	$y[5]=0.15$
n	0	1	2	3	4	5
$(2)h[n]$	2	1.4	0.6			
$(1)h[n-1]$		1	0.7	0.3		
$(-1)h[n-2]$			−1	−0.7	−0.3	
$(0.5)h[n-3]$				0.5	0.35	0.15

실제의 경우에는 입력 신호의 길이가 긴 경우가 대부분이므로 슬라이딩 방법으로 출력신호를 구하는 경우가 많다.

6.4 시스템 구성의 기본소자와 시스템의 연결 방법

6.4.1 시스템 구성의 기본소자

앞에서 우리는 디지털 신호처리 시스템에서 입력과 임펄스 응답이 정해져 있으면 디지털 컨볼루션을 사용해 출력을 구할 수 있음을 살펴보았다. 디지털 컨볼루션을 반도체와 같은 하드웨어로 구현하면 어떤 입력이 들어가더라도 출력이 자동으로 계산될 수 있다. 이 디지털 컨볼루션을 구현하기 위한 기본소자에 대하여 알아보기로 하자. 임펄스 응답의 길이가 3인 디지털 컨볼루션의 방정식을 다시 보자.

$$y[n]=\sum_{k=0}^{2}h[k]x[n-k]=h[0]x[n]+h[1]x[n-1]+h[2]x[n-2]$$

위의 디지털 컨볼루션을 구현하기 위해서 첫째로 입력신호 $x[n]$을 지연시켜서 $x[n-1]$ 등을 만들기 위한 하드웨어가 필요한데 이것을 지연소자(delay element)라고 부른다. 둘째로 $h[0]$과 같은 상수 계수와 $x[n]$의 신호를 곱하기 위한 소자가 필요한데 이것을 곱셈기(multiplier)라고 부른다. 마지막으로 곱한 후의 값들을 더하기 위한 소자가 필요한데 이것을 덧셈기(adder)라고 부른다. 이 같은 덧셈기, 곱셈기, 지연소자를 표기하는 방법은 그림 6-18과 같다.

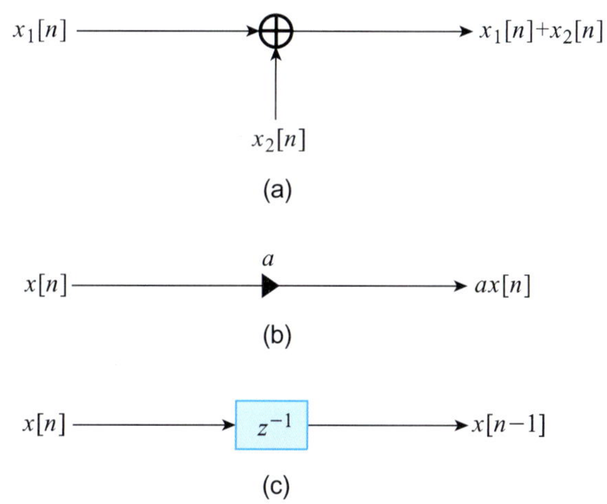

그림 6-18 (a) 덧셈기, (b) 곱셈기, (c) 지연소자

덧셈기 소자에서 $x_1[n]$에서 $x_2[n]$을 빼는 경우에는 $x_2[n]$의 화살표 옆에 $-$부호를 붙이면 된다.

지연소자를 왜 z^{-1}로 표기하는지는 z 변환(8장)의 장에서 설명하기로 한다. 이와 같은 3가지 소자를 사용하여 어떻게 시스템을 구현할 수 있는지를 다음의 예를 통하여 알아보자. 임펄스 응답이 다음과 같은 시스템을 구현해 보자.

$$h[n] = \{\underset{\uparrow}{0.9},\ 0.7, 0.3\}$$

이 시스템의 출력은 다음과 같이 표시된다.

$$y[n] = \sum_{k=0}^{2} h[k]x[n-k] = 0.9x[n] + 0.7x[n-1] + 0.3x[n-2]$$

이 식을 3가지 소자를 사용하여 구현하면 그림 6-19와 같다.

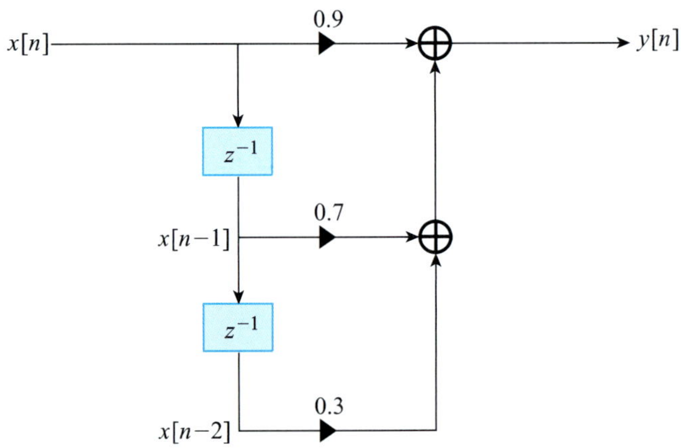

그림 6-19 덧셈기, 곱셈기, 지연소자를 사용한 시스템의 구현

위의 그림에서 보듯이 지연소자 2개를 사용하여 $x[n-1]$과 $x[n-2]$를 만들고 0.9, 0.7, 0.3의 상수를 곱하기 위하여 3개의 곱셈기를 사용하며 이 곱셈기들의 출력들을 더하기 위하여 2개의 덧셈기를 사용한다.

임펄스 응답은 어떤 시스템을 규정하는 완전한 정보이다. 복잡한 디지털 신호처리 시스템은 여러 개의 시스템이 직렬로 또는 병렬로 연결되어 구성되는 경우가 많다. 이런 경우에 전체적인 임펄스 응답을 어떻게 구할 수 있는지 알아보기로 하자.

6.4.2 직렬연결 방식

2개의 시스템이 다음의 그림 6-20과 같이 연결되었을 때, 직렬연결이라고 부른다.

그림 6-20 시스템의 직렬연결

위의 직렬연결에서 전체 시스템의 임펄스 응답은 다음과 같이 구할 수 있다. 즉 정의에 의해서 $x[n]=\delta[n]$일 때의 출력이 임펄스 응답이므로, $x[n]=\delta[n]$을 입력시켜 보자. 따라서 첫 번째 시스템의 출력은 $h_1[n]$이 된다. 이 $h_1[n]$이 두 번째 시스템의 입력이 되므로 두 번째 시스템의 출력은 $h_1[n]*h_2[n]$가 된다. 이 출력이 직렬연결 시스템의 전체 임펄스 응답이 된다. 또한 디지털 컨볼류션은 교환법칙의 성질을 갖고 있으므로 $h_2[n]*h_1[n]$으로 표현할 수도 있다. 따라서 그림 6-21은 모두 등가의 시스템이 된다.

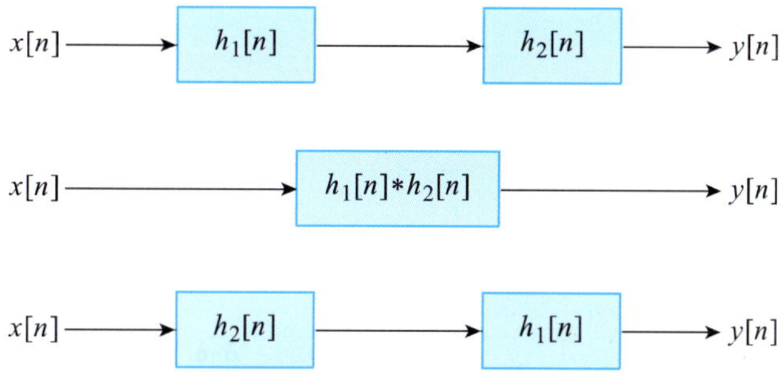

그림 6-21 직렬연결의 등가 시스템들

6.4.3 병렬연결 방식

다음의 그림 6-22와 같이 시스템이 연결되었을 때, 병렬연결이라고 부른다.

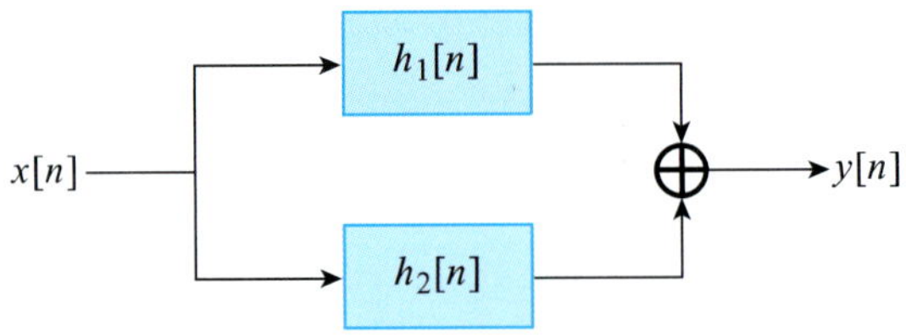

그림 6-22 시스템의 병렬연결

입력신호를 임펄스 신호로 가정하면 각각의 시스템 출력이 $h_1[n]$과 $h_2[n]$이 된다. 따라서 전체 시스템의 출력은 $h_1[n]+h_2[n]$이 되며, 이것이 병렬연결의 전체 임펄스 응답이 된다. 이 결과를 이용하면 병렬연결의 시스템은 그림 6-23과 같은 하나의 시스템으로 표현될 수 있다.

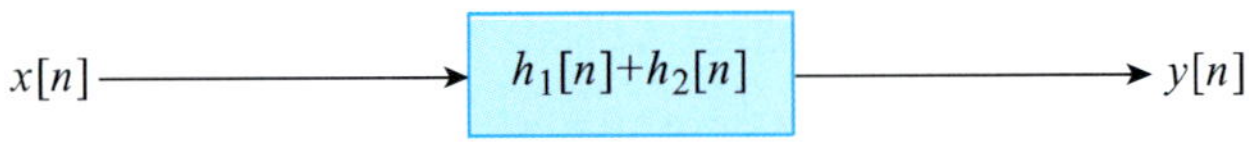

그림 6-23 병렬연결의 등가 시스템

예제

다음의 시스템에서 전체의 임펄스 응답을 구하시오.

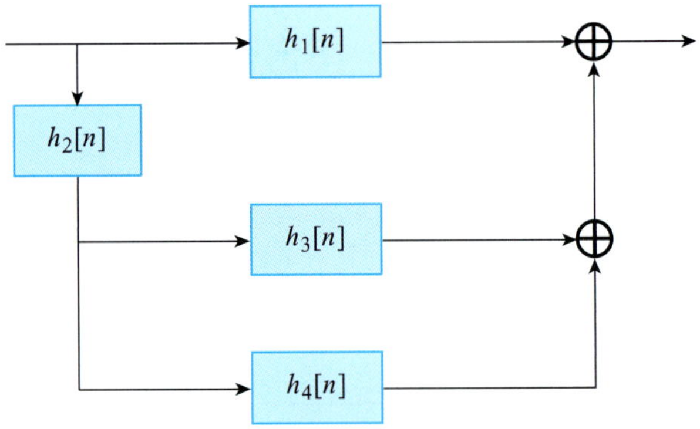

그림 6-24 예제의 직/병렬연결

위의 시스템에서의 각각의 임펄스 응답은 다음과 같다.

$$h_1[n] = \delta[n] + 0.5\delta[n-1]$$

$$h_2[n] = 0.5\delta[n] - 0.25\delta[n-1]$$

$$h_3[n] = 2\delta[n]$$

$$h_4[n] = -2(0.5)^n u[n]$$

풀이 $h_2[n]*h_3[n] = \{0.5\delta[n] - 0.25\delta[n-1]\} * 2\delta[n] = \delta[n] - 0.5\delta[n-1]$

$$\begin{aligned} h_2[n]*h_4[n] &= \{0.5\delta[n] - 0.25\delta[n-1]\} * (-2)(0.5)^n u[n] \\ &= -(0.5)^n u[n] + (0.5)(0.5)^{n-1} u[n-1] \\ &= -(0.5)^n u[n] + (0.5)^n u[n-1] = -\delta[n] \end{aligned}$$

따라서 전체의 임펄스 응답은 다음과 같이 위의 두 결과와 $h_1[n]$의 병렬로 구성될 수 있음을 알 수 있다.

$$\begin{aligned} h[n] &= h_1[n] + h_2[n]*h_3[n] + h_2[n]*h_4[n] \\ &= \delta[n] + 0.5\delta[n-1] + \delta[n] - 0.5\delta[n-1] - \delta[n] \\ &= \delta[n] \end{aligned}$$

복잡한 시스템을 해석할 때에, 기본소자인 덧셈기, 곱셈기, 지연소자들을 그룹으로 묶어서 여러 개의 시스템으로 분해하여 해석하기도 한다. 또한 시스템을 구성할 때에도 각각의 특성을 갖는 시스템을 설계한 뒤 이들을 직렬연결과 병렬연결을 사용하여 복잡한 시스템을 구성하기도 한다.

6.5 차분방정식

LTI 시스템의 입출력관계를 시간영역에서 정의하는 유용한 방법인 디지털 컨볼루션은 FIR 시스템의 출력을 구하는데 사용하기도 하고 FIR 시스템을 구현하는데 사용하기도 한다. 그러나 임펄스 응답이 무한개인 IIR 시스템에서는 이 디지털 컨볼류션을 사용하여 출력을 구하거나 구현하는 것이 불가능하다. 이와 같은 IIR 시스템에서 효과적으로 출력을 계산하고 시스템을 구현하는 방법으로 선형 차분방정식(linear difference equation)이 사용된다. m차의 차분방정식은 다음과 같이 나타낸다.

$$y[n]+a_1y[n-1]+\cdots+a_my[n-m]=b_0x[n]+b_1x[n-1]+\cdots+b_mx[n-m]$$

특히, 위의 식에서 보듯이 모든 계수가 상수계수를 사용하므로 선형 상계수 차분방정식(Linear Constant Coefficient Difference Equation, LCCDE)이라고 한다. 차분방정식에서 출력신호 $y[n]$은 알고 있는 입력신호와 초기조건으로부터 귀납적으로 구할 수 있다. 차분방정식의 출력을 얻기 위해서는 다음과 같은 초기조건이 필요하다.

$$y[-1]=y_{-1},\ y[-2]=y_{-2},\ \cdots,\ y[-m]=y_{-m}$$

차분방정식의 완전해는 zero-state 응답과 zero-input 응답으로 구성되며, 각각의 물리적 의미는 다음과 같다. 즉 zero-state 응답은 모든 초기조건을 0으로 가정하여 단지 주어진 입력신호로부터 출력신호를 구한다. 그리고 zero-input 응답은 입력신호를 0으로 가정하고 단지 초기조건에 의한 출력신호를 구한다. 그리고 완전해는 이 두 응답을 더하면 된다. 그러나 일반적으로 디지털 신호처리 시스템을 해석할 때, zero-state 응답만으로 시스템을 해석하게 된다. 즉, 앞으로 시스템에서 초기조건은 모두 0으로 가정하며 주어진 입력만으로 출력을 계산하면 된다.

6.5.1 FIR 시스템의 차분방정식

일반적인 차분방정식에서 좌변의 항이 한 개인 경우에 다음과 같이 나타낼 수 있다.

$$y[n]=b_0x[n]+b_1x[n-1]+\cdots+b_mx[n-m]$$

FIR 시스템에서 임펄스 응답의 길이가 $m+1$개인 경우에 디지털 컨볼류션으로 나타내면 다음과 같다.

$$y[n]=h[0]x[n]+h[1]x[n-1]+\cdots+h[m]x[n-m]$$

위의 두 식을 비교해 보면 차분방정식의 상수계수가 FIR 시스템의 임펄스 응답과 같으면 디지털 컨볼류션이 됨을 알 수 있다. 즉, 위의 차분방정식은 상수계수가 임펄스 응답과 같으면 디지털 컨볼류션과 같다.

예제

다음의 차분방정식으로부터 디지털 컨볼류션과 임펄스 응답을 구하고 기본 소자들을 사용하여 구현하시오.

$$y[n] = 2x[n] + 3x[n-1]$$

풀이 위의 식은 좌변의 항이 한 개인 차분방정식이므로 그대로 디지털 컨볼류션의 식이 된다. 따라서 상수계수 2와 3이 $h[0]=2$, $h[1]=3$이 되므로 임펄스 응답은 다음과 같이 나타낼 수 있다.

$$h[n] = 2\delta[n] + 3\delta[n-1]$$

$h[n]$을 구하는 또 다른 방법은, 정의에 의해서 입력으로서 $\delta[n]$을 입력시켜서 출력을 구하는 방법이다. 그러면 쉽게 위의 임펄스 응답을 구할 수 있다. 이 차분방정식을 기본 소자들을 사용하여 구현하면 그림 6-25와 같다.

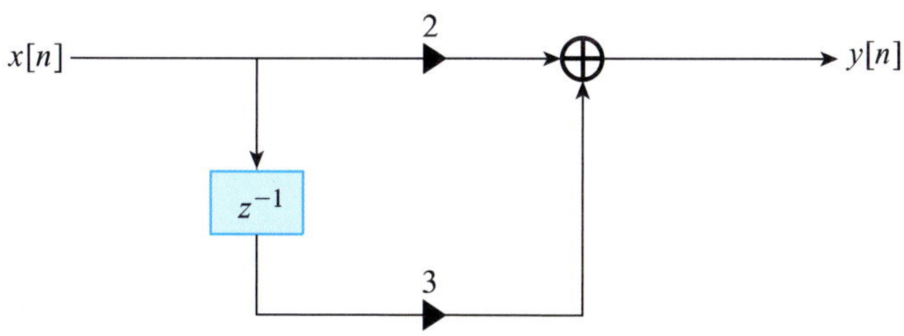

그림 6-25 예제의 구현

6.5.2 IIR 시스템의 차분방정식

일반적으로 IIR 시스템을 나타내는 차분방정식은 다음과 같다.

$$y[n] + a_1 y[n-1] + \cdots + a_m y[n-m] = b_0 x[n] + b_1 x[n-1] + \cdots + b_m x[n-m]$$

위와 같은 차분방정식의 효용성을 알아보기 위하여 먼저 다음의 차분방정식을 살펴보기로 하자.

$$y[n] = x[n] + 0.5x[n-1] + 0.5^2 x[n-2] + \cdots + 0.5^k x[n-k] + \cdots$$

위의 차분방정식은 항이 무한개이므로 기본소자들을 사용하여 구현할 수 없으며, 이 시스템의 임펄스 응답은 다음과 같다.

$$\begin{aligned} h[n] &= \delta[n] + 0.5\delta[n-1] + 0.5^2\delta[n-2] + \cdots + 0.5^k\delta[n-k] + \cdots \\ &= 0.5^n u[n] \end{aligned}$$

위의 임펄스 응답은 지수 신호이므로 무한개의 길이이며, 따라서 IIR 시스템이다. 이제 다음의 인과 시스템의 다음 차분방정식과 비교해 보기로 하자.

$$y[n] - 0.5y[n-1] = x[n]$$

임펄스 응답을 구하기 위해서 위의 식의 $x[n]$에 임펄스 신호를 대입하면 $y[n]$은 임펄스 응답 $h[n]$이므로 다음과 같이 나타낼 수 있다.

$$h[n] - 0.5h[n-1] = \delta[n], \quad \text{for all } n$$

인과 시스템이므로 $n < 0$에 대하여는 $h[n] = 0$이 된다. 따라서 위의 식으로부터 $n = 0$일 때부터 $h[n]$을 다음과 같이 구할 수 있다.

$$\begin{aligned} n = 0, \quad & h[0] = 0.5h[-1] + \delta[0] = 1 \\ n = 1, \quad & h[1] = 0.5h[0] + \delta[1] = 0.5 \\ n = 2, \quad & h[2] = 0.5h[1] + \delta[2] = 0.5^2 \\ & \vdots \\ & h[n] = 0.5^n u[n] \end{aligned}$$

위의 임펄스 응답이 이전의 예제와 같음을 알 수 있다. 즉, 다음의 차분방정식들은 같은 시스템을 규정하고 있음을 알 수 있다.

$$y[n] = x[n] + 0.5x[n-1] + 0.5^2 x[n-2] + \cdots + 0.5^k x[n-k] + \cdots$$

$$y[n] - 0.5y[n-1] = x[n]$$

위의 차분방정식들은 같은 임펄스 응답을 갖고 있는 같은 시스템인데 하드웨어로 구현할 때에 어떤 식을 사용해야 할까? 위의 식 중에서 앞의 식은 무한개의 지연소자, 무한개의 곱셈기, 무한개의 덧셈기가 필요하다. 따라서 실제로 구현이 불가능하다. 그러나 위의 식 중에서 뒤의 식은 다음과 같이 나타낼 수 있다.

$$y[n] = 0.5y[n-1] + x[n]$$

따라서 그림 6-26과 같이 출력을 지연시키기만 하면 쉽게 구현된다.

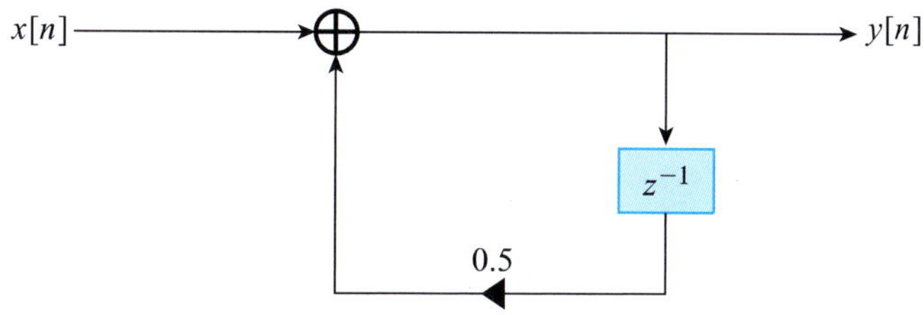

그림 6-26 차분방정식 $y[n] - 0.5y[n-1] = x[n]$의 구현

위의 두 예제를 통하여 차분방정식이 IIR 시스템을 효과적으로 규정하는 방법임을 알 수 있다. 임펄스 응답이 유한한 FIR 시스템의 경우에는 출력을 계산하거나 구현할 때에 디지털 컨볼류션을 사용하는 것이 바람직하며, 임펄스 응답이 무한한 IIR 시스템의 경우에는 차분방정식을 사용하여 출력을 구하거나 시스템을 구현하는 것이 효과적이다. 원하는 사양을 만족하는 FIR 시스템의 디지털 컨볼류션을 찾거나, IIR 시스템의 차분방정식을 찾는 과정을 시스템을 설계한다고 한다.

IIR 시스템의 일반적인 차분방정식의 형태는 다음과 같다.

$$y[n] + a_1 y[n-1] + a_2 y[n-2] = b_0 x[n] + b_1 x[n-1] + b_2 x[n-2]$$

위의 차분방정식을 기본 소자를 사용하여 구현하면 다음 그림과 같다.

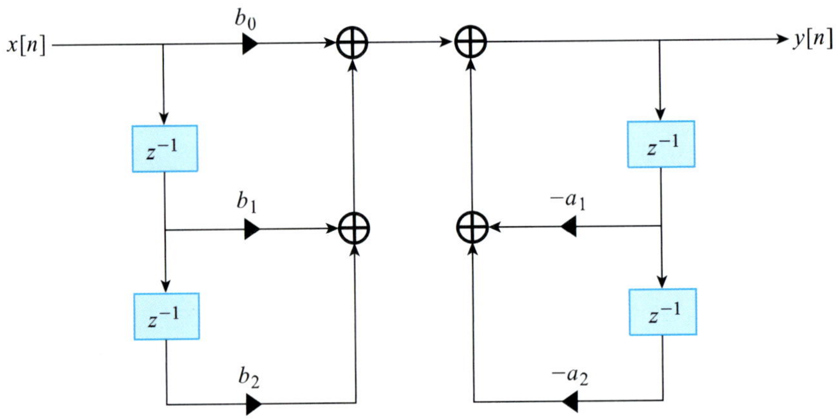

그림 6-27 예제의 IIR 시스템의 차분방정식의 구현

6.6 안정 시스템

6.6.1 입력과 출력으로 나타내는 안정 시스템

어떤 시스템에서, bounded input 신호에 대하여 bounded output 신호를 출력할 때, 이것을 BIBO(Bounded-Input Bounded-Output) 의미의 안정 시스템이라고 한다. 이것을 식으로 표시해 보자. 즉 입력신호가 다음의 식

$$|x[n]| \le B < \infty, \quad \text{for all } n$$

을 만족하는 고정된 양의 유한값(fixed positive finite value)이 존재하면 bounded라고 한다. 모든 bounded input에 대하여 다음의 식

$$|y[n]| \le C < \infty, \quad \text{for all } n$$

을 만족하는 고정된 양의 유한값이 존재하면 BIBO 안정 시스템이다.

예제

다음의 시스템이 안정 시스템이 아님을 보이시오.

$$y[n]=\sum_{k=-\infty}^{n} x[k]$$

풀이 이를 보이기 위해서는 어떤 bounded input을 입력시켜서 출력이 bounded 되어있지 않음을 보이면 된다. 이를 위하여 단위 계단 신호 $u[n]$을 입력시켜 보자. 그러면 출력신호는 다음과 같다.

$$y[n]=\sum_{k=-\infty}^{n} u[k]=\begin{cases} 0, & n<0 \\ n+1, & n\geq 0 \end{cases}$$

이 출력 $n+1$은 고정된 양의 유한값 C를 갖지 못하므로 안정 시스템이 아니다.

6.6.2 임펄스 응답으로 나타내는 안정 시스템

어떤 시스템에서 안정 시스템인지를 확인하기 위하여 입력과 출력 전체를 관찰하는 것은 쉽지 않다. 또한 모든 종류의 bounded input을 입력시켜 보는 것도 실제로 불가능하다. 따라서 좀더 유용한 방법이 요구되는데 임펄스 응답을 사용하는 방법과 z 변환을 사용하는 효율적인 방법들이 있다. 이 절에서는 임펄스 응답을 사용하는 방법을 알아보기로 한다. 먼저 다음과 같이 디지털 컨볼류션에 절대값을 붙여서 시작한다.

$$|y[n]|=\left|\sum_{k=-\infty}^{\infty} h[k]x[n-k]\right|$$

위의 식에서 우변은 다음의 부등식이 성립한다.

$$\left|\sum_{k=-\infty}^{\infty} h[k]x[n-k]\right| \leq \sum_{k=-\infty}^{\infty} |h[k]||x[n-k]|$$

위의 식에서 입력이 고정 양의 유한 값 B로 bounded 되어 있으므로 다음의 부등식이 성립한다.

$$\sum_{k=-\infty}^{\infty} |h[k]||x[n-k]| \leq B \sum_{k=-\infty}^{\infty} |h[k]|$$

위의 식에서 $\sum_{k=-\infty}^{\infty} |h[k]| \to \infty$ 이면 $|y[n]| < \infty$ 의 안정 시스템 조건에 위반된다. 그러므로 안정 시스템의 조건으로서 $\sum_{k=-\infty}^{\infty} |h[k]| < \infty$ 을 만족하여야 한다. 따라서 안정 시스템이 되기 위한 임펄스 응답 조건은 다음과 같다.

$$\sum_{n=-\infty}^{\infty} |h[n]| < \infty$$

위의 조건식과 같이 $h[n]$ 의 절대값의 합이 존재하면 안정 시스템이라고 부른다.

예제

다음의 임펄스 응답을 보고 안정 시스템인지 아닌지를 판별하시오.

(a) $h_1[n] = 0.5^n u[n]$

(b) $h_2[n] = u[n]$

풀이 각각의 경우에 $h[n]$ 의 절대값의 합이 존재하는지를 살펴보자. 먼저 (a)의 경우에는 다음과 같다.

$$\sum_{n=-\infty}^{\infty} |h[n]| = \sum_{n=-\infty}^{\infty} 0.5^n u[n] = \sum_{n=0}^{\infty} 0.5^n = \frac{1}{1-0.5} = 2$$

위와 같이 $h[n]$ 의 절대값의 합이 존재하므로 안정 시스템이다. 이번에는 (b)를 살펴보자.

$$\sum_{n=-\infty}^{\infty} |h[n]| = \sum_{n=-\infty}^{\infty} u[n] \to \infty$$

위와 같이 $h[n]$ 의 절대값의 합이 존재하지 않으므로 안정 시스템이 아니다.

연습문제

6-1 다음 LTI 시스템에서 $v[n]=\sum_{k=0}^{\infty}0.5^{k}x[n-k]$이다. 물음에 답하시오.

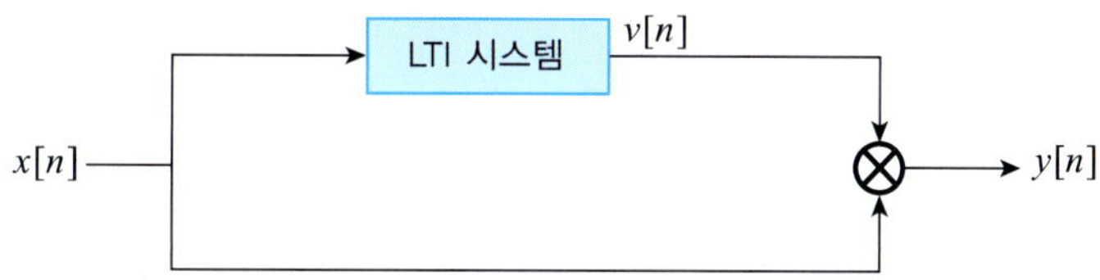

그림 VI-1

(a) 인과 시스템인가?

(b) 시스템은 안정한가?

(c) 시불변 시스템인가?

(d) 선형 시스템인가?

6-2 어떤 LTI 시스템의 입력신호 $x[n]$과 임펄스 응답 $h[n]$이 다음과 같다.

$$x[n]=\{\underset{\uparrow}{0.5},\ 0.2, 0.7,\ 0.4\ \},\quad h[n]=\{\underset{\uparrow}{0.2},\ 0.3, 0.3,\ 0.2\ \}$$

(a) 슬라이딩 방식을 사용하여 출력 $y[n]$을 구하시오.

(b) 임펄스 응답 방식을 사용하여 출력 $y[n]$을 구하시오.

6-3 어떤 LTI 시스템의 입력신호 $x[n]$과 임펄스 응답 $h[n]$이 다음과 같다.

$$x[n]=\{\underset{\uparrow}{1},\ 2,\ 3,\ 1\ \},\quad h[n]=\{1,\ \underset{\uparrow}{2},\ 1,\ -1\ \}$$

(a) 슬라이딩 방식을 사용하여 출력 $y[n]$을 구하시오.

(b) 임펄스 응답 방식을 사용하여 출력 $y[n]$을 구하시오.

6-4 어떤 LTI 시스템의 입력신호 $x[n]$과 임펄스 응답 $h[n]$이 다음과 같다.

$$x[n]=\{-1,\ \underset{\uparrow}{2},\ -1,\ -2\ \},\quad h[n]=\{-2,\ \underset{\uparrow}{2},\ 0,-1,\ 1\ \}$$

(a) 슬라이딩 방식을 사용하여 출력 $y[n]$을 구하시오.

(b) 임펄스 응답 방식을 사용하여 출력 $y[n]$을 구하시오.

6-5 어떤 LTI 시스템의 입력신호 $x[n]$과 임펄스 응답 $h[n]$이 다음과 같다.

$$x[n]=u[n],\qquad h[n]=a^n u[n],\ |a|<1$$

이 시스템의 출력 $y[n]$을 구하시오.

6-6 어떤 LTI 시스템의 입력신호 $x[n]$과 임펄스 응답 $h[n]$이 다음과 같다.

$$x[n]=a^n u[n],\qquad h[n]=b^n u[n]$$

출력신호 $y[n]$을 계산하시오.

6-7 어떤 LTI 시스템의 임펄스 응답 $h[n]$이 다음과 같다.

$$h[n]=\{\underset{\uparrow}{0.1},\ 0.3, 0.5,\ 0.4, 0.2\ \}$$

이 시스템을 덧셈기, 곱셈기, 지연소자를 사용하여 구현하시오.

6-8 두 개의 LTI 시스템이 다음과 같이 직렬연결되어 있다.

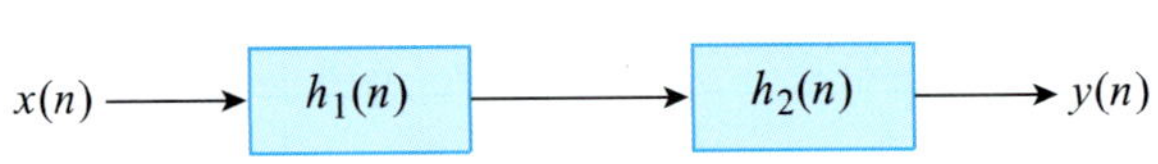

그림 VI-2

각각의 시스템의 임펄스 응답은 다음과 같다.

$$h_1[n]=\delta[n]-a\delta[n-1],\quad h_2[n]=a^n u[n]$$

이 시스템 전체의 임펄스 응답을 구하시오.

6-9 LTI 시스템들이 다음과 같이 연결되어 있다.

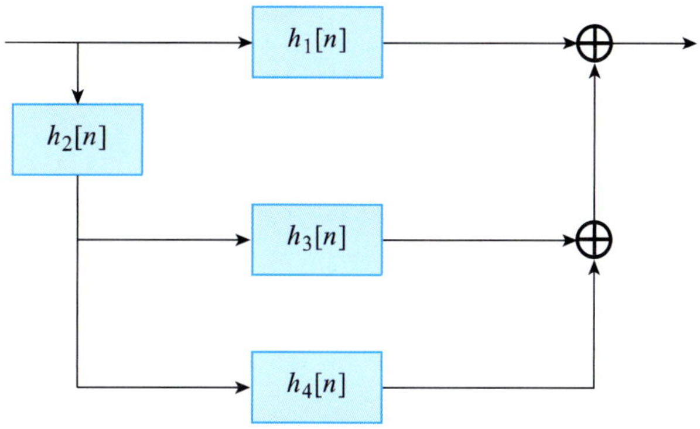

그림 VI-3

위의 그림에서 각각 시스템의 임펄스 응답은 다음과 같다. 전체 시스템의 임펄스 응답 $h[n]$을 구하시오.

$$h_1[n] = 3\delta[n] + 0.5\delta[n-1]$$

$$h_2[n] = 2\delta[n] + \delta[n-1]$$

$$h_3[n] = 2\delta[n-1]$$

$$h_4[n] = \delta[n] + 0.5\delta[n-2]$$

6-10 두 개의 LTI 시스템이 다음과 같이 직렬연결되어 있다.

그림 VI-4

각각의 시스템의 임펄스 응답은 다음과 같다.

$$h_1[n] = 0.5^n u[n], \quad h_2[n] = 0.125^n u[n]$$

이 시스템 전체의 임펄스 응답을 구하시오.

6-11 어떤 LTI 시스템의 차분방정식이 다음과 같다.

$$y[n]-0.4y[n-1]+0.2y[n-2]=0.1x[n]+0.5x[n-1]+0.3x[n-2]$$

이 시스템을 덧셈기, 곱셈기, 지연소자를 사용하여 구현하시오.

6-12 다음 LTI 시스템의 임펄스 응답을 보고 안정 시스템인지 판별하시오.

(a) $h_1[n]=0.9^n u[n]$

(b) $h_2[n]=1.1^n u[n]$

6-13 다음 LTI 시스템에서 전체 임펄스 응답 $h[n]$을 구하시오.

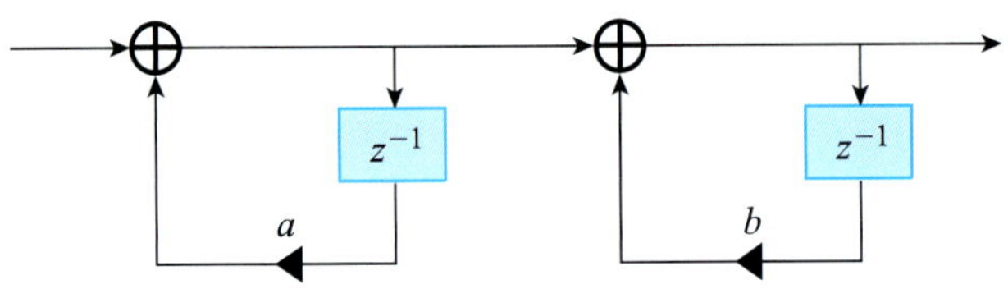

그림 VI-5

CHAPTER 7

DTFT 및 FFT

여러 가지 신호의 주파수 변환은 다음과 같다.

$$\tilde{x}(t) \xleftrightarrow{\text{FS}} X_k$$

$$x(t) \xleftrightarrow{\text{CTFT}} X(\omega)$$

$$x[n] \xleftrightarrow{\text{DTFT}} X(e^{j\omega})$$

$$x[n] \xleftrightarrow{\text{DFT}} X(k)$$

이 장에서는 디지털 신호 $x[n]$에 대한 주파수 변환인 이산시간 푸리에 변환(Discrete Time Fourier Transform, DTFT)과 이산 푸리에 변환(Discrete Fourier Transform, DFT)에 대하여 다룬다. 즉 디지털 신호의 스펙트럼 표기 방법은 DTFT와 DFT의 두 종류가 사용되고 있다.

7.1 이산시간 푸리에 변환(DTFT)

7.1.1 DTFT

이번 절에서는 연속신호의 스펙트럼으로부터 디지털 신호의 스펙트럼을 정의하는 방법을 알아보기로 하자. 디지털 신호는 아날로그 신호에서 샘플링을 통하여 얻을 수 있다. 디지털 신호의 스펙트럼을 정의하기 위해서는 그림 7-1과 같은 모델로부터 스펙트럼을 이해하는 것이 편리하다.

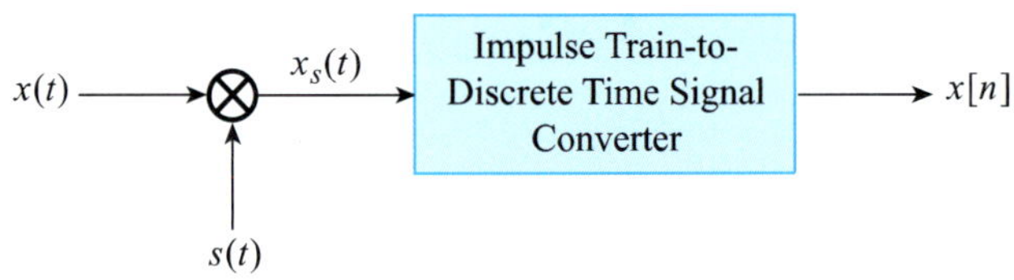

그림 7-1 디지털 신호의 스펙트럼을 정의하기 위한 샘플링 모델

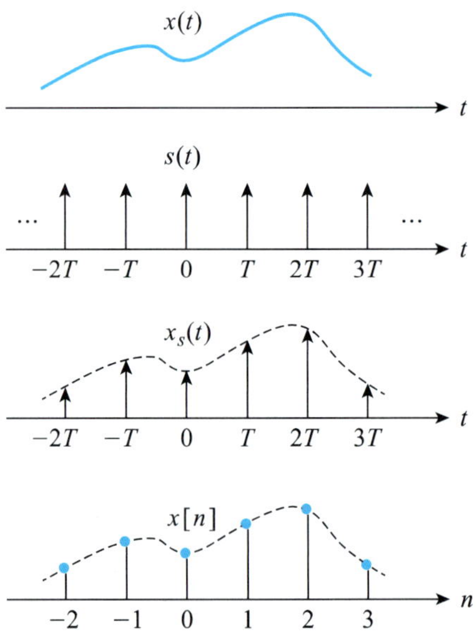

그림 7-2 샘플링 모델의 아날로그 신호와 디지털 신호

그림 7-1의 모델은 디지털 신호의 스펙트럼을 정의하기 위한 샘플링의 모델이며 실제로 디지털 신호를 얻을 때 사용하는 A/D 변환기는 아니다. 즉, A/D 변환기(Analog-to-Digital Converter, ADC)에서는 샘플 유지 회로를 사용하여 디지털 신호를 얻으며 위 모델의 단계로 얻어지는 것이 아니다.

그림 7-2에서 첫 번째 신호의 스펙트럼은 이미 CTFT로서 정의하였으며, 나머지 신호들의 스펙트럼을 유도함으로서 최종적으로 디지털 신호 $x[n]$의 스펙트럼을 정의할 수 있게 될 것이다. 먼저 그림 7-2의 세 번째 신호인 임펄스 트레인 신호는 다음과 같은 식으로 나타낼 수 있다.

$$x_s(t) = x(t)s(t)$$

두 신호의 곱은 주파수 영역에서는 두 스펙트럼의 아날로그 컨볼류션으로 다음과 같이 나타낼 수 있다.

$$x_s(t) = x(t)s(t) \xleftrightarrow{\text{CTFT}} X_s(\omega) = \frac{1}{2\pi} X(\omega) * S(\omega)$$

위의 주파수영역 컨볼류션에서 원래의 연속신호의 스펙트럼 $X(\omega)$는 이미 알고 있는 스펙트럼이므로 $S(\omega)$를 구해보기로 하자. 우선 $s(t)$는 다음과 같이 임펄스 신호의 트레인으로 나타낼 수 있다.

$$s(t) = \sum_{n=-\infty}^{\infty} \delta(t - nT)$$

이 임펄스 트레인 $s(t)$는 주기가 T인 주기 신호이므로 푸리에 급수를 사용하여 다음과 같이 표현할 수 있다.

$$s(t) = \sum_{k=-\infty}^{\infty} X_k e^{jk\omega_0 t}$$

임펄스 트레인 $s(t)$의 주기가 T이므로 기본주파수 ω_0는 $\omega_0 = 2\pi/T$로 정의된다. 이 푸리에 급수 계수는 다음과 같이 구할 수 있다.

$$X_k = \frac{1}{T}\int_{-T/2}^{T/2} \delta(t) e^{-jk\omega_0 t} dt = \frac{1}{T}$$

이 계수를 푸리에 급수에 다시 대입하면 임펄스 트레인 $s(t)$는 다음과 같은 푸리에 급수, 즉 지수 신호의 합으로 나타낼 수 있다.

$$s(t) = \sum_{n=-\infty}^{\infty} \delta(t - nT) = \frac{1}{T}\sum_{k=-\infty}^{\infty} e^{jk\omega_0 t}$$

이 지수 신호의 푸리에 변환은 다음과 같이 구할 수 있으므로 지수 신호들의 합에 대한 푸리에 변환도 다음과 같이 표현할 수 있다.

$$1 \leftrightarrow 2\pi\delta(\omega), \qquad e^{jk\omega_0 t} \leftrightarrow 2\pi\delta(\omega - \omega_0)$$

$$s(t) = \frac{1}{T}\sum_{k=-\infty}^{\infty} e^{jk\omega_0 t} \leftrightarrow \frac{2\pi}{T}\sum_{k=-\infty}^{\infty} \delta(\omega - k\omega_0) = \omega_0 \sum_{k=-\infty}^{\infty} \delta(\omega - k\omega_0) = S(\omega)$$

이와 같이 임펄스 트레인 $s(t)$의 스펙트럼은 역시 그림 7-3의 우측 두 번째 그림과 같이 임펄스 트레인임을 알 수 있다. 이때 이 임펄스 트레인의 주기는 ω_0이다.

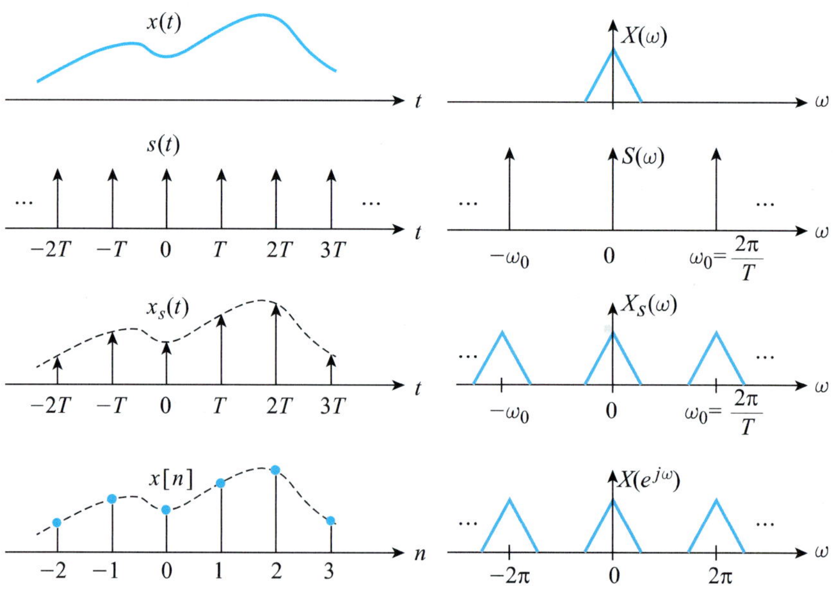

그림 7-3 아날로그 신호와 디지털 신호의 스펙트럼 관계

이제 아날로그 컨볼류션을 수행할 준비가 되었으므로 원 신호의 스펙트럼과 지금 구한 스펙트럼을 컨볼류션해 보자.

$$X_s(\omega) = \frac{1}{2\pi} X(\omega) * S(\omega) = \frac{1}{2\pi} X(\omega) * \frac{2\pi}{T} \sum_{k=-\infty}^{\infty} \delta(\omega - k\omega_0)$$

$$= \frac{1}{T} \sum_{k=-\infty}^{\infty} X(\omega - k\omega_0)$$

위의 식에서 보듯이 아날로그 신호 $x(t)$를 임펄스 트레인 신호 $x_s(t)$로 만들었을 때, 그 스펙트럼은 원 스펙트럼의 반복으로 나타남을 알 수 있다. 이와 같이 원 신호 $x(t)$의 스펙트럼 $X(\omega)$를 알고 있을 때 임펄스 트레인에 대한 스펙트럼도 그림 7-3의 우측 세 번째 그림과 같이 $X(\omega)$의 반복으로 나타낼 수 있게 된다. 단, 크기만 $1/T$이 된다.

지금까지는 스펙트럼 $X_s(\omega)$가 $X(\omega)$의 반복 버전임을 보이기 위한 설명이고 이제부터는 네 번째 그림인 $x[n]$과 $X(e^{j\omega})$의 그림에 대하여 설명하기로 한다. 이 그림은 CTFT의 스케일링 성질을 이용하여 이해할 수 있다. $x_s(t)$와 $x[n]$의 관계는 시간 축에서 nT가 n으로 스케일링되었으므로 $x[n] = x_s(nT)$이다. 따라서 CTFT의 스케일링 성질을 이용하면 $x[n]$의 스펙트럼은 다음과 같다.

$$x(nT) \rightarrow x[n] \quad \Rightarrow \quad X_s(\omega) \rightarrow \frac{1}{T} X_s\left(\frac{\omega}{T}\right)$$

예를 들어 음성 신호의 경우에 $T = 1/8000$을 사용하므로 이 경우에 $x[n]$의 스펙트럼은 다음과 같다.

$$8000 X_s(8000\omega)$$

따라서 $X_s(\omega)$의 $\omega_0 = 2\pi/T = 16000\pi$가 $x[n]$의 스펙트럼에서는 2π로 매핑된다. 정리하면 시간축에서 1/8000이 1로 스케일링되면서 시간축이 8000배 확장된다. 이때에 주파수축에서는 16000π가 2π로 8000분의 1로 축소됨을 알 수 있다.

이제부터는 $x_s(t)$와 $X_s(\omega)$를 수학으로 표현해보기로 한다. 먼저 $x_s(t)$는 다음과 같이 나타낼 수 있다.

$$x_s(t) = x(t)s(t) = x(t)\sum_{n=-\infty}^{\infty}\delta(t-nT) = \sum_{n=-\infty}^{\infty}x(nT)\delta(t-nT)$$

따라서 $X_s(\omega)$는 다음과 같다.

$$X_s(\omega) = \sum_{n=-\infty}^{\infty}x(nT)e^{-j\omega nT}$$

위의 식의 nT를 n으로 치환하면 다음의 스펙트럼 식을 얻을 수 있다. 이 식이 그림 7-3 우측의 네 번째 그림에 대한 스펙트럼 식이다.

$$X(e^{j\omega}) = \sum_{n=-\infty}^{\infty}x[n]e^{-j\omega n}$$

위의 식의 우변은 $e^{j\omega}$의 함수이므로 $X(e^{j\omega})$라고 표현하며 이를 디지털 신호에 대한 이산시간 푸리에 변환(DTFT, Discrete Time Fourier Transform)으로 정의한다. 위의 식에서 $X(e^{j\omega})$를 $X(\omega)$로 표기해도 무방하다. 그러나 이 책에서는 아날로그 신호의 스펙트럼과 구분하기 위해서 $X(e^{j\omega})$를 사용하기로 한다.

그림 7-3에서 보듯이 DTFT는 $-\pi$에서 π까지의 모양이 계속 주기적으로 반복됨을 알 수 있다. 또한 0에서 $-\pi$까지의 스펙트럼은 0에서 π까지의 스펙트럼과 대칭이므로 실제로 스펙트럼의 정보는 0에서 π까지 나타내는 것이 일반적이다.

예제

$x[n] = \delta[n]$의 스펙트럼을 구하시오.

풀이 $\delta[n]$을 DTFT의 정의에 대입하면 다음과 같다.

$$X(e^{j\omega}) = \sum_{n=-\infty}^{\infty}\delta[n]e^{-j\omega n} = 1$$

이를 그래프로 나타내면 그림 7-4와 같다.

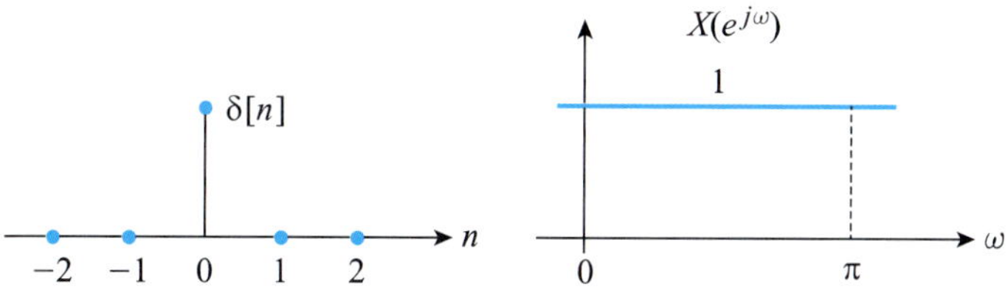

그림 7-4 임펄스 신호의 스펙트럼

예제

$x[n] = \delta[n-3]$의 스펙트럼을 구하시오.

풀이 $\delta[n-3]$를 DTFT의 정의에 대입하면 다음과 같다.

$$X(e^{j\omega}) = \sum_{n=-\infty}^{\infty} \delta[n-3]e^{-j\omega n} = e^{-j3\omega}$$

위의 예제에서 보듯이 DTFT는 일반적으로 복소함수이다. 따라서 그래프로 표현하기 위해서는 스펙트럼을 다음과 같이 극형으로 나타낸다.

$$X(e^{j\omega}) = |X(e^{j\omega})|e^{j\measuredangle X(e^{j\omega})}$$

위의 식에서 $|X(e^{j\omega})|$를 진폭 스펙트럼(magnitude spectrum)이라고 하고, $\measuredangle X(e^{j\omega})$를 위상 스펙트럼(phase spectrum)이라고 한다.

예제

$x[n] = \delta[n-3]$의 진폭 스펙트럼과 위상 스펙트럼을 구하시오.

풀이 $\delta[n-3]$를 DTFT의 정의에 대입하면 다음과 같다.

$$X(e^{j\omega}) = \sum_{n=-\infty}^{\infty} \delta[n-3]e^{-j\omega n} = e^{-j3\omega}$$

위의 식으로부터 진폭 스펙트럼과 위상 스펙트럼은 다음과 같이 구할 수 있다.

$$|X(e^{j\omega})| = 1, \quad \measuredangle X(e^{j\omega}) = -3\omega$$

7.1.2 역 DTFT

DTFT에 대한 역 변환을 역 DTFT(inverse DTFT)라고 하며 다음과 같이 정의한다.

$$x[n] = \frac{1}{2\pi}\int_{-\pi}^{\pi} X(e^{j\omega})e^{j\omega n}d\omega$$

역 DTFT를 증명해보기로 하자.

증명

역 DTFT의 식에 다음과 같이 DTFT를 대입하여 그 결과가 $x[n]$이 됨을 보임으로써 증명한다.

$$\frac{1}{2\pi}\int_{-\pi}^{\pi}\left\{\sum_{m=-\infty}^{\infty} x[m]e^{-j\omega m}\right\}e^{j\omega n}d\omega = \hat{x}[n]$$

위의 $\hat{x}[n]$이 $x[n]$과 같음을 증명해 보자. 위의 식에서 $\int$과 $\sum$의 위치가 서로 교환될 수 있으므로 다음과 같이 나타낼 수 있다.

$$\hat{x}[n] = \sum_{m=-\infty}^{\infty} x[m]\left\{\frac{1}{2\pi}\int_{-\pi}^{\pi} e^{j\omega(n-m)}d\omega\right\}$$

위의 식에서 대괄호의 값이 크로네커 델타 함수(Kronecker delta function)가 된다. 크로네커 델타 함수가 되는 증명은 다음과 같다.

$$\frac{1}{2\pi}\int_{-\pi}^{\pi} e^{j\omega(n-m)}d\omega = \frac{1}{2\pi}\left[\frac{e^{j\omega(n-m)}}{j(n-m)}\right]_{\pi}^{\pi}$$

$$= \frac{1}{2\pi}\frac{e^{j\pi(n-m)} - e^{-j\pi(n-m)}}{j(n-m)} = \frac{\sin\pi(n-m)}{\pi(n-m)}$$

위의 결과식은 n과 m이 서로 다른 정수이면 분자가 0이 되므로 0이 되고, n과 m이 같을 때는 부정형이므로 미분하여 값을 구하면 다음과 같이 1이 된다.

i) $n \neq m, \quad \dfrac{\sin\pi(n-m)}{\pi(n-m)} = 0$

ii) $n = m,\quad \dfrac{\sin\pi(n-m)}{\pi(n-m)} \Rightarrow \cos\pi(n-m) = 1$

i)과 ii)로부터 $\dfrac{\sin\pi(n-m)}{\pi(n-m)} = \delta[n-m]$

위의 결과를 대입하면 다음과 같이 증명된다.

$$\hat{x}[n] = \sum_{m=-\infty}^{\infty} x[m]\delta[n-m] = x[n]$$

7.2 주파수 응답

6장에서는 디지털 신호와 디지털 신호처리 시스템을 해석할 때, 시간영역에서만 신호를 다루어 왔다. 이 절에서는 신호와 시스템의 주파수영역 해석방법에 대하여 알아보기로 한다. 시스템에서 입력, 임펄스 응답, 출력에 대한 DTFT를 그림 7-5와 같이 나타내었다.

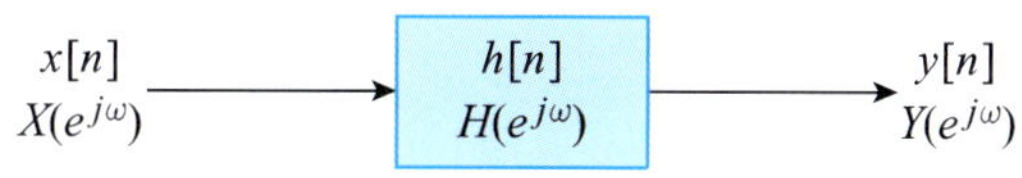

그림 7-5 시스템에서의 스펙트럼 표현

위의 그림의 입력, 임펄스 응답, 출력에 대한 DTFT는 각각 다음과 같다.

$$x[n] \overset{\text{DTFT}}{\longleftrightarrow} X(e^{j\omega})$$

$$h[n] \overset{\text{DTFT}}{\longleftrightarrow} H(e^{j\omega})$$

$$y[n] \overset{\text{DTFT}}{\longleftrightarrow} Y(e^{j\omega})$$

위의 식에서 임펄스 응답의 DTFT를 주파수 응답(frequency response)으로 다음과 같이 정의한다.

$$H(e^{j\omega}) = \sum_{n=-\infty}^{\infty} h[n]e^{-j\omega n}$$

주파수 응답을 정의하는 다른 방법도 있다. 이 방법은 시스템의 입력으로서 $e^{j\omega n}$을 입력시켜서 출력을 관찰하는 방법이다. 즉, $e^{j\omega n}$을 입력시켰을 때 출력은 이 입력과 $e^{j\omega}$의 함수와의 곱으로 나타낼 수 있으며, 이 $e^{j\omega}$의 함수를 주파수 응답으로 정의한다. $e^{j\omega n}$을 입력시켰을 때의 출력을 디지털 컨볼류션으로 구하면 주파수 응답이 다음과 같이 정의된다.

$$y[n] = \sum_{k=-\infty}^{\infty} h[k]x[n-k] = \sum_{k=-\infty}^{\infty} h[k]e^{j\omega(n-k)}$$

$$= e^{j\omega n} \sum_{k=-\infty}^{\infty} h[k]e^{-j\omega k} = H(e^{j\omega})e^{j\omega n}$$

위의 식에서의 주파수 응답의 정의도 DTFT의 정의와 같음을 알 수 있다. 위의 식에서 입력 $e^{j\omega n}$은 $\cos\omega n + j\sin\omega n$이므로 삼각함수 신호의 일반화로 생각할 수 있다. 따라서 주파수 응답은 모든 주파수의 삼각함수 신호 입력에 대한 진폭 응답을 연속함수로 나타내는 매우 중요한 도구이다. 이 주파수 응답을 관찰하면 임의의 주파수의 입력신호에 대한 출력의 반응 정도를 관찰할 수 있다.

아날로그 시스템에서는 주파수 응답이 복소평면(complex plane)의 허수축에서 정의되므로 허수축을 나타내는 $j\omega$를 사용하여 $H(j\omega)$로 표현하듯이 디지털 시스템에서는 주파수 응답이 복소평면의 단위원(unit circle)에서 정의되므로 복소평면에서 단위원을 나타내는 $e^{j\omega}$를 사용하여 $H(e^{j\omega})$로 표현한다.

디지털 신호처리 시스템에서 주파수 응답은 그림 7-6과 같이 복소평면 중에서 단위원(unit circle)에서만 정의된다. 복소평면에서는 단위 원을 나타내기 위해서 $e^{j\omega}$의 극좌표를 사용한다. 즉, 극좌표(polar coordinate)로 나타내는 복소함수 $H(re^{j\omega})$에서 주파수 응답은 $r=1$인 $e^{j\omega}$(단위 원)에서만 정의되므로$H(e^{j\omega})$로 표현하는 것이 일반적이다($X(\omega)$로 표기하는 서적도 있다).

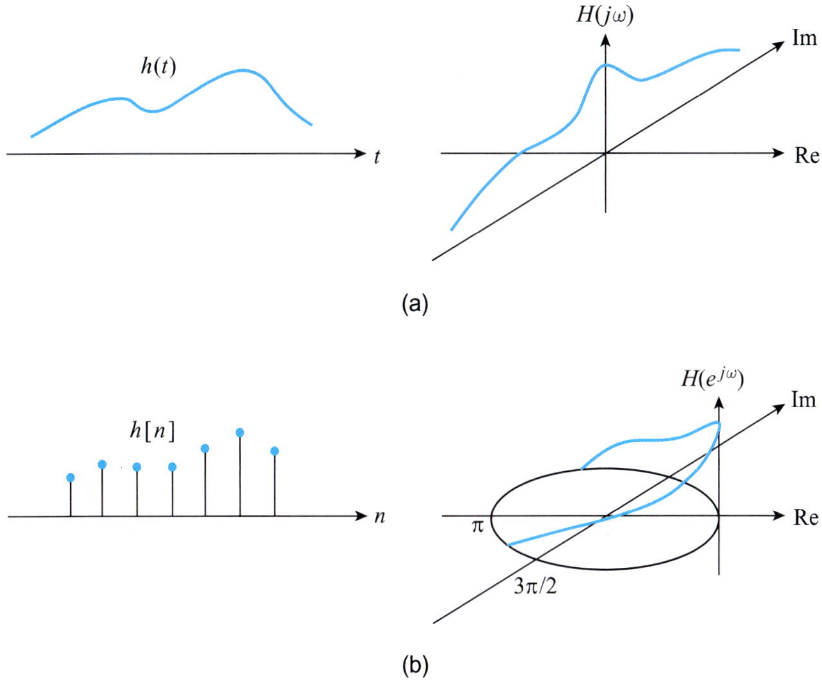

그림 7-6 (a) 아날로그 시스템의 주파수 응답, (b) 디지털 시스템의 주파수 응답

8장에서 다루게 될 z 변환 $X(z)$는 극 좌표로 나타내는 복소평면에서 정의되므로 $X(re^{j\omega})$를 사용하는데 $z=re^{j\omega}$의 치환을 사용하여 한 개의 변수 $X(z)$로 표현한다. 따라서 z 변환은 DTFT의 일반화로 간주할 수 있다.

위의 그림에서 보듯이 아날로그 시스템의 주파수 응답 $H(j\omega)$는 복소평면의 허수 축을 따라 주파수가 무한하게 분포할 수 있으나, 디지털 시스템의 주파수 응답 $H(e^{j\omega})$는 2π를 주기로 반복됨을 알 수 있다. 주파수 응답을 2차원의 평면에 펼쳐서 그리면 그림 7-7과 같다.

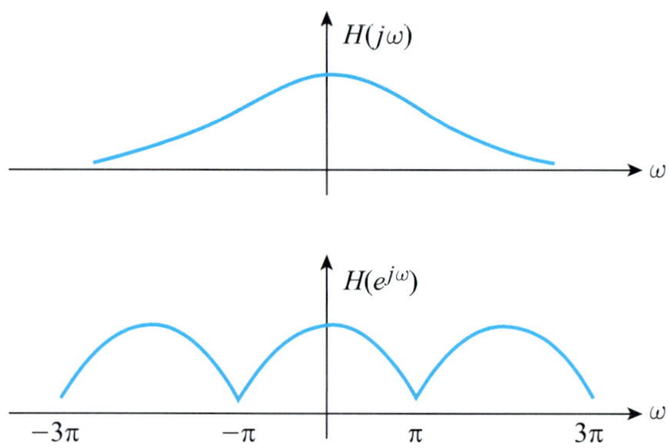

그림 7-7 주파수 응답의 2차원 표현

그러나 위의 그림은 주파수 응답의 개념을 나타내기 위해서 실수(real number)로 가정하고 그린 것이고 일반적으로는 주파수 응답은 복소 함수이므로 위와 같이 그릴 수 없다. 일반적으로 임의의 주파수 응답을 정량적으로 나타내기 위해서는 다음과 같이 진폭 응답(magnitude response)과 위상 응답(phase response)으로 나누어서 표시한다.

$$H(e^{j\omega}) = |H(e^{j\omega})| e^{j\measuredangle H(e^{j\omega})}$$

위의 식에서 $|H(e^{j\omega})|$를 진폭 응답이라고 하고, $\measuredangle H(e^{j\omega})$를 위상 응답이라고 한다.

예제

어느 시스템의 임펄스 응답은 다음과 같다.

$$h[n] = 0.3\delta[n] + 0.4\delta[n-1] + 0.3\delta[n-2]$$

진폭 응답과 위상 응답을 구하시오.

풀이 주파수 응답은 다음과 같다.

$$\begin{aligned} H(e^{j\omega}) &= \sum_{n=-\infty}^{\infty} (0.3\delta[n] + 0.4\delta[n-1] + 0.3\delta[n-2]) e^{-j\omega n} \\ &= 0.3 + 0.4e^{-j\omega} + 0.3e^{-j2\omega} = 0.3e^{-j\omega}(e^{j\omega} + e^{-j\omega}) + 0.4e^{-j\omega} \\ &= (0.6\cos\omega + 0.4)e^{-j\omega} \end{aligned}$$

위의 주파수 응답에서 진폭 응답과 위상 응답을 다음과 같이 구할 수 있다.

$$|H(e^{j\omega})| = |0.6\cos\omega + 0.4| \qquad \measuredangle H(e^{j\omega}) = -\omega$$

진폭 응답과 위상 응답을 그래프로 나타내면 그림 7-8과 같다.

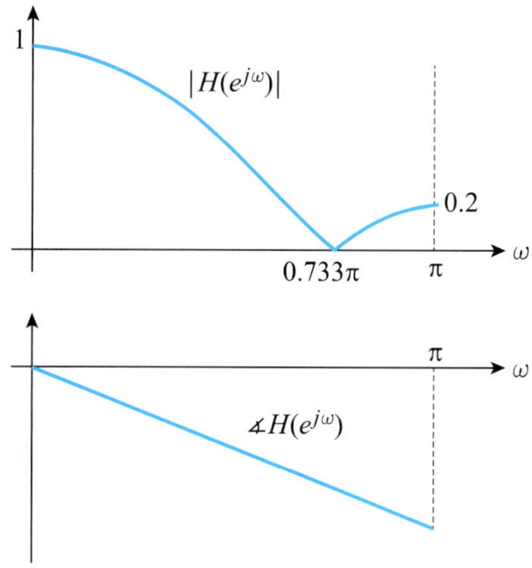

그림 7-8 예제의 진폭 응답과 위상 응답

예제

어느 시스템의 임펄스 응답은 다음과 같다.

$$h[n] = \{\underset{\uparrow}{1/9},\ 1/9, 1/9,\ 1/9, 1/9,\ 1/9, 1/9,\ 1/9, 1/9\}$$

진폭 응답과 위상 응답을 구하시오.

풀이 주파수 응답은 다음과 같다.

$$H(e^{j\omega}) = \sum_{n=-\infty}^{\infty} \frac{1}{9}\{\delta[n] + \delta[n-1] + \delta[n-2] + \cdots + \delta[n-8]\}e^{-j\omega n}$$

$$= \frac{1}{9}(1 + e^{-j\omega} + e^{-j2\omega} + \cdots + e^{-j8\omega})$$

$$= \frac{1}{9}[e^{-j4\omega}(e^{j4\omega} + e^{-j4\omega}) + e^{-j4\omega}(e^{j3\omega} + e^{-j3\omega})$$

$$+ e^{-j4\omega}(e^{j2\omega} + e^{-j2\omega}) + e^{-j4\omega}(e^{j\omega} + e^{-j\omega}) + e^{-j4\omega}]$$

$$= \frac{1}{9}(2\cos 4\omega + 2\cos 3\omega + 2\cos 2\omega + 2\cos\omega + 1)e^{-j4\omega}$$

위의 주파수 응답에서 진폭 응답과 위상 응답을 다음과 같이 나타낸다.

$$|H(e^{j\omega})| = \left|\frac{1}{9}\{2\cos 4\omega + 2\cos 3\omega + 2\cos 2\omega + 2\cos\omega + 1\}\right|$$

$$\measuredangle H(e^{j\omega}) = -4\omega$$

이와 같은 진폭 응답은 신호처리용 S/W 도구를 사용하는 것이 편리하다. 이 예제의 진폭 응답과 위상 응답을 신호처리 S/W 도구인 MATLAB을 사용하여 그리면 그림 7-9와 같다.

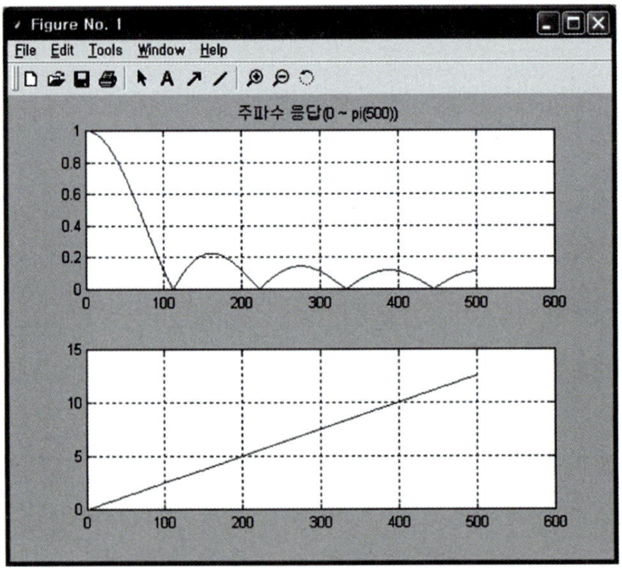

그림 7-9 예제의 진폭 응답과 위상 응답

이 예제의 MATLAB 프로그램은 다음과 같다.

```
w=[0:1:500]*pi/500;
H=1/9*(2*cos(4*w)+2*cos(3*w)+2*cos(2*w)+2*
    cos(w)+1);
subplot(2, 1, 1);
plot(abs(H));
grid;
title('주파수 응답(0~pi(500))');

E=(-j*4*w);
subplot(2, 1, 2);
plot(abs(E));
grid;
```

그림 7-10 예제의 진폭 응답과 위상 응답용 MATLAB 프로그램

위의 진폭 응답에서 보듯이 디지털 신호처리 시스템의 스펙트럼은 보통 0에서 π 까지 표시한다. 실수로 표현되는 디지털 신호의 스펙트럼은 우함수이므로 0에서 $-\pi$의 스펙트럼은 0에서 π까지의 스펙트럼과 대칭이기 때문이다. 이 스펙트럼에서 0의 주파수 부분을 저주파수 대역(low frequency band)이라고 하고, π의 주파수 부분을 고주파수 대역(high frequency band)이라고 한다. 예를 들면 0에서부터 4000 Hz의 주파수 성분을 갖고 있는 아날로그 신호를 1초에 8000개 씩 샘플링을 했다고 가정하면 4000 Hz의 고주파수가 π로 매핑된다. 임펄스 응답을 DTFT한 주파수 응답도 같은 방법으로 해석할 수 있다. 따라서 주파수 응답의 그림에서 π의 주파수가 의미하는 정확한 고주파수의 의미는 그 시스템에서 사용하는 샘플링 주파수를 알아야 한다. 음성 신호처리에서는 8000 Hz의 샘플링 주파수를 사용하므로 π는 4000 Hz의 아날로그 주파수를 나타내며, 오디오 신호처리에서는 44100 Hz의 샘플링 주파수를 사용하므로 π는 22050 Hz의 아날로그 주파수를 나타낸다.

그림 7-9의 진폭 응답을 보면 저주파수 대역의 이득은 매우 크고 고주파수 대역의 이득은 상대적으로 매우 작음을 관찰할 수 있다. 이와 같은 필터를 저역통과 필터(Low Pass Filter, LPF)라고 부른다. 일반적으로 시스템과 필터는 같은 의미로 사용된다.

예제

어느 시스템의 임펄스 응답과 입력은 다음과 같다.

$$h[n] = \{\underset{\uparrow}{0.3},\ 0.4, 0.3\}$$

$$x[n] = \{\underset{\uparrow}{1},\ 0.5,\ 1,\ 0.5,\ 1, 0.5,\ \cdots\}$$

출력을 구하고 주파수 이득이 진폭 응답과 일치하는지를 보이시오.

풀이 입력 신호는 직류성분의 저주파수와 고주파수 성분을 갖고 있다. 슬라이딩 방식을 표를 사용하여 적용하면 다음과 같다.

표 7-1 예제의 출력

$y[n]$	0.5	0.55	0.8	0.7	0.8	0.7	0.8	0.7	0.8	0.7	0.8	0.7	0.8
k	0	1	2	3	4	5	6	7	8	9	10	11	12
$h[k]$	0.3	0.4	0.3										
$x[0-k]$	1												
$x[1-k]$	0.5	1											
$x[2-k]$	1	0.5	1										
$x[3-k]$	0.5	1	0.5	1									
$x[4-k]$	1	0.5	1	0.5	1								
$x[5-k]$	0.5	1	0.5	1	0.5	1							
$x[6-k]$	1	0.5	1	0.5	1	0.5	1						
$x[7-k]$	0.5	1	0.5	1	0.5	1	0.5	1					
$x[8-k]$	1	0.5	1	0.5	1	0.5	1	0.5	1				
$x[10-k]$	0.5	1	0.5	1	0.5	1	0.5	1	0.5	1			
$x[11-k]$	1	0.5	1	0.5	1	0.5	1	0.5	1	0.5	1		
$x[12-k]$	0.5	1	0.5	1	0.5	1	0.5	1	0.5	1	0.5	1	
$x[13-k]$	1	0.5	1	0.5	1	0.5	1	0.5	1	0.5	1	0.5	1

이 출력을 그림으로 나타내면 그림 7-11과 같다.

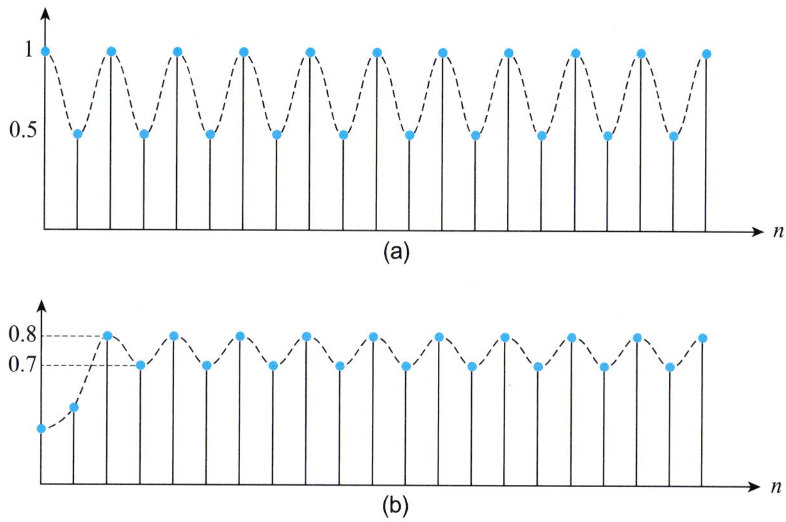

그림 7-11 예제의 입출력 (a) 입력, (b) 출력

그림에서 보듯이 0.75의 입력 직류성분은 출력에서도 0.75이므로 이득이 1임을 알 수 있다.(그림 7-8의 0주파수 이득은 1) 그리고 진폭이 0.25인 입력의 고주파수 성분은 출력에서는 진폭이 0.05(0.8−0.7=0.1, 0.1×1/2=0.05)로 줄었으므로 이득이 0.2이다.(그림 7-8의 π주파수 이득은 0.2) 따라서 이 임펄스 응답은 저역통과 필터임을 알 수 있으며 주파수 응답은 그림 7-8과 같다. 그림 7-11의 출력을 관찰하면 정상상태의 0.8과 0.7의 출력이 나올 때까지 2개의 과도 상태가 출력되고 있음을 관찰할 수 있다.

그림 7-12와 같은 주파수 응답을 **이상적인 저역통과 필터**(ideal LPF)라고 한다. 그림에서 필터 이득이 1인 0부터 ω_c까지의 주파수 대역을 통과대역(pass band)이라고 하고 필터 이득이 0인 ω_c부터 π까지의 주파수 대역을 저지대역(stop band)이라고 한다. 아래 그림은 통과대역 이득과 저지대역 이득이 완전한 1과 0이며 통과대역에서 저지대역으로의 기울기가 90도이므로 **이상적인 저역통과 필터**라고 부른다.

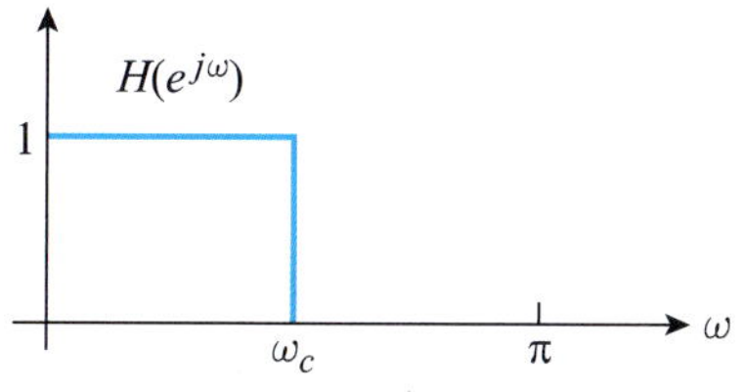

그림 7-12 이상적인 저역통과 필터의 주파수 응답

이 주파수 응답은 다음의 식으로 나타낼 수 있다.

$$H(e^{j\omega}) = \begin{cases} 1, & |\omega| < \omega_c \\ 0, & \omega_c < |\omega| \leq \pi \end{cases}$$

이 주파수 응답을 역 DTFT하면 임펄스 응답을 구할 수 있다. 위의 주파수 응답을 만족하는 임펄스 응답을 구해보기로 한다.

$$h[n] = \frac{1}{2\pi}\int_{-\pi}^{\pi} H(e^{j\omega})e^{j\omega n}d\omega = \frac{1}{2\pi}\int_{-\omega_c}^{\omega_c} e^{j\omega n}d\omega = \frac{1}{2\pi}\left[\frac{e^{j\omega n}}{jn}\right]_{-\omega_c}^{\omega_c}$$

$$= \frac{1}{\pi n}\frac{e^{j\omega_c n} - e^{-j\omega_c n}}{2j} = \frac{\sin\omega_c n}{\pi n}, \quad -\infty < n < \infty$$

위의 필터에서 통과대역 주파수가 $\omega_c = \pi/2$인 경우의 임펄스 응답을 그려보면 다음 그림 7-13과 같다.

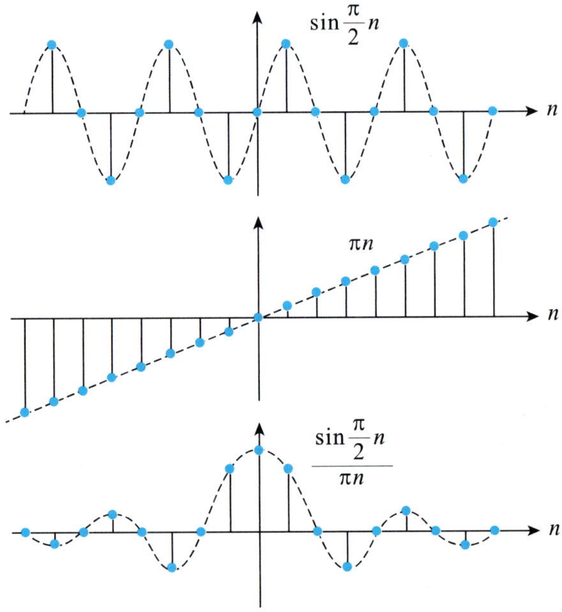

그림 7-13 이상적인 저역통과 필터의 임펄스 응답($\omega_c = \pi/2$)

이와 같은 이상적인 저역통과 필터의 임펄스 응답은 길이가 무한대이므로 구현할 수 없다. 또한 $n < 0$일 때에도 임펄스 응답이 있으므로 인과 시스템이 아니다. 따라서 구현 가능한 인과 시스템으로 만들기 위해서 위의 임펄스 응답의 길이를 $-M$에서 M까지 제한한 다음에 우측으로 M만큼 이동해서 사용한다. M이 5인 경우에 임펄스 응답은 다음 그림 7-14와 같다.

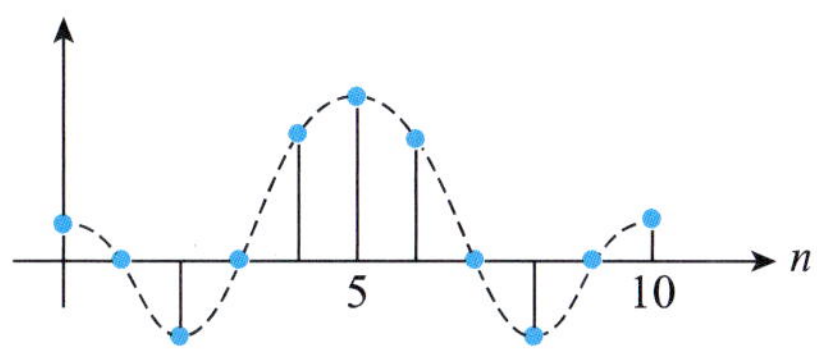

그림 7-14 $M=5$인 저역통과 필터의 임펄스 응답($\omega_c = \pi/2$)

예제

어느 시스템의 임펄스 응답은 다음과 같다.

$$h[n] = -0.3\delta[n] + 0.4\delta[n-1] - 0.3\delta[n-2]$$

진폭 응답과 위상 응답을 구하시오.

풀이 주파수 응답은 다음과 같다.

$$H(e^{j\omega}) = \sum_{n=-\infty}^{\infty} (-0.3\delta[n] + 0.4\delta[n-1] - 0.3\delta[n-2])e^{-j\omega n}$$

$$= -0.3 + 0.4e^{-j\omega} - 0.3e^{-j2\omega} = -0.3e^{-j\omega}(e^{j\omega} + e^{-j\omega}) + 0.4e^{-j\omega}$$

$$= (-0.6\cos\omega + 0.4)e^{-j\omega}$$

위의 주파수 응답으로부터 진폭 응답과 위상 응답을 다음과 같이 구할 수 있다.

$$|H(e^{j\omega})| = |-0.6\cos\omega + 0.4| \qquad \measuredangle H(e^{j\omega}) = -\omega$$

진폭 응답과 위상 응답을 그래프로 나타내면 다음 그림 7-15와 같다.

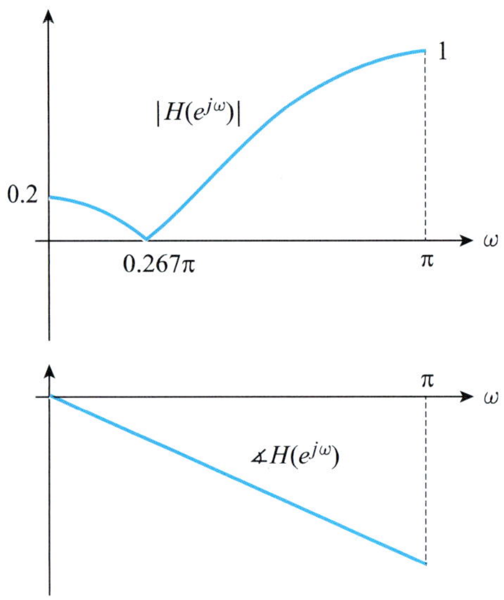

그림 7-15 예제의 진폭 응답과 위상 응답

그림 7-15의 진폭 응답을 보면 저주파수 대역의 이득은 작고 고주파수 대역의 이득은 상대적으로 매우 큼을 관찰할 수 있다. 이와 같은 시스템을 고역통과 필터(High Pass Filter, HPF)라고 부른다.

예제

어느 시스템의 임펄스 응답과 입력은 다음과 같다.

$$h[n] = \{-0.3, \underset{\uparrow}{0.4}, -0.3\}$$

$$x[n] = \{\underset{\uparrow}{1}, 0.5, 1, 0.5, 1, 0.5, \cdots\}$$

출력을 구하고 주파수 이득이 진폭 응답과 일치하는지를 보이시오.

풀이 입력 신호는 직류성분의 저주파수와 고주파수 성분을 갖고 있다. 슬라이딩 방식을 표를 사용하여 적용하면 다음과 같다.

| 표 7-2 | 예제의 출력

$y[n]$	−0.3	0.25	−0.4	0.1	−0.4	0.1	−0.4	0.1	−0.4	0.1	−0.4	0.1	−0.4
k	0	1	2	3	4	5	6	7	8	9	10	11	12
$h[k]$	-0.3	0.4	-0.3										
$x[0-k]$	1												
$x[1-k]$	0.5	1											
$x[2-k]$	1	0.5	1										
$x[3-k]$	0.5	1	0.5	1									
$x[4-k]$	1	0.5	1	0.5	1								
$x[5-k]$	0.5	1	0.5	1	0.5	1							
$x[6-k]$	1	0.5	1	0.5	1	0.5	1						
$x[7-k]$	0.5	1	0.5	1	0.5	1	0.5	1					
$x[8-k]$	1	0.5	1	0.5	1	0.5	1	0.5	1				
$x[10-k]$	0.5	1	0.5	1	0.5	1	0.5	1	0.5	1			
$x[11-k]$	1	0.5	1	0.5	1	0.5	1	0.5	1	0.5	1		
$x[12-k]$	0.5	1	0.5	1	0.5	1	0.5	1	0.5	1	0.5	1	
$x[13-k]$	1	0.5	1	0.5	1	0.5	1	0.5	1	0.5	1	0.5	1

이 출력을 그래프로 나타내면 다음 그림 7-16과 같다.

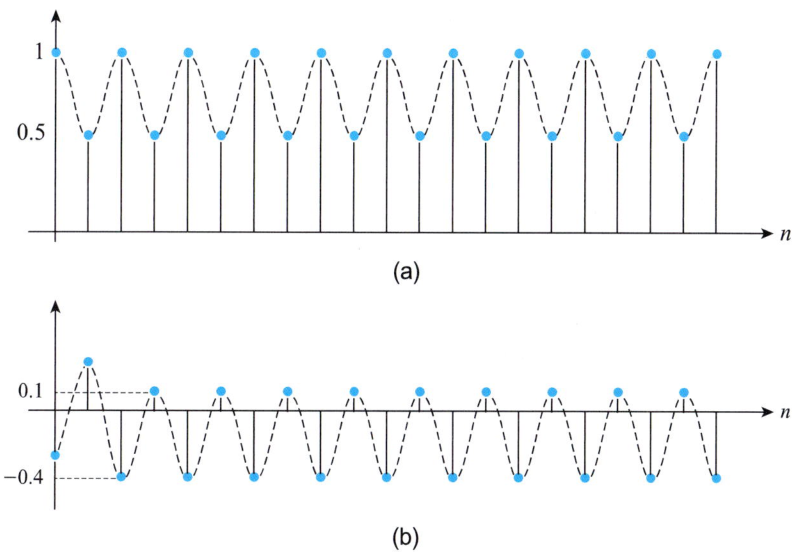

그림 7-16 예제의 입출력 (a) 입력, (b) 출력

그림에서 보듯이 0.75의 입력 직류성분은 출력에서는 −0.15로 이득이 0.2임을 알 수 있다(그림 7-15의 0주파수 이득은 0.2). 그리고 진폭이 0.25인 입력의 고주파수 성분은 출력에서는 진폭이 0.25이므로 이득이 1이다(그림 7-15의 π주파수 이득은 1). 따라서 이 임펄스 응답은 고역통과 필터임을 알 수 있다.

7.3 DTFT의 성질

이 절에서는 DTFT가 디지털 신호처리 시스템에서 유용하게 사용되기 위하여 어떤 중요한 성질들을 갖고 있는지 알아보도록 한다.

7.3.1 선형성

2개의 신호 $x_1[n]$과 $x_2[n]$에 대한 DTFT를 각각 $X_1(e^{j\omega})$, $X_2(e^{j\omega})$라고 하자. 이때 두 신호의 가중 합에 대한 DTFT는 다음과 같다.

$$a\,x_1[n]+b\,x_2[n] \overset{\text{DTFT}}{\longleftrightarrow} a\,X_1(e^{j\omega})+b\,X_2(e^{j\omega})$$

위의 성질을 DTFT의 선형성(linearity)이라고 한다. 위의 식에서 a와 b는 상수의 계수들이다.

7.3.2 시간 이동 성질

어느 디지털신호 $x[n]$에 대한 DTFT를 $X(e^{j\omega})$라고 하자. 이때 $x[n]$의 신호를 우측으로 k 만큼 이동시킨 신호인 $x[n-k]$의 DTFT는 다음과 같다.

$$x[n-k] \overset{\text{DTFT}}{\longleftrightarrow} e^{-j\omega k}X(e^{j\omega})$$

증명

$$\sum_{n=-\infty}^{\infty} x[n-k]e^{-j\omega n} = \sum_{m=-\infty}^{\infty} x[m]e^{-j\omega(m+k)}$$

$$= e^{-j\omega k} \sum_{m=-\infty}^{\infty} x[m] e^{-j\omega m} = e^{-j\omega k} X(e^{j\omega})$$

7.3.3 주파수 이동 성질

어느 디지털 신호 $x[n]$에 대한 DTFT를 $X(e^{j\omega})$라고 하자. 이때 $X(e^{j\omega})$의 스펙트럼을 우측으로 ω_0 만큼 이동시킨 $X(e^{j(\omega-\omega_0)})$의 역 DTFT는 다음과 같다.

$$e^{j\omega_0 n} x[n] \xleftrightarrow{\text{DTFT}} X(e^{j(\omega-\omega_0)})$$

위의 시간 이동 성질과 주파수 이동 성질에서 보듯이 어느 한쪽에서 복소 지수 신호가 곱해지면 다른 영역에서는 이동이 일어남을 알 수 있다.

7.3.4 모듈레이션 성질

어느 디지털 신호 $x[n]$에 대한 DTFT를 $X(e^{j\omega})$라고 하자. 이때 $x[n]$의 신호를 $\cos\omega_0 n$으로 모듈레이션 시킨 신호의 스펙트럼은 다음과 같다.

$$x[n]\cos\omega_0 n \xleftrightarrow{\text{DTFT}} \frac{1}{2} X(e^{j(\omega+\omega_0)}) + \frac{1}{2} X(e^{j(\omega-\omega_0)})$$

증명 $x[n]\cos\omega_0 n$은 다음과 같이 나타낼 수 있다.

$$x[n]\cos\omega_0 n = x[n] \frac{e^{j\omega_0 n} + e^{-j\omega_0 n}}{2}$$

위의 식에 주파수 이동 성질을 적용하면 모듈레이션 성질을 얻을 수 있다.

7.3.5 컨볼류션 성질

어느 시스템에서 입력 $x[n]$과 임펄스 응답 $h[n]$이 주어지면 출력 $y[n]$은 다음과 같이 디지털 컨볼류션으로 표현된다.

$$y[n] = h[n] * x[n]$$

이때 $x[n]$, $h[n]$, $y[n]$의 DTFT를 각각 $X(e^{j\omega})$, $H(e^{j\omega})$, $Y(e^{j\omega})$라고 하면 스펙트럼들 사이에 다음의 관계가 성립한다.

$$Y(e^{j\omega}) = H(e^{j\omega})X(e^{j\omega})$$

증명

$$\begin{aligned}
Y(e^{j\omega}) &= \sum_{n=-\infty}^{\infty} y[n]e^{-j\omega n} = \sum_{n=-\infty}^{\infty} \left\{ \sum_{k=-\infty}^{\infty} h[k]x[n-k] \right\} e^{-j\omega n} \\
&= \sum_{k=-\infty}^{\infty} h[k] \left\{ \sum_{n=-\infty}^{\infty} x[n-k]e^{-j\omega n} \right\} = \sum_{k=-\infty}^{\infty} h[k] \left\{ \sum_{m=-\infty}^{\infty} x[m]e^{-j\omega(k+m)} \right\} \\
&= \sum_{k=-\infty}^{\infty} h[k]e^{-j\omega k} \left\{ \sum_{m=-\infty}^{\infty} x[m]e^{-j\omega m} \right\} = H(e^{j\omega})X(e^{j\omega})
\end{aligned}$$

위의 식으로부터 두 신호의 디지털 컨볼류션은 주파수 영역에서 곱으로 표시됨을 알 수 있다. 다음의 예제를 통하여 주파수 영역에서 출력이 어떻게 표현되는지 알아보자.

예제

다음의 주어진 입력 스펙트럼과 주파수 응답으로부터 출력 신호의 스펙트럼을 구하시오.

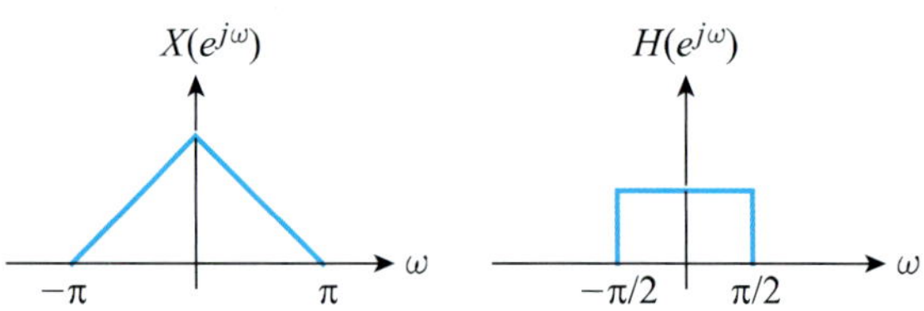

그림 7-17 입력 스펙트럼과 주파수 응답

풀이 출력의 스펙트럼은 입력 스펙트럼과 주파수 응답의 곱이므로 다음 그림 7-18과 같이 구할 수 있다.

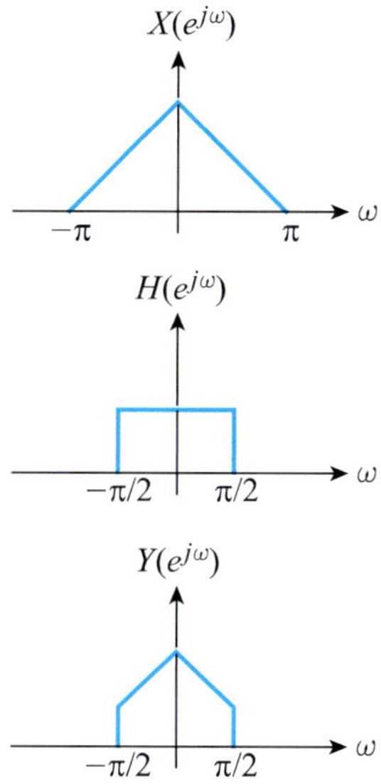

그림 7-18 출력의 스펙트럼

위의 예제에서 보듯이 어떤 신호에서 특정한 주파수 대역을 뽑아내는 필터의 개념은 주파수 영역에서 스펙트럼으로 이해하는 것이 편리하다. 위의 예제에서 필터는 0에서 $\pi/2$까지의 주파수를 걸러내고 있음을 볼 수 있다. 필터는 위와 같이 DTFT를 사용하면 이해하기 쉬우나 실제 출력을 구하는 과정은 시간영역에서 디지털 컨볼류션이나 차분방정식을 사용하는 것이 일반적이다. 따라서 출력을 구하려면 위의 주파수 응답을 갖는 임펄스 응답이나 차분방정식이 필요하다.

7.3.6 윈도우 정리(Windowing theorem)

디지털 신호 $x[n]$의 어느 구간을 선택하기 위하여 다음과 같이 $w[n]$을 곱하는 연산을 윈도우 연산이라고 한다.

$$y[n] = x[n]w[n]$$

이때 $x[n]$, $w[n]$, $y[n]$의 DTFT를 각각 $X(e^{j\omega})$, $W(e^{j\omega})$, $Y(e^{j\omega})$라고 하면 스펙트럼들 사이에 다음의 관계가 성립한다.

$$Y(e^{j\omega}) = \frac{1}{2\pi} X(e^{j\omega}) * W(e^{j\omega})$$

증명

$$\begin{aligned} Y(e^{j\omega}) &= \sum_{n=-\infty}^{\infty} y[n]e^{-j\omega n} = \sum_{n=-\infty}^{\infty} x[n]w[n]e^{-j\omega n} \\ &= \sum_{n=-\infty}^{\infty} \left\{ \frac{1}{2\pi} \int_{-\pi}^{\pi} X(e^{j\theta})e^{j\theta n} \right\} w[n]e^{-j\omega n} \\ &= \frac{1}{2\pi} \int_{-\pi}^{\pi} X(e^{j\theta}) \left\{ \sum_{n=-\infty}^{\infty} w[n]e^{-j(\omega-\theta)n} \right\} d\theta \\ &= \frac{1}{2\pi} \int_{-\pi}^{\pi} X(e^{j\theta}) W(e^{j(\omega-\theta)}) d\theta = \frac{1}{2\pi} X(e^{j\omega}) * W(e^{j\omega}) \end{aligned}$$

위의 윈도우 정리와 컨볼류션 성질을 비교해보면 어느 한 영역에서 곱의 연산이 다른 영역에서 컨볼류션이 됨을 알 수 있다. 위의 식에서 $X(e^{j\omega})$와 $W(e^{j\omega})$의 스펙트럼은 연속함수이므로 아날로그 컨볼류션이 된다.

> **참고** 아날로그 신호를 처리하는 시스템에서 입력과 임펄스 응답을 각각 $x(t)$와 $h(t)$라고 하면 출력 $y(t)$는 다음과 같이 아날로그 컨볼류션으로 구한다.
>
> $$y(t) = h(t) * x(t) = \int_{-\infty}^{\infty} h(\tau)x(t-\tau)d\tau$$
>
> 위의 식을 아날로그 컨볼류션이라고 정의한다.

7.3.7 파스발 정리(Parseval's theorem)

어느 디지털 신호 $x[n]$에 대한 DTFT를 $X(e^{j\omega})$라고 하자. 이때 신호 $x[n]$의 에너지는 다음과 같이 스펙트럼의 에너지의 $1/2\pi$과 같다.

$$\text{신호의 에너지} = \sum_{n=-\infty}^{\infty} |x[n]|^2 = \frac{1}{2\pi} \int_{-\pi}^{\pi} |X(e^{j\omega})|^2 d\omega$$

증명

$$\sum_{n=-\infty}^{\infty}|x[n]|^2=\sum_{n=-\infty}^{\infty}x[n]x^*[n]=\sum_{n=-\infty}^{\infty}x[n]\left\{\frac{1}{2\pi}\int_{-\pi}^{\pi}X(e^{j\omega})e^{j\omega n}d\omega\right\}^*$$

$$=\sum_{n=-\infty}^{\infty}x[n]\left\{\frac{1}{2\pi}\int_{-\pi}^{\pi}X^*(e^{j\omega})e^{-j\omega n}d\omega\right\}$$

$$=\frac{1}{2\pi}\int_{-\pi}^{\pi}X^*(e^{j\omega})\left\{\sum_{n=-\infty}^{\infty}x[n]e^{-j\omega n}\right\}d\omega$$

$$=\frac{1}{2\pi}\int_{-\pi}^{\pi}X^*(e^{j\omega})X(e^{j\omega})d\omega=\frac{1}{2\pi}\int_{-\pi}^{\pi}|X(e^{j\omega})|^2d\omega$$

예제

신호 $x[n]=\delta[n]$의 에너지와 그 스펙트럼 $X(e^{j\omega})$의 에너지가 파스발 정리를 만족함을 보이시오.

풀이 임펄스 신호의 에너지와 그 스펙트럼의 에너지는 각각 다음과 같다.

$$\text{신호의 에너지}=\sum_{n=-\infty}^{\infty}|\delta[n]|^2=1$$

$$X(e^{j\omega})=\sum_{n=-\infty}^{\infty}\delta[n]e^{-j\omega n}=1$$

$$\therefore\ \text{스펙트럼의 에너지}=\int_{-\pi}^{\pi}|X(e^{j\omega})|^2d\omega=2\pi$$

따라서 스펙트럼 에너지의 $1/2\pi$이 신호의 에너지와 같음을 알 수 있다.

지금까지 알아본 DTFT의 여러 성질 이외에 다음과 같은 몇 가지 중요한 DTFT 쌍이 있다.

$$\delta[n]\leftrightarrow 1$$

$$\delta[n-k]\leftrightarrow e^{j\omega k}$$

$$1(-\infty < n < \infty) \leftrightarrow \sum_{k=-\infty}^{\infty} 2\pi\delta(\omega + 2\pi k)$$

$$a^n u[n] \leftrightarrow \frac{1}{1 - ae^{-j\omega}}$$

7.4 이산 푸리에 변환(DFT)

7.4.1 이산 푸리에 변환의 정의

디지털 신호에 다음과 같은 주파수 영역 변환을 이산 푸리에 변환(DFT, Discrete Fourier Transform)이라고 한다.

$$X(k) = \sum_{n=0}^{N-1} x[n]e^{-j\frac{2\pi}{N}kn}, \ k = 0,\ 1,\ \cdots,\ N-1$$

이 식에서 보듯이 N개의 시간영역의 디지털 신호 $x[n]$을 N개의 주파수 영역의 디지털 신호 $X(k)$로 변환한다. 그런데 이 변환은 다음의 DTFT와 매우 비슷하다.

$$X(e^{j\omega}) = \sum_{n=0}^{N-1} x[n]e^{-j\omega n}$$

위의 두 변환이 다른 점은 DFT는 주파수 축의 표기가 k인 이산 신호이며, DTFT는 주파수 축의 표기가 ω인 연속 신호이다. 위의 식을 비교해보면 DTFT에서 $\omega = (2\pi/N)k$일 때 DFT와 같아짐을 알 수 있다. 즉, 두 변환은 다음의 관계가 있다.

$$X(k) = \begin{cases} X(e^{j\omega})|_{\omega = (2\pi/N)k} & 0 \le k \le N-1 \\ 0 & \text{otherwise} \end{cases}$$

위의 관계를 그림으로 표현하면 그림 7-19와 같다.

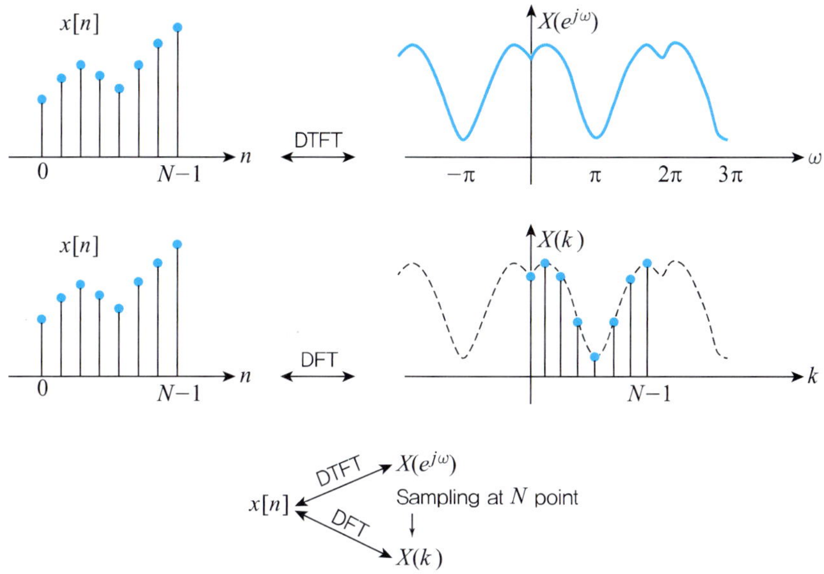

그림 7-19 DFT와 DTFT의 관계

N개의 신호 $x[n]$과 N개의 신호 $X(k)$의 관계인 DFT는 다음과 같이 표기한다.

$$x[n] \xleftrightarrow{\text{DFT}} X(k)$$

$$\text{DFT} : X(k) = \sum_{n=0}^{N-1} x[n]\, W^{kn}, \quad W = e^{-j\frac{2\pi}{N}}$$

$$\text{역 DFT} : x[n] = \frac{1}{N} \sum_{k=0}^{N-1} X(k)\, W^{-kn}$$

주파수 변환인 DFT는 디지털 신호이므로 저장이 용이하다. 따라서 DTFT에 비해 실무에서 더 많이 사용되고 있다.

예제

다음 그림 7-20의 디지털 신호 $x[n]$에 대한 DTFT $|X(e^{j\omega})|$를 $0 \le \omega \le 2\pi$의 구간에서 그리시오. 또한 3-point DFT $|X(k)|$를 구하고 DTFT와 DFT의 관계를 설명하시오.

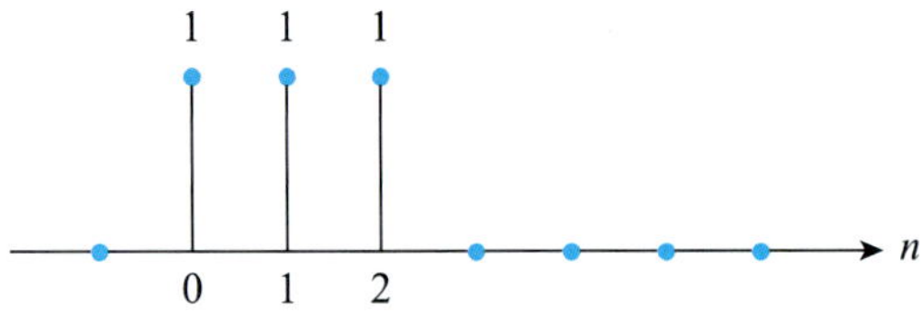

그림 7-20 예제의 디지털 신호

풀이 DTFT를 구하면 다음과 같다.

$$X(e^{j\omega}) = \sum_{n=0}^{2} x[n]e^{-j\omega n} = 1 + e^{-j\omega} + e^{-j2\omega}$$

$$= e^{-j\omega}(e^{j\omega} + e^{-j\omega}) + e^{-j\omega}$$

$$= 2\cos\omega e^{-j\omega} + e^{-j\omega} = (2\cos\omega + 1)e^{-j\omega}$$

따라서 진폭 스펙트럼 $|X(e^{j\omega})|$는 다음과 같다.

$$|X(e^{j\omega})| = |2\cos\omega + 1|$$

진폭 스펙트럼 $|X(e^{j\omega})|$의 그래프는 그림 7-21과 같다.

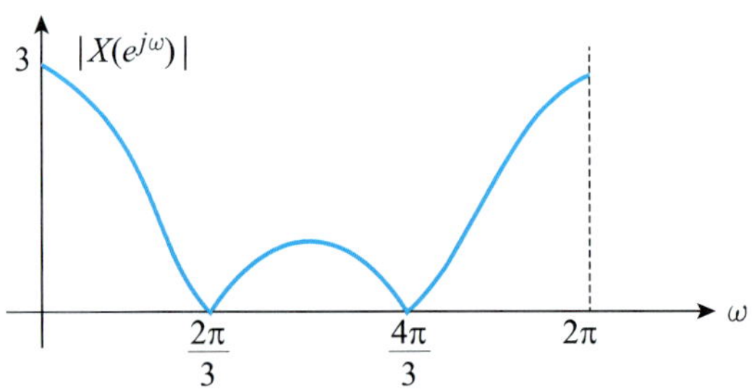

그림 7-21 예제의 DTFT의 진폭 스펙트럼

이제 3-point DFT는 $N = 3$이므로 다음과 같다.

$$X(k) = \sum_{n=0}^{2} x[n]e^{-j\frac{2\pi}{3}kn}, \quad k = 0,\ 1,\ 2$$

$k = 0,\ 1,\ 2$인 경우를 각각 구해보자.

i) $k=0,\ X(0)=\sum_{n=0}^{2}x[n]=1+1+1=3$

ii) $k=1,\ X(1)=\sum_{n=0}^{2}x[n]e^{-j\frac{2\pi}{3}n}=1+e^{-j\frac{2\pi}{3}}+e^{-j\frac{2\pi}{3}2}$

$$=e^{-j\frac{2\pi}{3}}(e^{j\frac{2\pi}{3}}+e^{-j\frac{2\pi}{3}})+e^{-j\frac{2\pi}{3}}$$

$$=2\cos\frac{2\pi}{3}e^{-j\frac{2\pi}{3}}+e^{-j\frac{2\pi}{3}}=(2\cos\frac{2\pi}{3}+1)e^{-j\frac{2\pi}{3}}$$

$$\therefore |X(1)|=\left|2\cos\frac{2\pi}{3}+1\right|=0$$

iii) $k=2,\ X(2)=\sum_{n=0}^{2}x[n]e^{-j\frac{4\pi}{3}n}=1+e^{-j\frac{4\pi}{3}}+e^{-j\frac{4\pi}{3}2}$

$$=e^{-j\frac{4\pi}{3}}(e^{j\frac{4\pi}{3}}+e^{-j\frac{4\pi}{3}})+e^{-j\frac{4\pi}{3}}$$

$$=2\cos\frac{4\pi}{3}e^{-j\frac{4\pi}{3}}+e^{-j\frac{4\pi}{3}}=(2\cos\frac{4\pi}{3}+1)e^{-j\frac{4\pi}{3}}$$

$$\therefore |X(2)|=\left|2\cos\frac{4\pi}{3}+1\right|=0$$

지금까지 구한 3-point DFT에 대한 $|X(k)|$의 그래프는 그림 7-22와 같다.

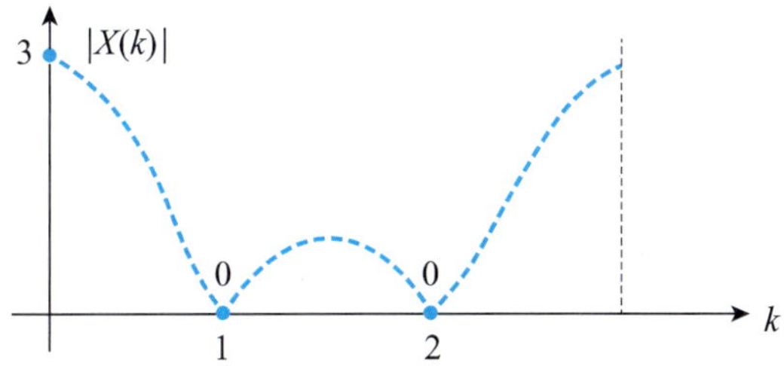

그림 7-22 예제의 DFT의 진폭 스펙트럼

위의 두 그림에서 보듯이 3-point DFT는 DTFT의 표본값임을 알 수 있다. 위의 그림에서 알 수 있듯이 DTFT $X(e^{j\omega})$에서 DFT $X(k)$를 구할 경우에 $X(e^{j\omega})$의 표본값을 이용할 수 있다.

64개 길이의 디지털 신호에 대하여 DTFT와 DFT를 비교해보기로 한다. 다음 그림 7-23과 같은 7가지 디지털 신호에 대하여 DTFT와 DFT를 구해보기로 한다.

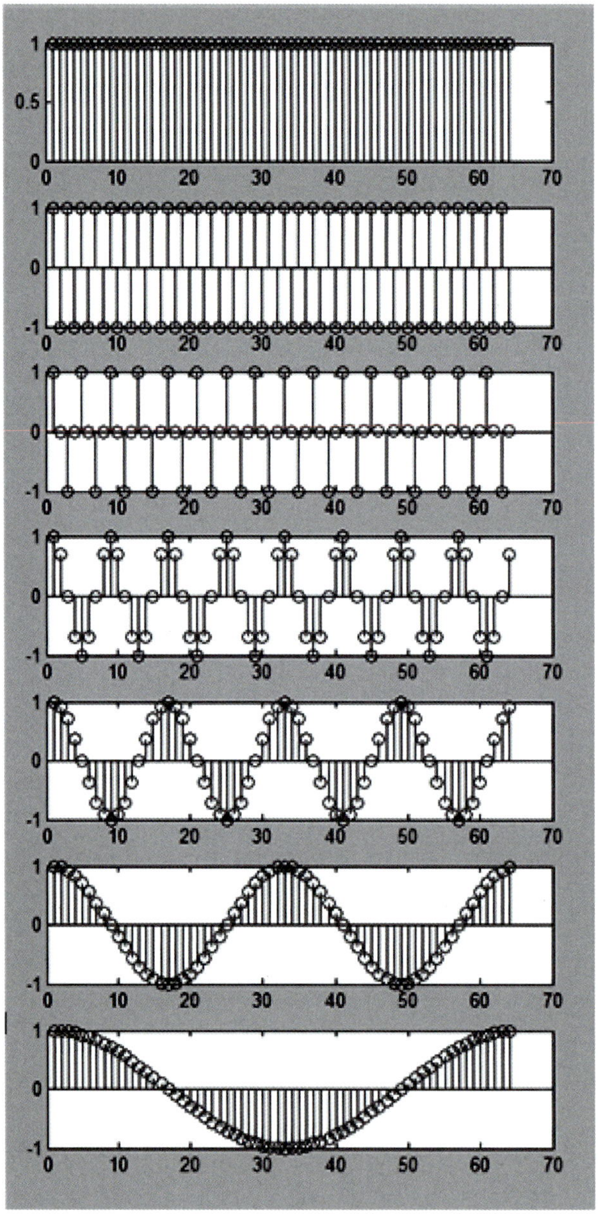

그림 7-23 길이가 64개인 7가지 신호

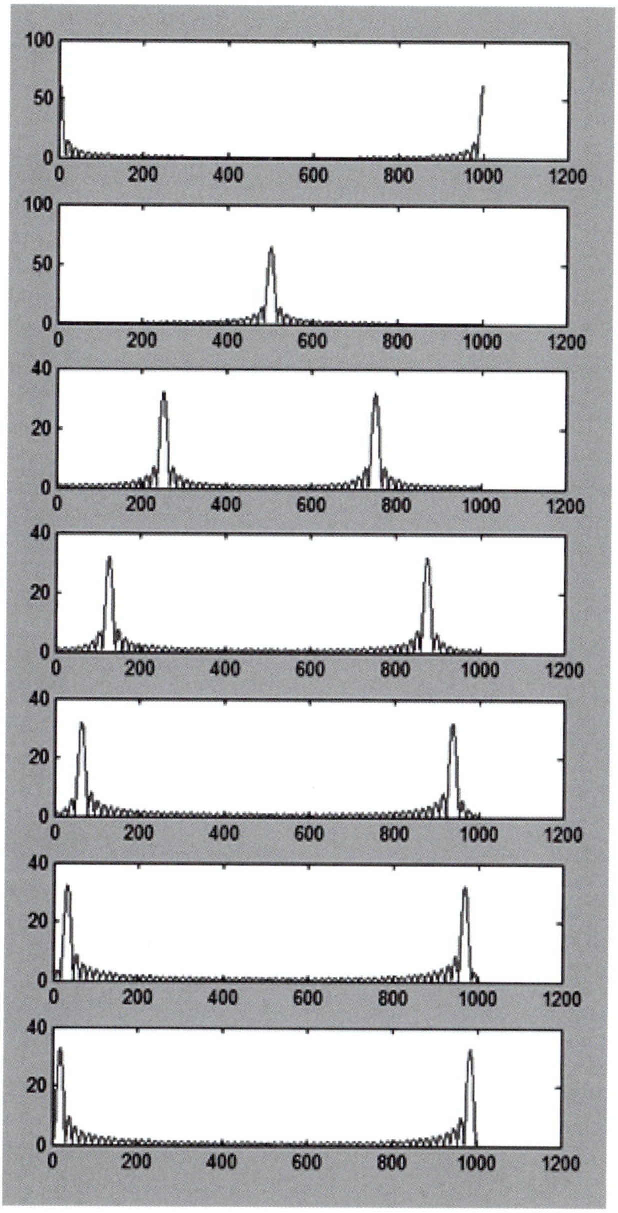

그림 7-24 7가지 신호의 DTFT

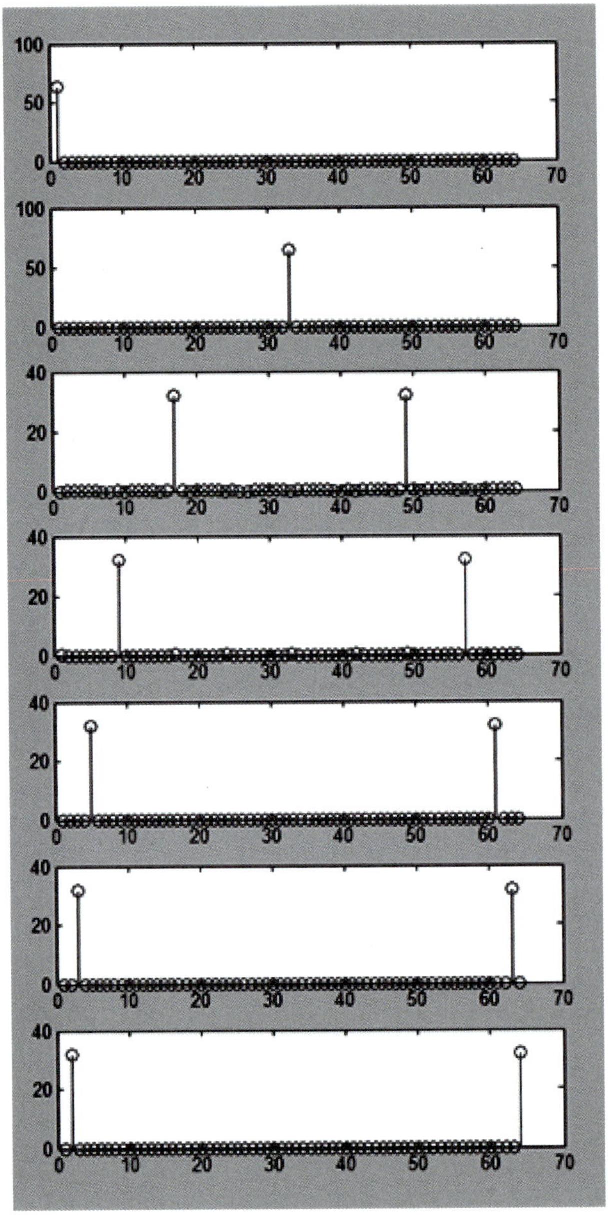

그림 7-25 7가지 신호의 DFT

그림 7-24와 7-25에서 보듯이 DFT는 DTFT의 샘플값임을 알 수 있다.

7.4.2 DFT의 예제 : 진동신호의 DFT

어떤 기계의 진동신호를 DFT 변환해 보기로 한다. 이 기계에서 발생하는 최대 진동 주파수는 4000 Hz이다. 따라서 이 신호를 8000 Hz로 샘플링하였다(나이퀴스트 샘플링). 이 기계에서 발생하는 다음과 같은 진동신호에 대하여 DFT를 구해보기로 한다.

4000 Hz의 진동신호

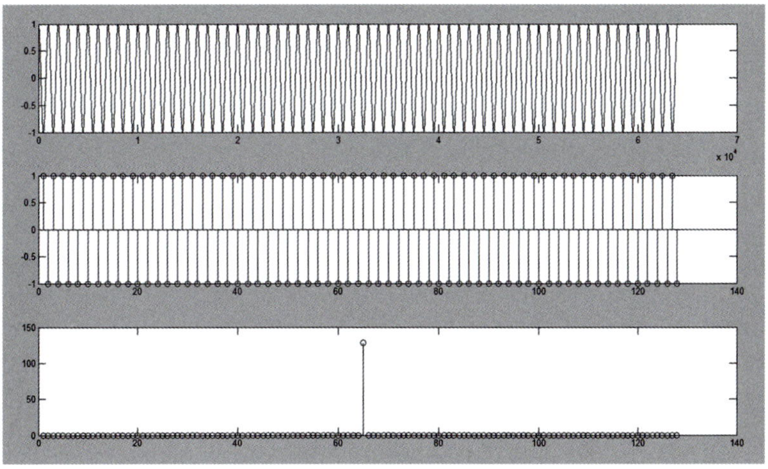

그림 7-26 4000 Hz 진동신호의 샘플링과 DFT

2000 Hz의 진동신호

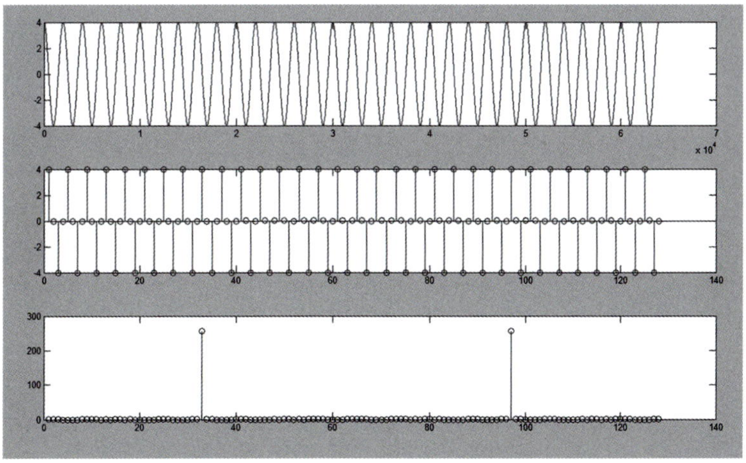

그림 7-27 2000 Hz 진동신호의 샘플링과 DFT

1000 Hz의 진동신호

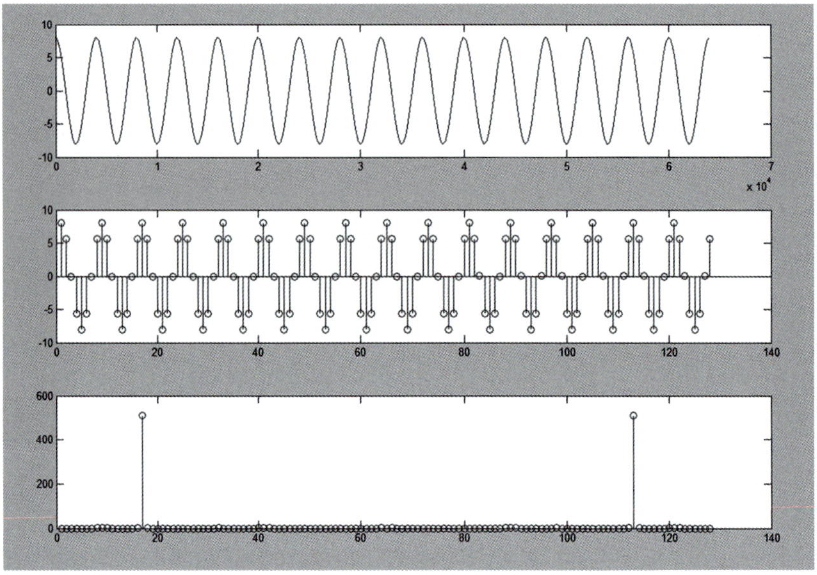

그림 7-28 1000 Hz 진동신호의 샘플링과 DFT

1000 Hz + 2000 Hz + 4000 Hz 진동신호

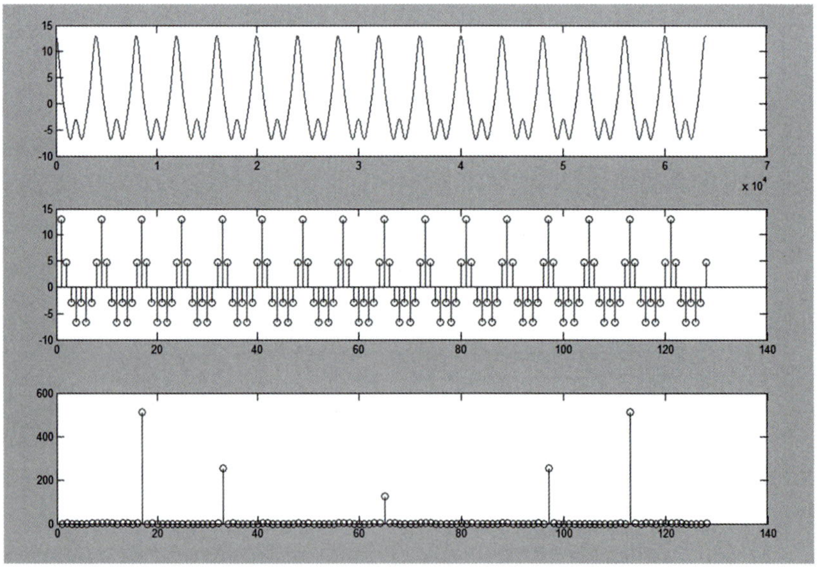

그림 7-29 1000 Hz + 2000 Hz + 4000 Hz 진동신호의 샘플링과 DFT

7.5 고속 푸리에 변환(FFT)

지금까지 살펴보았듯이 DFT는 유한개의 디지털 신호에 대한 주파수 성분을 이산값으로 표현하므로 디지털 신호처리에서 매우 유용하게 사용된다. 그런데 DFT 변환이나 역 DFT 변환에는 많은 곱셈연산이 필요하다. 곱셈기는 시스템 반도체로 구현할 때에 매우 넓은 면적을 필요로 하므로 곱셈연산의 수를 줄이는 알고리즘이 필요하다. 먼저 N-point DFT의 정의는 다음과 같다.

$$X(k)=\sum_{n=0}^{N-1} x[n]\,W_N^{kn},\quad k=0,\ 1,\ \cdots,\ N-1$$

위의 식에서 $W_N = e^{-j\frac{2\pi}{N}}$이다. 따라서 길이가 $N=4$인 디지털 신호에 대한 4-point DFT는 다음과 같다.

$$X(k)=\sum_{n=0}^{3} x[n]\,W_4^{kn},\quad k=0,\ 1,\ 2,\ 3$$

위의 4-point DFT 변환에는 총 몇 개의 곱셈이 필요한지는 다음과 같이 행렬로 표현하면 이해하기 쉽다.

$$\begin{bmatrix} X(0) \\ X(1) \\ X(2) \\ X(3) \end{bmatrix} = \begin{bmatrix} W_4^0 & W_4^0 & W_4^0 & W_4^0 \\ W_4^0 & W_4^1 & W_4^2 & W_4^3 \\ W_4^0 & W_4^2 & W_4^4 & W_4^6 \\ W_4^0 & W_4^3 & W_4^6 & W_4^9 \end{bmatrix} \begin{bmatrix} x[0] \\ x[1] \\ x[2] \\ x[3] \end{bmatrix}$$

그림 7-30 4-point DFT의 행렬 표현

위의 식에서 W_4^n과 $x[n]$과 곱하는 동작을 1개의 곱셈이 필요한 것으로 정의하면 $X(0)$부터 $X(3)$까지의 DFT를 수행하는데 총 16개의 곱셈이 필요하다. 따라서 N-point DFT 계산에는 N^2의 곱셈이 필요함을 알 수 있다. 그러나 실제로 필요한 정확한 곱셈의 수를 계산하려면 다음의 두 가지를 고려하여야 한다. 첫 번째 고려사항은

$W_N^0 = 1$이므로 곱셈이 필요 없다. 두 번째 고려사항은 W_N^n이 복소수이므로 실제 구현에서는 더 많은 곱셈기가 필요하다. 즉,

$$W_N = e^{-j\frac{2\pi}{N}} = \cos\frac{2\pi}{N} - j\sin\frac{2\pi}{N} = p + jq$$

이므로 실수부와 허수부를 나누어서 곱해주어야 하므로 곱셈기가 더 늘어난다.

이와 같은 DFT 변환에서 곱셈 연산의 수를 감소시키는 알고리즘을 고속 푸리에 변환(Fast Fourier Transform, FFT)이라고 한다. 다음 절에서 고속 푸리에 변환의 대표적인 방법인 DIF(Decimation-In-Frequency) 방식과 DIT(Decimation-In-Time) 방식을 알아보기로 한다.

7.5.1 DIF 알고리즘

DFT의 정의에서 $N = 2N_1$인 경우에 디지털 신호를 앞의 N_1개와 뒤의 N_1개로 나누어 표현할 수 있다.

$$\begin{aligned}
X(k) &= \sum_{n=0}^{N-1} x[n]\, W_N^{kn} = \sum_{n=0}^{N_1-1} x[n]\, W_N^{nk} + \sum_{n=N_1}^{N-1} x[n]\, W_N^{nk} \\
&= \sum_{n=0}^{N_1-1} x[n]\, W_N^{nk} + \sum_{m=0}^{N_1-1} x[m+N_1]\, W_N^{(m+N_1)k} \\
&= \sum_{n=0}^{N_1-1} x[n]\, W_N^{nk} + W_N^{N_1 k} \sum_{n=0}^{N_1-1} x[n+N_1]\, W_N^{nk} \\
&= \sum_{n=0}^{N_1-1} (x[n] + (-1)^k x[n+N_1])\, W_N^{nk}
\end{aligned}$$

위의 식에서 보듯이 k가 짝수일 때와 홀수일 때에 결과 값이 달라지는 것을 알 수 있다. 따라서 $X(k)$를 $X(2r)$의 짝수 DFT와 $X(2r+1)$의 홀수 DFT로 나누어 값을 구해보도록 하자. 먼저 짝수 DFT는 다음과 같이 구할 수 있다.

$$X(2r) = \sum_{n=0}^{N_1-1} (x[n] + x[n+N_1])\, W_N^{2rn} = \sum_{n=0}^{N_1-1} (x[n] + x[n+N_1])\, W_{N_1}^{rn}$$

$$= \sum_{n=0}^{N_1-1} y[n]\, W_{N_1}^{rn} = Y(r), \quad \text{여기에서}\ y[n] = x[n] + x[n+N_1]$$

홀수 DFT는 다음과 같이 구할 수 있다.

$$X(2r+1) = \sum_{n=0}^{N_1-1} (x[n] - x[n+N_1])\, W_N^{(2r+1)n}$$

$$= \sum_{n=0}^{N_1-1} \left\{ W_N^n (x[n] - x[n+N_1]) \right\} W_{N_1}^{rn}$$

$$= \sum_{n=0}^{N_1-1} z[n]\, W_{N_1}^{rn} = Z(r), \quad \text{여기에서}\ z[n] = W_N^n (x[n] - x[n+N_1])$$

위의 식에서 보듯이 N-point DFT는 2개의 N_1-point DFT 식으로 구현할 수 있으며 8-point DFT의 경우에 적용하면 다음 그림 7-31과 같다.

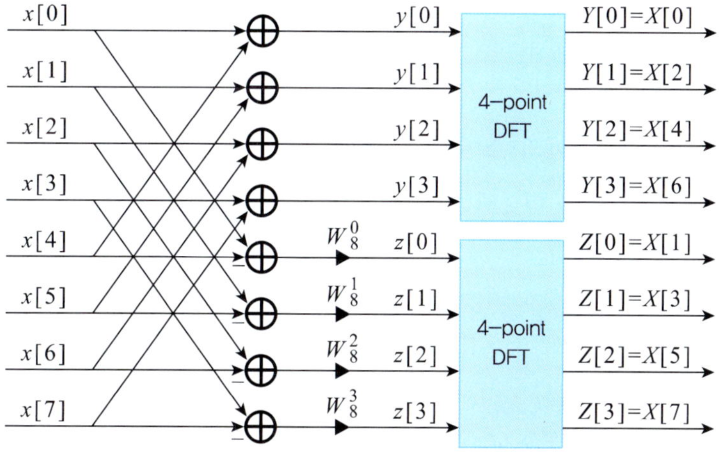

그림 7-31 8-point DFT의 DIF 1단계 구조

위의 구조에는 오른쪽에 2개의 4-point DFT가 있으며, 이 2개의 4-point DFT는 다시 2-point DFT로 같은 방식으로 분해할 수 있다.

이와 같은 분해과정을 종합하여 8-point DFT를 DIF 방식으로 나타낸 최종의 구조는 다음 그림 7-32와 같다.

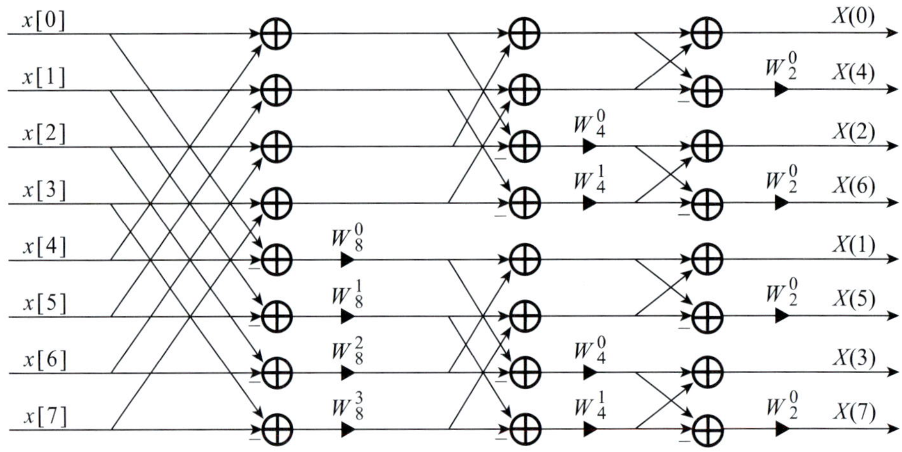

그림 7-32 8-point DFT의 최종 DIF 구조

위의 DIF 구조의 3가지 특징을 살펴보도록 하자. 첫 번째로 DIF 구조의 총 곱셈의 수를 살펴보고, 두 번째로 주파수 영역의 출력의 순서가 일반적인 내림차순이 아닌 점을 살펴보고 마지막으로 DIF 구조가 적용될 수 있는 조건을 살펴보도록 하자.

첫 번째로 이 구조의 곱셈의 수를 위의 8-point DIT 구조에서 살펴보자. 8-point DIF 구조에는 3개의 스테이지가 있고, 각 스테이지에는 W_N^n이 4개씩 있으므로 곱셈은 $3\times4=12$개가 필요하다. 따라서 N-point DFT의 경우에는 스테이지의 수가 $\log_2 N$이고 각 스테이지의 곱셈의 수는 $N/2$이므로 총 곱셈의 수는 다음과 같다.

$$\text{총 곱셈의 수}=\text{각 스테이지의 곱셈의 수}\times\text{스테이지의 수}=\frac{N}{2}\log_2 N$$

두 번째 특징으로서, 위의 8-point DIF 구조에서 보듯이 주파수 영역의 신호인 $X(k)$가 데시메이션되어 있으므로 이 구조를 DIF(Decimation-In-Frequency)라고 부른다. DIF 구조에서 데시메이션되어 있는 순서를 역비트순(bit-reversed order)이라고 하며 역비트순의 출력 순서는 다음과 같이 구할 수 있다.

[1단계] $X(k)$의 k를 2진수로 나타낸다. 이 때 총 비트의 수는 N에 의해 결정한다. 예를 들면 $N=8$인 경우에는 총 비트수가 3이 된다.

[2단계] 비트의 순서를 역으로 한다.

[3단계] 비트를 다시 $X(k)$로 나타낸다.

8-point DIF를 위하여 $X(k)$를 역비트순으로 나타내 보자.

	[1단계]	[2단계]	[3단계]
$X(0)$	000	000	$X(0)$
$X(1)$	001	100	$X(4)$
$X(2)$	010	010	$X(2)$
$X(3)$	011	110	$X(6)$
$X(4)$	100	001	$X(1)$
$X(5)$	101	101	$X(5)$
$X(6)$	110	011	$X(3)$
$X(7)$	111	111	$X(7)$

그림 7-33 역비트순의 과정

세 번째 특징으로서, 이 DIF 구조는 디지털 신호의 길이가 2의 승수로 표현되는 경우에 구조가 가능하다.

7.5.2 DIT 알고리즘

DFT의 정의에서 $N=2N_1$인 경우에, $X(k)$는 다음과 같이 디지털 신호를 짝수항과 홀수항으로 분해할 수 있다.

$$X(k)=\sum_{n=0}^{N-1}x[n]\,W_N^{kn}=\sum_{n:even}x[n]\,W_N^{kn}+\sum_{n:odd}x[n]\,W_N^{kn}$$

$$=\sum_{r=0}^{N_1-1}x[2r]\,W_N^{2rk}+\sum_{r=0}^{N_1-1}x[2r+1]\,W_N^{(2r+1)k}$$

위의 식에서 $x[2r]$과 $x[2r+1]$은 디지털 신호 $x[n]$의 짝수신호와 홀수신호이다. 이 짝수신호와 홀수신호를 각각 다음과 같이 정의하자.

$$y[r]=x[2r],\quad z[r]=x[2r+1]$$

위의 식에서 W_N^2는 다음과 같이 나타낼 수 있다.

$$W_N^2=e^{-j\frac{2\pi}{N}2}=e^{-j\frac{2\pi}{N_1}}=W_{N_1}$$

따라서 위의 식은 다음과 같이 2개의 N_1-point DFT 식으로 나타낼 수 있다.

$$X(k)=\sum_{r=0}^{N_1-1}y[r]W_{N_1}^{rk}+W_N^k\sum_{r=0}^{N_1-1}z[r]W_{N_1}^{rk}$$

$$=Y(k)+W_N^kZ(k),\quad k=0,1,\cdots,N_1-1$$

위의 식에서 보듯이 N-point DFT $X(k)$는 N_1-point DFT인 $Y(k)$와 $Z(k)$로 나타낼 수 있음을 알 수 있다. 그러나 위의 식에서 $Y(k)$와 $Z(k)$는 길이가 N_1이므로 N의 길이를 갖는 $X(k)$를 모두 구할 수 없다. 즉 위의 식으로는 $X(k)$의 0에서 N_1-1까지의 값을 구할 수 있다. N_1부터 $N-1$까지의 $X(k+N_1)$은 다음과 같이 구한다.

$$X(k+N_1)=Y(k+N_1)+W_N^{(k+N_1)}Z(k+N_1)=Y(k+N_1)-W_N^kZ(k+N_1)$$

위의 식에서 $Y(k+N_1)$은 다음과 같이 나타낼 수 있다.

$$Y(k+N_1)=\sum_{r=0}^{N_1-1}y[r]W_{N_1}^{r(k+N_1)}=\sum_{r=0}^{N_1-1}y[r]W_{N_1}^{rk}=Y(k)$$

따라서 $Z(k+N_1)$도 다음과 같이 나타낼 수 있다.

$$Z(k+N_1)=Z(k)$$

이 두 결과 식으로부터 다음의 결과를 얻는다.

$$X(k+N_1)=Y(k)-W_N^kZ(k)$$

지금까지 얻은 DIT의 결과를 다시 나타내면 다음과 같다.

$$X(k) = Y(k) + W_N^k Z(k), \quad k = 0,\ 1,\ \cdots,\ N_1 - 1$$
$$X(k + N_1) = Y(k) - W_N^k Z(k), \quad k = 0,\ 1,\ \cdots,\ N_1 - 1$$

DIT 알고리즘의 원리는 N-point DFT는 2개의 N_1-point DFT로 구현할 수 있다는 것이다. 여기에서 $X(k)$의 앞의 N_1개와 뒤의 N_1를 구하는 식이 조금 다르다는 것을 주의할 필요가 있다. 8-point DFT를 2개의 4-pont DFT로 구현하는 구조는 다음 그림 7-34와 같다.

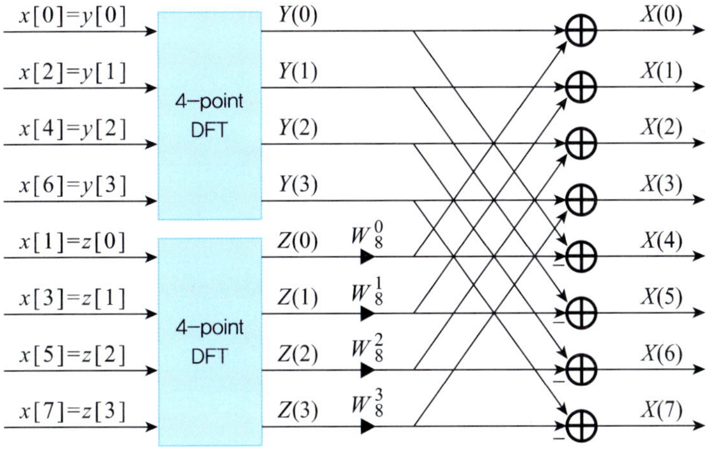

그림 7-34 8-point DFT의 DIT 1단계 구조

위의 구조에서 왼쪽의 4-point DFT는 다시 다음 그림과 같은 2개의 2-point DFT로 분해될 수 있다.

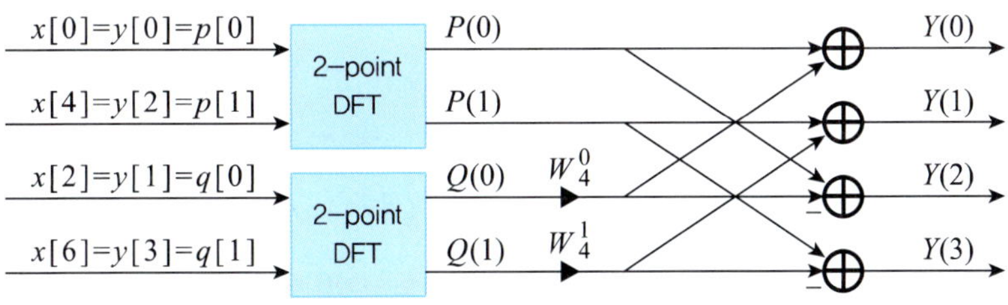

그림 7-35 8-point DFT의 DIT 2단계 구조

위의 구조에서 왼쪽의 2-point DFT는 다음 그림과 같다.

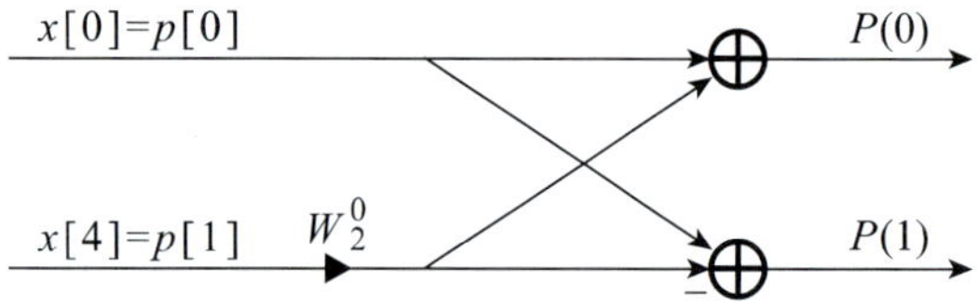

그림 7-36 8-point DFT의 DIT 3단계 구조

지금까지의 분해과정을 종합하여 8-point DFT를 DIT 방식으로 나타낸 최종의 구조는 다음 그림과 같다.

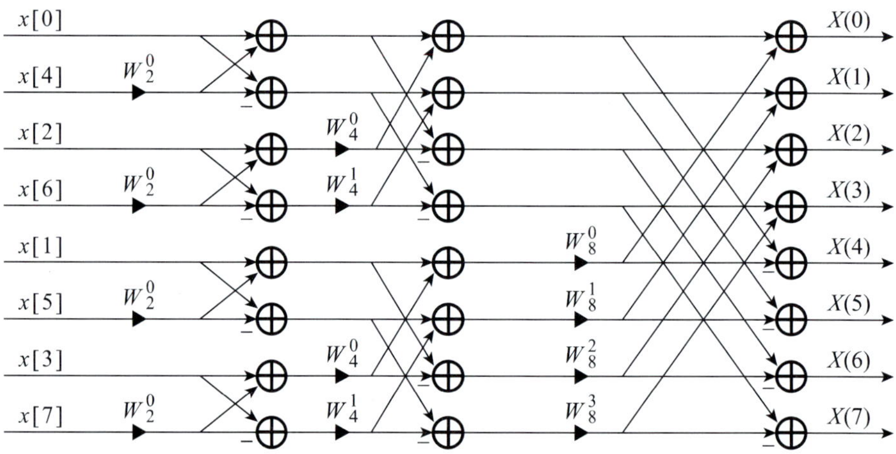

그림 7-37 8-point DFT의 최종 DIT 구조

위의 8-point DIT 구조에서 보듯이 시간영역 신호인 $x[n]$이 데시메이션되어 있으므로 이 구조를 DIT(Decimation-In-Time)라고 부른다. 또한 위의 8-point DIT 구조의 곱셈연산의 수는 8-point DIF 구조의 곱셈연산의 수와 같음을 알 수 있다. 따라서 N-point DFT의 경우에 총 곱셈의 수는 $(N/2)\log_2 N$ 이다. DIT 구조에서의 시간영역 신호 $x[n]$의 데시메이션되어 있는 순서도 DIF 구조와 마찬가지로 역비트순이다. 이 DIT 구조도 디지털 신호의 길이가 2의 승수로 표현되는 경우에만 구조가 가능하다.

7.5.3 역 고속 푸리에 변환(IFFT)

IFFT(Inverse Fast Fourier Transform)도 FFT와 마찬가지로 DIT와 DIF 등의 고속 변환 구조를 갖는다. 이를 알아보기 위하여 DFT와 IDFT의 식을 다시 보기로 하자.

$$\text{DFT} \quad : X(k) = \sum_{n=0}^{N-1} x[n]\, W^{kn}$$

$$\text{역 DFT} : x[n] = \frac{1}{N} \sum_{k=0}^{N-1} X(k)\, W^{-kn}$$

위의 식을 살펴보면 $X(k)$를 구하는 FFT 방식인 DIT나 DIF 구조가 IFFT의 경우에도 그대로 적용될 수 있음을 알 수 있다. 즉, $x[n]$과 $X(k)$의 자리만 바꾸고 곱셈계수 W^{kn}을 W^{-kn}으로 바꾸면 되므로 DIT나 DIF의 구조를 그대로 사용하면 된다. 스케일링 인수 $1/N$은 각 스테이지에서 1/2의 곱을 수행하는 것이 일반적인 방법이다. 이것은 곱셈의 하드웨어를 필요로 하지 않으며, 비트로 구성된 수를 한 비트만큼 우측으로 이동시켜서 값을 반으로 줄이는 방법을 사용하면 된다. 예를 들면 4비트로 표현된 0.75는 0110으로 하드웨어에 저장되어 있으므로 1/2의 곱셈을 수행하기 위하여 1비트 우측으로 이동시키면 0011이 되어 0.375가 되는 원리이다.

연습문제

7-1 어떤 LTI 시스템의 임펄스 응답이 $g[n]$이며 주파수 응답은 다음과 같다.

$$G(e^{j\omega}) = \begin{cases} 1, & |\omega| \le \dfrac{\pi}{4} \\ 0, & \dfrac{\pi}{4} < |\omega| \le \pi \end{cases}$$

또 다른 어느 시스템의 임펄스 응답은 다음과 같다.

$$h[n] = (-1)^n g[n]$$

그리고 이 시스템으로 입력되는 입력신호의 DTFT는 다음과 같다.

$$X(e^{j\omega}) = 1 - \frac{|\omega|}{2\pi},\ |\omega| \le \pi$$

이 시스템의 출력신호 $y[n] = h[n] * x[n]$의 DTFT $Y(e^{j\omega})$를 그리시오.

7-2 다음과 같은 신호가 있다.

$$x[n] = 0.25^n u[n+2]$$

(a) 위 신호의 DTFT $X(e^{j\omega})$를 구하시오.

(b) $\int_{-\pi}^{\pi} X(e^{j\omega}) d\omega$를 구하시오.

(c) $\int_{-\pi}^{\pi} |X(e^{j\omega})|^2 d\omega$를 구하시오.

7-3 어떤 LTI 시스템의 임펄스 응답 $h[n]$이 다음과 같다.

$$h[n] = \frac{1}{3}\{\delta[n] + \delta[n-1] + \delta[n-2]\}$$

진폭 응답 $|H(e^{j\omega})|$를 그리시오($\omega=0$과 $\omega=\pi$에서의 값을 표시하시오).

7-4 어떤 LTI 시스템의 임펄스 응답 $h[n]$은 다음과 같다.

$$h[n]=0.5\delta[n]-0.5\delta[n-1]$$

진폭 응답 $|H(e^{j\omega})|$를 그리시오($\omega=0$과 $\omega=\pi$에서의 값을 표시하시오).

7-5 어느 LTI 시스템의 임펄스 응답 $h[n]$은 다음과 같다.

$$h[n]=0.5\delta[n]-0.5\delta[n-2]$$

진폭 응답 $|H(e^{j\omega})|$를 그리시오($\omega=0$과 $\omega=\pi$에서의 값을 표시하시오).

7-6 어느 LTI 시스템의 임펄스 응답 $h[n]$은 다음과 같다.

$$h[n]=0.5\delta[n]-0.5\delta[n-4]$$

진폭 응답 $|H(e^{j\omega})|$를 그리시오($\omega=0$과 $\omega=\pi$에서의 값을 표시하시오).

7-7 어느 LTI 시스템의 주파수 응답이 다음과 같다.

$$H(e^{j\omega})=\begin{cases}1, & |\omega|\le\dfrac{\pi}{3}\\ 0, & \dfrac{\pi}{3}<|\omega|\le\pi\end{cases}$$

이 시스템의 임펄스 응답을 구하고 그리시오.

7-8 어느 LTI 시스템의 주파수 응답이 다음과 같다.

$$H(e^{j\omega})=\begin{cases}1, & |\omega|\le\dfrac{\pi}{4}\\ 0, & \dfrac{\pi}{4}<|\omega|\le\pi\end{cases}$$

이 시스템의 임펄스 응답을 구하고 그리시오.

7-9 어떤 아날로그 신호 $x(t)$의 최대 주파수가 4000 Hz이다. 이 아날로그 신호를 디지털 신호로 만들기 위해서 8000 Hz로 샘플링하였다. 물음에 답하시오.

(a) 최대주파수 4000 Hz의 주파수 성분이 샘플링된 후의 디지털 신호 $x_\pi[n]$을 구하시오.

(b) 2000 Hz의 주파수 성분이 샘플링된 후의 디지털 신호 $x_{\pi/2}[n]$을 구하시오.

7-10 어떤 아날로그 신호 $x(t)$의 최대 주파수가 24000 Hz이다. 이 아날로그 신호를 디지털 신호로 만들기 위해서 48000 Hz로 샘플링하였다. 물음에 답하시오.

(a) 최대주파수 24000 Hz의 주파수 성분이 샘플링된 후의 디지털 신호 $x_\pi[n]$을 구하시오.

(b) 12000 Hz의 주파수 성분이 샘플링된 후의 디지털 신호 $x_{\pi/2}[n]$을 구하시오.

7-11 어떤 LTI 시스템의 임펄스 응답 $h[n]$이 다음과 같다.

$$h[n] = \frac{1}{3}\{\delta[n] + \delta[n-1] + \delta[n-2]\}$$

(a) 진폭 응답 $|H(e^{j\omega})|$를 구하고, $\omega = 0.5\pi$에서의 이득을 구하시오.

(b) 다음과 같은 $\omega = 0.5\pi$의 주파수성분의 신호가 입력되었다.

$$x[n] = \{\underset{\uparrow}{1},\ 0,\ -1,\ 0,\ 1,\ 0,\ -1,\ 0,\ \cdots\}$$

출력신호를 10개까지 구하시오.

(c) (a)에서 구한 진폭 응답의 이득과 일치하는지 기술하시오.

7-12 어떤 LTI 시스템의 임펄스 응답 $h[n]$이 다음과 같다.

$$h[n] = \frac{1}{3}\{\delta[n] + \delta[n-1] + \delta[n-2]\}$$

(a) 진폭 응답 $|H(e^{j\omega})|$를 구하고, $\omega = 0.25\pi$에서의 이득을 구하시오.

(b) 다음과 같은 $\omega = 0.25\pi$의 주파수성분의 신호가 입력되었다.

$$x[n] = \{\underset{\uparrow}{1},\ 0.707, 0,\ -0.707,\ -1,\ -0.707,\ 0,\ 0.707,\ \cdots\}$$

출력신호를 10개까지 구하시오.

(c) (a)에서 구한 진폭 응답의 이득과 일치하는지 기술하시오.

7-13 어떤 LTI 시스템의 임펄스 응답 $h[n]$과 입력신호가 다음과 같다.

$$h[n]=\frac{1}{3}\{\delta[n]+\delta[n-1]+\delta[n-2]\},\ \ x[n]=\frac{1}{3}\{\delta[n]+\delta[n-1]+\delta[n-2]\}$$

주파수 응답 $H(e^{j\omega})$, 입력 스펙트럼 $X(e^{j\omega})$를 구하고 이들을 곱하여 출력 스펙트럼 $Y(e^{j\omega})$를 구하시오.

7-14 7-13의 임펄스 응답 $h[n]$과 입력신호에서 컨볼류션을 사용하여 출력 $y[n]$을 구하고, DTFT를 사용하여 출력 스펙트럼 $Y(e^{j\omega})$를 구하시오. 이 스펙트럼이 7-13의 결과와 일치하는지 기술하시오.

7-15 DIT 구조를 사용하여 8-point IFFT 구조를 만드시오(즉, 구조의 오른쪽에 $x[n]$을 위치시키고 왼쪽으로 진행하면서 구조를 만드시오).

7-16 DIF 구조를 사용하여 8-point IFFT 구조를 만드시오(즉, 구조의 왼쪽에 $X(k)$를 위치시키고 오른쪽으로 진행하면서 구조를 만드시오).

7-17 다음과 같은 길이가 4인 디지털 신호 $x[n]$이 있다.

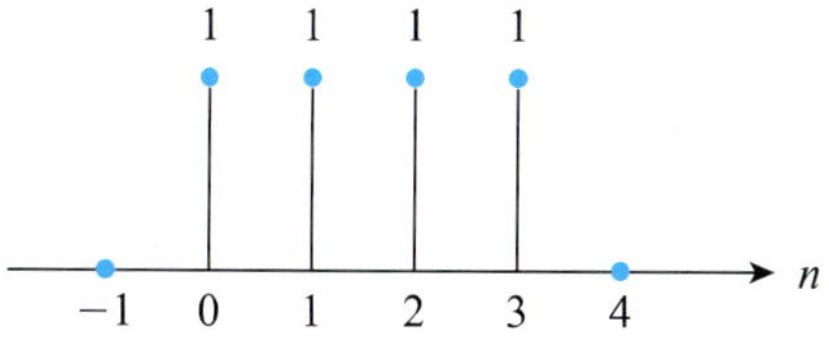

그림 VII-1

(a) 진폭 스펙트럼 $|X(e^{j\omega})|$를 구하고 그리시오(0에서 2π까지 그리시오).
(b) $x[n]$에 대한 4-point DFT의 진폭 스펙트럼 $|X(k)|$를 구하고 그리시오 ($k=0,\ 1,\ 2,\ 3$).
(c) 위의 경우를 보고 DTFT와 DFT의 관계를 기술하시오.

7-18 $x[0]$부터 $x[15]$의 신호를 16-point DFT를 하기 위해서 DIF의 FFT를 사용하였다. 변환된 DFT 계수 $X(0)$부터 $X(15)$의 순서를 기술하시오.

7-19 512개의 디지털 신호 샘플이 있다.

(a) DFT를 수행하는데 몇 개의 곱셈이 필요한가?

(b) DIT의 FFT를 수행하는데 몇 개의 곱셈이 필요한가?

(c) DIT를 사용하면 곱셈을 몇 % 감소시킬 수 있는가?(단, W_N^o 도 한 개의 곱셈으로 간주하시오. 또한 복소수 곱셈을 한 개의 곱셈으로 간주하시오.)

CHAPTER 8

z 변환

z 변환은 디지털 신호처리 시스템의 주파수 영역 해석에 사용되는 중요한 도구이며 DTFT를 일반화시킨 주파수 영역 변환 방법이다. z 변환은 DTFT로 변환되지 못하는 디지털 신호들까지 주파수 영역으로 변환시킴으로써 디지털 신호처리 분야에서 DTFT 보다 더 많이 사용되며 다음과 같은 용도가 있다.

(1) 필터의 안정도를 판별하는데 사용한다.

(2) 필터의 종류를 판별하는데 사용한다.

(3) 다양한 디지털 필터 구조를 만드는데 사용한다.

(4) 필터 구조에서 전달함수를 찾을 때에 사용한다.

(5) 전달함수에서 차분방정식을 찾을 때에 사용한다.

(6) 필터를 설계할 때에 사용한다.

이와 같은 z 변환의 용도는 8.5절에서 자세히 알아보기로 한다.

8.1 z 변환의 정의

8.1.1 DTFT의 일반화에 의한 정의

7장에서 디지털 신호가 가지고 있는 주파수 성분을 분석하여 시스템을 해석하는 방법을 살핀 바 있다. 그러나 모든 디지털 신호가 스펙트럼, 즉 DTFT를 갖는 것은 아니기 때문에 스펙트럼을 사용해서 시스템을 해석하는 데에는 한계가 있다. 그러나 z 변환은 모든 디지털 신호에 대하여 주파수 영역을 표현하는 도구이므로 매우 유용하게 사용된다. 먼저 DTFT를 갖는 디지털 신호와 DTFT를 갖지 않는 디지털 신호를 비교하여 z 변환의 필요성을 알아보자. 임펄스 응답도 디지털 신호이므로 다음과 같은 임펄스 응답을 보자.

$$h_1[n] = 0.5^n u[n]$$

위의 임펄스 응답에 대한 DTFT는 다음과 같다.

$$H_1(e^{j\omega}) = \sum_{n=0}^{\infty} 0.5^n e^{-j\omega n} = \sum_{n=0}^{\infty} \{0.5e^{-j\omega}\}^n$$

위의 식은 등비수열임을 알 수 있다. 따라서 위의 수열이 합을 갖기 위해서는 공비의 절대값이 1보다 작아야 하므로 이를 검사해보면 다음과 같다.

$$|0.5(e^{j\omega})^{-1}| = \left|\frac{0.5}{e^{j\omega}}\right| = \left|\frac{0.5}{\cos\omega + j\sin\omega}\right|$$

위의 식에서 보듯이 $\cos\omega + j\sin\omega$는 복소평면 가운데 단위원을 의미하므로 절대값은 항상 1이다. 따라서 위식의 절대값은 0.5이므로 DTFT를 다음과 같이 등비수열의 합을 구하는 식을 이용하여 구할 수 있다.

$$H_1(e^{j\omega}) = \sum_{n=0}^{\infty} \{0.5e^{-j\omega}\}^n = \frac{1}{1-0.5e^{-j\omega}}$$

위의 식은 예제의 디지털 신호가 복소평면의 단위원에서 정의되는 스펙트럼으로 변환되었음을 의미한다. 이번에는 다음과 같은 디지털 신호를 살펴보자.

$$h_2[n] = 2^n u[n]$$

위의 임펄스 응답을 DTFT의 정의에 넣어보면 다음과 같다.

$$H_2(e^{j\omega}) = \sum_{n=0}^{\infty} 2^n e^{-j\omega n} = \sum_{n=0}^{\infty} \{2\ e^{-j\omega}\}^n$$

위의 식도 등비수열임으로 합을 갖기 위해서는 공비의 절대값이 1보다 작아야하므로 이를 검사해보면 다음과 같다.

$$|2(e^{j\omega})^{-1}| = \left|\frac{2}{e^{j\omega}}\right| = \left|\frac{2}{\cos\omega + j\sin\omega}\right|$$

위의 식에서 $\cos\omega + j\sin\omega$의 절대값은 항상 1이므로 위식의 절대값은 2가 된다. 공비가 2인 등비수열은 합을 구할 수 없으므로 DTFT가 존재하지 않음을 알 수 있다. 디지털 신호처리에서는 항상 안정 시스템(stable system)만을 다루는 것이 아니므로 위와 같은 불안정 시스템(unstable system)의 임펄스 응답에 대한 주파수 해석도 필요하다. 위의 등비수열이 합을 갖게 하기 위해서 공비를 다음과 같은 방법으로 1보다 작게 할 수 있다.

$$|2(re^{j\omega})^{-1}| = \left|\frac{2}{re^{j\omega}}\right| = \left|\frac{2}{r(\cos\omega + j\sin\omega)}\right|$$

위의 식에서 $\cos\omega + j\sin\omega$의 절대값은 항상 1이므로 r의 값이 2보다 크면 공비가 1보다 작아짐을 알 수 있다. 이와 같은 방법으로 발산하는 디지털 신호에 대하여도 주파수 영역의 변환이 가능하다. 이를 구하면 다음과 같다.

$$H_2(re^{j\omega}) = \sum_{n=0}^{\infty} 2^n (re^{j\omega})^{-n} = \sum_{n=0}^{\infty} \{2\ (re^{j\omega})^{-1}\}^n = \frac{1}{1 - 2(re^{j\omega})^{-1}}$$

위의 두 예제를 통하여 불안정 시스템의 임펄스 응답도 주파수 영역의 변환이 가능함을 보았다. 디지털 신호를 복소평면의 단위원인 $e^{j\omega}$에서의 복소함수로 변환시키는 것을 DTFT라고 하는데 DTFT를 갖지 못하는 디지털 신호도 복소평면 $re^{j\omega}$로 변환시키는 것은 가능하다. 이는 DTFT의 일반화로 간주할 수 있으며 $z = re^{j\omega}$를 사용하여 z 변환이라고 부른다.

$$\text{DTFT}:\ x[n] \overset{\text{DTFT}}{\longleftrightarrow} X(e^{j\omega}) = \sum_{n=-\infty}^{\infty} x[n]e^{-j\omega n}$$

$$z\ \text{변환}:\ x[n] \overset{z}{\longleftrightarrow} X(z) = \sum_{n=-\infty}^{\infty} x[n]z^{-n}$$

아날로그 신호 $x(t)$의 라플라스 변환인 $X(s)$에서는 $s = \sigma + j\omega$로서 직각 좌표의 복소함수로 나타내는데 반하여, 디지털 신호 $x[n]$의 z 변환인 $X(z)$에서는 $z = re^{j\omega}$로서 극좌표의 복소함수로 변환되는 차이를 볼 수 있다.

8.1.2 전달함수

그림 8-1과 같은 디지털 신호처리 시스템에서 전달함수가 어떻게 정의되는지를 먼저 알아보기로 한다.

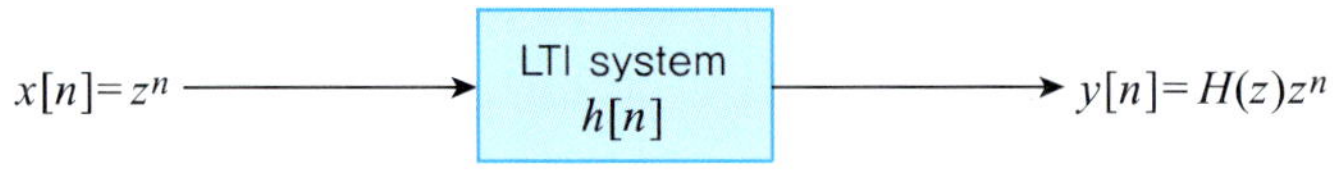

그림 8-1 디지털 신호처리 시스템의 블록도

7장에서 주파수 응답을 정의할 때, 시스템의 입력으로 $e^{j\omega n}$을 사용하였다. 그림 8-1에서는 입력을 더욱 일반화시켜서 z^n을 입력시켜 보자. z^n의 신호는 전달함수를 정의하기 위한 수단이며 실제로 디지털 신호처리에서 사용되는 신호는 아니다. LTI시스템에서 출력은 디지털 컨볼류션으로 구할 수 있으므로 출력 $y[n]$은 다음과 같다.

$$y[n] = \sum_{k=-\infty}^{\infty} h[k]x[n-k] = \sum_{k=-\infty}^{\infty} h[k]z^{(n-k)} = z^n \sum_{k=-\infty}^{\infty} h[k]z^{-k} = H(z)z^n$$

위의 식에서 보듯이 출력신호 $y[n]$은 입력신호 z^n과 $H(z)$의 곱으로 표시될 수 있다. 이 $H(z)$를 시스템의 전달함수라고 부르며 정의는 다음과 같다.

$$H(z) = \sum_{n=-\infty}^{\infty} h[n]z^{-n}$$

위의 정의는 z 변환의 정의와 같음을 볼 수 있다. 즉 임펄스 응답 $h[n]$의 z 변환이 전달함수임을 알 수 있다. 아날로그 신호에서 CTFT의 일반화가 라플라스 변환이 되듯이, 디지털 신호에서는 DTFT의 일반화가 z 변환이 된다. 이를 요약하면 다음 표와 같다.

표 8.1 아날로그 신호와 디지털 신호의 주파수영역 변환

	아날로그 신호 $x(t)$	디지털 신호 $x[n]$
푸리에 변환	CTFT : $X(\omega)$ ($h(t)$의 CTFT를 주파수 응답 $H(\omega)$로 정의)	DTFT : $X(e^{j\omega})$ ($h[n]$의 DTFT를 주파수 응답 $H(e^{j\omega})$로 정의)
푸리에 변환의 일반화	라플라스 변환 : $X(s)$ ($h(t)$의 라플라스 변환을 전달함수 $H(s)$로 정의)	z 변환 : $X(z)$ ($h[n]$의 z 변환을 전달함수 $H(z)$로 정의)

8.2 영점과 극점과 수렴영역

8.2.1 유한길이 신호의 영점과 수렴영역

유한 길이의 신호에 대한 z 변환을 통하여 신호와 시스템을 해석하는 방법을 알아보자. 유한 길이의 신호가 다음과 같을 때에, z 변환을 구해보자.

$$x[n] = \frac{1}{3}\delta[n] + \frac{1}{3}\delta[n-1] + \frac{1}{3}\delta[n-2]$$

특히 위의 유한 길이의 신호가 임펄스 응답인 경우에는, 이 시스템은 저역통과 필터가 된다. 이 유한길이의 신호에 대한 z 변환은 다음과 같다.

$$X(z)=\sum_{n=-\infty}^{\infty}x[n]z^{-n}=\frac{1}{3}(1+z^{-1}+z^{-2})=\frac{z^2+z^1+1}{3z^2}$$

이와 같이 z 변환은 일반적으로 분자다항식과 분모다항식의 비로 표시된다. 이 z 변환의 분자다항식을 0으로 만드는 복소평면의 좌표를 영점(zero)이라고 하며, 분모다항식을 0으로 만드는 복소평면의 좌표를 극점(pole)이라고 부른다. 극점의 물리적인 의미는 z 변환의 함수 값이 무한대가 되는 복소평면의 좌표이다. 영점의 의미는 z 변환의 함수 값이 0이 되는 z 평면의 좌표이다. 그런데 유한길이 신호에서는 극점은 존재하지 않는다. 즉 분모다항식을 0으로 만드는 $z=0$은 의미가 없다. 위의 z 변환의 영점을 구해보면 다음과 같다.

$$\text{영점: } z=-0.5\pm j\ 0.866$$

이와 같이 구한 영점을 복소평면에 표기할 때에 그림 8-2와 같이 ●으로 표기한다.

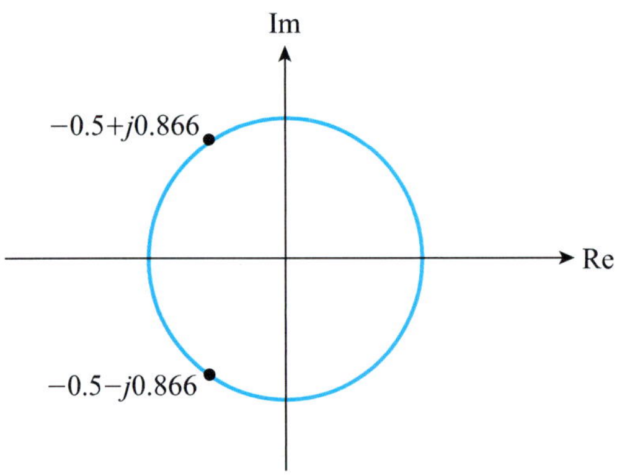

그림 8-2 예제의 영점

위의 z 변환은 모든 복소평면에서 그 값을 구할 수 있다. 이와 같이 z 변환이 존재하는 복소평면의 영역을 수렴영역(ROC, Region Of Convergence)이라고 정의한다. 요약하면 유한길이 신호의 z 변환은 전 복소평면이 수렴영역이다.

신호 $x[n]$이 z 변환되면 $X(z)$는 복소평면에서 만들어지는 복소수 값이다. 따라서 $|X(z)|$는 복소평면의 3차원 공간에서 만들어지는 입체 또는 곡면이라고 볼 수 있다. $|X(z)|$의 가장 기초적인 곡면은 산과 같은 입체를 상상할 수 있다. 이와 같은 3차원의

입체 또는 곡면을 2차원 평면에 효과적으로 표기하기 위한 방법이 영점, 극점, 그리고 수렴영역이다. $|X(z)|$를 3차원 컴퓨터그래픽으로 그려도 되지만, 2차원 평면에 영점, 극점, 수렴영역으로 나타내어도 $|X(z)|$의 곡면을 어느 정도 예측할 수 있어서 효과적인 도구이다. 즉 극점은 입체의 산꼭대기로, 영점은 계곡의 골짜기로 상상할 수 있다.

위의 예제의 영점도에서 저역통과 필터의 주파수 응답을 예측할 수 있다. 즉, 주파수 응답은 z 평면 단위원 상의 0에서 π까지 z 변환을 구한 값임을 이해할 수 있다. $z=1(\omega=0)$인 점과 $z=-1(\omega=\pi)$인 점에서의 z 변환의 값을 구해보면 각각 1과 1/3이다. 요약하면, 위의 영점도를 이용하여 다음과 같은 중요한 세 점의 값을 알 수 있다.

$$\begin{aligned} \omega = 0 \quad &: H(z) = 1 \\ \omega = \frac{2\pi}{3} &: H(z) = 0 \\ \omega = \pi \quad &: H(z) = \frac{1}{3} \end{aligned}$$

이와 같이 임펄스 응답의 z 변환인 전달함수에서 영점도를 관찰하면 쉽게 필터의 종류를 판단할 수 있다.

컴퓨터를 사용하여 z 변환을 3차원 형상으로 쉽게 나타낼 수 있다. 즉, z 변환은 복소평면에서 정의되는 복소함수이므로 3차원 형상으로 $|X(z)|$를 나타낼 수 있다. 예제의 $|X(z)|$를 MATLAB을 사용하여 그리면 다음 그림과 같다.

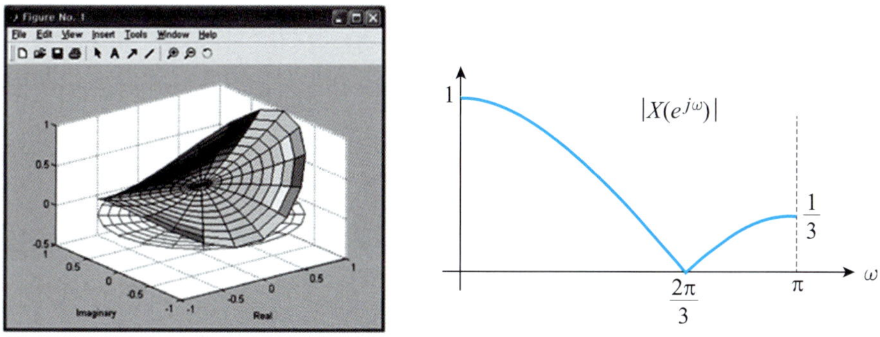

그림 8-3 MATLAB을 이용한 $|X(z)|$와 $|X(e^{j\omega})|$

예제의 $|X(z)|$를 그리기 위한 MATLAB 프로그램은 다음과 같다.

```
z=cplxgrid(10);
cplmap(z, (1/3) + (1/3 *z.^1)+(1/3 * z.^2));
xlabel('Real', 'FontSize', 10);
ylabel('Imaginary', 'FontSize', 10);
```

그림 8-4 예제의 $|X(z)|$를 그리기 위한 MATLAB 프로그램

8.2.2 무한길이 신호의 영점과 극점과 수렴영역

무한길이의 신호는 이론적으로는 우측신호(right side 신호), 좌측신호(left side 신호), 그리고 양측신호(two side 신호)로 분류할 수 있다. 그러나 실무적으로는 대부분의 무한 길이의 신호는 우측신호이다. 따라서 이 절에서는 우측신호에 대한 z 변환을 통하여 극점, 영점, 수렴영역을 해석하는 방법을 알아보기로 한다. 다음 그림과 같은 우측신호에 대한 z 변환을 구해보자.

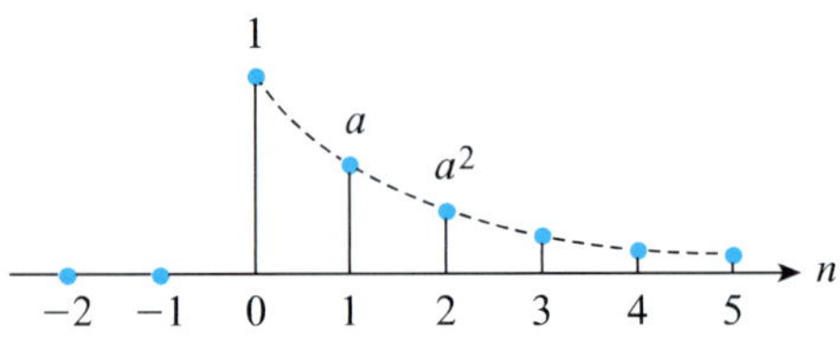

그림 8-5 예제의 우측신호

이 우측신호는 다음 식으로 표현된다.

$$x[n] = a^n u[n], \quad |a| < 1$$

z 변환의 정의에 대입하면 다음과 같다.

$$X(z) = \sum_{n=0}^{\infty} a^n z^{-n} = \sum_{n=0}^{\infty} (az^{-1})^n$$

위의 등비수열의 합이 존재하는 수렴영역을 먼저 구해보자. 위의 예제의 경우에는 공비의 절대값이 1보다 작아야 수렴하므로 다음과 같이 수렴영역을 구할 수 있다.

$$|az^{-1}| < 1 \quad \rightarrow |z| > |a|$$

위의 수렴영역 안에서 z 변환은 다음과 같이 구할 수 있다.

$$X(z) = \sum_{n=0}^{\infty} (az^{-1})^n = \frac{1}{1-az^{-1}} = \frac{z}{z-a}$$

위의 z 변환의 극점은 $z=a$가 된다. 이와 같이 구한 극점과 수렴영역은 다음 그림과 같다. 그림에서 보듯이 극점은 ×로 표기한다.

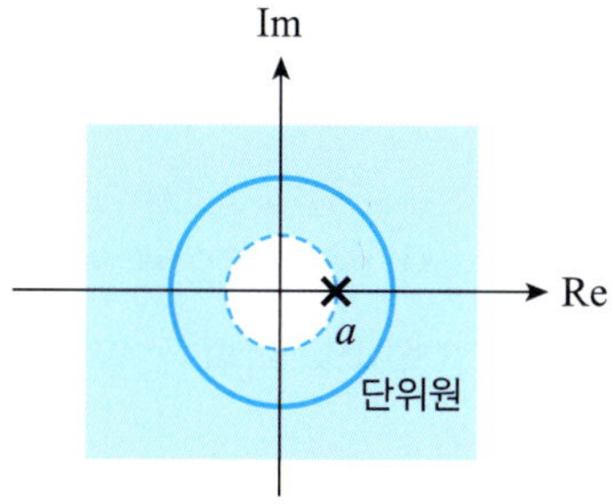

그림 8-6 우측신호의 극점과 수렴영역

그림 8-6에서 보듯이 우측신호의 수렴영역은 $z=\infty$를 포함하고 있음을 알 수 있다. 수렴영역의 경계선을 실선이 아닌 점선으로 표시한 이유는 점선이 수렴영역에 포함되지 않음을 나타내기 위함이다. 또한 극점은 당연히 수렴영역에 포함되지 않는다.

8.3 z 변환의 성질

디지털 신호처리 시스템의 분석에 유용하게 사용되는 z 변환의 성질들을 알아보기로 하자.

8.3.1 컨볼류션 성질

디지털 신호처리 시스템의 출력은 입력신호와 임펄스 응답의 디지털 컨볼류션으로 구할 수 있다. 그러면 그 신호들의 z 변환들의 관계는 다음과 같이 나타낸다.

$$y[n]=h[n]*x[n] \ \leftrightarrow \ Y(z)=H(z)X(z)$$

이 성질은 다음과 같이 증명할 수 있다.

$$Y(z)=\sum_{n=-\infty}^{\infty} y[n]z^{-n}=\sum_{n=-\infty}^{\infty}\left\{\sum_{k=-\infty}^{\infty} h[k]x[n-k]\right\}z^{-n}$$

$$=\sum_{k=-\infty}^{\infty} h[k]\left\{\sum_{n=-\infty}^{\infty} x[n-k]z^{-n}\right\}=\sum_{k=-\infty}^{\infty} h[k]\left\{\sum_{m=-\infty}^{\infty} x[m]z^{-m-k}\right\}$$

$$=\sum_{k=-\infty}^{\infty} h[k]z^{-k}\left\{\sum_{m=-\infty}^{\infty} x[m]z^{-m}\right\}=H(z)X(z)$$

이 관계식은 LTI시스템에서 매우 중요한 역할을 수행한다. 전달함수 $H(z)$에 대해 종합해 보면 다음과 같은 3가지의 의미가 있다.

(1) $H(z)=\sum_{n=-\infty}^{\infty} h[n]z^{-n}$

(2) $y[n]=H(z)z^{n}$

(3) $H(z)=\dfrac{Y(z)}{X(z)}$

위의 식에서 보듯이 $H(z)$는 (1) 임펄스 응답의 z 변환, (2) z^n이 입력되었을 때의 전달함수, (3) 입력의 z 변환과 출력의 z 변환의 비로 해석될 수 있다.

8.3.2 선형성

두 디지털 신호에 대한 z 변환이 다음과 같을 때,

$$x_1[n] \leftrightarrow X_1(z), \quad x_2[n] \leftrightarrow X_2(z)$$

이 두 신호의 가중합에 대한 z 변환은 다음과 같다.

$$ax_1[n]+bx_2[n] \leftrightarrow aX_1(z)+bX_2(z)$$

이 성질을 선형성(linearity)이라고 하며, 이 가중합에 대한 z 변환의 수렴영역은 각각의 수렴영역의 교집합이 된다.

8.3.3 시간 이동 성질

디지털 신호 $x[n]$의 z 변환이 $X(z)$일 때, $x[n]$을 k만큼 지연시킨 신호의 z 변환은 다음과 같다.

$$x[n-k] \leftrightarrow z^{-k}X(z)$$

이 성질을 시간 이동 성질이라고 부르며 다음과 같이 증명할 수 있다.

$$\begin{aligned} x[n-k] \leftrightarrow \sum_{n=-\infty}^{\infty} x[n-k]z^{-n} &= \sum_{m=-\infty}^{\infty} x[m]z^{-m-k} \\ &= z^{-k}\sum_{m=-\infty}^{\infty} x[m]z^{-m} = z^{-k}X(z) \end{aligned}$$

디지털 신호 $x[n]$의 z 변환이 $X(z)$일 때, 이 신호를 1만큼 지연시킨 $x[n-1]$의 z 변환은 시간 이동 성질을 이용하면 $z^{-1}X(z)$가 된다. 따라서 시스템에서 지연소자를 표기할 때에 네모상자 안에 z^{-1}로 표기한다.

예제

다음 차분방정식에서 전달함수 $H(z)$를 구하시오.

$$y[n]-0.7y[n-1]-0.3y[n-2]=0.5x[n]+0.4x[n-1]+0.2x[n-2]$$

풀이 시간 이동 성질을 이용하여 z 변환을 하면 다음과 같다.

$$\begin{aligned} &Y(z)-0.7z^{-1}Y(z)-0.3z^{-2}Y(z) \\ &\qquad =0.5X(z)+0.4z^{-1}X(z)+0.2z^{-2}X(z) \end{aligned}$$

따라서 전달함수는 다음과 같다.

$$Y(z)(1-0.7z^{-1}-0.3z^{-2})=X(z)(0.5+0.4z^{-1}+0.2z^{-2})$$

$$\therefore H(z)=\frac{Y(z)}{X(z)}=\frac{0.5+0.4z^{-1}+0.2z^{-2}}{1-0.7z^{-1}-0.3z^{-2}}$$

8.3.4 지수 신호의 곱 성질

어느 디지털 신호 $x[n]$의 z 변환이 $X(z)$이고 수렴영역이 $r_1<|z|<r_2$일 때에, 지수 신호를 곱하면 z 변환과 수렴영역은 다음과 같다.

$$a^n x[n] \leftrightarrow X\left(\frac{z}{a}\right),\ \text{수렴영역: } |a|r_1<|z|<|a|r_2$$

위의 성질은 a가 복소수일 때도 성립한다.

증명

$$a^n x[n] \leftrightarrow \sum_{n=-\infty}^{\infty} a^n x[n] z^{-n}=\sum_{n=-\infty}^{\infty} x[n](a^{-1}z)^{-n}=X\left(\frac{z}{a}\right)$$

$X(z)$의 수렴영역이 $r_1<|z|<r_2$이므로 $X(z/a)$의 수렴영역은 $|a|r_1<|z|<|a|r_2$가 된다.

예제

$x[n]=u[n]$일 때, z 변환과 수렴영역은 다음과 같다.

$$X(z)=\sum_{n=-\infty}^{\infty} u[n]z^{-n}=\sum_{n=0}^{\infty} z^{-n}=\frac{1}{1-z^{-1}},\ \text{수렴영역: } |z|>1$$

$x[n]$에 0.5^n을 곱한 신호의 z 변환과 수렴영역을 구하시오.

풀이 z 변환과 수렴영역은 다음과 같다.

$$0.5^n u[n] \leftrightarrow X\left(\frac{z}{0.5}\right) = \frac{1}{1-0.5z^{-1}},\ \text{수렴영역: } |z| > 0.5$$

8.3.5 미분 성질

어느 디지털 신호 $x[n]$의 z 변환이 $X(z)$일 때, $X(z)$의 미분의 관계는 다음과 같다.

$$nx[n] \leftrightarrow -z\frac{dX(z)}{dz}$$

증명 $X(z) = \sum_{n=-\infty}^{\infty} x[n]z^{-n}$의 양변을 z로 미분하면 다음과 같다.

$$\frac{dX(z)}{dz} = \sum_{n=-\infty}^{\infty} x[n](-n)z^{-n-1} = -z^{-1}\sum_{n=-\infty}^{\infty}(nx[n])z^{-n}$$

$$\therefore -z\frac{dX(z)}{dz} = \sum_{n=-\infty}^{\infty}(nx[n])z^{-n}$$

예제

$x[n] = u[n]$일 때, z 변환과 수렴영역은 다음과 같다.

$$X(z) = \sum_{n=-\infty}^{\infty} u[n]z^{-n} = \sum_{n=0}^{\infty} z^{-n} = \frac{1}{1-z^{-1}},\ \text{수렴영역: } |z| > 1$$

$nu[n]$에 대한 z 변환과 수렴영역을 구하시오.

풀이 z 변환과 수렴영역은 다음과 같다.

$$nu[n] \leftrightarrow -z\frac{d}{dz}\left(\frac{z}{z-1}\right) = -z\frac{(z-1)-z}{(z-1)^2} = \frac{z}{(z-1)^2},\ \text{수렴영역: } |z| > 1$$

8.4 역 z 변환

z 변환된 함수로부터 원래의 디지털 신호를 찾는 것을 역 z 변환(inverse z transform)이라고 한다. 유한길이의 신호에 대한 z 변환에서 원래의 디지털 신호를 찾는 것은 매우 간단하다. 이 절에서 주로 다루게 될 역 z 변환은 무한길이 신호의 z 변환으로부터 원래의 디지털 신호를 찾는 방법에 대한 것이며, 무한길이 신호의 대표적인 예가 IIR 필터의 임펄스 응답이다. 그러나 실무에서 IIR 필터 설계는 보통 차분방정식으로 만들어지므로 전달함수를 역 z 변환하여 임펄스 응답을 구하는 경우는 드물다.

8.4.1 유한길이 신호의 역 z 변환

유한길이 신호의 z 변환은 분모다항식이 1로 간주할 수 있다. 따라서 역 z 변환은 간단히 구할 수 있다. 다음의 z 변환을 보자.

$$X(z) = b_0 + b_1 z^{-1} + b_2 z^{-2} + \cdots + b_N z^{-N}$$

1의 역 z 변환이 $\delta[n]$이므로 시간 이동 성질을 사용하면 역 z 변환은 다음과 같이 쉽게 구할 수 있다.

$$x[n] = b_0\delta[n] + b_1\delta[n-1] + b_2\delta[n-2] + \cdots + b_N\delta[n-N]$$

위의 관계에서 보듯이 z 변환의 분자다항식의 계수가 그대로 디지털 신호의 샘플값이 됨을 알 수 있다.

예제

다음의 $X(z)$를 역 z 변환하시오.

$$X(z) = 1 + 0.7z^{-1} + 0.3z^{-2}$$

풀이 1의 역 z 변환이 $\delta[n]$이므로 시간 이동 성질을 사용하면 역 z 변환은 다음과 같다.

$$x[n] = \delta[n] + 0.7\delta[n-1] + 0.3\delta[n-2]$$

8.4.2 무한길이 신호의 역 z 변환

무한길이 신호의 z 변환으로부터 역 z 변환을 구하는 방법은 부분분수 전개(partial fraction expansion)를 사용하는 방법과 Cauchy Integral Theorem을 사용하는 방법이 있다. 이 책에서는 부분분수 전개를 이용하는 방법을 다룬다.

일반적으로 무한길이 신호의 z 변환은 다음과 같이 z^{-1}의 다항식의 비로 표시된다.

$$X(z) = \frac{b_0 + b_1 z^{-1} + \cdots + b_M z^{-M}}{1 + a_1 z^{-1} + \cdots + a_N z^{-N}}$$

부분분수 전개법을 적용하기 위해서는 먼저 위의 분모다항식을 인수분해하여 다음과 같이 부분분수의 합으로 나타내어야 한다. 단, 다음과 같이 부분분수의 합으로 나타내기 위해서는 분모다항식의 차수가 분자다항식의 차수와 같거나 커야 한다.

$$X(z) = \sum_{k=1}^{N} \frac{A_k z}{z - d_k}$$

고차의 분모다항식을 인수분해하는 경우에, 실수 범위 내에서는 2차 다항식까지 인수분해가 가능하며 위의 식과 같이 1차 다항식으로 인수분해하면 일반적으로 d_k는 허수가 된다.

부분분수 전개법은 기본적으로 다음의 역 z 변환의 관계를 이용한다.

$$\frac{z}{z - d_k} \leftrightarrow (d_k)^n u[n]$$

따라서 계수 A_k만 구하면 위의 역 z 변환을 구할 수 있다. 계수 A_k를 구하기 위해서는 식의 양변에 $z - d_k$를 곱하고 $z = d_k$에서 함수 값을 구하면 찾을 수 있다.

$$A_k = (z - d_k) X(z)|_{z = d_k}$$

(1) 분모다항식이 실근을 갖는 경우

어느 인과 시스템의 전달함수가 다음과 같을 때 역 z 변환을 통하여 임펄스 응답을 구해보자.

$$H(z)=\frac{z^{-1}+2z^{-2}}{1-3.5z^{-1}+1.5z^{-2}}$$

부분분수 전개를 이용하기 위해서 인수분해하면 다음과 같다.

$$H(z)=\frac{z^{-1}+2z^{-2}}{1-3.5z^{-1}+1.5z^{-2}}=\frac{z+2}{z^2-3.5z+1.5}=\frac{z+2}{(z-0.5)(z-3)}$$

위의 식을 z로 나눈 후에 다음과 같이 부분분수의 합으로 표현한다.

$$\frac{H(z)}{z}=\frac{z+2}{z(z-0.5)(z-3)}=\frac{A_1}{z}+\frac{A_2}{z-0.5}+\frac{A_3}{z-3}$$

위와 같이 $H(z)$를 z로 나누는 것은 나중에 z를 곱하여 $z/(z-d_k)$의 형태를 얻기 위해서이다. 이제 계수들을 구할 수 있다. 먼저 A_1을 구하려면 양변에 z를 곱한 후에 $z=0$을 대입하면 다음과 같이 구해진다.

$$A_1+\frac{A_2 z}{z-0.5}+\frac{A_3 z}{z-3}=\frac{z+2}{(z-0.5)(z-3)} \quad \therefore A_1=\left.\frac{z+2}{(z-0.5)(z-3)}\right|_{z=0}=\frac{4}{3}$$

같은 방법으로 A_2와 A_3를 구하면 다음과 같다.

$$A_2=\left.\frac{z+2}{z(z-3)}\right|_{z=0.5}=-2$$

$$A_3=\left.\frac{z+2}{z(z-0.5)}\right|_{z=3}=\frac{2}{3}$$

지금까지 구한 계수들을 대입하여 $H(z)$를 정리하면 다음과 같다.

$$H(z)=\frac{4}{3}-\frac{2z}{z-0.5}+\frac{2/3z}{z-3}$$

위의 전달함수는 인과 시스템의 전달함수이므로 다음과 같이 역 z 변환된다.

$$h[n]=\frac{4}{3}\delta[n]-2(0.5)^n u[n]+\frac{2}{3}3^n u[n]$$

(2) 분모다항식이 중근을 갖는 경우

z 변환의 분모다항식을 인수분해하는 과정에서 중근을 갖는 경우가 있다. 이 경우에 역 z 변환하는 방법을 알아보자. 인과 시스템의 전달함수가 다음과 같을 때 역 z 변환을 통하여 임펄스 응답을 구해보자.

$$H(z) = \frac{1}{1 - z^{-1} - z^{-2} + z^{-3}}$$

부분분수 전개를 이용하기 위해서 인수분해하면 다음과 같다.

$$H(z) = \frac{z^3}{z^3 - z^2 - z + 1} = \frac{z^3}{(z+1)(z-1)^2}$$

위의 식을 z로 나눈 후에 다음과 같이 부분분수의 합으로 표현한다.

$$\frac{H(z)}{z} = \frac{z^2}{(z+1)(z-1)^2} = \frac{A_1}{z+1} + \frac{A_2}{z-1} + \frac{A_3}{(z-1)^2}$$

이제 계수들을 구할 수 있다. 먼저 A_1을 구하려면 양변에 $z+1$을 곱한 후에 $z=-1$을 대입하면 다음과 같이 구해진다.

$$\left\{A_1 + \frac{A_2(z+1)}{z-1} + \frac{A_3(z+1)}{(z-1)^2}\right\}\bigg|_{z=-1} = \frac{z^2}{(z-1)^2}\bigg|_{z=-1} \qquad \therefore A_1 = 0.25$$

같은 방법으로 A_3를 구하면 다음과 같다.

$$\left\{\frac{A_1(z-1)^2}{z+1} + \frac{A_2(z-1)^2}{z-1} + A_3\right\}\bigg|_{z=1} = \frac{z^2}{z+1}\bigg|_{z=1} \quad \therefore A_3 = 0.5$$

A_2는 다음과 같이 위의 식을 미분하여 구한다.

$$\frac{d}{dz}\left\{\frac{A_1(z-1)^2}{z+1} + \frac{A_2(z-1)^2}{z-1} + A_3\right\}\bigg|_{z=1} = \frac{d}{dz}\left\{\frac{z^2}{z+1}\right\}\bigg|_{z=1}$$

$$\left\{\frac{2A_1(z-1)}{z+1} - \frac{A_1(z-1)^2}{(z+1)^2} + A_2\right\}\bigg|_{z=1} = \left\{\frac{2z(z+1) - z^2}{(z+1)^2}\right\}\bigg|_{z=1} \qquad \therefore A_2 = 0.75$$

지금까지 구한 계수들을 대입하여 $H(z)$를 정리하면 다음과 같다.

$$H(z)=\frac{0.25z}{z+1}+\frac{0.75z}{z-1}+\frac{0.5z}{(z-1)^2}$$

위의 전달함수는 인과 시스템의 전달함수이므로 다음과 같이 역 z 변환된다.

$$h[n]=0.25(-1)^n u[n]+0.75u[n]+0.5n\,u[n]$$

위의 식에서 3째 항은 미분 성질을 이용하여 구한 것이다.

(3) 분모다항식이 허근을 갖는 경우

2차 IIR 시스템의 전달함수를 역 z 변환할 때에, 일반적으로 분모다항식은 허근을 갖는다. 즉, 고차의 다항식을 1차 다항식으로 인수분해하면 1차 다항식의 계수는 일반적으로 허수이다. 이와 같은 경우에 역 z 변환하는 방법을 알아보자.

$$H(z)=\frac{1+z^{-1}}{1-z^{-1}+0.5z^{-2}}$$

부분분수 전개를 이용하기 위해서 인수분해하면 다음과 같다.

$$H(z)=\frac{1+z^{-1}}{1-z^{-1}+0.5z^{-2}}=\frac{z^2+z}{z^2-z+0.5}=\frac{z^2+z}{(z-p_1)(z-p_2)}$$

$$p_1=0.5+j0.5,\quad p_2=0.5-j0.5$$

부분분수의 형으로 나타내기 위해서 위의 식을 z로 나눈 후에 다음과 같이 부분분수의 합으로 표현한다.

$$\frac{H(z)}{z}=\frac{A_1}{z-p_1}+\frac{A_2}{z-p_2}=\frac{z+1}{(z-p_1)(z-p_2)}$$

이제 계수들을 구하면 다음과 같다.

$$A_1+\frac{A_2(z-p_1)}{z-p_2}=\frac{z+1}{z-p_2}\qquad \therefore A_1=\left.\frac{z+1}{z-p_2}\right|_{z=p_1}=0.5-j1.5$$

$$\frac{A_1(z-p_2)}{z-p_1}+A_2=\frac{z+1}{z-p_1} \qquad \therefore A_2=\left.\frac{z+1}{z-p_1}\right|_{z=p_2}=0.5+j1.5$$

구한 계수들을 대입하여 $H(z)$를 정리하면 다음과 같다.

$$H(z)=\frac{(0.5-j1.5)z}{z-p_1}+\frac{(0.5+j1.5)z}{z-p_2}$$

위의 전달함수는 인과 시스템의 전달함수이므로 다음과 같이 역 z 변환된다.

$$h[n]=(0.5-j1.5)(0.5+j0.5)^n u[n]+(0.5+j1.5)(0.5-j0.5)^n u[n]$$

위의 역 z 변환된 임펄스 응답은 허수인 것처럼 보이나, $n=0$부터 구해보면 실수가 된다.

8.5 z 변환의 용도

8.5.1 필터의 안정도 판별

모든 FIR 시스템은 안정 시스템이라고 할 수 있다. 따라서 IIR 시스템에서만 안정도를 판별하게 된다. 이 절에서는 극점과 수렴영역을 사용하여 안정도를 판별하는 방법을 알아보기로 한다. 임펄스 응답이 $n=0$부터 시작되는 인과 시스템을 살펴보자. 먼저 다음과 같은 안정 시스템의 임펄스 응답을 살펴보자.

$$h_1[n]=a^n u[n], \quad |a|<1$$

이 임펄스 응답의 z 변환과 극점과 수렴영역을 구해보자.

$$H_1(z)=\frac{z}{z-a}, \ |z|>a$$

이 임펄스 응답과 극점과 수렴영역은 그림 8-7(a)와 같다.

이번에는 다음과 같은 불안정 시스템의 임펄스 응답을 살펴보자.

$$h_2[n] = b^n u[n], \quad |b| > 1$$

이 임펄스 응답의 z 변환과 극점과 수렴영역을 구해보자.

$$H_2(z) = \frac{z}{z-b}, \; |z| > |b|$$

이 임펄스 응답과 극점과 수렴영역은 그림 8-7(b)와 같다.

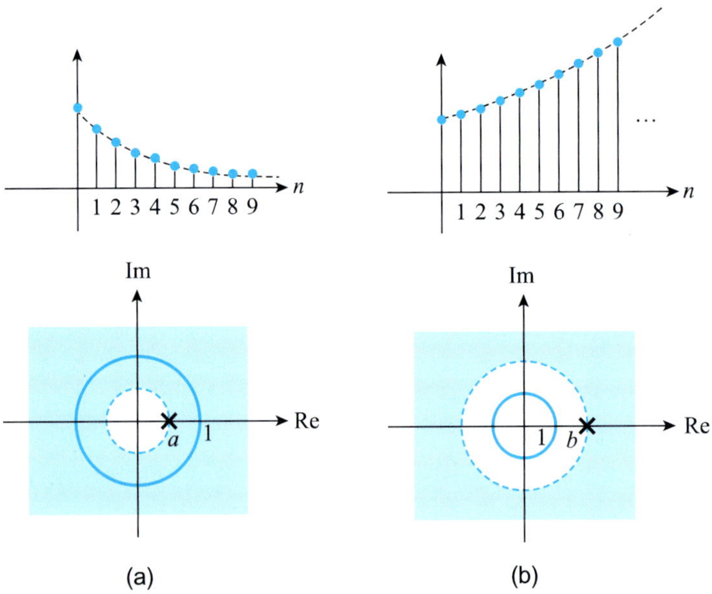

그림 8-7 인과 시스템의 임펄스 응답, 극점과 수렴영역 (a) 안정 시스템, (b) 불안정 시스템

위의 두 결과로부터 인과 시스템인 경우에 다음과 같은 결론을 유도할 수 있다.

- 극점이 단위원 안에 있으면 안정 시스템이다.
- 수렴영역이 단위원을 포함하면 안정 시스템이다.

수렴영역으로 시스템의 안정도를 판별하는 경우에 수렴영역이 단위원을 포함하면 안정 시스템임을 알 수 있다. 인과 시스템에서 극점으로 안정도를 판별하는 경우에는 극점이 단위원 안에 있으면 안정 시스템으로 판별하면 된다.

예제

어느 두 인과 시스템의 전달함수가 각각 다음과 같다. 안정도를 판별하시오.

(a) $H_1(z) = \dfrac{1}{1 - z^{-1} + 0.5z^{-2}}$ (b) $H_2(z) = \dfrac{1}{1 - 2z^{-1} + 2z^{-2}}$

풀이 (a)에서의 극점은 다음과 같다.

$$H_1(z) = \frac{1}{1 - z^{-1} + 0.5z^{-2}} = \frac{z^2}{z^2 - z + 0.5}, \quad z = 0.5 \pm j\ 0.5$$

(b)에서의 극점은 다음과 같다.

$$H_2(z) = \frac{1}{1 - 2z^{-1} + 2z^{-2}} = \frac{z^2}{z^2 - 2z + 2}, \quad z = 1 \pm j$$

이 두 전달함수의 극점은 다음 그림과 같다.

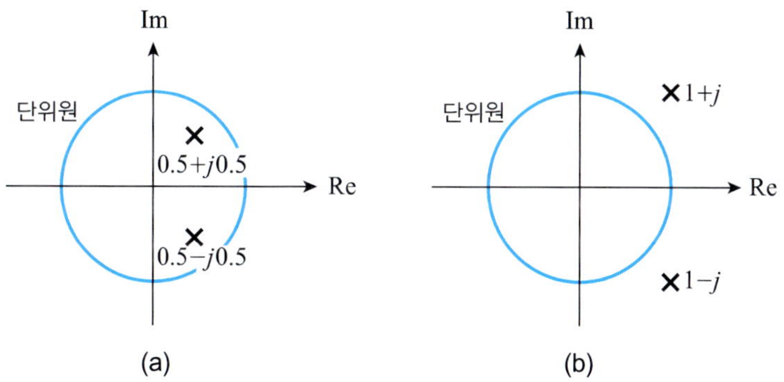

그림 8-8 예제의 극점

위의 그림으로부터 (a)는 안정 시스템이며, (b)는 불안정 시스템으로 판별할 수 있다.

이번에는 시스템의 차분방정식이 주어진 경우에 안정도를 판별하는 방법을 알아보기로 한다. 다음과 같은 차분방정식을 보기로 한다.

$$y[n] + 1.2732y[n-1] + 0.81y[n-2] = x[n-1] + x[n-2]$$

이 차분방정식의 전달함수와 극점 및 영점은 다음과 같다.

$$H(z) = \frac{z^{-1} + z^{-2}}{1 + 1.2732z^{-1} + 0.81z^{-2}}$$

$$\text{극점: } -0.636 \pm j\ 0.636, \text{ 영점: } -1$$

따라서 극점과 영점은 다음 그림과 같다.

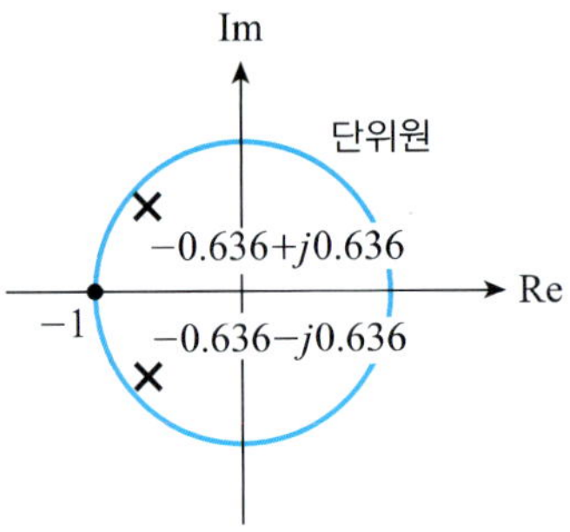

그림 8-9 예제의 극점과 영점의 위치

극점이 단위원 안에 있으므로 안정 시스템이다. 이 시스템의 주파수 응답과 전달함수 $|H(z)|$를 MATLAB을 사용하여 그리면 그림 8-10과 같다.

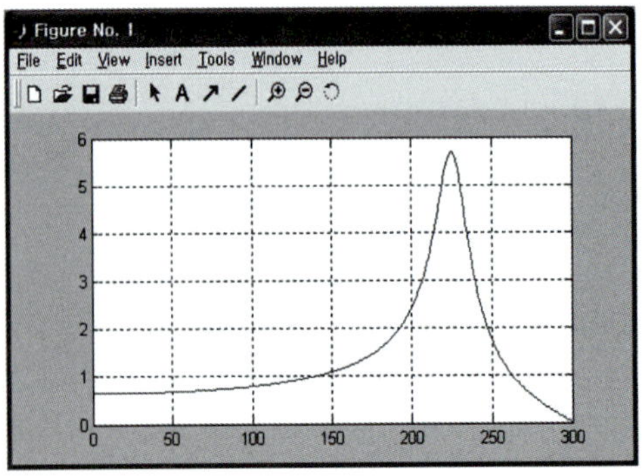

(a)

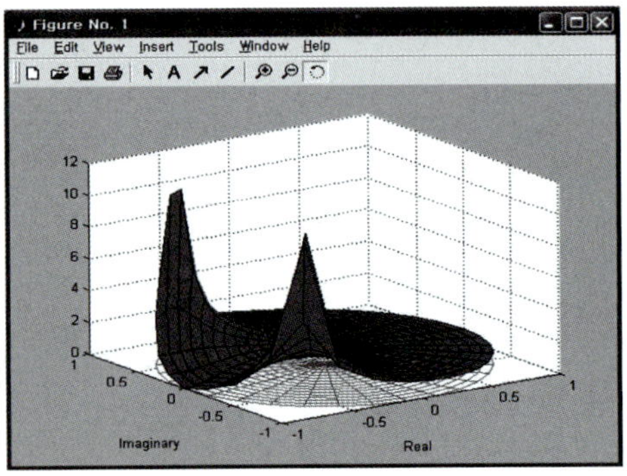

(b)

그림 8-10 예제 시스템의 (a) 주파수 응답, (b) $|H(z)|$

위의 $H(z)$를 그리기 위한 MATLAB 프로그램은 다음과 같다.

```
% --------H(z)-----------------------------------------------------
b=[0, 1, 1];
a=[1, 1.2732, 0.81];
h=freqz(b, a, 300);
% --------|H(ejw)| -------------------------------------------------
subpolt(2, 1, 1);
plot(abs(h));
grid;
%x=[1 zeros(1, 10)];
% --------|h(z)|---------------------------------------------------
subplot(2, 1, 2);
z=cplxgrid(15);
cplxmap(z, abs((z+1)./((1*z.^2)+(1.2732*z)+0.81)));
xlabel('Real', 'FontSize', 10);
ylabel('Imaginary', 'FontSize', 10);
```

그림 8-11 예제의 $|H(z)|$를 그리기 위한 MATLAB 프로그램

8.5.2 필터의 종류 판별

FIR 필터의 종류 판별

전달함수의 영점을 관찰하면 FIR 필터의 종류를 판별할 수 있다. 다음의 두 FIR 필터의 전달함수의 영점을 비교해 보자.

$$H_1(z) = 1 + z^{-1} + z^{-2}, \text{ 영점 : } -0.5 \pm j\ 0.886$$

$$H_2(z) = 1 - z^{-1} + z^{-2}, \text{ 영점 : } 0.5 \pm j\ 0.886$$

이 필터들의 영점과 주파수 응답은 다음 그림과 같다.

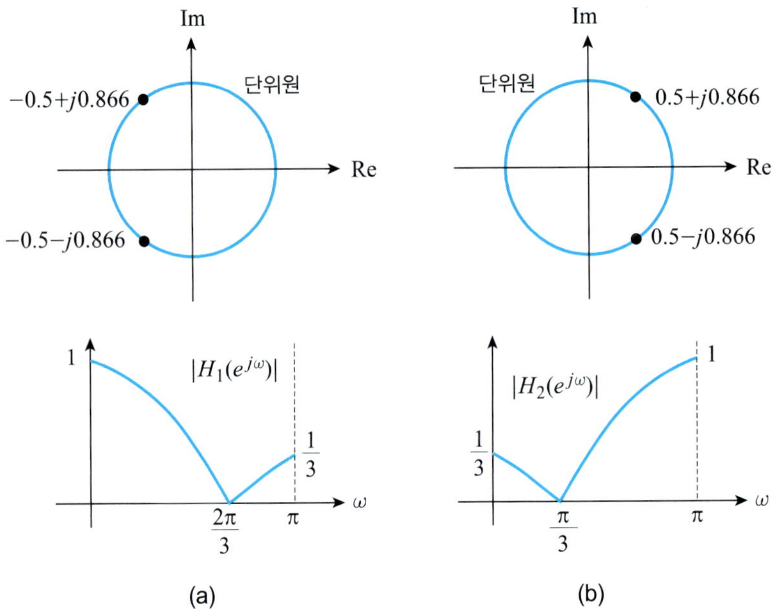

그림 8-12 예제의 영점과 주파수 응답 (a) $H_1(z)$, (b) $H_2(z)$

위의 관계에서 보듯이, 영점이 2와 3사분면에 있으면 저역통과 필터이고 1과 4사분면에 있으면 고역통과 필터가 됨을 알 수 있다.

IIR 필터의 종류 판별

전달함수의 극점을 관찰하면 IIR 필터의 종류를 판별할 수 있다. 다음의 두 IIR 필터의 전달함수의 극점을 비교해 보자.

$$H_1(z) = \frac{1}{1 - z^{-1} + 0.5z^{-2}}, \text{ 극점 : } 0.5 \pm j\ 0.5$$

$$H_2(z) = \frac{1}{1 + z^{-1} + 0.5z^{-2}}, \text{ 극점 : } -0.5 \pm j\ 0.5$$

이 필터들의 극점과 주파수 응답은 그림과 같다.

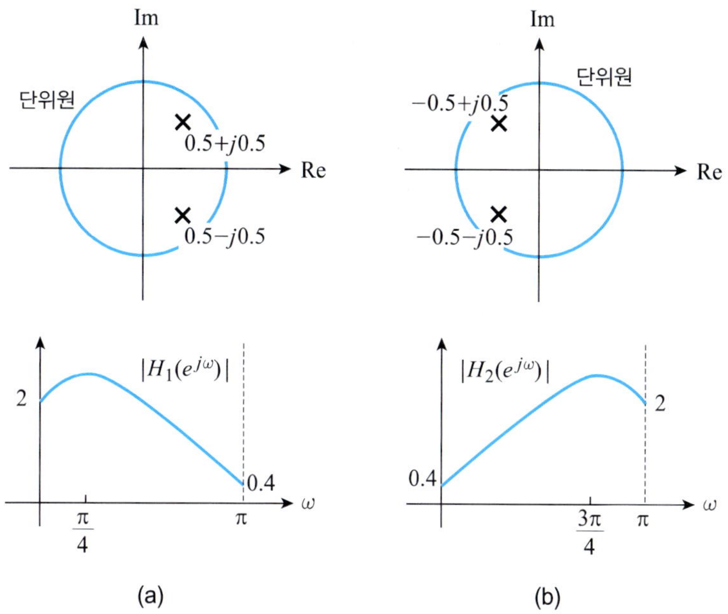

그림 8-13 예제의 극점과 주파수 응답 (a) $H_1(z)$, (b) $H_2(z)$

위의 관계에서 보듯이, 극점이 1과 4사분면에 있으면 저역통과 필터이고 2와 3사분면에 있으면 고역통과 필터가 됨을 알 수 있다.

8.5.3 다양한 디지털 필터 구조를 만드는데 사용

디지털 신호처리 시스템을 디지털 필터라고 부른다. 전달함수를 사용하면 하나의 전달함수로부터 다양한 필터 구조를 만들 수 있는데, 이와 같은 다양한 필터 구조 제작이 z 변환의 중요한 응용분야 중의 하나이다. 다양한 필터 구조를 만드는 이유는 각각의 필터 구조마다 유한 정세도 특성(finite precision characteristics)이 다르기 때문이다. 이 절에서는 다음의 차분방정식 예제를 통하여 어떻게 다른 구조가 만들어지는 지를 간단히 알아본다.

$$y[n] = x[n] - 0.75x[n-1] + 0.125x[n-2]$$

이 식을 지연소자, 곱셈기, 덧셈기를 사용하여 만들면 다음 그림 구조와 같다.

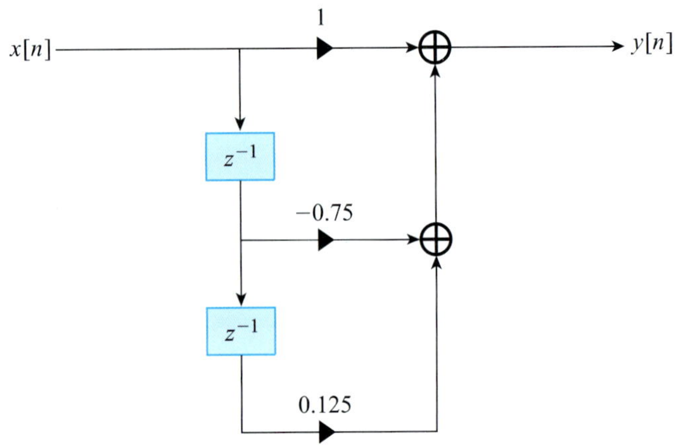

그림 8-14 예제의 필터 구조

위의 차분방정식을 z 변환하면 다음과 같이 전달함수를 얻는다.

$$Y(z) = (1 - 0.75z^{-1} + 0.125z^{-2})X(z)$$

$$\therefore H(z) = 1 - 0.75z^{-1} + 0.125z^{-2}$$

이 전달함수는 2차 다항식이므로 다음과 같이 1차 다항식으로 인수분해될 수 있다.

$$H(z) = (1 - 0.5z^{-1})(1 - 0.25z^{-1}) = H_1(z)H_2(z)$$

$$\text{여기에서 } H_1(z) = 1 - 0.5z^{-1}, \ H_2(z) = 1 - 0.25z^{-1}$$

따라서 이 필터는 두 개의 필터의 직렬연결로 구성될 수 있으며, 각각의 필터 구조는 다음 그림과 같다.

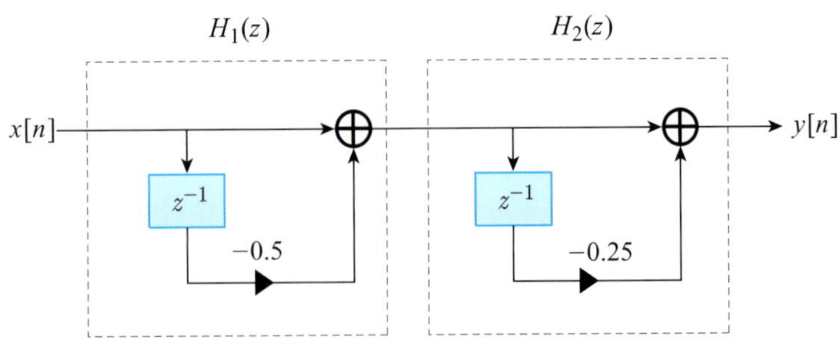

그림 8-15 전달함수의 인수분해를 이용한 직렬 필터 구조

이와 같이 전달함수를 이용하면 여러 가지 필터 구조를 제작할 수 있다.

8.5.4 필터 구조에서 전달함수를 찾을 때에 사용

임의의 필터 구조에서 전달함수를 얻어야 할 필요가 있는데, 이 절에서는 그 방법을 알아본다. 임의의 필터에 z^n의 입력이 들어가면 출력은 전달함수와 z^n의 곱이 된다는 것을 이용하여 전달함수를 찾을 수 있다.

FIR 필터 구조에서 전달함수를 찾는 방법

먼저 FIR 필터 구조에서 $H(z)$를 구하는 방법을 알아보자. 주어진 필터 구조에서 입력을 z^n이라고 가정하고 구조의 노드를 따라가면 출력을 z^n과 함수의 곱으로 나타낼 수 있다. 이때 이 함수가 정의에 의해서 전달함수가 된다.

다음 그림의 FIR 필터에서 $H(z)$를 구해보자.

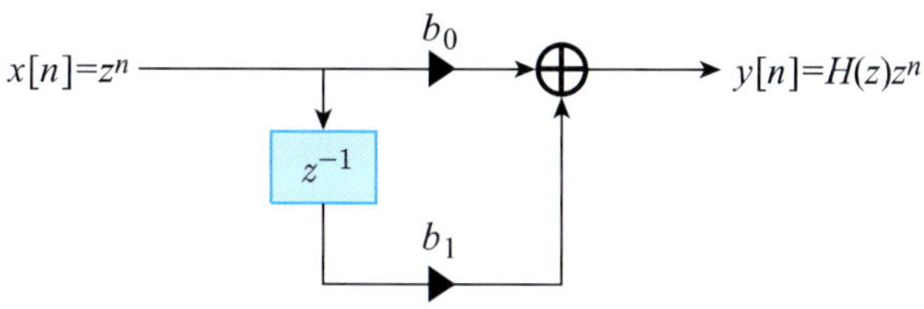

그림 8-16 주어진 FIR 필터 구조

위의 필터 구조에서 각 노드의 신호는 곱셈기와 지연소자 그리고 덧셈기에 의해서 표현되므로 전달함수 $H(z)$는 다음과 같은 방법으로 얻어진다.

$$H(z)z^n = b_0 z^n + b_1 z^{n-1} = (b_0 + b_1 z^{-1})z^n$$

$$\therefore H(z) = b_0 + b_1 z^{-1}$$

예제

다음 그림의 FIR 필터에서 전달함수 $H(z)$를 구하시오.

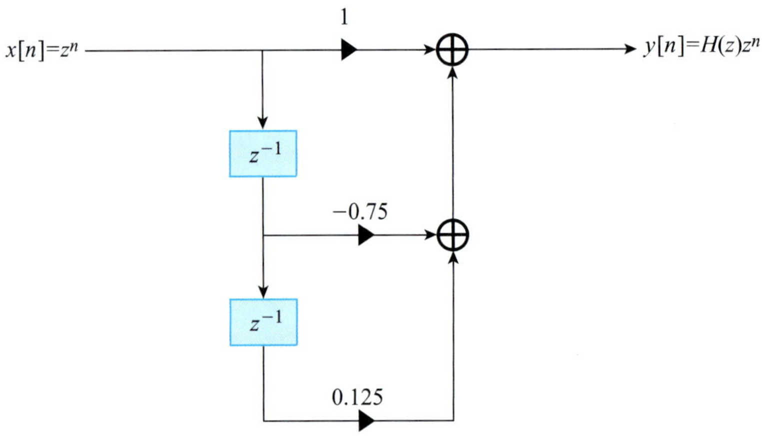

그림 8-17 주어진 FIR 필터 구조

풀이 위의 필터 구조에서 $H(z)$는 다음과 같다.

$$H(z)z^n = z^n - 0.75z^{n-1} + 0.125z^{n-2} = (1 - 0.75z^{-1} + 0.125z^{-2})z^n$$

$$\therefore \ H(z) = 1 - 0.75z^{-1} + 0.125z^{-2}$$

IIR 필터 구조에서 전달함수를 찾는 방법

이번에는 IIR 필터 구조에서 $H(z)$를 구하는 방법을 알아보기로 한다. 주어진 필터구조에서 입력을 z^n이라고 가정하고 구조의 노드를 따라가면 출력을 z^n과 함수의 곱으로 나타내는 방법은 FIR 필터의 경우와 같다. 다음 그림의 IIR 필터에서 $H(z)$를 구해보자.

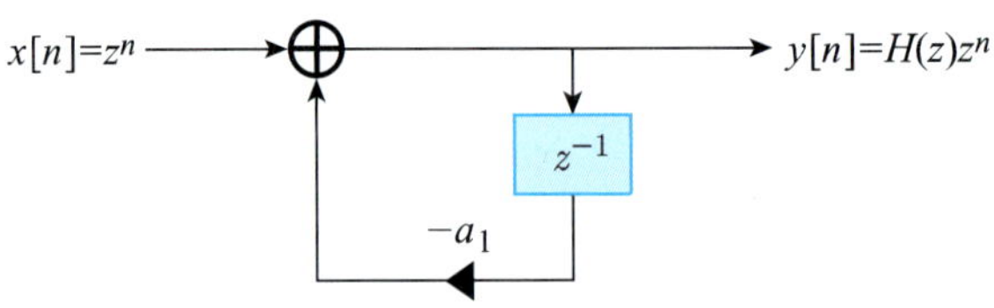

그림 8-18 주어진 IIR 필터 구조

위의 필터 구조에서 전달함수 $H(z)$는 다음과 같이 얻을 수 있다.

$$H(z)z^n = z^n - a_1 H(z) z^{n-1} \;\rightarrow\; H(z)z^n(1 + a_1 z^{-1}) = z^n$$

$$\therefore\; H(z) = \frac{1}{1 + a_1 z^{-1}}$$

예제

다음 그림의 IIR 필터에서 전달함수 $H(z)$를 구하시오.

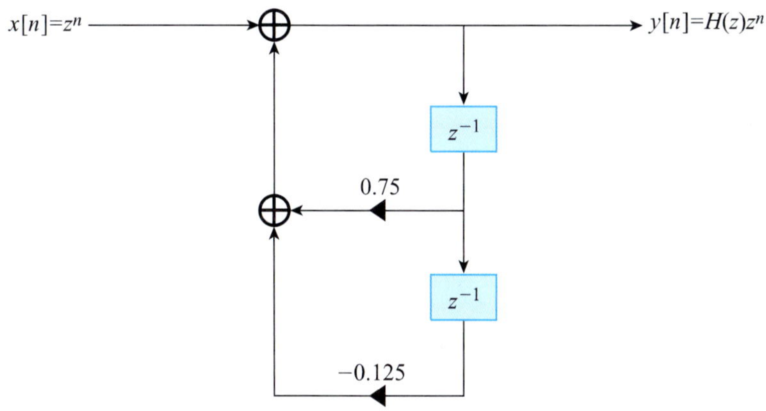

그림 8-19 주어진 IIR 필터 구조

풀이 위의 필터 구조에서 $H(z)$는 다음과 같다.

$$H(z)z^n = z^n + 0.75H(z)z^{n-1} - 0.125H(z)z^{n-2}$$

$$H(z)z^n(1 - 0.75z^{-1} + 0.125z^{-2}) = z^n$$

$$\therefore H(z) = \frac{1}{1 - 0.75z^{-1} + 0.125z^{-2}}$$

8.5.5 전달함수로부터 차분방정식을 찾을 때에 사용

전달함수가 주어졌을 때, 차분방정식을 구할 수 있다. 다음의 전달함수를 예로 들어 보자.

$$H(z) = \frac{b_0 + b_1 z^{-1} + b_2 z^{-2}}{1 + a_1 z^{-1} + a_2 z^{-2}} = \frac{Y(z)}{X(z)}$$

다음과 같이 시간 이동 성질을 이용하여 차분방정식을 구할 수 있다.

$$Y(z)(1 + a_1 z^{-1} + a_2 z^{-2}) = X(z)(b_0 + b_1 z^{-1} + b_2 z^{-2})$$

$$y[n] + a_1 y[n-1] + a_2 y[n-2] = b_0 x[n] + b_1 x[n-1] + b_2 x[n-2]$$

예제

다음의 전달함수에서 차분방정식을 구하시오.

$$H(z) = \frac{1 + 0.5z^{-1}}{1 - 0.7z^{-1} + 0.3z^{-2}} = \frac{Y(z)}{X(z)}$$

풀이 $Y(z)(1 - 0.7z^{-1} + 0.3z^{-2}) = X(z)(1 + 0.5z^{-1})$

$$y[n] - 0.7y[n-1] + 0.3y[n-2] = x[n] + 0.5x[n-1]$$

8.5.6 필터를 설계할 때에 사용

필터를 설계한다는 것은 원하는 주파수 응답을 얻을 수 있는 전달함수나 또는 차분방정식을 얻어내는 것을 의미한다. 즉 필터 설계가 끝나면 전달함수나 또는 차분방정식의 결과물을 얻게 된다. 필터 설계는 FIR 필터 설계와 IIR 필터 설계로 나눌 수 있다. 이 절에서는 극점과 영점을 사용하여 원하는 주파수 응답을 얻어내는 설계 과정을 알아보기로 한다.

영점을 사용한 FIR 필터 설계

FIR 필터의 전달함수는 분자다항식으로 구성되므로 극점은 없고 영점만 존재한다. 따라서 영점의 위치를 조정하여 원하는 필터를 설계하는 방법을 알아보기로 한다. 다음과 같은 사양의 필터를 설계해 보자.

- FIR 필터

- 저역통과 필터
- 4차 필터

FIR 필터이므로 영점만을 사용하여 필터를 설계하여야 한다. 그리고 저역통과 필터이므로 영점의 위치를 2사분면과 3사분면의 단위원 상에 위치시켜야 한다. 또한 4차 필터에서 사용할 수 있는 영점의 개수는 4개이므로 영점의 위치는 2사분면에 2개, 그리고 3사분면에 2개이다. 이와 같은 영점의 위치에 대한 주파수 응답을 관찰하면서 최종 영점의 위치를 결정할 수 있다. 이렇게 결정된 영점의 위치가 다음 그림과 같다고 가정해 보자.

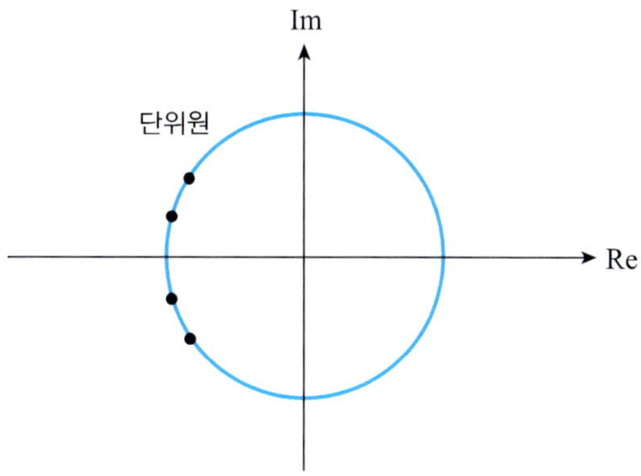

그림 8-20 예제 FIR 필터의 영점 위치

위의 4개의 영점의 위치는 다음과 같다.

$$z_{00} = e^{j8\pi/9} = \cos(8\pi/9) + j\sin(8\pi/9) = -0.9397 + j0.3420$$
$$z_{01} = e^{-j8\pi/9} = \cos(8\pi/9) - j\sin(8\pi/9) = -0.9397 - j0.3420$$

$$z_{10} = e^{j7\pi/9} = \cos(7\pi/9) + j\sin(7\pi/9) = -0.7660 + j0.6428$$
$$z_{11} = e^{-j7\pi/9} = \cos(7\pi/9) - j\sin(7\pi/9) = -0.7660 - j0.6428$$

위의 4개의 영점으로부터 다음과 같은 전달함수를 얻을 수 있다.

$$\begin{aligned} H(z) &= (z+0.9397-j0.342)(z+0.9397+j0.342) \\ &\quad \times (z+0.766-j0.6428)(z+0.766+j0.6428) \\ &= (z^2+1.8794z+1)(z^2+1.532z+1) \\ &= z^4+3.4114z^3+4.8792z^2+3.4114z+1 \end{aligned}$$

따라서 최종적으로 설계된 전달함수와 차분방정식은 각각 다음과 같다.

$$H(z) = 1+3.4114z^{-1}+4.8792z^{-2}+3.4114z^{-3}+z^{-4}$$

$$y[n] = x[n]+3.4114x[n-1]+4.8792x[n-2]+3.4114x[n-3]+x[n-4]$$

극점과 영점을 사용한 IIR 필터 설계

IIR 필터의 전달함수는 분모다항식와 분자다항식으로 구성되므로 극점과 영점이 모두 존재한다. 따라서 극점과 영점의 위치를 조정하여 원하는 필터를 설계하는 방법을 알아보기로 한다. 다음과 같은 사양의 필터를 설계해 보자.

- IIR 필터
- 저역통과 필터
- 4차 필터

IIR 필터이므로 극점과 영점을 모두 사용하여 필터를 설계하여야 한다. 그리고 저역통과 필터이므로 극점의 위치를 1사분면과 4사분면의 단위원 안에 위치시키고, 영점의 위치는 2사분면과 3사분면의 단위원 상에 위치시켜야 한다. 또한 4차 필터이므로 사용할 수 있는 극점의 개수는 4개이고, 영점의 개수도 4개이다. 따라서 극점의 위치는 1사분면과 4사분면의 단위원 안에 각각 2개씩 위치시키고, 영점의 위치는 2사분면과 3사분면에 각각 2개씩 위치시킨다. 이와 같은 극점과 영점의 위치에 대한 주파수 응답을 관찰하면서 최종의 극점과 영점의 위치를 결정할 수 있다. 이렇게 결정된 극점과 영점의 위치가 다음 그림과 같다고 가정해 보자.

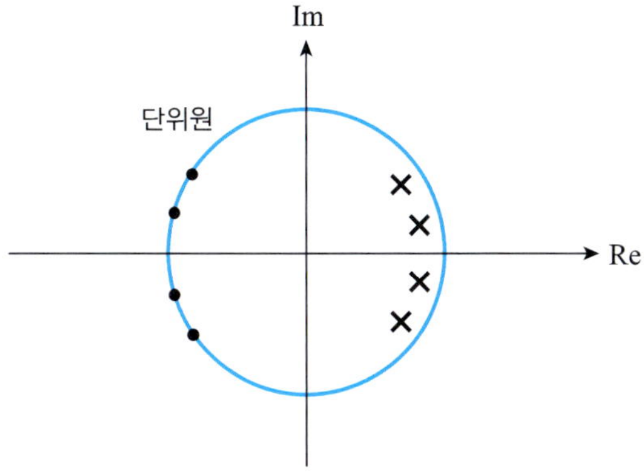

그림 8-21 예제 IIR 필터의 극점과 영점 위치

위의 4개의 극점의 위치는 다음과 같다.

$$p_{00} = 0.8e^{j\pi/9} = 0.8\cos(\pi/9) + j0.8\sin(\pi/9) = 0.7518 + j0.2736$$
$$p_{01} = 0.8e^{-j\pi/9} = 0.8\cos(\pi/9) - j0.8\sin(\pi/9) = 0.7518 - j0.2736$$

$$p_{10} = 0.8e^{j2\pi/9} = 0.8\cos(2\pi/9) + j0.8\sin(2\pi/9) = 0.6128 + j0.5142$$
$$p_{11} = 0.8e^{-j2\pi/9} = 0.8\cos(2\pi/9) - j0.8\sin(2\pi/9) = 0.6128 - j0.5142$$

또한 4개의 영점의 위치는 다음과 같다.

$$z_{00} = e^{j8\pi/9} = \cos(8\pi/9) + j\sin(8\pi/9) = -0.9397 + j0.3420$$
$$z_{01} = e^{-j8\pi/9} = \cos(8\pi/9) - j\sin(8\pi/9) = -0.9397 - j0.3420$$

$$z_{10} = e^{j7\pi/9} = \cos(7\pi/9) + j\sin(7\pi/9) = -0.7660 + j0.6428$$
$$z_{11} = e^{-j7\pi/9} = \cos(7\pi/9) - j\sin(7\pi/9) = -0.7660 - j0.6428$$

위의 4개의 극점으로부터 다음과 같은 분모다항식을 얻을 수 있다.

$$\begin{aligned} D(z) &= (z - 0.7518 - j0.2736)(z - 0.7518 + j0.2736) \\ &\quad \times (z - 0.6128 - j0.5142)(z - 0.6128 + j0.5142) \\ &= (z^2 - 1.5036z + 0.64)(z^2 - 1.2256z + 0.64) \\ &= z^4 - 2.7292z^3 + 3.1228z^2 - 1.7467z + 0.4096 \end{aligned}$$

위의 4개의 영점으로부터 다음과 같은 분자다항식을 얻을 수 있다.

$$\begin{aligned} N(z) &= (z+0.9397-j0.342)(z+0.9397+j0.342) \\ &\quad \times (z+0.766-j0.6428)(z+0.766+j0.6428) \\ &= (z^2+1.8794z+1)(z^2+1.532z+1) \\ &= z^4+3.4114z^3+4.8792z^2+3.4114z+1 \end{aligned}$$

따라서 최종적으로 설계된 전달함수와 차분방정식은 각각 다음과 같다.

$$H(z) = \frac{N(z)}{D(z)} = \frac{1+3.4114z^{-1}+4.8792z^{-2}+3.4114z^{-3}+z^{-4}}{1-2.7292z^{-1}+3.1228z^{-2}-1.7467z^{-3}+0.4096z^{-4}}$$

$$\begin{aligned} & y[n]-2.7292y[n-1]+3.1228y[n-2]-1.7467y[n-3]+0.4096y[n-4] \\ & = x[n]+3.4114x[n-1]+4.8792x[n-2]+3.4114x[n-3]+x[n-4] \end{aligned}$$

8.6 IIR 필터 구조

필터는 FIR 필터와 IIR 필터로 나눈다. FIR 필터와 IIR 필터는 다양한 구조가 개발되어 사용되고 있다. 이와 같이 여러 가지 구조가 개발된 이유는 구조마다 **유한 정세도 특성**(finite precision characteristic)이 다르기 때문이다. 유한 정세도 특성에는 **계수양자화 특성**과 **라운딩 특성**이 있다. 설계된 차분방정식이 반도체 등의 하드웨어로 구현될 때, 대부분의 경우 필터 하드웨어에서 사용되는 비트 크기는 제한을 갖는다. 어떤 반도체 칩에서는 16비트를 사용하고 또 다른 어떤 반도체 칩에서는 8비트를 사용하기도 한다. 설계된 차분방정식의 계수는 정해진 시스템의 비트 크기로 양자화되므로 필터의 주파수 응답도 변형이 생기게 된다. 이렇게 변형이 생기는 정도가 필터 구조마다 조금씩 다른데, 이를 **계수양자화 특성**이라고 부른다. 또한 신호와 필터계수가 곱해진 결과는 비트의 크기가 증가하므로 LSB들을 버리게 된다. 이러한 라운딩이 필터에 미치는 영향을 **라운딩 특성**이라고 부른다.

여러 가지 필터 구조를 개발하는 또 다른 이유는 필터 구조마다 **구현비용**이 다르기 때문이다. 즉, 사용되는 덧셈기, 곱셈기, 지연소자의 수가 필터 구조마다 차이가 있다. 따라서 어느 특별한 필터 구조가 유한 정세도 특성은 상대적으로 우수한데, 구현비용이 상대적으로 크면 구조를 선택할 때에 주의가 필요하다. 물론 유한 정세도 특성이 좋으면서 구현비용도 낮은 구조가 가장 좋은 필터 구조이다.

IIR 필터의 전달함수는 분자와 분모의 다항식으로 표현되는데 여기서는 분자, 분모 다항식이 각각 모두 N차인 다음의 IIR 필터의 구조를 유도하기로 한다.

$$\begin{aligned} & y[n]+a_1\,y[n-1]+a_2\,y[n-2]+\cdots\ +a_N\,y[n-N] \\ & \quad = b_0 x[n]+b_1\,x[n-1]+b_2\,x[n-2]+\cdots\ +b_N\,x[n-N] \end{aligned}$$

$$H(z)=\frac{b_0+b_1 z^{-1}+b_2 x^{-2}+\cdots\ +b_N\,z^{-N}}{1+a_1 z^{-1}+a_2 z^{-2}+\cdots\ +a_N\,z^{-N}}$$

8.6.1 제I직접형 구조(direct form I)

가장 기본 구조인 제I직접형의 구조는 차분방정식에서 직접 만들어진다. 즉, 차분방정식을 다음과 같이 변형시켜 보자.

$$\begin{aligned} y[n]= &\ b_0\,x[n]+b_1\,x[n-1]+b_2\,x[n-2]+\ \cdots\ +b_N\,x[n-N] \\ & -a_1\,y[n-1]-a_2\,y[n-2]-\ \cdots\ -a_N\,y[n-N] \end{aligned}$$

이 식에서 바로 다음 그림과 같은 필터 구조를 제작할 수 있다.

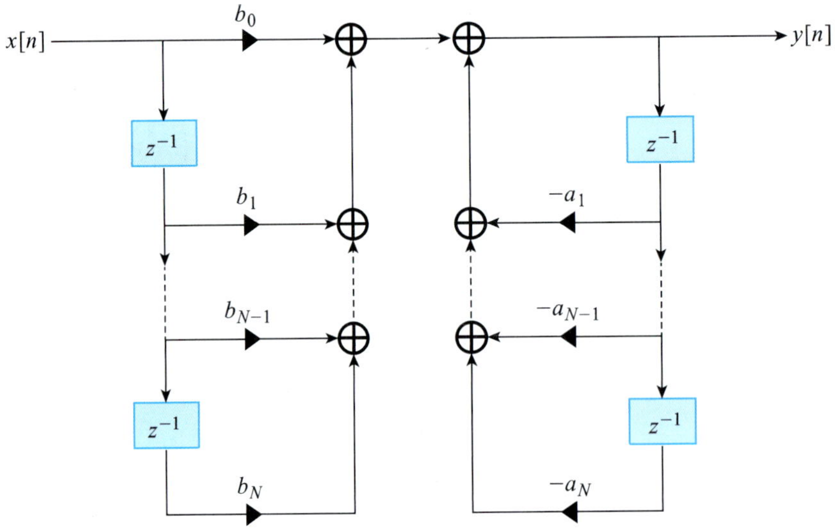

그림 8-22 제I직접형 구조

위의 필터 구조를 제I직접형 구조라고 부른다. 분자, 분모 다항식의 차수가 각각 M과 N인 경우에 제I직접형에 사용되는 소자는 곱셈기는 $N+M+1$개, 덧셈기는 $N+M$개, 지연소자는 $N+M$개가 사용된다.

8.6.2 제II직접형 구조(direct form II)

제II직접형 구조는 제I직접형 구조로부터 쉽게 만들어질 수 있는 구조이다. 제I직접형 구조는 2개의 필터가 직렬로 연결되어 있는 것으로 간주할 수 있다.

직렬구조는 교환법칙이 성립하므로 어떤 시스템을 먼저 구현해도 상관없다. 따라서 다음 그림과 같이 2개의 필터를 서로 뒤바꿔서 구현할 수 있다.

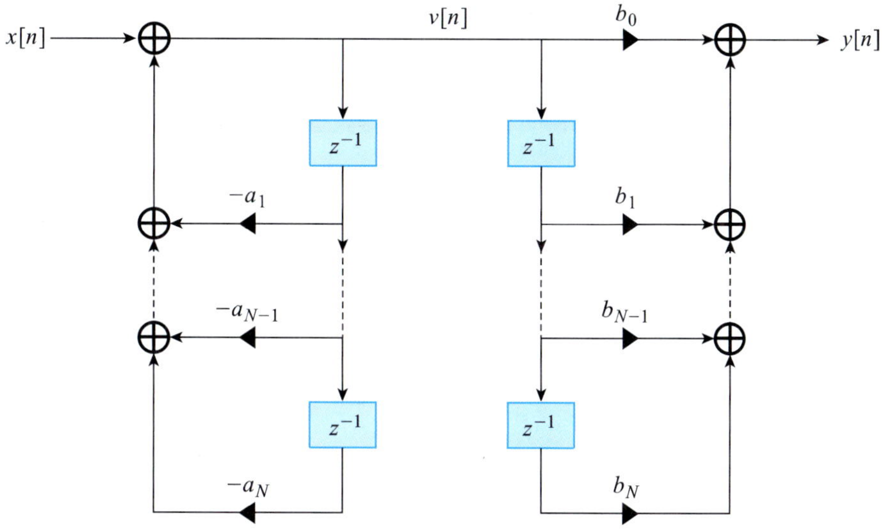

그림 8-23 제II직접형 구조를 얻기 위한 시스템의 교환

위의 그림은 제II직접형을 만들기 위해 전달함수의 분모다항식을 먼저 구현한 구조이다. 위의 그림에서 $v[n]$으로부터 아래 방향 지연소자들의 모든 노드는 같은 신호들이 만들어지므로 지연소자를 다음 그림과 같이 공유하여 하나로 줄일 수 있다.

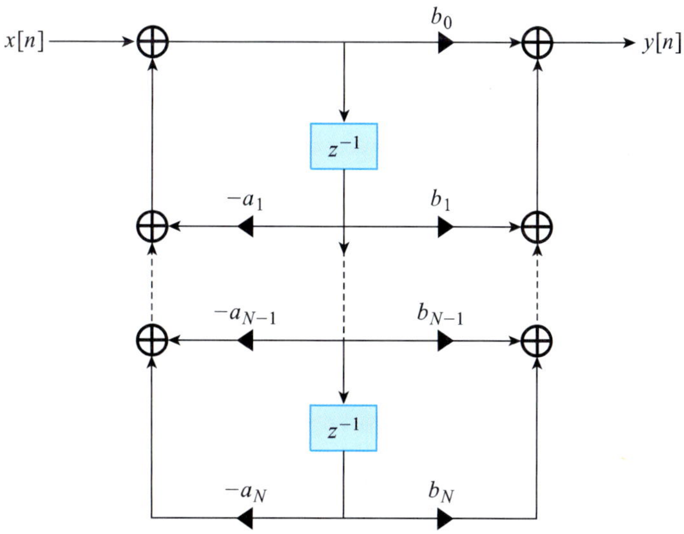

그림 8-24 제II직접형 구조

필터의 전달함수에서 분모의 차수가 분자의 차수와 같거나 크므로 분모의 차수가 필터의 차수가 된다. 분자, 분모 다항식의 차수가 각각 M과 N인 경우에 제II직접형에 사용되는 소자는 곱셈기는 $N+M+1$개, 덧셈기는 $N+M$개, 지연소자는 N개가 사용된다.

8.6.3 전치 제II직접형 구조(transposed direct form II)

전치 제II직접형 구조는 제I직접형 구조의 단점인 너무 많은 지연소자의 사용수를 줄이기 위해 만들어졌다고 할 수 있다. 즉 제I직접형 구조의 유한 정세도 특성은 그대로 유지하되 지연소자의 사용수를 필터의 차수와 같도록 구현하게 된다. 전치 제II직접형 구조를 만들기 위해서 전치 정리(transposition theorem)를 이용하여야 하는데, 이는 시스템의 입력과 출력을 반대로 정의하고 모든 처리 순서를 반대로 하면 등가의 시스템이 되는 정리이다. 먼저 2차의 FIR 필터에 이 정리를 적용하면 다음 그림과 같다.

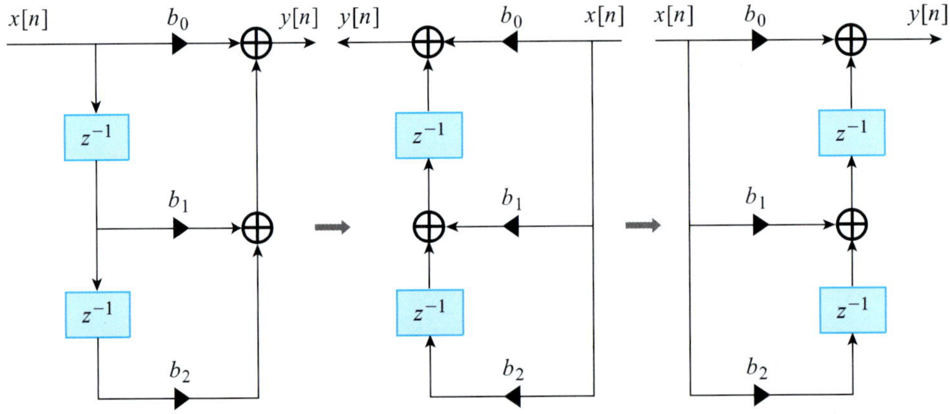

그림 8-25 2차 FIR 필터에 전치 정리 적용

먼저 신호의 처리 순서와 입출력을 반대로 정의하면 등가의 필터가 된다. 보통 필터 구조를 그릴 때에 입력을 왼쪽에 나타내고 출력은 오른쪽에 나타내므로 입력을 왼쪽에서 들어가도록 다시 그리는 것이 편리하다. 전치 정리 적용 후에 등가의 시스템인지는 전달함수를 구해보면 쉽게 알 수 있다. 이번에는 분자다항식이 1인 2차의 IIR 필터에 전치 정리를 적용하면 다음 그림과 같다.

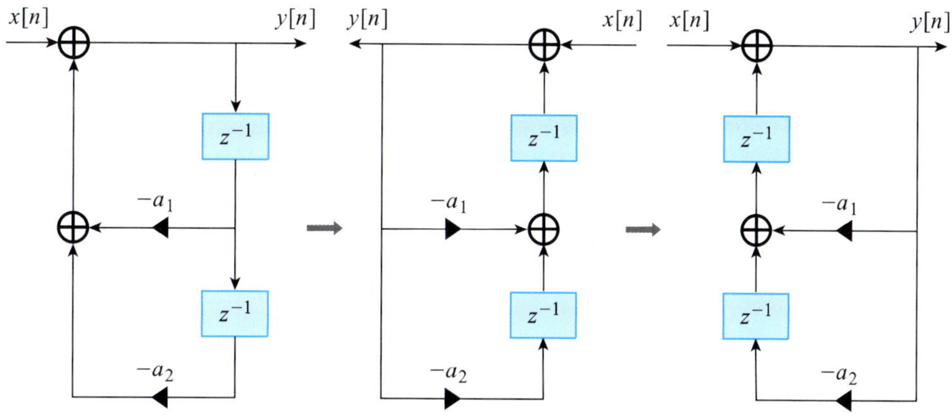

그림 8-26 분자다항식이 1인 2차 IIR 필터에 전치 정리 적용

위의 첫 번째 그림에 전치 정리를 적용하여 다시 그리면 세 번째 그림의 등가의 구현도를 얻을 수 있다.

지금까지의 FIR과 IIR 필터의 전치 정리 적용결과를 이용하여 제I직접형 구조를 다시 그리면 다음 그림과 같다.

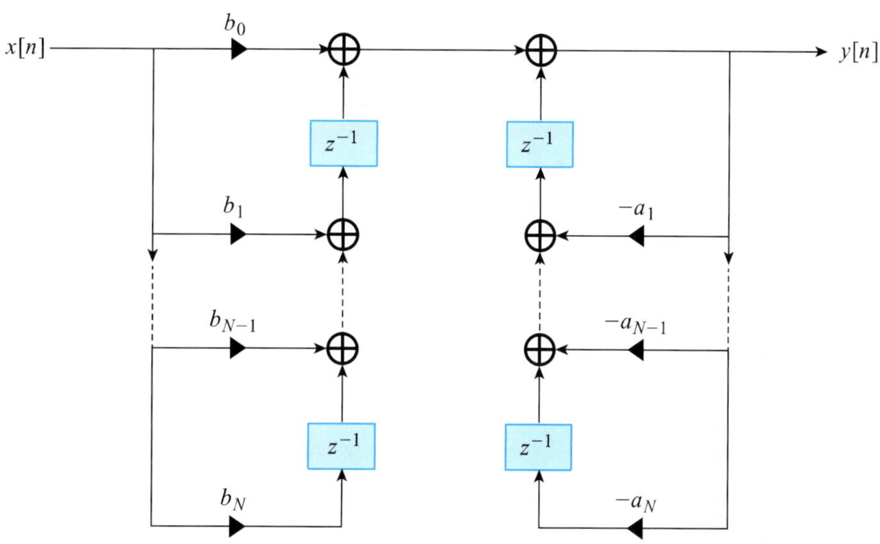

그림 8-27 제I직접형 구조에 전치 정리 적용

위의 그림을 보면 밑에서 위로 향하는 신호들을 먼저 합해서 지연시켜도 됨을 알 수 있다. 이는 지연소자의 출력들이 오직 출력 $y[n]$을 만드는 데에만 사용되기 때문이다. 따라서 지연소자로 입력되기 전에 신호를 더하면 다음 그림과 같이 나타낼 수 있다.

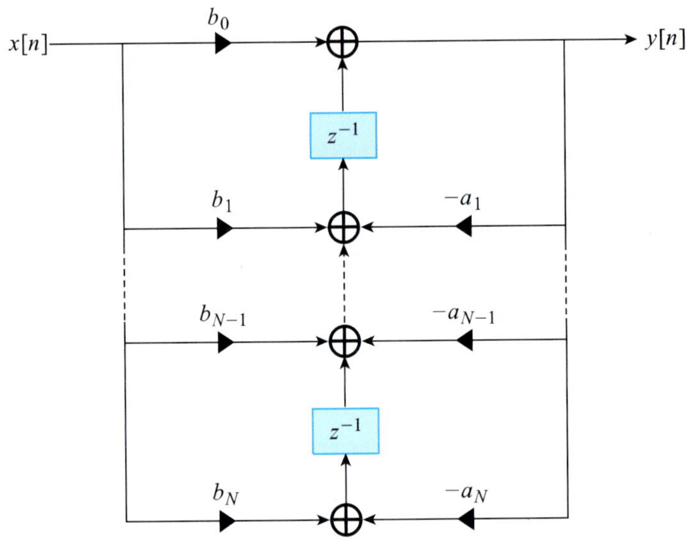

그림 8-28 전치 제II직접형 구조

위와 같은 필터 구조를 전치 제II직접형 구조라고 한다. 분자와 분모다항식의 차수가 각각 M과 N인 경우에 전치 제II직접형에 사용되는 소자의 수는 곱셈기는 $N+M+1$개, 덧셈기는 $N+M$개, 지연소자는 N개가 사용된다.

위와 같이 전치 제II직접형 구조에 사용되는 지연소자의 수는 제II직접형의 사용 수와 같다. 다양한 필터 구조 중에서 필터의 차수와 사용된 지연소자 수가 같은 구조들을 캐노닉형(canonic form)이라고 부르는데, 따라서 제II직접형과 전치 제II직접형은 캐노닉형에 포함되고 제I직접형은 캐노닉형이 아님을 알 수 있다.

8.6.4 직렬형 구조(cascade form)

이 절에서는 전달함수의 분모다항식을 인수분해하여 직렬로 연결함으로서 얻을 수 있는 직렬형 구조에 대하여 알아보기로 하자. 다음 전달함수의 분자와 분모다항식은 각각 다음과 같이 2차 다항식으로 인수분해될 수 있다.

$$H(z) = \frac{b_0 + b_1 z^{-1} + b_2 x^{-2} + \cdots + b_N z^{-N}}{1 + a_1 z^{-1} + a_2 z^{-2} + \cdots + a_N z^{-N}}$$

$$= \prod_{k=1}^{M} \frac{b_{0k} + b_{1k} z^{-1} + b_{2k} z^{-2}}{1 + a_{1k} z^{-1} + a_{2k} z^{-2}} \quad \text{여기에서 } M = \left\lfloor \frac{N+1}{2} \right\rfloor$$

여기에서 M은 $(N+1)/2$을 만족하는 수에서 버림을 한 정수를 의미한다. 예를 들어 $N=6$이면 M은 3이 된다. 그리고 Π는 곱을 나타낸다. 예를 들어 $N=6$의 6차 분모다항식은 2차 다항식 3개로 인수분해된다. $N=7$의 7차 분모다항식의 경우에는 2차 다항식 3개와 1차 다항식 1개로 인수분해된다. 직렬형 구조는 2차 IIR 필터의 직렬 연결로 다음 그림과 같이 만들어 진다.

그림 8-29 직렬형 구조의 블록도

위의 직렬형 구조 블록도에서 2차 IIR 필터를 제II직접형으로 구현할 경우 전체 필터 구조는 다음 그림과 같다.

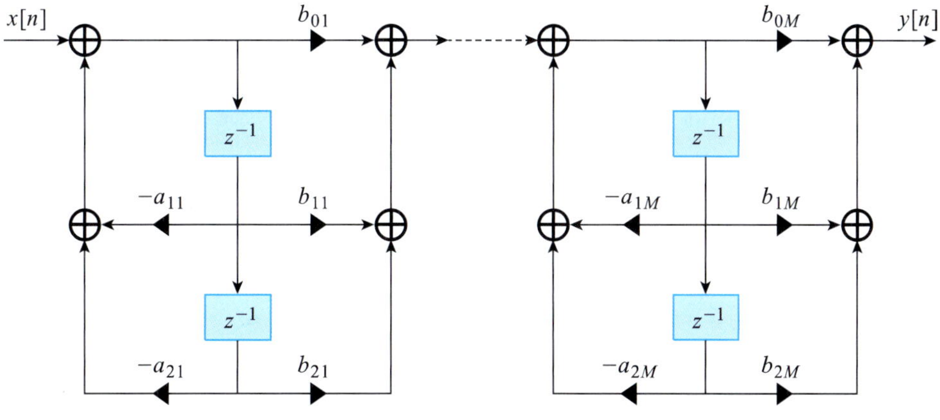

그림 8-30 직렬형 구조(제II직접형 사용)

그림 8-30의 직렬형 구조에서 2차 IIR 필터는 제I직접형이나 전치 제II직접형으로 구현할 수도 있다. 고차의 분모다항식을 2차 다항식으로 인수분해하는 이유는 1차까지 인수분해하면 일반적으로 허수의 계수가 생기기 때문이며, 허수 계수의 전달함수는 구현하기 매우 어렵게 된다.

다음의 전달함수에 대하여 직렬형 구조를 만들어보기로 한다.

$$H(z)=\frac{1+3z^{-1}+3z^{-2}+z^{-3}}{1-1.6z^{-1}+1.1z^{-2}-0.3z^{-3}}$$

이 전달함수를 인수분해하면 다음과 같다.

$$H(z)=\frac{1+3z^{-1}+3z^{-2}+z^{-3}}{1-1.6z^{-1}+1.1z^{-2}-0.3z^{-3}}=\frac{z^3+3z^2+3z+1}{z^3-1.6z^2+1.1z-0.3}$$

$$=\frac{(z+1)}{(z-0.6)}\cdot\frac{(z^2+2z+1)}{(z^2-z+0.5)}=\frac{1+z^{-1}}{1-0.6z^{-1}}\cdot\frac{1+2z^{-1}+z^{-2}}{1-z^{-1}+0.5z^{-2}}$$

전달함수의 분모다항식과 분자다항식이 각각 3차 다항식이므로 인수분해를 하면 1차 다항식과 2차 다항식으로 인수분해된다. 위의 결과에서 보듯이 1차 다항식과 2차 다항식의 곱이므로 다음 그림과 같은 직렬형 구조가 만들어진다.

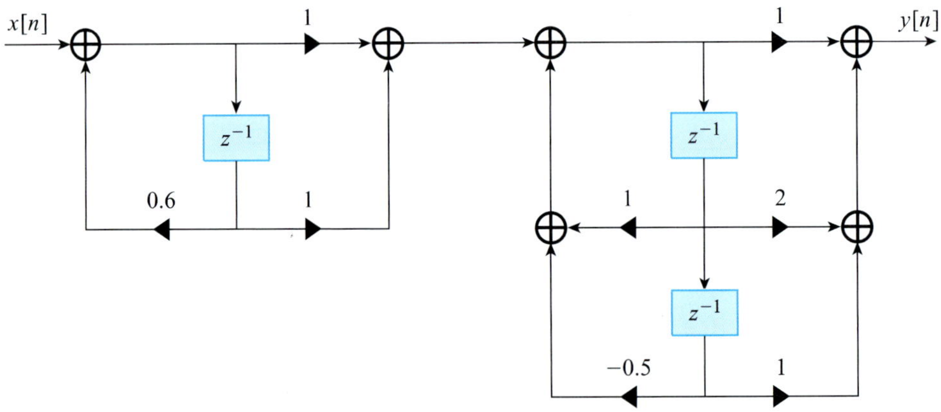

그림 8-31 예제의 직렬형 구조

8.6.5 병렬형 구조(parallel form)

전달함수의 분모다항식을 인수분해한 후에 부분분수로 전개하면 전달함수를 여러 개의 전달함수들의 합으로 표현할 수 있다. 이와 같은 구조를 병렬형 구조라고 한다. 일반적으로 전달함수의 분모다항식은 2차 다항식으로 인수분해되어 다음과 같은 부분분수의 합으로 나타낼 수 있다.

$$H(z) = \frac{b_0 + b_1 z^{-1} + b_2 x^{-2} + \cdots + b_N z^{-N}}{1 + a_1 z^{-1} + a_2 z^{-2} + \cdots + a_N z^{-N}}$$

$$= c + \sum_{k=1}^{M} \frac{b_{0k} + b_{1k} z^{-1}}{1 + a_{1k} z^{-1} + a_{2k} z^{-2}}$$

예를 들어 $N=6$의 분모다항식은 2차 다항식 3개로 인수분해된 후에 위의 식과 같은 부분분수의 합으로 표현될 수 있다. 병렬형 구조는 2차 필터의 병렬연결로서 블록도는 다음 그림과 같다.

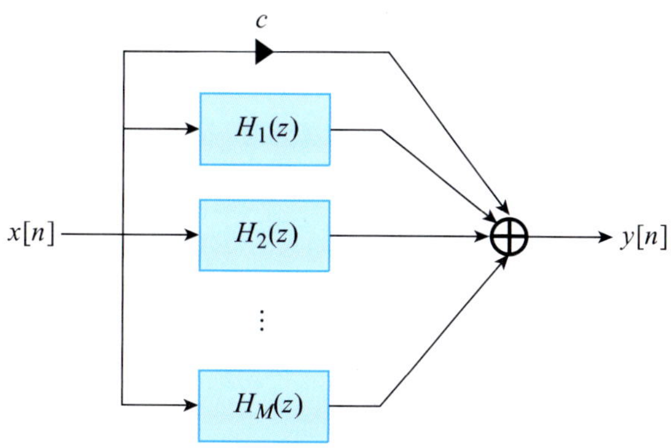

그림 8-32 병렬형 구조의 블록도

위의 병렬형 구조 블록도에서 각각의 IIR 필터를 제II직접형으로 구현할 경우 전체 필터 구조는 다음 그림과 같다.

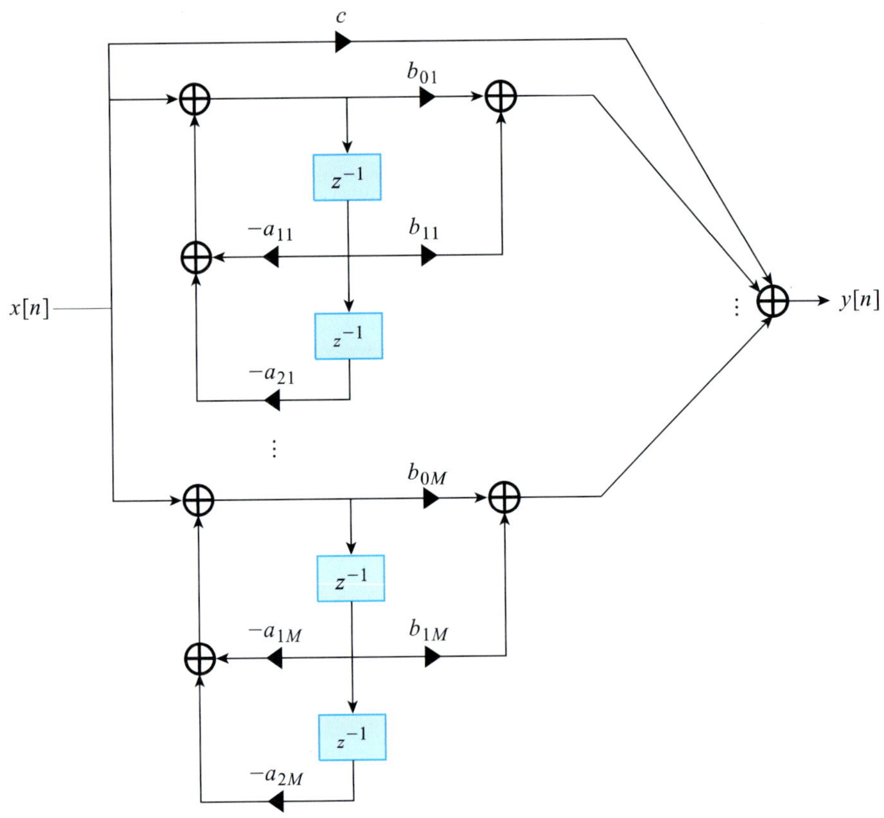

그림 8-33 병렬형 구조(제II직접형 사용)

위의 병렬형 구조에서 2차 IIR 필터는 제I직접형이나 전치 제II직접형으로 구현할 수도 있다.

다음의 전달함수에 대하여 병렬형 구조를 만들어보기로 한다.

$$H(z) = \frac{1 + 3z^{-1} + 3z^{-2} + z^{-3}}{1 - 0.9z^{-1} + 0.64z^{-2} - 0.576z^{-3}}$$

병렬형을 만들기 위해 먼저 다음과 같이 상수항을 구분시켜서 분자다항식의 차수를 낮춘다.

$$H(z) = \frac{1+3z^{-1}+3z^{-2}+z^{-3}}{1-0.9z^{-1}+0.64z^{-2}-0.576z^{-3}}$$

$$= -1.736 + \frac{2.736+1.4376z^{-1}+4.111z^{-2}}{1-0.9z^{-1}+0.64z^{-2}-0.576z^{-3}}$$

위의 식에서 분모다항식은 다음과 같이 1차 다항식과 2차 다항식으로 인수분해된다.

$$\frac{2.736+1.4376z^{-1}+4.111z^{-2}}{1-0.9z^{-1}+0.64z^{-2}-0.576z^{-3}} = \frac{2.736+1.4376z^{-1}+4.111z^{-2}}{(1-0.9z^{-1})(1+0.64z^{-2})}$$

따라서 다음과 같이 부분분수로 나타낼 수 있다.

$$\frac{2.736+1.4376z^{-1}+4.111z^{-2}}{1-0.9z^{-1}+0.64z^{-2}-0.576z^{-3}} = \frac{A_1}{1-0.9z^{-1}} + \frac{A_2+A_3z^{-1}}{1+0.64z^{-2}}$$

$$= \frac{(A_1+A_2)+(A_3-0.9A_2)z^{-1}+(0.64A_1-0.9A_3)z^{-2}}{(1-0.9z^{-1})(1+0.64z^{-2})}$$

계수비교를 통하여 다음과 같은 연립방정식이 만들어진다.

$$\begin{cases} A_1 + A_2 = 2.736 \\ A_3 - 0.9A_2 = 1.4375 \\ 0.64A_1 - 0.9A_3 = 4.111 \end{cases}$$

이 연립방정식을 풀면 부분분수의 계수들이 다음과 같이 구해진다.

$$A_1 = 5.2559,\quad A_2 = -2.5199,\quad A_3 = -0.8303$$

따라서 최종의 병렬형 구조를 위한 전달함수는 다음과 같다.

$$H(z) = -1.736 + \frac{5.2559}{1-0.9z^{-1}} + \frac{-2.5199-0.8303z^{-1}}{1+0.64z^{-2}}$$

이 전달함수에 대한 병렬형 구조는 다음 그림과 같다.

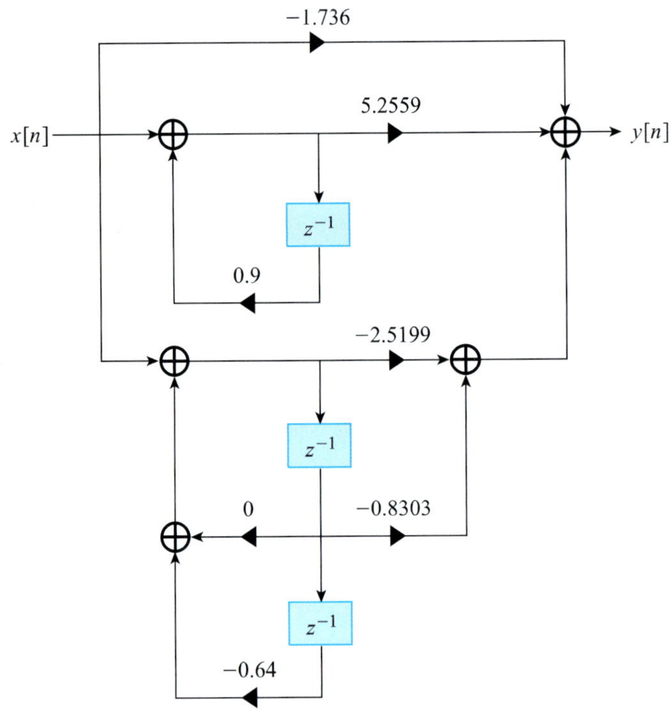

그림 8-34 예제의 병렬형 구조

8.7 FIR 필터 구조

FIR 필터의 전달함수는 분모다항식이 1이므로 분자다항식으로만 표현한다. 따라서 다음과 같은 차분방정식(또는 컨볼류션 식이라고 해도 됨)이나 전달함수로 나타낸다.

$$y[n] = b_0 x[n] + b_1 x[n-1] + b_2 x[n-2] + \cdots + b_N x[n-N]$$

$$H(z) = b_0 + b_1 z^{-1} + b_2 x^{-2} + \cdots + b_N z^{-N}$$

위의 필터를 N차 FIR 필터 또는 $(N+1)$탭 FIR 필터라고 한다.

8.7.1 직접형 구조(direct form)

가장 기본적인 FIR 필터 구조인 직접형은 차분방정식에서 직접 만들어진다. 즉, 차분방정식에서 바로 다음 그림과 같은 직접형 구조를 제작할 수 있다.

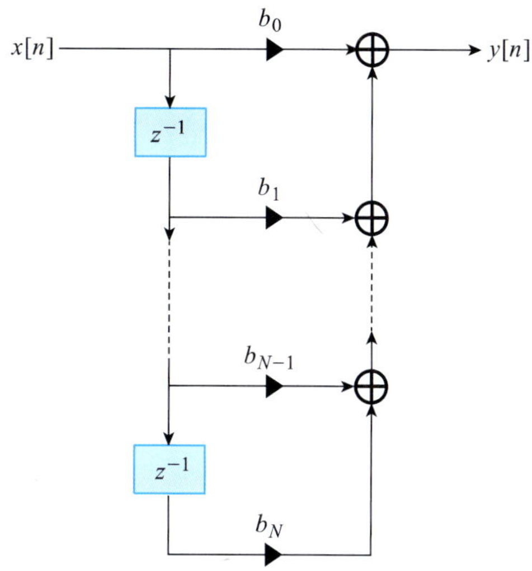

그림 8-35 직접형 구조

8.7.2 전치 직접형 구조(transposed direct form)

전치 직접형 구조를 만들기 위해서는 IIR 필터의 전치 제II직접형 구조 제작에서도 사용했던 전치 정리를 이용한다. 이전 절의 FIR 직접형 구조에 전치 정리를 적용하면 다음 그림과 같으며 이를 전치 직접형 구조라고 부른다.

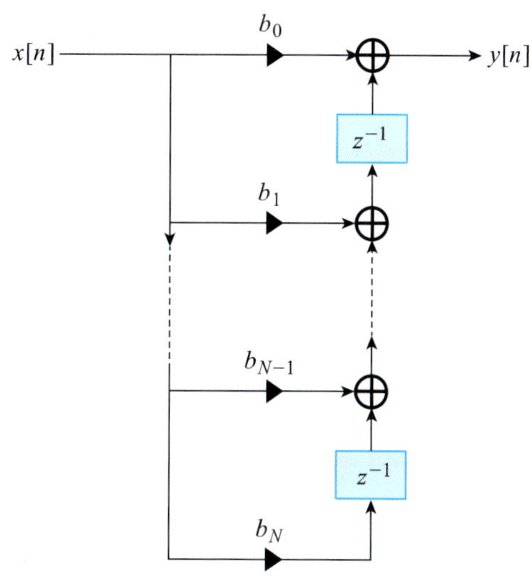

그림 8-36 전치 직접형 구조

FIR 필터는 선형위상(linear phase) 특성을 만족하기 위하여 필터계수를 대칭으로 사용하는 경우가 대부분이다. 필터계수가 대칭이면 위상특성이 선형이 된다. 이런 선형위상 필터의 경우에 전치 직접형은 다음과 같은 장점을 갖는다. 예를 들면, 5탭의 선형위상 필터의 경우 차분방정식은 다음과 같이 계수가 대칭이다.

$$y[n] = b_0 x[n] + b_1 x[n-1] + b_2 x[n-2] + b_1 x[n-3] + b_0 x[n-4]$$

따라서 다음 그림과 같이 곱셈기의 수를 줄일 수 있음을 알 수 있다.

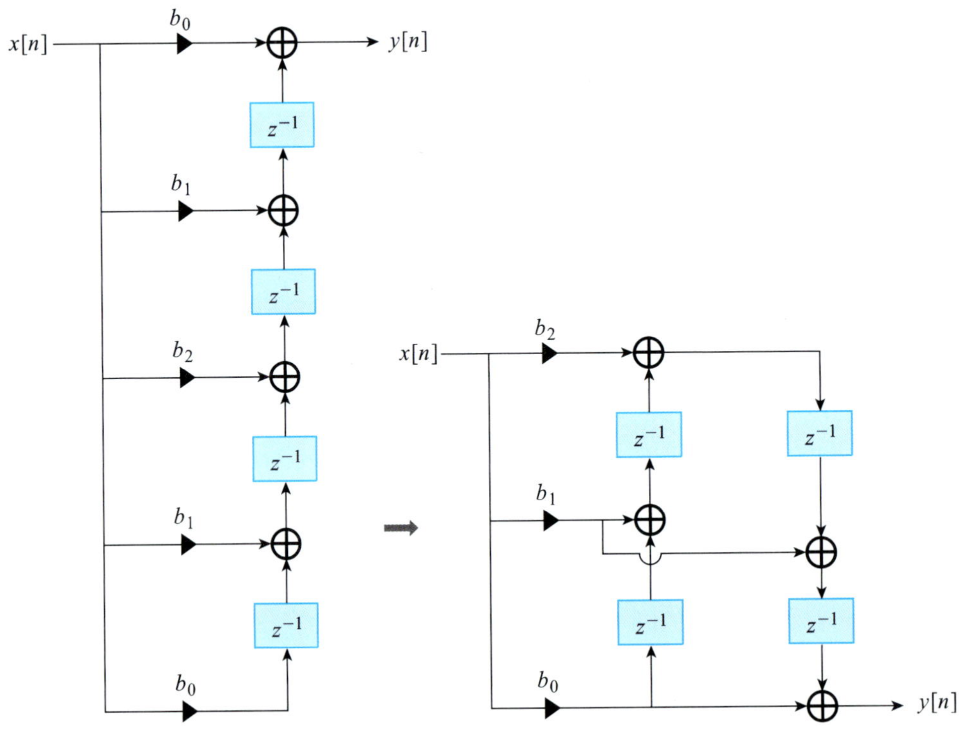

그림 8-37 (a) 5탭 전치 직접형 구조, (b) 단순화된 5탭 전치 직접형 구조

단순화된 5탭 전치 직접형 구조에서 보듯이, 이 구조를 사용하면 곱셈기의 수를 감소시킬 수 있게 된다.

8.7.3 직렬형 구조(cascade form)

이 절에서는 전달함수의 다항식을 인수분해하여 직렬로 연결함으로서 얻을 수 있는 직렬형 구조에 대하여 알아보기로 한다. 일반적인 전달함수 다항식은 2차 다항식으로 인수분해될 수 있으므로 다음과 같이 나타낼 수 있다.

$$H(z) = b_0 + b_1 z^{-1} + b_2 x^{-2} + \cdots + b_N z^{-N}$$

$$= \prod_{k=1}^{M} (b_{0k} + b_{1k} z^{-1} + b_{2k} z^{-2}), \text{ 여기에서 } M = \left\lfloor \frac{N+1}{2} \right\rfloor$$

예를 들면 $N = 7$의 경우에는 2차 다항식 3개와 1차 다항식 1개로 인수분해된다. 제II직접형을 사용한 직렬형 구조는 다음 그림과 같다.

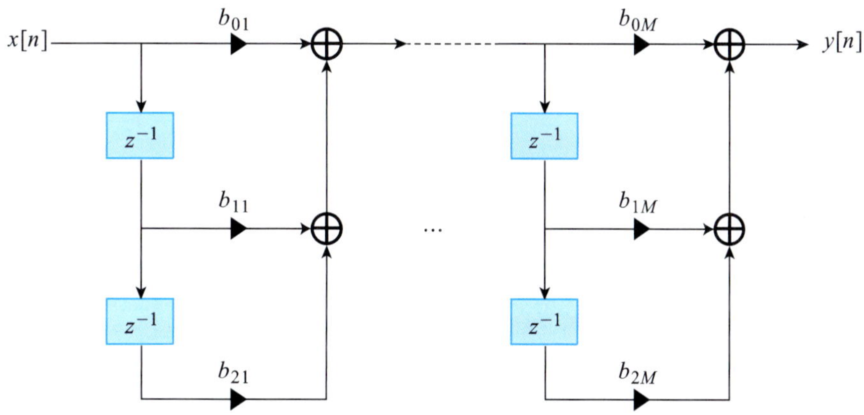

그림 8-38 직렬형 구조

연습문제

8-1 어떤 LTI 시스템의 임펄스 응답이 다음과 같다.

$$h[n] = 0.9^{n}u[n] + 0.9^{-n}u[-n-1]$$

(a) 전달함수 $H(z)$를 구하고, 수렴영역을 구하시오.

(b) 극점과 영점을 그리시오.

(c) 주파수 응답 $H(e^{j\omega})$를 간단히 그리시오($\omega = 0$과 $\omega = \pi$의 값들을 표기해서 그리시오).

8-2 어떤 LTI 안정 시스템에서 입력신호 $x[n]$과, 출력신호 $y[n]$의 z 변환 $Y(z)$는 각각 다음과 같다.

$$x[n] = 2(0.5)^{|n|}, \qquad Y(z) = \frac{3z^2}{(z-0.5)(z-2)(z-4)},\ 0.5 < |z| < 2$$

(a) $X(z)$와 $X(z)$의 수렴영역을 구하시오.

(b) 시스템이 인과성인지 아닌지를 답하시오.

(c) 임펄스 응답 $h[n]$을 구하시오.

8-3 어떤 LTI 인과 시스템의 전달함수가 다음과 같다.

$$H(z) = \frac{1+0.5z^{-1}}{1-z^{-1}+0.5z^{-2}}$$

(a) 임펄스 응답 $h[n]$을 구하시오.

(b) $h[0]$과 $h[1]$을 구하시오.

8-4 다음 LTI 시스템을 보고 물음에 답하시오.

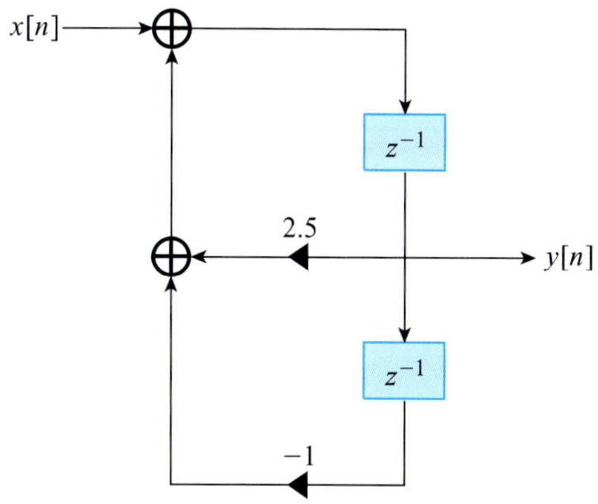

그림 VIII-1

(a) 전달함수 $H(z)$를 구하시오.

(b) 차분방정식을 구하시오.

(c) 임펄스 응답 $h[n]$을 구하시오.

8-5 어떤 LTI 인과 시스템의 전달함수가 다음과 같다.

$$H(z)=\frac{z^{-2}}{1-1.7z^{-1}+0.72z^{-2}}$$

임펄스 응답 $h[n]$을 구하시오.

8-6 어떤 LTI 인과 시스템의 차분방정식이 다음과 같다.

$$y[n]-0.75y[n-1]+0.125y[n-2]=x[n-1]$$

이 시스템의 임펄스 응답 $h[n]$을 구하시오.

8-7 어떤 LTI 인과 시스템의 전달함수가 다음과 같다. 임펄스 응답을 구하고 임펄스 응답의 처음 3개의 값을 구하시오.

$$H(z)=\frac{1}{1-1.4z^{-1}+0.58z^{-2}}$$

8-8 다음 LTI 시스템을 보고 물음에 답하시오.

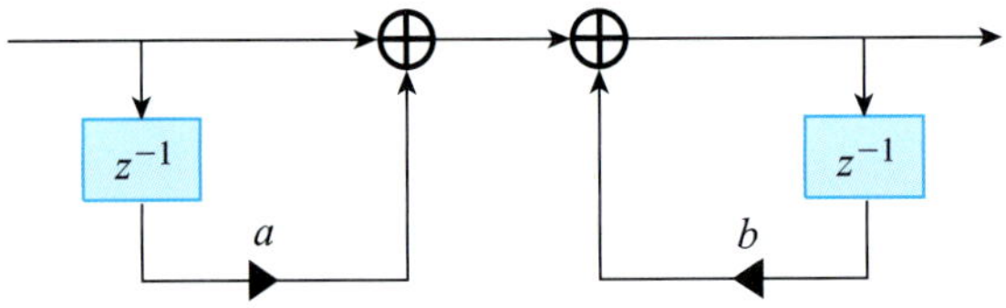

그림 VIII-2

(a) 전달함수 $H(z)$를 구하시오.

(b) 시스템이 안정하기 위한 조건을 구하시오.

(c) 시스템이 안정의 저역통과 필터가 되기 위한 극점과 영점의 조건을 간단히 그리시오.

(d) 시스템이 안정의 고역통과 필터가 되기 위한 극점과 영점의 조건을 간단히 그리시오.

8-9 어느 LTI 시스템에서 입력신호 $x[n]$과 출력신호 $y[n]$이 다음과 같다.

$$x[n] = 3\delta[n] - 3\delta[n-1] + \delta[n-2] + 2\delta[n-3] + 4\delta[n-5] + 5\delta[n-6] - 6\delta[n-7],$$

$$y[n] = \delta[n] + \frac{1}{3}\delta[n-2] + \delta[n-4] + 2\delta[n-5] + 3\delta[n-6] + \delta[n-7] - \frac{1}{3}\delta[n-8] - 2\delta[n-9]$$

임펄스 응답 $h[n]$을 구하시오.

8-10 어느 LTI 시스템의 임펄스 응답 $h[n]$은 다음과 같다.

$$h[n] = \frac{1}{3}\delta[n] + \frac{1}{3}\delta[n-1] + \frac{1}{3}\delta[n-2]$$

(a) 곱셈기, 덧셈기, 지연소자를 사용하여 구현하시오.

(b) 전달함수 $H(z)$를 구하시오.

(c) 영점을 그리시오.

(d) 진폭 응답 $|H(e^{j\omega})|$를 그리시오($\omega = 0$과 $\omega = \pi$에서의 값을 표시하시오).

8-11 다음 차분방정식을 보고 물음에 답하시오.

$$y[n]-y[n-1]+0.5y[n-2]=0.25x[n]+0.25x[n-1]$$

(a) 곱셈기, 덧셈기, 지연소자를 사용하여 구현하시오.

(b) 전달함수 $H(z)$를 구하시오.

(c) 극점과 영점을 그리시오.

(d) 이 시스템은 안정한가?

8-12 어느 LTI 시스템의 임펄스 응답 $h[n]$은 다음과 같다.

$$h[n]=0.5\delta[n]-0.5\delta[n-1]$$

(a) 곱셈기, 덧셈기, 지연소자를 사용하여 구현하시오.

(b) 전달함수 $H(z)$를 구하시오.

(c) 영점을 그리시오.

(d) 진폭 응답 $|H(e^{j\omega})|$를 그리시오($\omega=0$과 $\omega=\pi$에서의 값을 표시하시오).

8-13 어느 LTI 시스템의 임펄스 응답 $h[n]$은 다음과 같다.

$$h[n]=0.5\delta[n]-0.5\delta[n-2]$$

(a) 곱셈기, 덧셈기, 지연소자를 사용하여 구현하시오.

(b) 전달함수 $H(z)$를 구하시오.

(c) 영점을 그리시오.

(d) 진폭 응답 $|H(e^{j\omega})|$를 그리시오($\omega=0$과 $\omega=\pi$에서의 값을 표시하시오).

8-14 어느 LTI 시스템의 임펄스 응답 $h[n]$은 다음과 같다.

$$h[n]=0.5\delta[n]-0.5\delta[n-4]$$

(a) 곱셈기, 덧셈기, 지연소자를 사용하여 구현하시오.

(b) 전달함수 $H(z)$를 구하시오.

(c) 영점을 그리시오.

(d) 진폭 응답 $|H(e^{j\omega})|$를 그리시오($\omega=0$과 $\omega=\pi$에서의 값을 표시하시오).

8-15 다음 임펄스 응답에서 전달함수와 차분방정식을 구하시오.

(a) $h[n] = 0.2\delta[n] + 0.5\delta[n-2] + 0.3\delta[n-2]$

(b) $h[n] = -0.3\delta[n] + 0.7\delta[n-1] - 0.5\delta[n-2]$

8-16 다음 전달함수에서 임펄스 응답과 차분방정식을 구하시오.

(a) $H(z) = 0.8 + 0.5z^{-1} + 0.4z^{-2}$

(b) $H(z) = -0.5 + 0.4z^{-1} - 0.3z^{-2}$

8-17 다음 차분방정식에서 전달함수와 임펄스 응답을 구하시오.

(a) $y[n] = 0.9x[n] + 0.8x[n-1] + 0.7x[n-2]$

(b) $y[n] = -0.1x[n] + 0.7x[n-1] - 0.2x[n-2]$

8-18 다음 임펄스 응답에서 전달함수와 차분방정식을 구하시오.

(a) $h[n] = 0.8^n u[n]$

(b) $h[n] = (-0.7)^n u[n]$

8-19 다음 전달함수에서 차분방정식과 임펄스 응답을 구하시오.

(a) $H(z) = \dfrac{1}{1 - 0.7z^{-1} + 0.12z^{-2}}$

(b) $H(z) = \dfrac{1}{1 + 1.5z^{-1} + 0.56z^{-2}}$

8-20 다음 차분방정식에서 전달함수를 구하시오.

(a) $y[n] - 0.8y[n-1] + 0.6y[n-2] = x[n] + 0.5x[n-1]$

(b) $y[n] + 0.4y[n-1] + 0.2y[n-2] = 0.2x[n] + 0.3x[n-1] + 0.2x[n-2]$

8-21 다음의 전달함수를 보고 물음에 답하시오.

$$H(z)=\frac{1+3z^{-1}+3z^{-2}+z^{-3}}{1+2z^{-1}-2z^{-2}-z^{-3}}$$

(a) 제I직접형 구조를 그리시오.

(b) 제II직접형 구조를 그리시오.

(c) 전치 제II직접형 구조를 그리시오.

(d) 직렬형 구조의 전달함수를 만들고 구조를 그리시오(각 기본 블록은 제II직접형을 사용하시오).

(e) 병렬형 구조의 전달함수를 만들고 구조를 그리시오(각 기본 블록은 제II직접형을 사용하시오).

8-22 다음의 전달함수를 보고 물음에 답하시오.

$$H(z)=\frac{1+0.2z^{-1}}{(1-0.5z^{-1}+0.3z^{-2})(1+0.25z^{-1})}$$

(a) 제I직접형 구조를 그리시오.

(b) 제II직접형 구조를 그리시오.

(c) 전치 제II직접형 구조를 그리시오.

(d) 직렬형 구조의 전달함수를 만들고 구조를 그리시오(각 기본 블록은 제II직접형을 사용하시오).

(e) 병렬형 구조의 전달함수를 만들고 구조를 그리시오(각 기본 블록은 제II직접형을 사용하시오).

8-23 다음 구조의 전달함수를 구하시오.

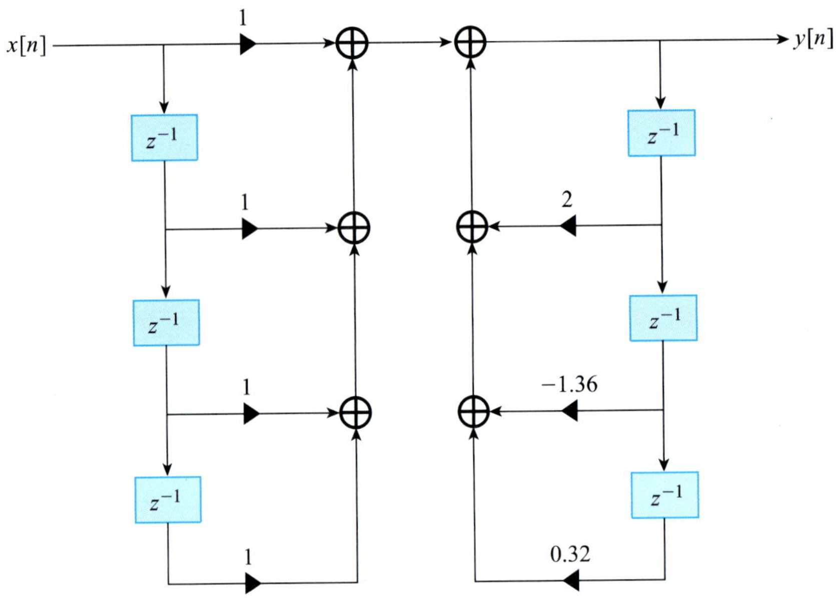

그림 VIII-3

8-24 다음 구조의 전달함수를 구하시오.

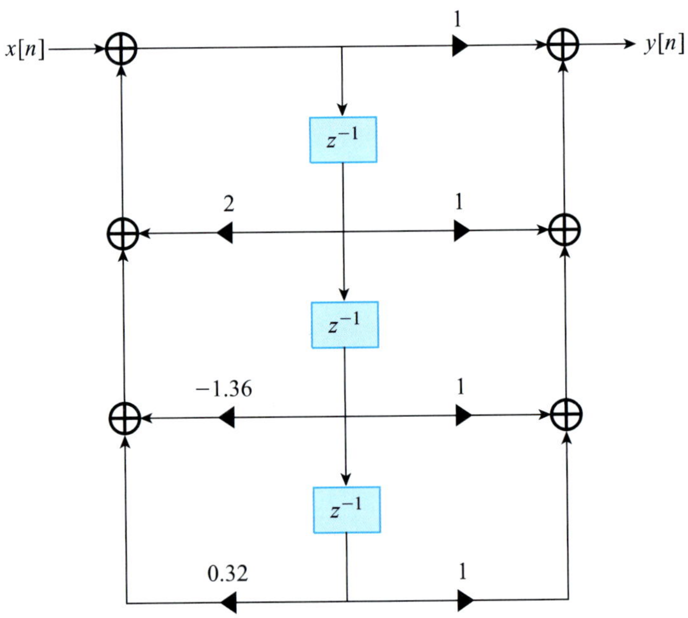

그림 VIII-4

8-25 다음 구조의 전달함수를 구하시오.

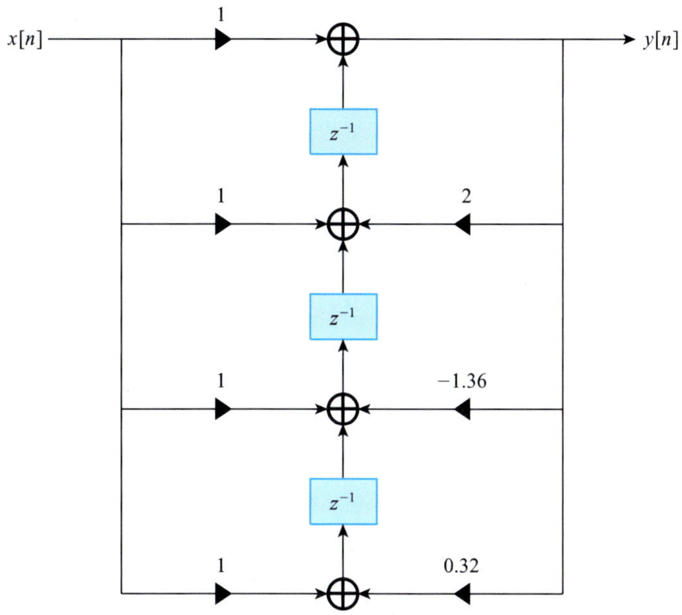

그림 VIII-5

CHAPTER 9

A/D 변환기

신호처리를 해야 하는 대상의 신호는 아날로그 신호인 경우가 대부분이다. 사람이 만들어내는 음성 신호나 악기가 만들어내는 오디오 신호, 사람의 눈에 보이는 영상의 흐름 등은 모두 아날로그 신호들이다.

이런 신호들을 디지털로 처리하기 위해서 디지털 신호로 만들어주는 A/D 변환기(Analog-to-Digital Converter, ADC)가 필요하다. 물론 이런 디지털 신호들을 처리한 후에 다시 듣거나 보기 위해서는 D/A 변환기(Digital-to-Analog Converter, DAC)가 필요하다. 이와 같은 아날로그 신호의 디지털 신호처리는 다음 그림과 같이 나타낸다.

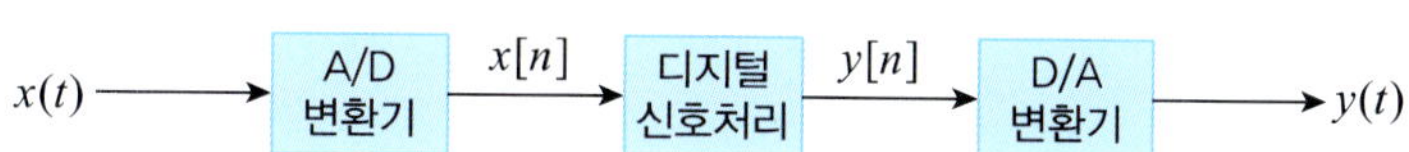

그림 9-1 A/D 변환기, 디지털 신호처리, D/A 변환기

이 장에서는 먼저 A/D 변환기의 원리를 알아본 후에 A/D 변환기에서 중요하게 고려하여야 할 샘플링 주파수와 양자화에 대하여 살펴보고, D/A 변환기의 원리를 구현 하드웨어를 통하여 살펴본다.

9.1 A/D 변환기

아날로그 신호를 비트로 구성되는 디지털 신호로 변환하는 A/D 변환기에는 카운터형 A/D 변환기, 시그마-델타 A/D 변환기 등 여러 가지 방식이 있다. 원리를 이해하기 위하여 다음 그림의 카운터형 A/D 변환기를 살펴보기로 한다.

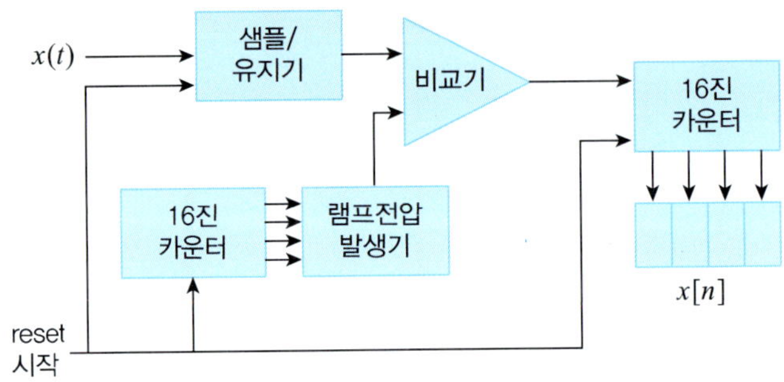

그림 9-2 카운터형 4비트 A/D 변환기

그림 9-2에서 아날로그 신호 $x(t)$가 입력되면 샘플/유지기(sample-hold)는 샘플한 신호를 샘플링 주기 T_s 동안 유지하게 된다. 신호 $x(t)$가 음성 신호인 경우 일반적으로 $T_s = 1/8000$초를 사용한다. 샘플/유지기의 출력은 다음 그림의 횡직선 $x_q(t)$와 같다.

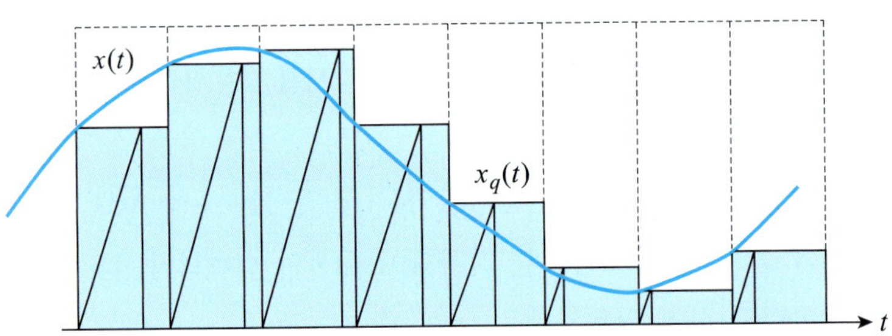

그림 9-3 샘플/유지기 출력과 램프전압발생기의 출력

램프전압 발생기는 샘플링 구간의 시작점에서 0볼트로부터 시작하여 직선으로 증가하는 램프전압을 발생시킨다. 16진 카운터는 0000부터 1111까지 카운트하는 회로이다. 이 16진 카운터의 출력이 다음의 그림의 램프전압 발생기 스위치 S_1, S_2, S_3, S_4에 연결되어 스위치의 닫힘과 열림을 제어하게 된다.

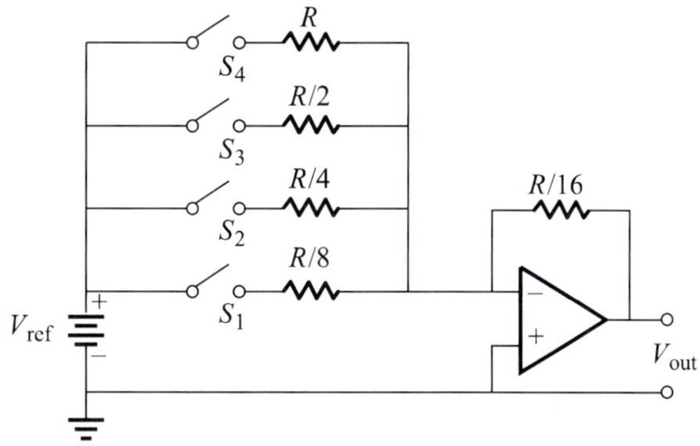

그림 9-4 연산 증폭기를 사용한 램프전압 발생기

위의 램프전압 발생기에서 연산 증폭기의 증폭도는 증폭기 입력부의 저항과 귀환부의 저항의 비로서 다음과 같이 결정된다.

$$\frac{V_{out}}{V_{ref}} = \frac{R_f}{R_{in}}$$

위의 식에서 V_{ref}와 R_f의 값을 고정시키고 R_{in}을 조정하면 원하는 증폭도의 V_{out}을 얻을 수 있다. 위의 연산증폭기에서 V_{ref}는 1볼트로 고정하고 입력은 16진 카운터 출력이다. 따라서 0000부터 1111까지 순서대로 스위치에 입력된다.

만일에 1000이 입력되면 램프전압 발생기의 출력은 어떻게 되는지 살펴보자. 입력의 MSB(Most Significant Bit)인 1이 연산증폭기의 S_1에 연결되어 스위치를 닫히게 되고, 나머지 입력은 모두 0이므로 S_2부터 S_4까지의 스위치는 모두 열리게 된다. 따라서 S_1의 스위치만 닫혔으므로 입력부의 저항 R_{in}은 $R/8$이 된다. 입력부의 저항이 정해졌으므로 램프전압 발생기의 출력은 다음과 같이 결정된다.

$$V_{\text{out}} = \frac{R_f}{R_{\text{in}}} V_{\text{ref}} = \frac{R/16}{R/8} = 8/16 = 0.5\,\text{volt}$$

그림 9-4의 램프전압 발생기에서 4비트의 입력을 0000부터 1111까지 차례로 증가시키면 램프전압 발생기의 출력은 다음 표와 같이 0부터 0.9375 볼트까지 순차로 증가하는 램프전압이 발생한다.

표 9-1 그림 9–4의 램프전압 발생기의 출력

time	S_1(MSB)	S_2	S_3	S_4	램프전압 발생기 출력
15	1	1	1	1	0.9375
14	1	1	1	0	0.875
13	1	1	0	1	0.8125
12	1	1	0	0	0.75
11	1	0	1	1	0.6875
10	1	0	1	0	0.625
9	1	0	0	1	0.5625
8	1	0	0	0	0.5
7	0	1	1	1	0.4375
6	0	1	1	0	0.375
5	0	1	0	1	0.3125
4	0	1	0	0	0.25
3	0	0	1	1	0.1875
2	0	0	1	0	0.125
1	0	0	0	1	0.0625
0	0	0	0	0	0.0

위의 표에서 보듯이 4비트의 순차적인 카운터 출력은 0~1 볼트를 16으로 균등하게 구분한 어느 한 레벨로 변환된다. 16으로 구분하였으므로 17개의 레벨이 생기게 된다. 따라서 17번째의 레벨인 1볼트는 만들어지지 않는다(그러나 비트의 수가 증가하면 이는 큰 문제가 되지 않는다).

카운터를 사용하여 0000부터 1111까지 증가하는 비트가 연산증폭기의 S_1부터 S_4까지의 스위치를 제어하면, 위의 표 9-1과 같이 순차적으로 커지는 램프전압 출력을 얻을 수 있다. 이 출력이 그림 9-3의 사선으로 증가하는 램프신호가 된다. 즉, 그림 9-4의 램프전압 발생기에서 0000부터 1111까지를 차례로 입력시키면 출력은 0볼트부터 0.9375볼트($\simeq$ 1볼트)까지의 램프전압이 만들어진다.

예제

그림 9–4의 램프전압 발생기에서 스위치 입력이 1100이다. 이때의 출력이 0.75볼트가 됨을 보이시오.

풀이 입력부의 저항은 다음과 같이 구할 수 있다.

$$\frac{1}{R_{\text{in}}} = \frac{1}{R/8} + \frac{1}{R/4} = \frac{8}{R} + \frac{4}{R} = \frac{12}{R} \quad \therefore R_{\text{in}} = R/12$$

따라서 아날로그 출력은 다음과 같다.

$$V_{\text{out}} = \frac{R_f}{R_{\text{in}}} V_{\text{ref}} = \frac{R/16}{R/12} = 12/16 = 0.75\,\text{volt}$$

이렇게 만들어진 샘플/유지기의 출력과 램프전압 발생기의 출력이 비교기의 입력으로 들어간다. 비교기는 기준 전압인 샘플/유지기의 전압과 램프전압 발생기의 출력 값을 비교하여 램프전압 발생기의 출력 값이 샘플/유지기의 전압과 같아지는 순간에 16진 카운터를 중지시키는 펄스를 발생시킨다. 그림 9-2의 16진 카운터는 0000부터 1111까지 16단계를 증가하는 카운터이며 비교기가 발생시킨 펄스에 의해서 중지된다. 이 중지된 순간의 카운터 값이 비트로 표현된 디지털 신호 $x[n]$이 된다. 입력된 아날로그 신호의 값에 대한 출력 디지털 신호 $x[n]$의 값은 다음 표와 같다.

| 표 9-2 | 입력된 아날로그 신호의 값에 대한 4비트 출력 디지털 신호의 값

아날로그 신호	S_1(MSB)	S_2	S_3	S_4
0.9375	1	1	1	1
0.875	1	1	1	0
0.8125	1	1	0	1
0.75	1	1	0	0
0.6875	1	0	1	1
0.625	1	0	1	0
0.5625	1	0	0	1
0.5	1	0	0	0
0.4375	0	1	1	1
0.375	0	1	1	0
0.3125	0	1	0	1
0.25	0	1	0	0
0.1875	0	0	1	1
0.125	0	0	1	0
0.0625	0	0	0	1
0.0	0	0	0	0

따라서 출력 디지털 신호는 아날로그 신호 $x(t)$의 레벨에 비례하는 양자화된 디지털 신호 $x[n]$이 된다. 디지털 신호의 형식을 2의 보수형으로 변환하려면 위의 표에서 MSB를 반전시키면 된다. 즉 MSB 1을 0으로 반전시키면 양의 디지털 신호로 변환되고, MSB 0을 1로 반전시키면 음의 디지털 신호로 변환된다.

이와 같은 A/D 변환기를 설계할 때에 두 가지를 고려해야 하는데 첫 번째는 샘플링 주파수이며 두 번째는 이 신호를 나타내는 비트의 크기 즉 양자화의 크기이다.

9.2 샘플링 주파수

9.2.1 나이퀴스트 샘플링 주파수

최대주파수가 f_m인 임의의 신호 $x(t)$를 디지털 신호로 만들기 위해서 샘플링 주파수 f_s를 어떻게 설정해야 할지 생각해보기로 한다. 음성 신호를 예로 들어보면 음성 신호가 갖고 있는 최대주파수는 $f_m = 4\,\text{kHz}$이다. 이 경우에 이 신호를 디지털 신호로 만들기 위한 샘플링 주파수 f_s는 다음과 같이 설정한다.

$$f_s \geq 2f_m = 8\,\text{kHz}$$

즉 샘플링 주파수는 1초에 8000번 이상 샘플링하여야 한다. 샘플링 주파수 f_s가 최대주파수 f_m의 2배 이상이어야 한다는 이 조건을 나이퀴스트 샘플링 주파수(Nyquist Sampling Frequency)라고 정의한다. 이 샘플링 주파수로 샘플링하면 그 샘플 값들로부터 원래신호 $x(t)$를 왜곡 없이 재생시킬 수 있게 된다. 이 샘플링 주파수의 역수 $T_s = 1/f_s$를 샘플링 주기로 정의하며 음성 신호의 경우에는 8000분의 1초가 된다. 음성 신호는 여러 가지 주파수 성분으로 구성되지만 가장 빠른 주파수 성분은 $f_m = 4\,\text{kHz}$이다. 왜 1초에 8000번을 샘플링하여야 하는지 다음 그림의 4 kHz 신호의 샘플링을 생각해보자.

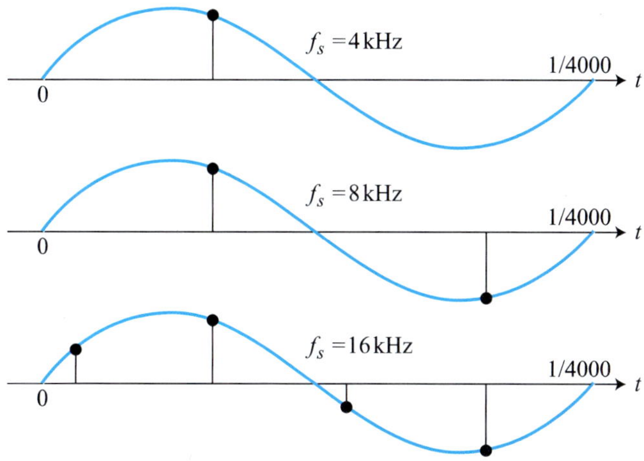

그림 9-5 4 kHz 주파수 신호의 샘플링

첫 번째 그림은 샘플링 주파수가 $f_s = 4\,\text{kHz}$이다. 즉 한 주기에 한 번의 샘플링이 발생하므로 이 샘플로부터 원 신호를 복원시킬 수 없다.

두 번째 그림은 샘플링 주파수가 $f_s = 8\,\text{kHz}$이다. 즉 한 주기에 두 번의 샘플링이 발생하므로 이 샘플로부터 원 신호를 복원시킬 수 있게 된다. 세 번째 그림은 샘플링 주파수가 $f_s = 16\,\text{kHz}$이다. 즉 한 주기에 네 번의 샘플링이 발생하므로 이 샘플로부터 원 신호를 복원시킬 수 있음은 당연하다. 이 세 가지의 샘플링으로부터 두 번째 샘플링 횟수가 가장 적당함을 알 수 있다. 즉 세 번째 샘플링은 샘플의 수가 필요 이상으로 많아지는 단점이 있다. 따라서 나이퀴스트 샘플링 주파수란 어떤 신호가 갖고 있는 최대주파수 성분을 알면 그 최대주파수의 두 배 이상으로 샘플링하라는 의미이다.

나이퀴스트 샘플링 주파수를 이해하는 또 다른 방법이 있다. 이 방법은 다음 그림의 샘플링 모델에서 출발한다.

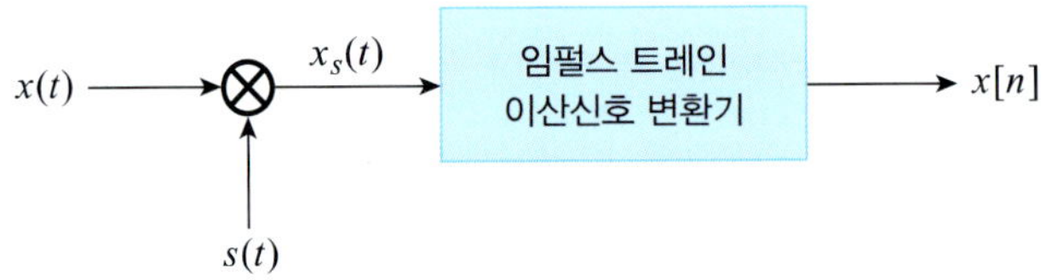

그림 9-6 샘플링의 모델

위의 모델에서 1초당 샘플링하는 $s(t)$의 수를 샘플링 주파수(sampling frequency)라고 정의한다. 예를 들면 음성 신호를 1초에 8000번 샘플링하면 샘플링 주파수 f_s는 $f_s = 8000\,\text{Hz}$가 된다. 여기서 Hz는 번 즉 횟수를 의미한다. 이 책의 7장에서 샘플링 후의 스펙트럼은 아날로그 스펙트럼이 반복됨을 보았다. 다음 그림의 (a)와 같은 최대주파수가 4000 Hz인 음성 신호와 그 스펙트럼을 다시 살펴보기로 하자.

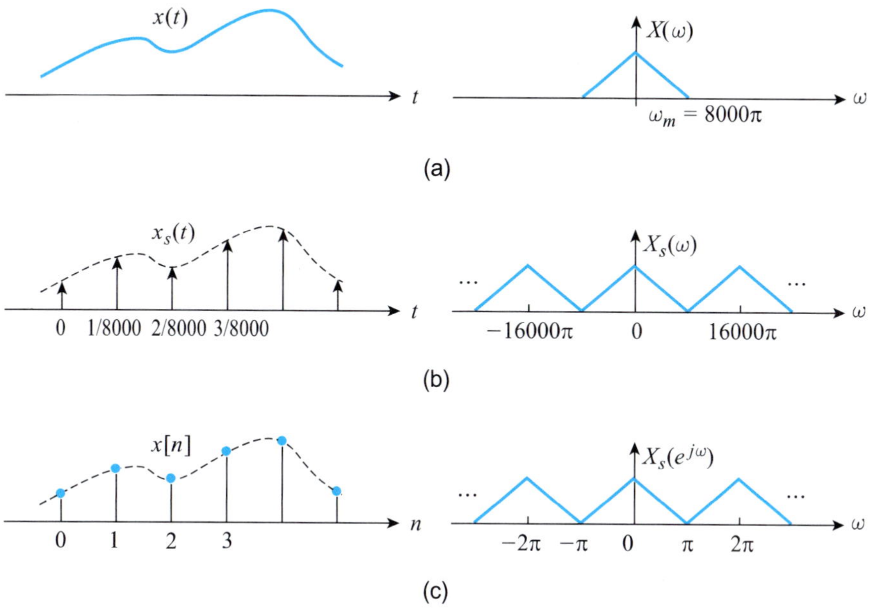

그림 9-7 음성 신호의 샘플링 주기 결정

위의 그림 (a)에서 최대 주파수는 f_m =4000 Hz이므로 각주파수로 표현하면 $\omega_m = 2\pi f_m = 8000\pi$가 된다.

이 아날로그 신호를 디지털 신호로 만들기 위한 중간 단계인 임펄스 트레인 신호로 표현하기 위해서 최대주파수의 2배인 8000 Hz의 임펄스 트레인을 곱해보자(이 때에 Hz의 단위에 대해서 주의해야 한다. 즉, 아날로그 신호의 주파수 표기 단위도 Hz이고 디지털 신호로 만들기 위해서 샘플링하는 횟수의 단위도 Hz이다. 샘플링 주파수에서 사용하는 Hz는 1초에 8000번을 샘플링한다는 의미이다). 따라서 샘플링 주기는 $T = 1/8000$초이다. 아날로그 신호를 임펄스 트레인 신호로 표현하면 그 스펙트럼은 그림 9-7의 (b)와 같이 반복되며 주기는 $\omega_0 = 2\pi/T = 16000\pi$가 된다.

이 임펄스 트레인 신호를 디지털 신호로 표현하면 주파수 축은 $1/T$로 스케일링되어 그림 (c)와 같게 된다. 그림 (b)와 (c)에서 보듯이 아날로그 신호의 스펙트럼 정보가 그대로 유지되고 있음을 볼 수 있다. 이와 같이 어느 아날로그 신호의 최대 주파수 성분을 알고 있을 때 그 주파수의 두 배 이상으로 샘플링하면 원래의 주파수 스펙트럼이 보존됨을 알 수 있다. 따라서 샘플링 주파수 f_s는 다음의 조건을 만족하여야 한다.

$$f_s \ge 2f_m$$

앞에서 기술하였듯이 위의 조건을 만족하는 샘플링 주파수를 나이퀴스트 샘플링 주파수라고 부른다. 그림 (c)에서 보듯이 아날로그 주파수인 4000 Hz의 최대 주파수 성분이 디지털 주파수 π로 매핑되고 있다. 따라서 디지털 신호의 스펙트럼을 관찰할 때에 π지점의 정확한 의미는 원래의 아날로그 신호에 대한 샘플링 주파수를 알아야 결정된다. 다음 그림은 음성 신호의 샘플링 주파수와 π 주파수의 관계를 나타내고 있다.

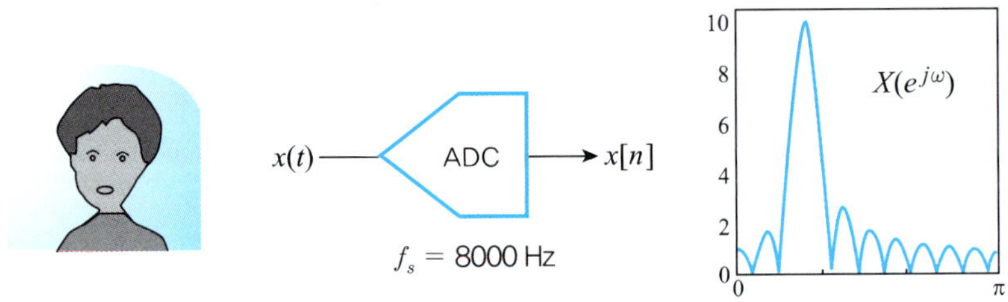

그림 9-8 음성 신호의 샘플링 주파수와 π 주파수

음성 신호의 최대 주파수 성분이 4000 Hz이므로 샘플링 주파수 f_s는 일반적으로 f_s =8000 Hz를 사용한다. 따라서 DTFT의 π 주파수는 4000 Hz를 의미한다.

다음 그림은 오디오 신호의 샘플링 주파수와 π 주파수의 관계를 나타내고 있다.

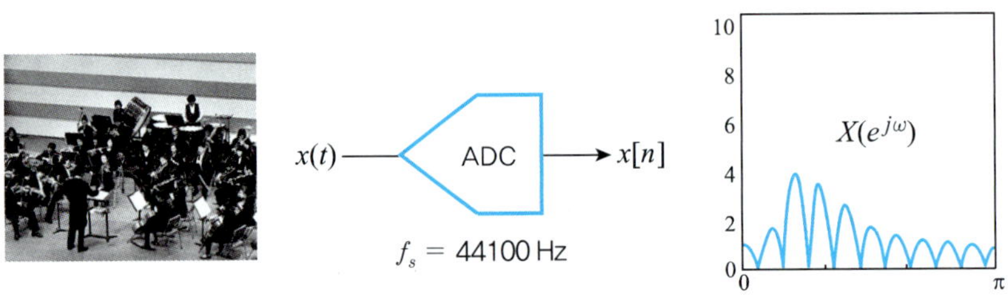

그림 9-9 오디오 신호의 샘플링 주파수와 π 주파수

오디오 신호의 최대 주파수(가청주파수) 성분이 20000 Hz이므로 샘플링주파수 f_s는 일반적으로 $f_s=44100$ Hz를 사용한다. 따라서 DTFT의 π 주파수는 22050 Hz를 의미한다.

9.2.2 에일리어싱

아날로그 신호로부터 디지털 신호를 얻을 때, 주파수 영역에서는 원래의 스펙트럼의 반복이 나타남을 알았다. 따라서 나이퀴스트 샘플링 주파수보다 낮은 샘플링 주파수로 샘플링을 하면 주파수 영역에서의 반복되는 성분과의 겹치는 현상이 발생한다. 이러한 현상을 에일리어싱(aliasing)이라고 부른다. 에일리어싱이 어떻게 생기는지 살펴보기 위해서 다음 그림과 같이 최대 주파수가 $f_m=4000$ Hz인 신호를 다시 보도록 한다.

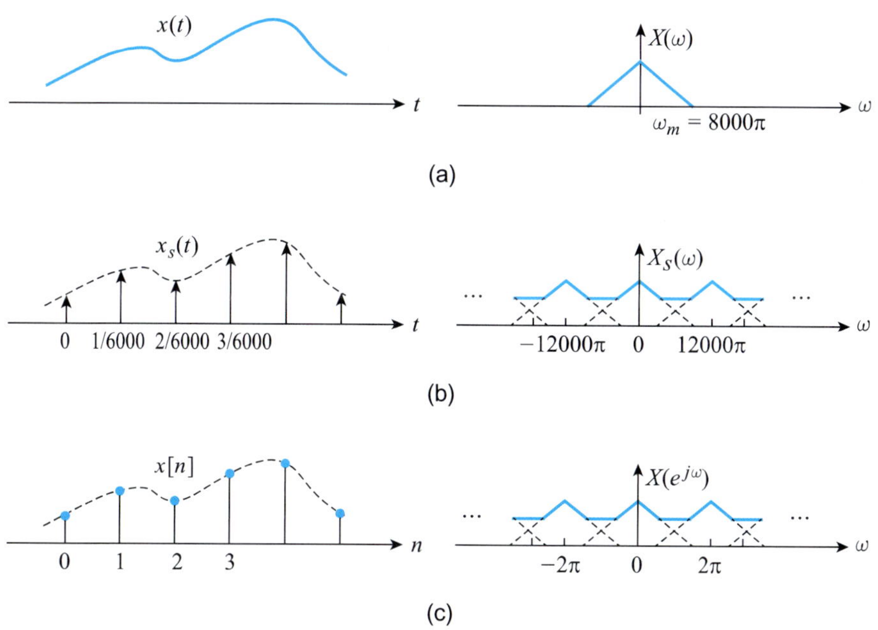

그림 9-10 에일리어싱이 발생한 샘플링 주파수

나이퀴스트 샘플링 주파수는 8000 Hz이지만 이보다 낮은 6000 Hz의 샘플링 주파수를 사용해 보자. 이렇게 하면 반복되는 스펙트럼의 주기는 $\omega_0=2\pi/T=12000\pi$가 되

어 그림 9-10의 (b)와 (c)에서 보듯이 스펙트럼이 겹치는 부분이 생긴다. 이 현상을 에일리어싱이라고 부르며 고주파수 성분이 왜곡되는 현상이다.

따라서 샘플링 주파수가 결정된 경우에 에일리어싱이 생기지 않도록 하기 위해서는 원래의 아날로그 신호를 대역제한(band limited)시킨 후에 샘플링하여야 한다. 예를 들어서 최대주파수가 4 kHz인 신호에서 6 kHz의 샘플링 주파수로 샘플링해야 한다면 아날로그 신호의 최대주파수가 $f_m = 3000$ Hz가 되도록 먼저 대역제한 시킨 후에 샘플링하면 에일리어싱은 발생하지 않는다(단 고주파수 성분은 손실된다). 요약하면, 에일리어싱이 발생하지 않는 가장 낮은 샘플링 주파수인 나이퀴스트 샘플링 주파수로 샘플링하는 것이 가장 경제적인 샘플링이 된다.

나이퀴스트 샘플링 주파수보다 낮게 샘플링하면 에일리어싱의 발생으로 신호가 왜곡되고, 나이퀴스트 샘플링 주파수보다 높게 샘플링하면 샘플링의 수가 많아져서 비경제적이 되기 때문이다.

9.3 양자화

아날로그 신호는 다음 그림과 같이 샘플링을 통하여 이산시간 신호(막대사탕 모양)가 되며 양자화(quantization)를 통하여 디지털 신호가 된다.

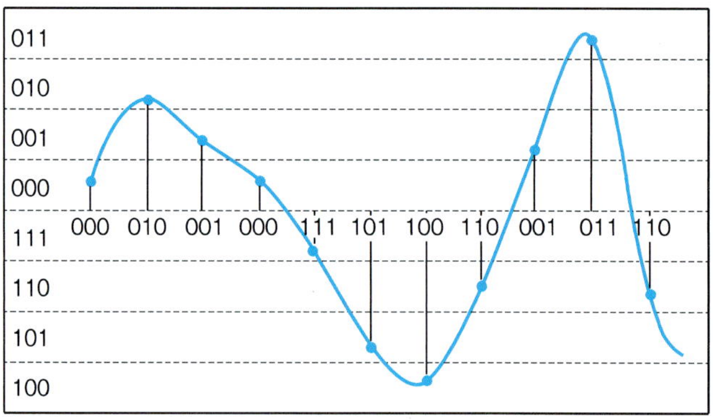

그림 9-11 아날로그 신호로부터 디지털 신호(샘플링과 양자화)

위의 양자화는 아날로그 신호의 최댓값과 최솟값을 3비트의 디지털 신호로 나타내는 경우이다. 여기에서는 아날로그 신호의 최댓값과 최솟값을 각각 1볼트와 -1볼트로 가정하였다. 3비트로 나타낼 수 있는 종류는 8개이므로 양자화 계단크기(step size)는 $\Delta = 2/8 = 0.25$가 된다. 따라서 다음 표 9-3과 같이 -1.0부터 1.0까지를 0.25의 계단크기로 분할하여 000부터 111까지의 2의 보수형 2진 코드를 할당하게 된다.

| 표 9-3 | 양자화(3비트의 2의 보수형)

이산시간 신호	2진 코드(디지털 신호)		
$0.75 \le x[n] < 1.0$	0	1	1
$0.5 \le x[n] < 0.75$	0	1	0
$0.25 \le x[n] < 0.5$	0	0	1
$0.0 \le x[n] < 0.25$	0	0	0
$-0.25 \le x[n] < 0.0$	1	1	1
$-0.5 \le x[n] < -0.25$	1	1	0
$-0.75 \le x[n] < -0.5$	1	0	1
$-1.0 \le x[n] < -0.75$	1	0	0

실제로 오디오 신호를 A/D 변환하는 경우를 살펴보면, 양자화기에서는 일반적으로 16비트를 사용해서 디지털 신호로 변환한다. 즉, 1000 0000 0000 0000(=−1)부터 0111 1111 1111 1111($\simeq 1$)의 2의 보수형 2진 비트로 변환된다. 그러나 이와 같은 2진 부호 표기는 너무 길기 때문에 16진수(hexadecimal)를 사용하여 8000(=−1)부터 7fff($\simeq 1$)의 표기가 많이 사용된다.

표 9-3과 같이 양자화된 코드는 다시 D/A 변환될 때에 다음 표의 값으로 복원된다.

| 표 9-4 | 2진 코드의 D/A 변환된 값

2진 코드(디지털 신호)			D/A 변환된 값
0	1	1	0.75
0	1	0	0.5
0	0	1	0.25
0	0	0	0.0
1	1	1	−0.25
1	1	0	−0.5
1	0	1	−0.75
1	0	0	−1.0

위의 표에서 보듯이 −1.0에서 1까지의 레벨은 9개이나 2진 코드로 나타낼 수 있는 종류는 8개이므로 1.0의 값은 복원시킬 수 없게 된다(2진 코드의 비트 수를 늘이면 이 영향은 매우 작아진다). $(B+1)$비트의 2의 보수형 수를 다음과 같이 나타내보자.

$$a_0 a_1 a_2 a_3 \cdots a_B$$

이 2의 보수형 수는 다음의 값을 의미한다.

$$-a_0 2^0 + a_1 2^{-1} + a_2 2^{-2} + a_3 2^{-3} + \cdots + a_B 2^{-B}$$

예제

다음의 2의 보수형 수의 값을 구하시오.

(a) 0111

(b) 1111

풀이 (a) 0111=(1)(0.5)+(1)(0.25)+(1)(0.125)=0.5+0.25+0.125=0.875

(b) 1111=(−1)(1)+(1)(0.5)+(1)(0.25)+(1)(0.125)=−1+0.5+0.25+0.125
=−0.125

9.4 D/A 변환기

디지털 시스템에서 처리된 출력신호는 비트로 저장된다. 이와 같이 비트로 저장된 디지털 신호를 아날로그 신호로 변환하기 위해서는 D/A 변환기가 필요하다. D/A 변환기는 다음 그림과 같은 연산증폭기와 저역통과 필터를 이용하여 구현할 수 있다.

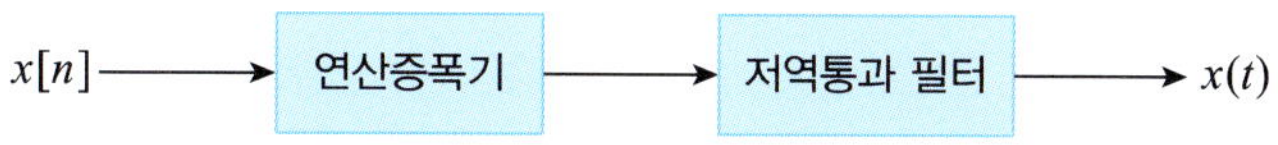

그림 9-12 연산증폭기와 저역통과 필터를 사용한 D/A 변환기

위의 D/A 변환기에서 $x[n]$이 4비트인 경우에 연산증폭기 회로는 다음 그림과 같다.

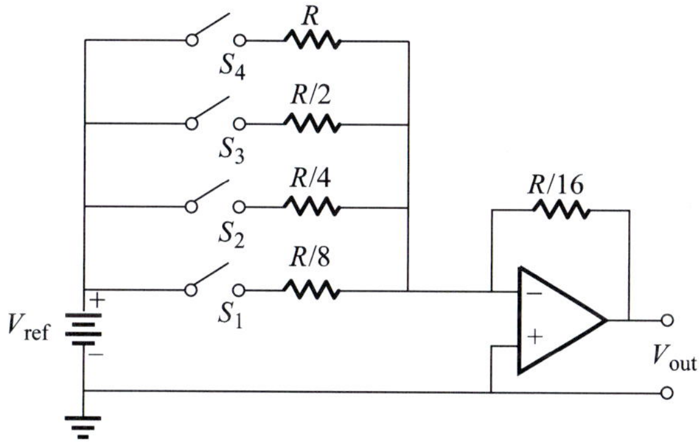

그림 9-13 연산증폭기를 이용한 D/A 변환

위의 연산증폭기로 입력되는 디지털 신호 $x[n]$은 스위치 $S_1S_2S_3S_4$에 연결된다. 즉 디지털 신호 $x[n]$의 비트 값이 스위치의 닫힘과 열림을 제어한다. 예를 들어 어느 순간의 4비트의 디지털 신호 $x[n]$이 1000이라면 1이 연결된 S_1 스위치만 닫히고 나머지 스위치는 모두 열린다. 따라서 입력저항분의 피드백저항의 비가 0.5가되어 출력전압이 0.5볼트로 변환된다. 그림 9-13의 연산증폭기에서 4비트의 디지털 신호에 대한 아날로그 출력신호의 값은 다음 표와 같다.

표 9-5 4비트 입력에 대한 연산증폭기 출력값

S_1(MSB)	S_2	S_3	S_4	연산증폭기 출력값
1	1	1	1	0.9375
1	1	1	0	0.875
1	1	0	1	0.8125
1	1	0	0	0.75
1	0	1	1	0.6875
1	0	1	0	0.625
1	0	0	1	0.5625
1	0	0	0	0.5
0	1	1	1	0.4375
0	1	1	0	0.375
0	1	0	1	0.3125
0	1	0	0	0.25
0	0	1	1	0.1875
0	0	1	0	0.125
0	0	0	1	0.0625
0	0	0	0	0.0

이와 같이 4비트의 디지털 신호가 연속적으로 연산증폭기로 입력되면 다음 그림과 같은 신호레벨이 일정시간 유지되는 막대그래프 모양의 아날로그 신호를 얻는다.

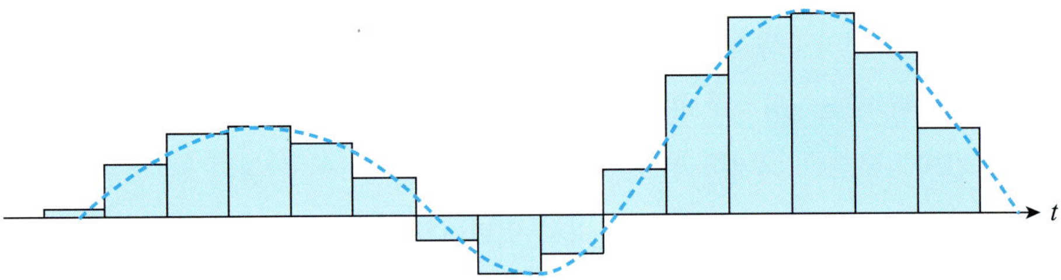

그림 9-14 연산증폭기 출력신호

위의 그림과 같은 막대그래프 모양의 연산증폭기 출력신호는 고주파수 성분이 많이 섞여 있다. 따라서 저역통과 필터를 통과시키면 그림 9-14의 점선과 같은 고주파수 성분이 제거된 최종 D/A 변환기의 출력신호를 얻을 수 있다.

연습문제

9-1 다음 그림과 같은 3비트의 D/A 변환기용 연산증폭기를 보고 물음에 답하시오.

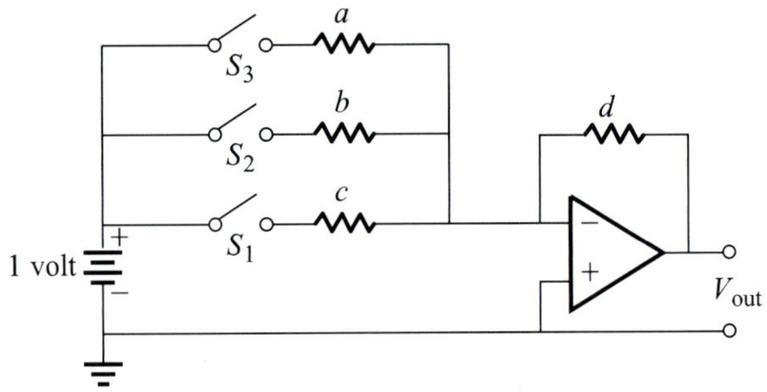

그림 IX-1

위의 연산증폭기에서 S_1이 MSB이고 S_3가 LSB이다. 3비트의 디지털 샘플 값이 $S_1 \sim S_3$의 스위치를 제어한다. 즉, 1이면 스위치가 ON되며 0이면 스위치가 OFF된다.

(a) 1 kΩ, 2 kΩ, 4 kΩ, 8 kΩ의 4개의 저항이 있다. a, b, c, d에 각각 어떤 저항을 사용하여야 하는가?

(b) 001부터 111까지 7개의 디지털 샘플값에 대한 아날로그 출력값을 구하시오.

9-2 어떤 아날로그 신호 $x(t)$의 CTFT $X(\omega)$는 다음 그림과 같다.

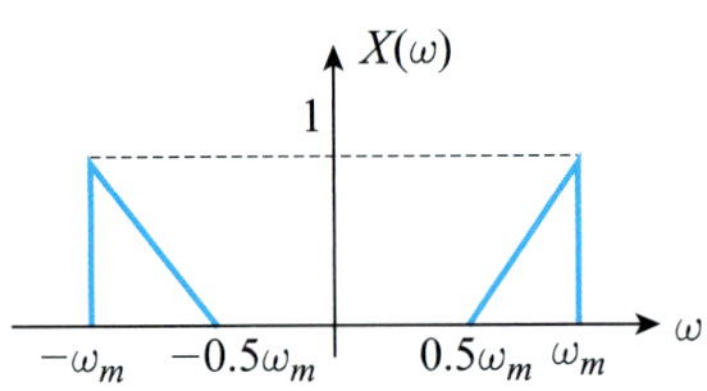

그림 IX-2

위의 스펙트럼에서 최대주파수 f_m은 4000 Hz이다.(즉, $\omega_m = 2\pi f_m = 8000\pi$) $x(t)$를 $T = 1/4000$초로 샘플링하여 디지털 신호 $x[n]$을 얻었다. $x[n]$의 스펙트럼 $X(e^{j\omega})$를 그리시오.

9-3 어떤 아날로그 신호 $x(t)$의 CTFT $X(\omega)$는 다음 그림과 같다.

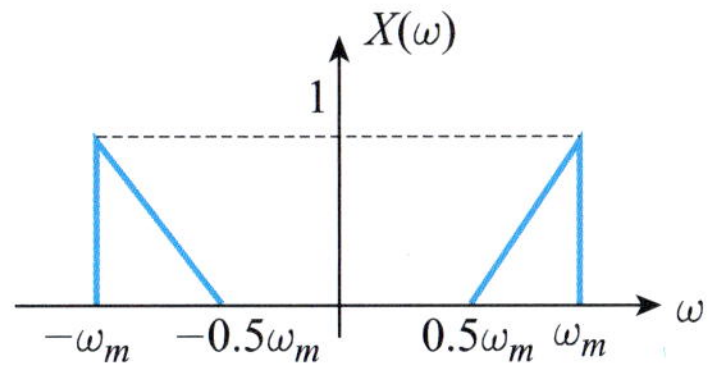

그림 IX-3

위의 스펙트럼에서 최대주파수 f_m은 4000 Hz이다(즉, $\omega_m = 2\pi f_m = 8000\pi$). $x(t)$를 $T = 1/8000$초로 샘플링하여 디지털 신호 $x[n]$을 얻었다. $x[n]$의 스펙트럼 $X(e^{j\omega})$를 그리시오.

연습문제 풀이 및 해답

1장 연속시간 신호

1-1 (a) $T=2\pi$ (b) $T=\pi$ (c) $T=3\pi$

1-2 (a) $T=1$ (b) $T=\dfrac{2}{5}$ (c) $T=6$

1-3 (a) $T=\dfrac{1}{25\times10^3}=40\mu\text{sec}$ (b) $T=\dfrac{1}{125\times10^6}=8\text{nsec}$

(c) $T=\dfrac{1}{4\times10^9}=0.25\text{nsec}$

1-4

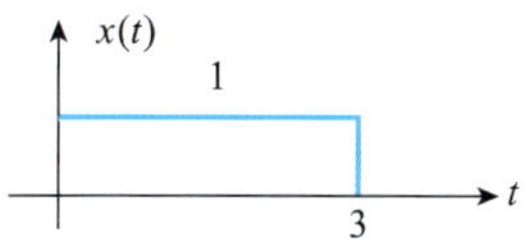

(a)

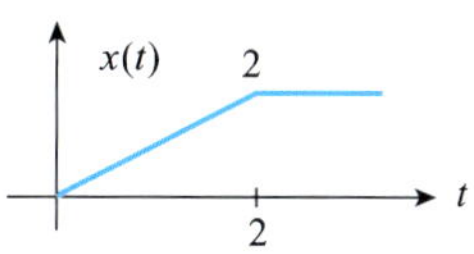

(b)

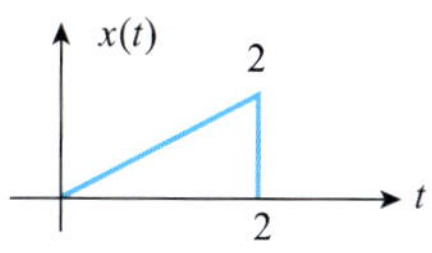

(c)

1-5

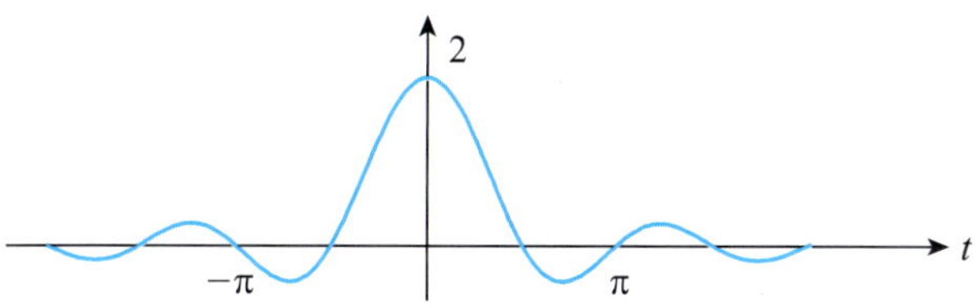

$$\left.\frac{(\sin 2t)'}{(t)'}\right|_{t=0} = \left.\frac{2\cos t}{1}\right|_{t=0} = 2$$

1-6 $x_e(t) = \frac{1}{2}[x(t) + x(-t)] \quad x_o(t) = \frac{1}{2}[x(t) - x(-t)]$

1-7 $x_e(t) = \frac{1}{2}[x(t) + x(-t)], \quad x_o(t) = \frac{1}{2}[x(t) - x(-t)]$

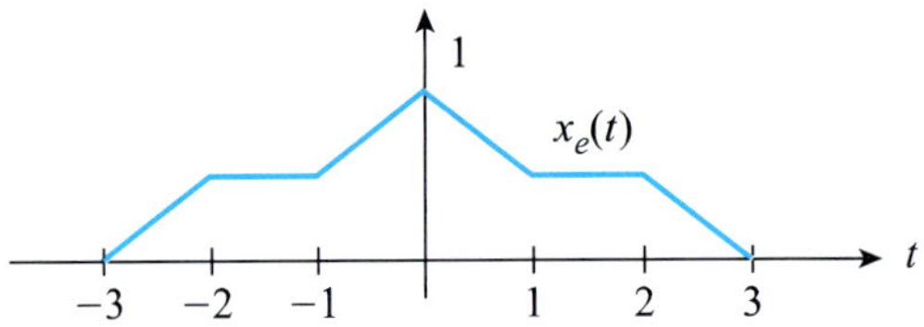

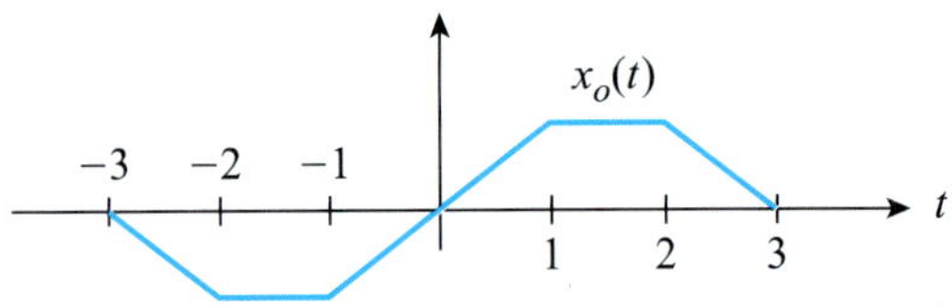

1-8 $x_e(t) = \frac{1}{2}[x(t) + x(-t)] \quad x_o(t) = \frac{1}{2}[x(t) - x(-t)]$

1-9 (a) $x(1-t)$ (b) $x(-t-1)$

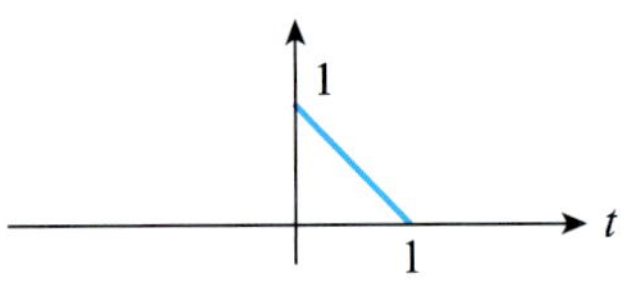

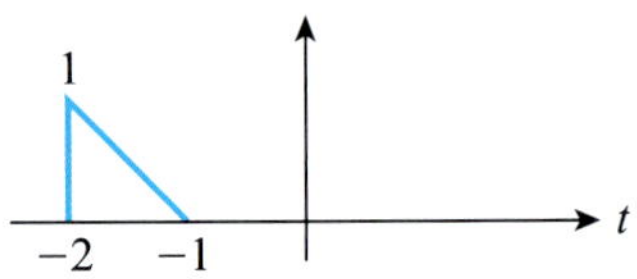

1-10

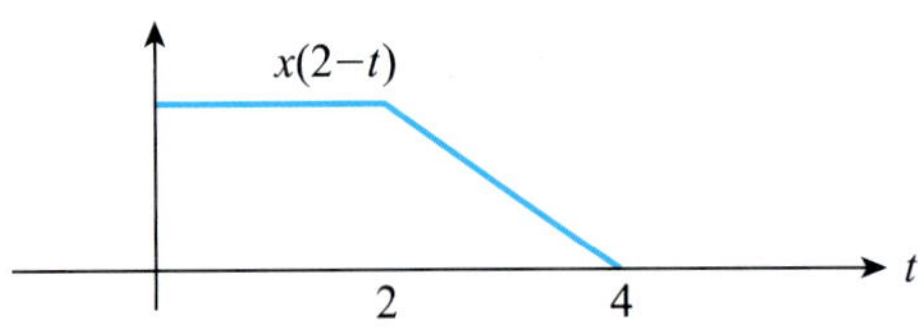

1-11 (a)

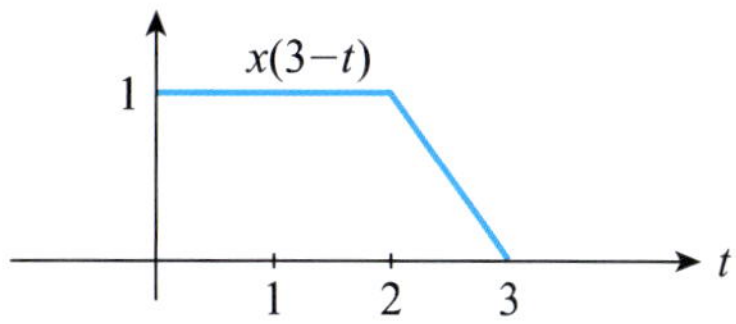

(b)

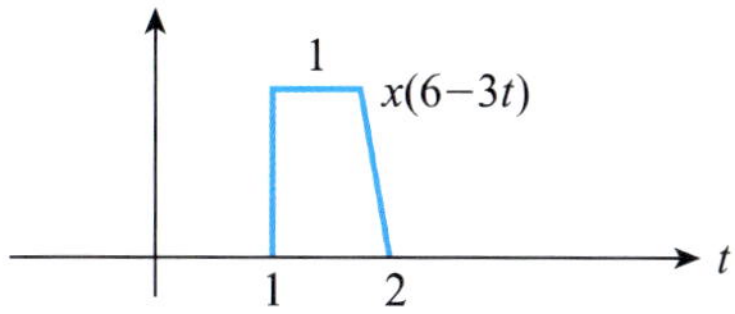

1-12 (a)

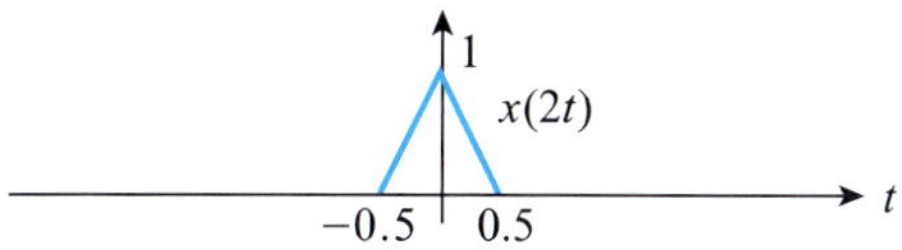

(b)

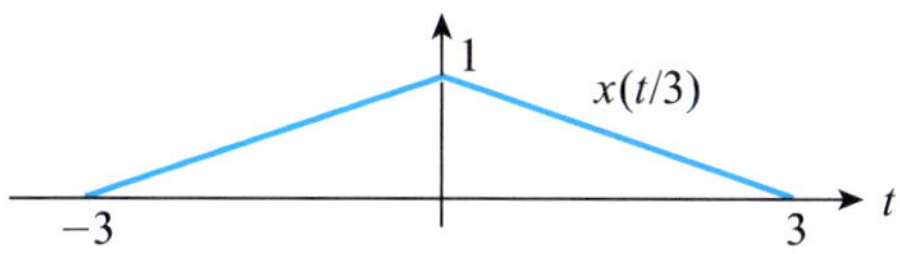

2장 연속시간 시스템

2-1 $\int_{-\infty}^{\infty} u(\tau)u(t-\tau)d\tau = \int_{0}^{t} d\tau = tu(t)$

2-2 $$h(t) * x(t) = \int_{-\infty}^{\infty} \delta(\tau-3)[u(t-\tau)-u(t-\tau-2)]d\tau$$
$$= u(t-3)-u(t-5)$$

2-3 $$h(t) * x(t) = \int_{-\infty}^{\infty} h(\tau)x(t-\tau)d\tau$$
$$= \int_{-\infty}^{\infty} u(\tau)[e^{-2(t-\tau)}u(t-\tau)+u(t-\tau)]d\tau$$
$$= \int_{0}^{t} [e^{-2(t-\tau)}+1]d\tau = (0.5+t-0.5e^{-2t})u(t)$$

2-4 $$h(t) * x(t) = \int_{-\infty}^{\infty} h(\tau)x(t-\tau)d\tau$$
$$= \int_{-\infty}^{\infty} u(\tau)[e^{-(t-\tau)}u(t-\tau) + \delta(t-\tau)]d\tau$$
$$= \int_{0}^{t} e^{-(t-\tau)}d\tau + u(t) = (1-e^{-t})u(t) + u(t)$$
$$= 2u(t) - e^{-t}u(t)$$

2-5

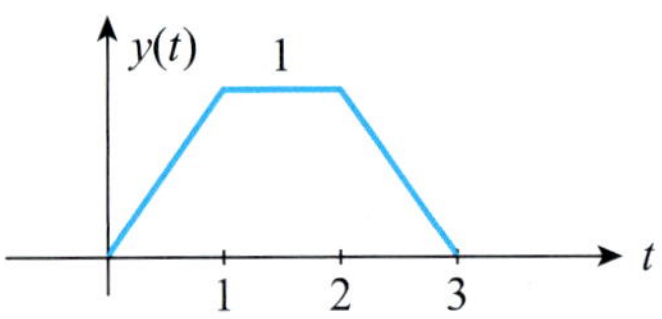

2-6

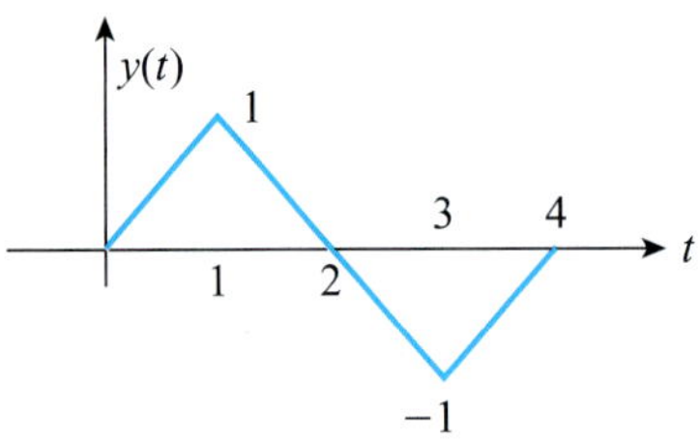

2-7

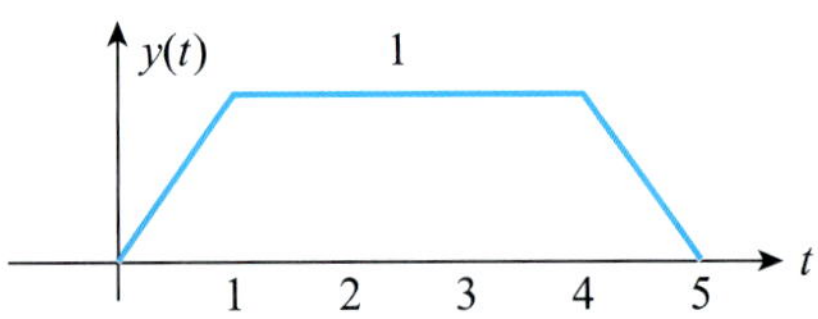

2-8

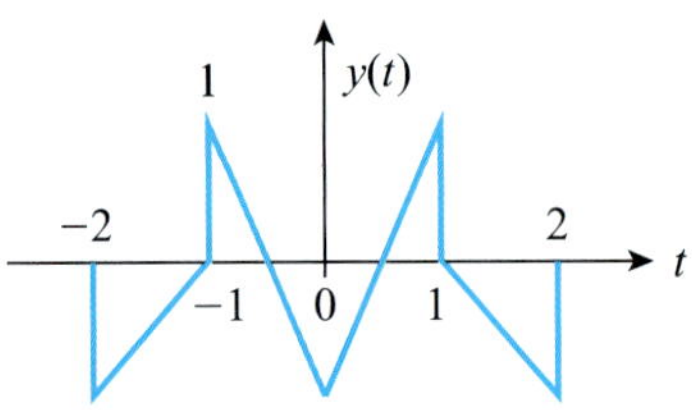

2-9 $$h_1(t) * h_2(t) = \int_{-\infty}^{\infty} h_1(\tau)h_2(t-\tau)d\tau = \int_{-\infty}^{\infty} e^{-\tau}u(t)e^{-2(t-\tau)}u(t-\tau)d\tau$$

$$= \int_0^t e^{-\tau} e^{-2(t-\tau)} d\tau = e^{-2t} \int_0^t e^{\tau} d\tau = (e^{-t} - e^{-2t}) u(t)$$

2-10 $$h_1(t) * h_2(t) = \int_{-\infty}^{\infty} h_1(\tau) h_2(t-\tau) d\tau = \int_{-\infty}^{\infty} e^{-2\tau} u(t) e^{-(t-\tau)} u(t-\tau) d\tau$$

$$= \int_0^t e^{-2\tau} e^{-(t-\tau)} d\tau = e^{-t} \int_0^t e^{-\tau} d\tau = (e^{-t} - e^{-2t}) u(t)$$

$$h_3(t) * h_4(t) = e^{-2t} u(t) * \delta(t) = e^{-2t} u(t)$$

$$\therefore h(t) = (e^{-t} - e^{-2t}) u(t) + e^{-2t} u(t) = e^{-t} u(t)$$

2-11 $$h_1(t) * h_2(t) = \int_{-\infty}^{\infty} h_1(\tau) h_2(t-\tau) d\tau = \int_{-\infty}^{\infty} e^{-\tau} u(t) e^{-2(t-\tau)} u(t-\tau) d\tau$$

$$= \int_0^t e^{-\tau} e^{-2(t-\tau)} d\tau = e^{-2t} \int_0^t e^{\tau} d\tau = (e^{-t} - e^{-2t}) u(t)$$

$$h(t) = \int_{-\infty}^{\infty} u(\tau) [e^{-(t-\tau)} - e^{-2(t-\tau)}] u(t-\tau) d\tau$$

$$= \int_0^t [e^{-(t-\tau)} - e^{-2(t-\tau)}] d\tau$$

$$= \left[e^{-(t-\tau)} - \frac{e^{-2(t-\tau)}}{2} \right]_0^t = \left(\frac{1}{2} - e^{-t} + \frac{1}{2} e^{-2t} \right) u(t)$$

2-12 $$\int_{-\infty}^{\infty} |h(t)| dt = \int_{-\infty}^{\infty} e^{-4t} u(t) dt = \int_0^{\infty} e^{-4t} dt = \left. \frac{e^{-4t}}{-4} \right|_0^{\infty} = \frac{1}{4} \quad \therefore \text{ 안정 시스템}$$

2-13 $$\int_{-\infty}^{\infty} |h(t)| dt = \int_{-\infty}^{\infty} e^{3t} u(-t) dt = \int_{-\infty}^{0} e^{3t} dt = \frac{1}{3} \quad \therefore \text{ 안정 시스템}$$

2-14 $$L \frac{di(t)}{dt} + Ri(t) = x(t) \qquad i(t) = \frac{1}{R} y(t) \rightarrow \frac{di(t)}{dt} = \frac{1}{R} \frac{dy(t)}{dt}$$

$$\frac{dy(t)}{dt} + \frac{R}{L} y(t) = \frac{R}{L} x(t) \quad \Rightarrow \quad \frac{dy(t)}{dt} + 10^7 y(t) = 10^7 x(t)$$

2-15 $L\frac{di(t)}{dt}+Ri(t)=x(t)$

$$L\frac{di(t)}{dt}=y(t) \quad \rightarrow \quad i(t)=\int\frac{di(t)}{dt}dt=\frac{1}{L}\int y(t)dt$$

$$y(t)+\frac{R}{L}\int y(t)dt=x(t) \quad \Rightarrow \quad \frac{dy(t)}{dt}+\frac{R}{L}y(t)=\frac{dx(t)}{dt}$$

$$\Rightarrow \quad \frac{dy(t)}{dt}+10^6y(t)=\frac{dx(t)}{dt}$$

2-16 $Ri(t)+y(t)=x(t), \quad i(t)=C\frac{dy(t)}{dt}$

$$RC\frac{dy(t)}{dt}+y(t)=x(t) \quad \Rightarrow \quad \frac{dy(t)}{dt}+\frac{1}{RC}y(t)=\frac{1}{RC}x(t)$$

$$\frac{dy(t)}{dt}+10^5y(t)=10^5x(t)$$

2-17 $C\frac{dv_c(t)}{dt}=i(t) \rightarrow \frac{dv_c(t)}{dt}=\frac{1}{C}i(t) \rightarrow v_c(t)=\frac{1}{C}\int i(t)dt$

$$\frac{1}{C}\int i(t)dt+Ri(t)=x(t) \qquad R\frac{di(t)}{dt}+\frac{1}{C}i(t)=\frac{dx(t)}{dt}$$

$$Ri(t)=y(t) \quad \rightarrow \quad R\frac{di(t)}{dt}=\frac{dy(t)}{dt}, \quad i(t)=\frac{1}{R}y(t)$$

$$\frac{dy(t)}{dt}+\frac{1}{RC}y(t)=\frac{dx(t)}{dt} \quad \Rightarrow \quad \frac{dy(t)}{dt}+10^5y(t)=\frac{dx(t)}{dt}$$

2-18 $\frac{di(t)}{dt}+\frac{R}{L}i(t)=\frac{1}{L}v(t), \quad \frac{R}{L}=2{,}000{,}000, \quad \frac{1}{L}=1{,}000$

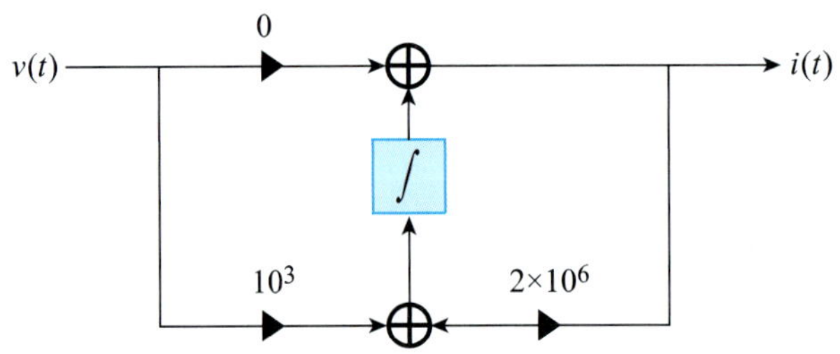

2-19 $C\dfrac{dv_c(t)}{dt} = i(t) \rightarrow \dfrac{dv_c(t)}{dt} = \dfrac{1}{C}i(t) \rightarrow v_c(t) = \dfrac{1}{C}\int i(t)dt$

$$L\frac{di(t)}{dt} + Ri(t) + \frac{1}{C}\int i(t)dt = v(t)$$

$$L\frac{d^2i(t)}{dt^2} + R\frac{di(t)}{dt} + \frac{1}{C}i(t) = \frac{dv(t)}{dt}$$

$$\Rightarrow \frac{d^2i(t)}{dt^2} + \frac{R}{L}\frac{di(t)}{dt} + \frac{1}{LC}i(t) = \frac{1}{L}\frac{dv(t)}{dt}$$

$$\frac{d^2i(t)}{dt^2} + 10^7\frac{di(t)}{dt} + 10^{11}i(t) = 10^3\frac{dv(t)}{dt}$$

2-20 (a) $i(t) = I_0 e^{-\frac{R}{L}t}u(t) = I_0 e^{-0.2t}u(t),\ I_0 = \dfrac{V}{R_1} = 2,\quad i(t) = 2e^{-0.2t}u(t)$

(b) $i(t) = 2e^{-0.2t}u(t) = 2e^{-0.2\times 4} = 2\times 0.449 = 0.898\,\text{A}$

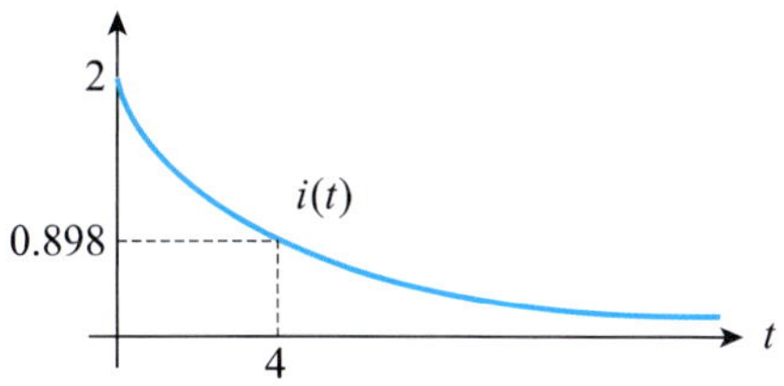

2-21 $\dfrac{dh(t)}{dt} + 4h(t) = 3\delta(t),\ h(t) = ce^{-4t}u(t)$

$$\frac{dh(t)}{dt} = -4ce^{-4t}u(t) + ce^{-4t}\delta(t)$$

$$-4ce^{-4t}u(t) + ce^{-4t}\delta(t) + 4ce^{-4t}u(t) = 3\delta(t) \Rightarrow \quad ce^{-4t}\delta(t) = 3\delta(t)$$

$$ce^{-4t}\delta(t) = c\delta(t) = 3\delta(t) \quad \therefore c = 3\ , \qquad h(t) = 3e^{-4t}u(t)$$

2-22 $\dfrac{dy(t)}{dt} + 2y(t) = 3\dfrac{dx(t)}{dt} + 4x(t)$

2-23 $\dfrac{d^2y(t)}{dt^2} + 3\dfrac{dy(t)}{dt} + 2y(t) = \dfrac{d^2x(t)}{dt^2} + 4\dfrac{dx(t)}{dt} + 5x(t)$

3장 푸리에 변환

3-1 $x(t) = b_1\sin t + b_3\sin 3t + b_5\sin 5t + b_7\sin 7t + b_9\sin 9t$

$$b_k = \frac{2}{T}\int_{t_0}^{t_0+T} x(t)\sin k\omega_0 t\,dt = \frac{1}{\pi}\int_0^{2\pi} x(t)\sin kt\,dt$$

$$= \frac{1}{\pi}\left\{\int_0^{\pi}\sin kt\,dt - \int_{\pi}^{2\pi}\sin kt\,dt\right\} = \frac{4}{k\pi}$$

$$\therefore\ b_1 = \frac{4}{\pi} = 1.273,\quad b_3 = \frac{4}{3\pi} = 0.424,\quad b_5 = \frac{4}{5\pi} = 0.255$$

$$b_7 = \frac{4}{7\pi} = 0.182,\ b_9 = \frac{4}{9\pi} = 0.141$$

3-2 $a_0 = \frac{1}{T}\int_{t_0}^{t_0+T}\tilde{x}(t)\,dt = \frac{1}{2\pi}4\pi = 2,\quad \tilde{x}(t) = 2 + \sum_{k=1}^{\infty} a_k\cos kt$

$$a_1 = \frac{1}{\pi}\int_0^{2\pi} x(t)\cos t\,dt = \frac{1}{\pi}\left[\int_0^{\pi/2} 4\cos t\,dt + \int_{3\pi/2}^{2\pi} 4\cos t\,dt\right]$$

$$= \frac{8}{\pi} = 2.546$$

$$a_3 = \frac{8}{3\pi} = 0.849,\ a_5 = \frac{8}{5\pi} = 0.509,\ a_7 = \frac{8}{7\pi} = 0.364,\ a_9 = \frac{8}{9\pi} = 0.283$$

3-3 $X_k = \frac{1}{T}\int_{-T/2}^{T/2} x(t)e^{-jk\omega_0 t}\,dt = \frac{1}{T}\int_{-T/2}^{T/2}(\delta(t+1)+\delta(t-1))e^{-jk\omega_0 t}\,dt$

$$= \frac{1}{T}(e^{jk\omega_0} + e^{-jk\omega_0}) = \frac{2}{T}\cos k\omega_0,\ \omega_0 = \frac{2\pi}{T} = 0.2\pi$$

$$\therefore X_k = 0.1\cos 0.2\pi k$$

3-4 $h(t) = \frac{1}{2\pi}\int_{-\infty}^{\infty} H(\omega)e^{j\omega t}d\omega = \frac{1}{2\pi}\int_{-2\pi}^{2\pi} e^{j\omega t}d\omega = \frac{1}{2\pi}\left[\frac{e^{j\omega t}}{jt}\right]_{-2\pi}^{2\pi}$

$$= \frac{1}{2\pi jt}(e^{j2\pi t} - e^{-j2\pi t}) = \frac{\sin 2\pi t}{\pi t}$$

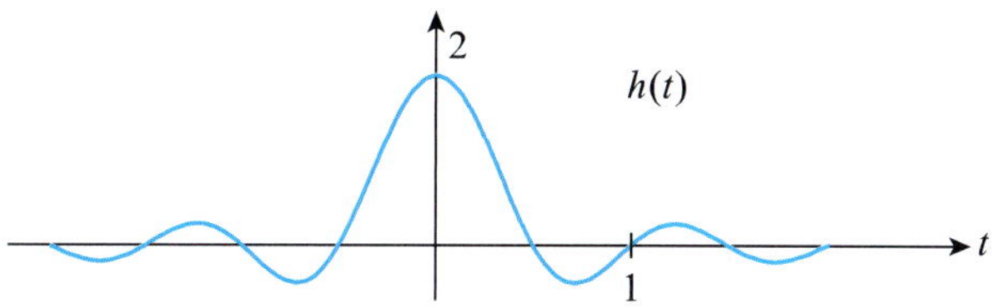

$$\left.\frac{(\sin 2\pi t)'}{(\pi t)'}\right|_{t=0} = \left.\frac{2\pi\cos 2\pi t}{\pi}\right|_{t=0} = 2$$

3-5 $H(\omega) = \dfrac{1/RC}{1/RC + j\omega}$, $\dfrac{1}{RC} = 10^5$, $H(\omega) = \dfrac{10^5}{10^5 + j\omega}$,

$$|H(\omega)| = \frac{10^5}{\sqrt{10^{10} + \omega^2}}$$

$$H(\omega) = \frac{10^5}{10^5 + j\omega} \quad \leftrightarrow \quad h(t) = 10^5 e^{-10^5 t} u(t)$$

$$|H(\omega_c)| = \frac{1}{\sqrt{2}} \quad \Rightarrow \quad \frac{1}{1 + (\omega_c RC)^2} = \frac{1}{2} \quad \Rightarrow \quad \omega_c = \frac{1}{RC} = 10^5$$

$$2\pi f_c = 10^5 \quad \therefore f_c = 15{,}915\,\text{Hz} \simeq 15.9\,\text{kHz}$$

3-6 (a) $H(\omega) = \dfrac{R/L}{R/L + j\omega}$, $\dfrac{R}{L} = 10^6$, $H(\omega) = \dfrac{10^6}{10^6 + j\omega}$,

$$|H(\omega)| = \frac{10^6}{\sqrt{10^{12} + \omega^2}}$$

$$H(\omega) = \frac{10^6}{10^6 + j\omega} \quad \leftrightarrow \quad h(t) = 10^6 e^{-10^6 t} u(t)$$

(b) $|H(\omega_c)| = \dfrac{1}{\sqrt{2}}$, $\dfrac{10^{12}}{10^{12} + \omega_c^2} = \dfrac{1}{2}$, $\omega_c = 10^6$, $2\pi f_c = 10^6$

$$f_c = 159{,}154\,\text{Hz} \simeq 159\,\text{kHz}$$

1 kHz의 이득 : $|H(2\pi \times 10^3)| = \dfrac{10^6}{\sqrt{10^{12} + (2\pi \times 10^3)^2}} \simeq 1$

1 MHz의 이득 : $|H(2\pi \times 10^6)| = \dfrac{10^6}{\sqrt{10^{12} + (2\pi \times 10^6)^2}} = 0.157$

3-7 $\frac{1}{C}\int i(t)dt + Ri(t) = x(t),\ \ Ri(t) = y(t) \rightarrow i(t) = \frac{1}{R}y(t)$

$$\therefore \frac{1}{RC}\int y(t)dt + y(t) = x(t) \Rightarrow \frac{dy(t)}{dt} + \frac{1}{RC}y(t) = \frac{dx(t)}{dt}$$

$$j\omega H(\omega)e^{j\omega t} + \frac{1}{RC}H(\omega)e^{j\omega t} = j\omega e^{j\omega t},\ \ H(\omega) = \frac{j\omega}{1/RC + j\omega}$$

$$|H(\omega)| = \frac{\omega}{\sqrt{(1/RC)^2 + \omega^2}}$$

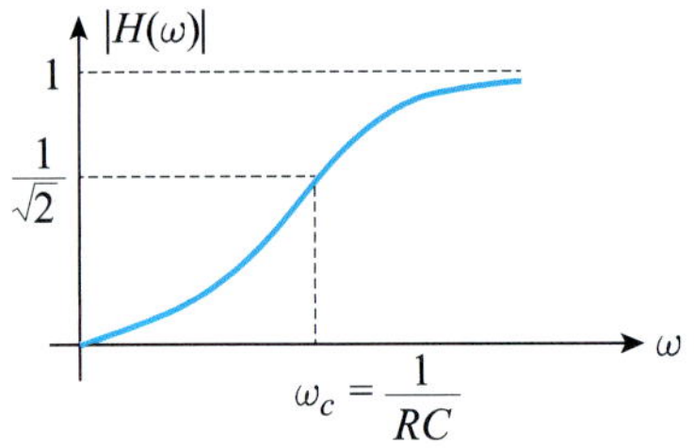

$$\frac{1}{RC} = \frac{1}{10^3 \times 10^{-9}} = 10^6,\ \ H(\omega) = \frac{j\omega}{10^6 + j\omega} \Rightarrow |H(\omega)| = \frac{\omega}{\sqrt{10^{12} + \omega^2}}$$

$$\frac{\omega_c}{\sqrt{10^{12} + \omega_c^2}} = \frac{1}{\sqrt{2}} \Rightarrow \omega_c = 10^6 \Rightarrow f_c = 159154\,\text{Hz} \simeq 159\,\text{kHz}$$

3-8 $L\frac{di(t)}{dt} + Ri(t) = x(t),$

$$y(t) = L\frac{di(t)}{dt} \rightarrow \frac{1}{L}\int y(t)dt = \int \frac{di(t)}{dt}dt = i(t)$$

$$\therefore y(t) + \frac{R}{L}\int y(t)dt = x(t) \Rightarrow \frac{dy(t)}{dt} + \frac{R}{L}y(t) = \frac{dx(t)}{dt}$$

$$j\omega H(\omega)e^{j\omega t} + \frac{R}{L}H(\omega)e^{j\omega t} = j\omega e^{j\omega t}$$

$$H(\omega) = \frac{j\omega}{R/L + j\omega} \Rightarrow |H(\omega)| = \frac{\omega}{\sqrt{(R/L)^2 + \omega^2}}$$

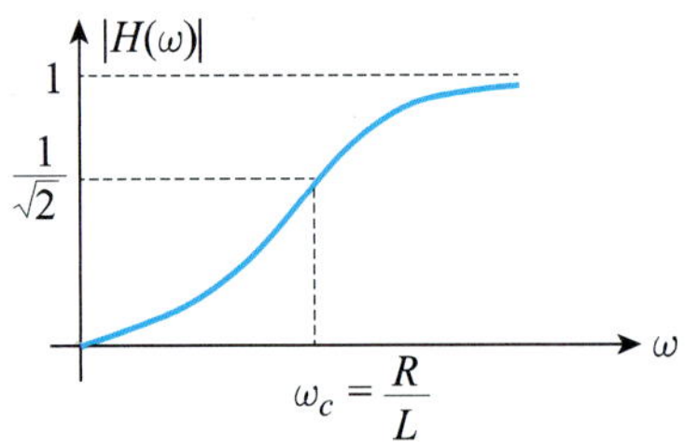

$$\frac{R}{L} = \frac{10^3}{10^{-2}} = 10^5,\ H(\omega) = \frac{j\omega}{10^5 + j\omega} \Rightarrow |H(\omega)| = \frac{\omega}{\sqrt{10^{10} + \omega^2}}$$

$$\frac{\omega_c}{\sqrt{10^{10} + \omega_c^2}} = \frac{1}{\sqrt{2}} \Rightarrow \omega_c = 10^5 \Rightarrow f_c = 15915\,\text{Hz} \simeq 15.9\,\text{kHz}$$

3-9 $X_1(\omega) = \text{rect}\left(\frac{\omega}{2}\right)$

$$x_1(t) = \frac{1}{2\pi}\int_{-\infty}^{\infty} X_1(\omega)e^{j\omega t}d\omega = \frac{1}{2\pi}\int_{-1}^{1} e^{j\omega t}d\omega$$

$$= \frac{1}{2\pi}\left[\frac{e^{j\omega t}}{jt}\right]_{-1}^{1} = \frac{1}{2\pi jt}(e^{jt} - e^{-jt}) = \frac{\sin t}{\pi t}$$

$$X_1(\omega) = \text{rect}\left(\frac{\omega}{2}\right) \leftrightarrow x_1(t) = \frac{\sin t}{\pi t}$$

$$X(\omega) = \text{rect}\left(\frac{\omega - 1}{2}\right) \leftrightarrow x(t) = \frac{\sin t}{\pi t}e^{jt}$$

3-10 (a) $\displaystyle\int_{-\infty}^{\infty} x(-t)e^{-j\omega t}dt = -\int_{\infty}^{-\infty} x(\tau)e^{j\omega\tau}d\tau$

$$= \int_{-\infty}^{\infty} x(\tau)e^{j\omega\tau}d\tau = X(-\omega)$$

(b) $\displaystyle\int_{-\infty}^{\infty} x^*(t)e^{-j\omega t}dt = \left\{\int_{-\infty}^{\infty} x(t)e^{j\omega t}dt\right\}^* = X^*(-\omega)$

3-11 (a) $x_e(t) = \dfrac{x(t) + x(-t)}{2}, \quad \therefore X_e(\omega) = \dfrac{X(\omega) + X(-\omega)}{2}$

(b) $x_o(t) = \dfrac{x(t) - x(-t)}{2}, \quad \therefore X_e(\omega) = \dfrac{X(\omega) - X(-\omega)}{2}$

3-12 (a) $\text{Re}\{x(t)\} = \dfrac{x(t) + x^*(t)}{2} \quad \leftrightarrow \quad \dfrac{X(\omega) + X^*(-\omega)}{2}$

(b) $\text{Im}\{x(t)\} = \dfrac{x(t) - x^*(t)}{2j} \quad \leftrightarrow \quad \dfrac{X(\omega) - X^*(-\omega)}{2j}$

3-13 $X(\omega)=\dfrac{1}{2+j\omega}$, $|X(\omega)|^2=\dfrac{1}{4+\omega^2}$

$$E=\frac{1}{2\pi}\int_{-\infty}^{\infty}\frac{1}{4+\omega^2}d\omega=\frac{1}{\pi}\int_{0}^{\infty}\frac{1}{4+\omega^2}dw=\frac{1}{2\pi}\left[\tan^{-1}\frac{\omega}{2}\right]_0^{\infty}=\frac{1}{4}$$

3-14 $X(\omega)=\mathrm{rect}\left(\dfrac{\omega}{2\pi}\right)$, $|X(\omega)|^2=\mathrm{rect}\left(\dfrac{\omega}{2\pi}\right)$, $E=\dfrac{1}{2\pi}\displaystyle\int_{-\pi}^{\pi}d\omega=1$

3-15 $x(t)=\dfrac{\sin t}{\pi t}\cos 10t=f(t)\cos 10t$

$$X(\omega)=\frac{1}{2\pi}\{\pi\,[F(\omega+10)+F(\omega-10)]\}=\frac{1}{2}[F(\omega+10)+F(\omega-10)]$$

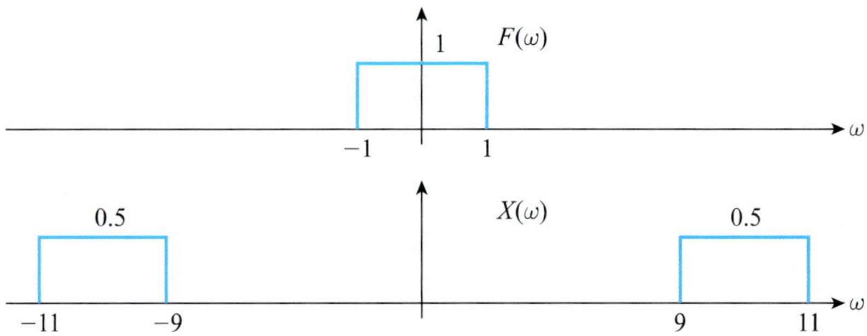

$$\int_{-\infty}^{\infty}|x(t)|^2dt=\frac{1}{2\pi}\int_{-\infty}^{\infty}|X(\omega)|^2d\omega$$

$$=\frac{1}{2\pi}\left(\int_{-11}^{-9}0.25d\omega+\int_{9}^{11}0.25d\omega\right)=\frac{1}{2\pi}$$

3-16

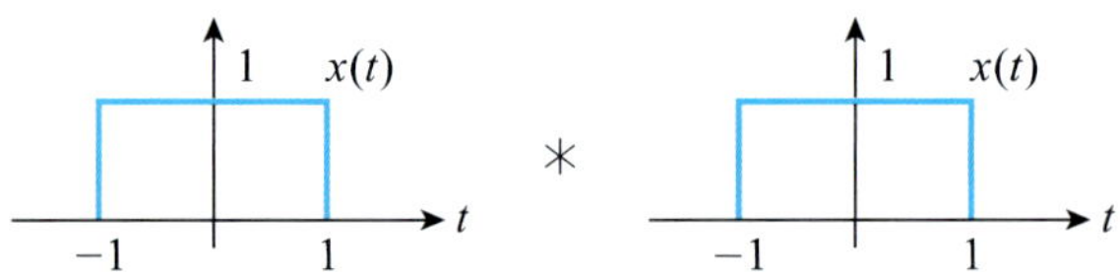

$$y(t)=x(t)*x(t)\leftrightarrow Y(\omega)=X^2(\omega)$$

$$X(\omega)=\int_{-1}^{1}e^{-j\omega t}dt=\frac{2\sin\omega}{\omega}\qquad\therefore Y(\omega)=\frac{4\sin^2\omega}{\omega^2}$$

3-17 $1 \leftrightarrow 2\pi\delta(\omega), \quad e^{j\omega_0 t} \leftrightarrow 2\pi\delta(\omega-\omega_0)$

$$\cos\omega_0 t = \frac{e^{j\omega_0 t}+e^{-j\omega_0 t}}{2} \leftrightarrow \pi\delta(\omega-\omega_0)+\pi\delta(\omega+\omega_0)$$

$$y(t)=x(t)\cos\omega_0 t \leftrightarrow \frac{1}{2\pi}X(\omega)*M(\omega)$$

$$=\frac{1}{2\pi}X(\omega)*[\pi\delta(\omega-\omega_0)+\pi\delta(\omega+\omega_0)]$$

$$=\frac{1}{2}[X(\omega-\omega_0)+X(\omega+\omega_0)]$$

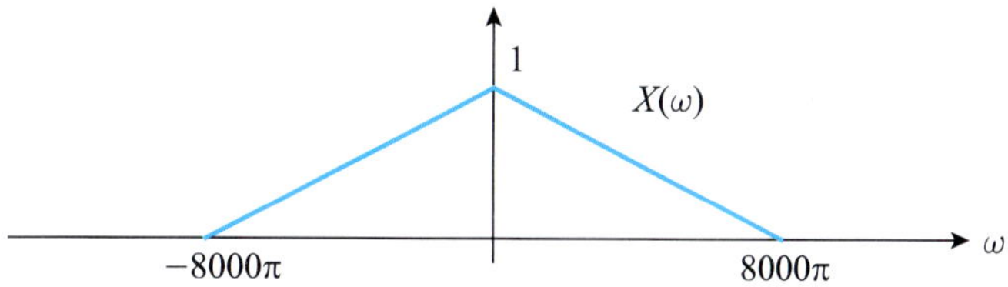

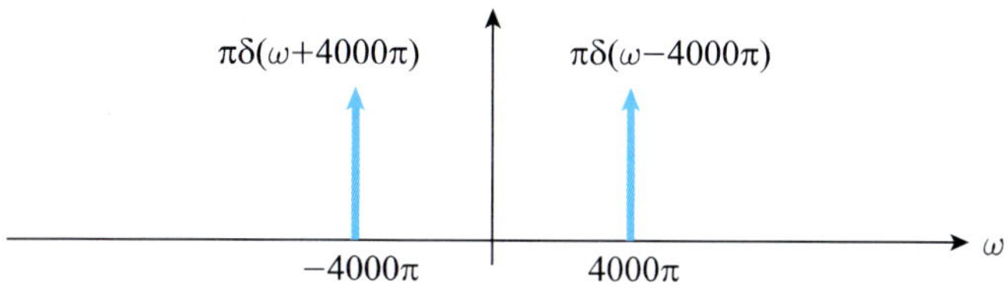

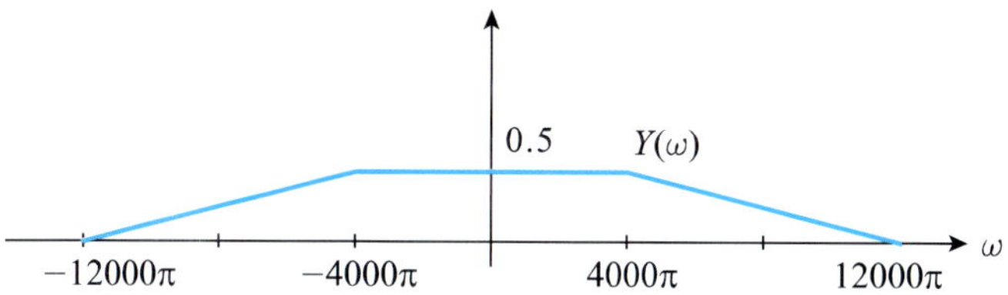

3-18 $\delta(t) \leftrightarrow 1, \quad \delta(t-T) \leftrightarrow e^{-jT\omega}$

$$\sum_{n=-\infty}^{\infty} x(nT)\delta(t-nT) \leftrightarrow \sum_{n=-\infty}^{\infty} x(nT)e^{-jnT\omega} = X_s(\omega)$$

$$X_s(0)=\sum_{n=-\infty}^{\infty} x(nT)=\sum_{n=0}^{\infty} e^{-nT}+\sum_{n=-\infty}^{-1} e^{nT}=\sum_{n=0}^{\infty} e^{-nT}+\sum_{m=1}^{\infty} e^{-mT}$$

$$=\frac{1}{1-e^{-T}}+\frac{e^{-T}}{1-e^{-T}}=\frac{1+e^{-T}}{1-e^{-T}}=\frac{1+e^{-1}}{1-e^{-1}}$$

3-19 $l = \dfrac{3\times 10^8\,\mathrm{m/sec}}{2\times 3\times 10^9\,\mathrm{Hz}} = 0.05\,\mathrm{m} = 5\,\mathrm{cm}$

3-20 $\dfrac{\sin t}{\pi t} \leftrightarrow \mathrm{rect}\left(\dfrac{\omega}{2}\right)$

$$\frac{\sin t}{\pi t}\cos(2\pi\times 1000)t \leftrightarrow \frac{1}{2}\left[\mathrm{rect}\left(\frac{\omega-2000\pi}{2}\right)+\mathrm{rect}\left(\frac{\omega+2000\pi}{2}\right)\right]$$

4장 라플라스 변환

4-1 $3-\sigma<0, \quad \therefore \sigma>3$

4-2 $X(s)=\displaystyle\int_0^{\infty}\delta(t-3)e^{-st}dt = e^{-3s}$, 수렴영역 : 복소평면 전체

4-3 $s^3Y(s)+2s^2Y(s)-sY(s)+5Y(s)=3sX(s)+X(s)$

$$(s^3+2s^2-s+5)Y(s)=(3s+1)X(s),\ H(s)=\frac{Y(s)}{X(s)}=\frac{3s+1}{s^3+2s^2-s+5}$$

4-4 $e^{-at}u(t) \quad \leftrightarrow \quad \dfrac{1}{s+a} \qquad H(s)=1-\dfrac{1/RC}{s+1/RC}=\dfrac{s}{s+1/RC}$

4-5 $X(s)=\dfrac{s}{s^2-s-2}=\dfrac{s}{(s-2)(s+1)}=\dfrac{A_1}{s-2}+\dfrac{A_2}{s+1}$

$$A_1+\left.\frac{A_2(s-2)}{s+1}\right|_{s=2}=\left.\frac{s}{s+1}\right|_{s=2} \quad \therefore A_1=\frac{2}{3}$$

$$A_2+\left.\frac{A_1(s+1)}{s-2}\right|_{s=-1}=\left.\frac{s}{s-2}\right|_{s=-1} \quad \therefore A_2=\frac{1}{3}$$

$$X(s)=\frac{2/3}{s-2}+\frac{1/3}{s+1},\quad x(t)=\frac{2}{3}e^{2t}u(t)+\frac{1}{3}e^{-t}u(t)$$

4-6 $X(s)=\dfrac{s^2+s}{s^2+3s+2}=1+\dfrac{-2s+2}{(s+2)(s+1)}=1+\dfrac{A_1}{s+2}+\dfrac{A_2}{s+1}$,

$A_1=-6, A_2=4$

$X(s)=1+\dfrac{-6}{s+2}+\dfrac{4}{s+1}$, $\quad x(t)=\delta(t)-6e^{-2t}u(t)+4e^{-t}u(t)$

4-7 $X(s)=\dfrac{2s^2-3s}{s^3-4s^2+5s-2}=\dfrac{2s^2-3s}{(s-2)(s-1)^2}=\dfrac{A_1}{s-2}+\dfrac{A_2}{s-1}+\dfrac{A_3}{(s-1)^2}$

$$A_1+\frac{A_2(s-2)}{s-1}+\frac{A_3(s-2)}{(s-1)^2}\bigg|_{s=2}=\frac{2s^2-3s}{(s-1)^2}\bigg|_{s=1}\quad \therefore A_1=2$$

$$\frac{A_1(s-1)^2}{s-2}+\frac{A_2(s-1)^2}{s-1}+A_3\bigg|_{s=1}=\frac{2s^2-3s}{s-2}\bigg|_{s=1}\quad \therefore A_3=1$$

$$A_1\frac{2(s-1)(s-2)-(s-1)^2}{(s-2)^2}+A_2\bigg|_{s=1}$$

$$=\frac{(4s-3)(s-2)-(2s^2-3s)}{(s-2)^2}\bigg|_{s=1}\quad \therefore A_2=0$$

$X(s)=\dfrac{2}{s-2}+\dfrac{1}{(s-1)^2}\ \Rightarrow x(t)=2e^{2t}u(t)+te^{t}u(t)$

4-8 $X(s)=\dfrac{s^2+3s+3}{s^2+2s+2}=1+\dfrac{s+1}{s^2+2s+2}=1+\dfrac{s+1}{(s+1)^2+1}$

$x(t)=\delta(t)+e^{-t}\cos t\ u(t)$

4-9 $(s+4)Y(s)=(2s+1)X(s)$, $\ H(s)=\dfrac{2s+1}{s+4}=2+\dfrac{-7}{s+4}$

$h(t)=2\delta(t)-7e^{-4t}u(t)$

4-10 $(s^2+5s+6)Y(s)=(3s-2)X(s)$, $H(s)=\dfrac{3s-2}{s^2+5s+6}$

$H(s)=\dfrac{3s-2}{(s+2)(s+3)}=\dfrac{-8}{s+2}+\dfrac{11}{s+3}$, $h(t)=-8e^{-2t}u(t)+11e^{-3t}u(t)$

4-11 $X(s)=\frac{1}{s},\quad Y(s)=\frac{1}{s^2}-\frac{1}{s+3}$

$$H(s)=\frac{1}{s}-\frac{s}{s+3}=\frac{-s^2+s+3}{s(s+3)}=-1+\frac{1}{s}+\frac{3}{s+3}$$

$$h(t)=-\delta(t)+u(t)+3e^{-3t}u(t)$$

4-12 $X(s)=\frac{1}{s+2},\quad Y(s)=\frac{1}{s+1}+\frac{-3}{s+2}$

$$H(s)=\frac{-2s-1}{s+1}=-2+\frac{1}{s+1},\quad h(t)=-2\delta(t)+e^{-t}u(t)$$

4-13 $X(s)=\frac{1}{s+3},\quad Y(s)=\frac{1}{s+1}+\frac{-1}{s+2}+\frac{1}{s+3}=\frac{s^2+4s+5}{(s+1)(s+2)(s+3)}$

$$H(s)=\frac{s^2+4s+5}{(s+1)(s+2)}=1+\frac{s+3}{(s+1)(s+2)}=1+\frac{2}{s+1}-\frac{1}{s+2}$$

$$h(t)=\delta(t)+2e^{-t}u(t)-e^{-2t}u(t)$$

4-14 $sY(s)-2+3Y(s)=\frac{1}{s},\quad (s+3)Y(s)=2+\frac{1}{s}$

$$Y(s)=\frac{2s+1}{s(s+3)}=\frac{1/3}{s}+\frac{5/3}{s+3},\quad y(t)=\frac{1}{3}u(t)+\frac{5}{3}e^{-3t}u(t)$$

4-15 $sY(s)-2+Y(s)=\frac{s}{s^2+1},\quad (s+1)Y(s)=2+\frac{s}{s^2+1}=\frac{2s^2+s+2}{s^2+1}$

$$Y(s)=\frac{2s^2+s+2}{(s+1)(s^2+1)}=\frac{3/2}{s+1}+\frac{1/2(s+1)}{s^2+1}$$

$$=\frac{3/2}{s+1}+\frac{1}{2}\left(\frac{s}{s^2+1}+\frac{1}{s^2+1}\right)$$

$$y(t)=\frac{3}{2}e^{-t}u(t)+\frac{1}{2}\cos tu(t)+\frac{1}{2}\sin tu(t)$$

4-16 $sY(s)-1+3Y(s)=\frac{1}{s+1},\quad (s+3)Y(s)=1+\frac{1}{s+1}$

$$Y(s)=\frac{s+2}{(s+1)(s+3)}=\frac{1/2}{s+1}+\frac{1/2}{s+3},\ y(t)=\frac{1}{2}e^{-t}u(t)+\frac{1}{2}e^{-3t}u(t)$$

4-17 $s^2Y(s)-2s-1+3sY(s)-6+2Y(s)=\frac{1}{s},$

$$(s^2+3s+2)Y(s)=\frac{2s^2+7s+1}{s}$$

$$Y(s)=\frac{2s^2+7s+1}{s(s+1)(s+2)}=\frac{1/2}{s}+\frac{4}{s+1}+\frac{-5/2}{s+2}$$

$$y(t)=\frac{1}{2}u(t)+4e^{-t}u(t)-\frac{5}{2}e^{-2t}u(t)$$

4-18 $s^2Y(s)-2s-1+3sY(s)-6+2Y(s)=\frac{1}{s+3},$

$$(s^2+3s+2)Y(s)=\frac{2s^2+13s+22}{s+3}$$

$$Y(s)=\frac{2s^2+13s+22}{(s+1)(s+2)(s+3)}=\frac{A_1}{s+1}+\frac{A_2}{s+2}+\frac{A_3}{s+3}$$

$$A_1+\frac{A_2(s+1)}{s+2}+\frac{A_3(s+1)}{s+3}\bigg|_{s=-1}=\frac{2s^2+13s+22}{(s+2)(s+3)}\bigg|_{s=-1}=5.5$$

$$A_2+\frac{A_1(s+2)}{s+1}+\frac{A_3(s+2)}{s+3}\bigg|_{s=-2}=\frac{2s^2+13s+22}{(s+1)(s+3)}\bigg|_{s=-2}=-4$$

$$A_3+\frac{A_1(s+3)}{s+1}+\frac{A_2(s+3)}{s+2}\bigg|_{s=-3}=\frac{2s^2+13s+22}{(s+1)(s+2)}\bigg|_{s=-3}=0.5$$

$$Y(s)=\frac{5.5}{s+1}+\frac{-4}{s+2}+\frac{0.5}{s+3},$$

$$y(t)=5.5e^{-t}u(t)-4e^{-2t}u(t)+0.5e^{-3t}u(t)$$

4-19 $y(t)\leftrightarrow Y(s),\ \frac{dy(t)}{dt}\leftrightarrow sY(s)-y(0)=sY(s)-3,$

$$\frac{d^2y(t)}{dt^2}\leftrightarrow s^2Y(s)-sy(0)-\frac{dy(0)}{dt}=s^2Y(s)-3s-1$$

$$s^2Y(s)-3s-1+5sY(s)-15+6Y(s)=0,$$

$$s^2Y(s)+5sY(s)+6Y(s)=3s+16$$

$$Y(s)=\frac{3s+16}{s^2+5s+6}=\frac{3s+16}{(s+2)(s+3)}=\frac{10}{s+2}-\frac{7}{s+3}$$

$$\therefore y(t)=10e^{-2t}u(t)-7e^{-3t}u(t)$$

4-20 $L\dfrac{di(t)}{dt}+Ri(t)=E$

$$[sI(s)-i(0)]+2I(s)=\frac{2}{s},\ \ I(s)(s+2)=\frac{2}{s}$$

$$I(s)=\frac{2}{s(s+2)}=\frac{A}{s}+\frac{B}{s+2}$$

$$A+\frac{Bs}{s+2}=\frac{2}{s+2}\ \Rightarrow\ A=1,\ B+\frac{A(s+2)}{s}=\frac{2}{s}\ \Rightarrow\ B=-1$$

$$I(s)=\frac{1}{s}-\frac{1}{s+2}\ \Rightarrow\ i(t)=(1-e^{-2t})u(t)$$

4-21 $\dfrac{d^2i(t)}{dt^2}+\dfrac{R}{L}\dfrac{di(t)}{dt}+\dfrac{1}{LC}i(t)=\dfrac{1}{L}\dfrac{dv(t)}{dt}$

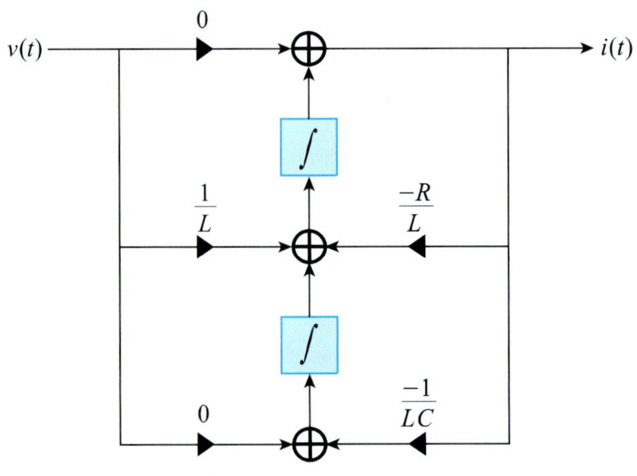

$$s^2I(s)+\frac{R}{L}sI(s)+\frac{1}{LC}I(s)=\frac{1}{L}sV(s)$$

$$\left(s^2+\frac{R}{L}s+\frac{1}{LC}\right)I(s)=\frac{1}{L}sV(s)$$

$$H(s)=\frac{I(s)}{V(s)}=\frac{\frac{1}{L}s}{s^2+\frac{R}{L}s+\frac{1}{LC}}$$

4-22

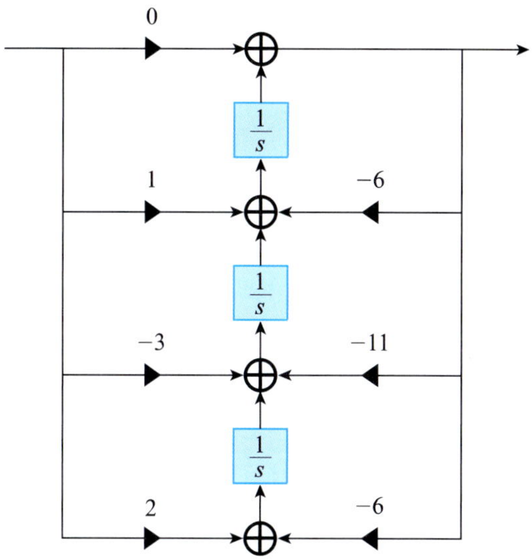

4-23 (a) $L\frac{di(t)}{dt}+Ri(t)=x(t),\ L\frac{di(t)}{dt}=y(t)$

$$i(t)=\int\frac{di(t)}{dt}dt=\frac{1}{L}\int y(t)dt$$

$$y(t)+\frac{R}{L}\int y(t)dt=x(t),\ \frac{dy(t)}{dt}+\frac{R}{L}y(t)=\frac{dx(t)}{dt}$$

(b) $j\omega H(\omega)e^{j\omega t}+\frac{R}{L}H(\omega)e^{j\omega t}=j\omega e^{j\omega t},\ H(\omega)=\frac{j\omega}{R/L+j\omega}$

$$|H(\omega)|=\frac{\omega}{\sqrt{(R/L)^2+\omega^2}}$$

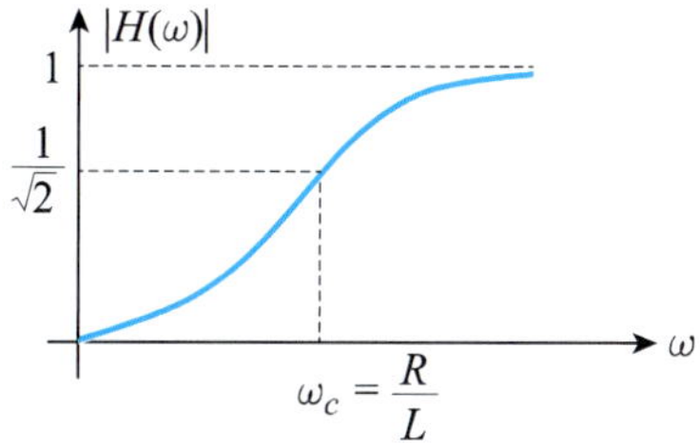

(c) $H(\omega)=\dfrac{j\omega}{R/L+j\omega}=1-\dfrac{R/L}{R/L+j\omega} \leftrightarrow h(t)=\delta(t)-\dfrac{R}{L}e^{-\frac{R}{L}t}u(t)$

(d) $h(t)=\delta(t)-\dfrac{R}{L}e^{-\frac{R}{L}t}u(t) \leftrightarrow 1-\dfrac{\frac{R}{L}}{s+\frac{R}{L}}=\dfrac{s}{s+\frac{R}{L}}=H(s)$

(e)

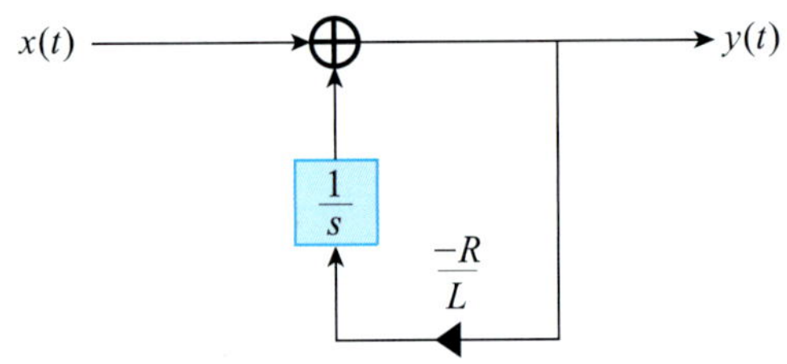

4-24 (a) $C\dfrac{dv_c(t)}{dt}=i(t) \rightarrow \dfrac{dv_c(t)}{dt}=\dfrac{1}{C}i(t) \rightarrow v_c(t)=\dfrac{1}{C}\int i(t)dt$

$\dfrac{1}{C}\int i(t)dt+Ri(t)=x(t),\ R\dfrac{di(t)}{dt}+\dfrac{1}{C}i(t)=\dfrac{dx(t)}{dt},$

$Ri(t)=y(t)$

$R\dfrac{i(t)}{dt}=\dfrac{dy(t)}{dt},\ i(t)=\dfrac{1}{R}y(t),\ \dfrac{dy(t)}{dt}+\dfrac{1}{RC}y(t)=\dfrac{dx(t)}{dt}$

(b) $j\omega H(\omega)e^{j\omega t}+\dfrac{1}{RC}H(\omega)e^{j\omega t}=j\omega e^{j\omega t},\ H(\omega)=\dfrac{j\omega}{1/RC+j\omega}$

$|H(\omega)|=\dfrac{\omega}{\sqrt{(1/RC)^2+\omega^2}}$

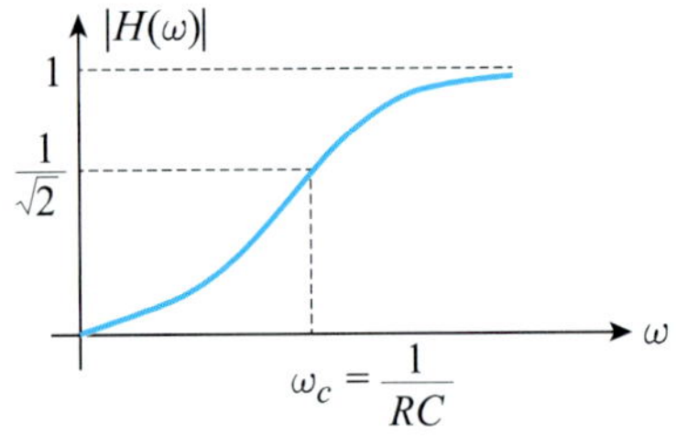

(c) $H(\omega)=\dfrac{j\omega}{1/RC+j\omega}=1-\dfrac{1/RC}{1/RC+j\omega}$

$\leftrightarrow h(t)=\delta(t)-\dfrac{1}{RC}e^{-\frac{1}{RC}t}u(t)$

(d) $h(t) = \delta(t) - \frac{1}{RC} e^{-\frac{1}{RC}t} u(t)$

$$\leftrightarrow 1 - \frac{1/RC}{s + 1/RC} = \frac{s}{s + 1/RC} = H(s)$$

(e)

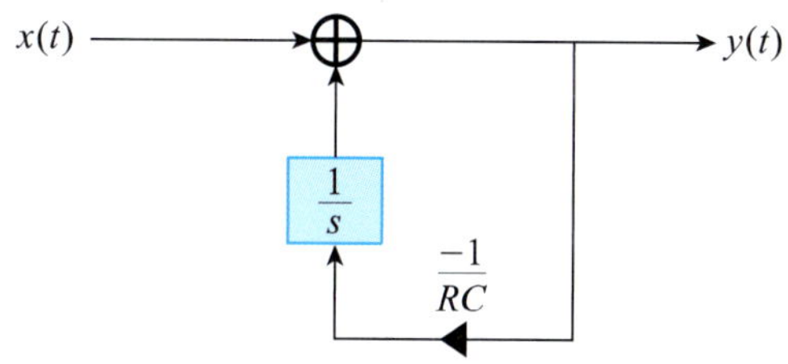

5장 디지털 신호

5-1 (a) $x_1[n] = \delta[n] + 0.8\delta[n-1] - 0.4\delta[n-2] + 0.2\delta[n-3]$

(b) $x_2[n] = 0.2\delta[n+1] + 0.5\delta[n] + 0.2\delta[n-1]$

(c) $x_3[n] = \delta[n] - 0.5\delta[n-3]$

(그림 표현은 생략)

5-2 (a) $x_1[n] = \{\underset{\uparrow}{1}, \quad 1, \quad 1\}$

(b) $x_2[n] = \{0.5, \quad \underset{\uparrow}{0.3}, \quad 0.2\}$

(c) $x_3[n] = \{-0.5, \quad 0, \quad \underset{\uparrow}{0.8}, \quad 0, \quad -0.5\}$

(그림 표현은 생략)

5-3 (생략)

5-4 (생략)

6장 디지털 시스템

6-1 (a) $y[n]=x[n]v[n]=x[n]\sum_{k=0}^{\infty}0.5^k x[n-k]$

$y[n]$은 과거나 현재의 $x[n]$의 값에 따라 결정되므로 인과 시스템

(b) 입력을 $|x[n]| \le M$으로 가정

$|y[n]| \le |x[n]|\{|x[n]|+0.5|x[n-1]|+0.5^2|x[n-2]|+\cdots \quad \}$

$\Rightarrow |y[n]| \le M^2\{1+0.5+0.5^2+\cdots \quad \} \Rightarrow |y[n]| \le 2M^2$

따라서 이 시스템은 안정 시스템

(c) $x[n-m]$을 입력시키면 $y[n-m]$이 출력되므로 시불변 시스템

(d) $y[n]=(x[n])^2+0.5x[n]x[n-1]+0.5^2x[n]x[n-2]+\cdots$

위의 식에서 $x[n]$의 입력이 들어가면 $y[n]$이 출력된다.

그런데 $cx[n]$의 입력이 들어가면 $c^2y[n]$의 출력이 나오므로 비선형 시스템

6-2 (a)

$y[n]$				0.1	0.19	0.35	0.45	0.37	0.26	0.08
$k(=n)$	−3	−2	−1	0	1	2	3	4	5	6
$h[k]$				0.2	0.3	0.3	0.2			
$x[0-k]$	0.4	0.7	0.2	0.5						
$x[1-k]$		0.4	0.7	0.2	0.5					
$x[2-k]$			0.4	0.7	0.2	0.5				
$x[3-k]$				0.4	0.7	0.2	0.5			
$x[4-k]$					0.4	0.7	0.2	0.5		
$x[5-k]$						0.4	0.7	0.2	0.5	
$x[6-k]$							0.4	0.7	0.2	0.5

(b)

$y[n]$	0.1	0.19	0.35	0.45	0.37	0.26	0.08
n	0	1	2	3	4	5	6
$(0.5)h[n]$	0.1	0.15	0.15	0.1			
$(0.2)h[n-1]$		0.04	0.06	0.06	0.04		
$(0.7)h[n-2]$			0.14	0.21	0.21	0.14	
$(1)h[n-3]$				0.08	0.12	0.12	0.08

6-3 (a)

$y[n]$				1	4	8	8	3	-2	-1
$k(=n)$	-4	-3	-2	-1	0	1	2	3	4	5
$h[k]$				1	2	1	-1			
$x[-1-k]$	1	3	2	1						
$x[0-k]$		1	3	2	1					
$x[1-k]$			1	3	2	1				
$x[2-k]$				1	3	2	1			
$x[3-k]$					1	3	2	1		
$x[4-k]$						1	3	2	1	
$x[5-k]$							1	3	2	1

(b)

$y[n]$	1	4	8	8	3	-2	-1
n	-1	0	1	2	3	4	5
$(1)h[n]$	1	2	1	-1			
$(2)h[n-1]$		2	4	2	-2		
$(3)h[n-2]$			3	6	3	-3	
$(1)h[n-3]$				1	2	1	-1

6-4 (a)

$y[n]$			2	-6	6	3	-7	3	1	-2	
$k(=n)$	-4	-3	-2	-1	0	1	2	3	4	5	6
$h[k]$				-2	2	0	-1	1			
$x[-2-k]$	-2	-1	2	-1							
$x[-1-k]$		-2	-1	2	-1						
$x[0-k]$			-2	-1	2	-1					
$x[1-k]$				-2	-1	2	-1				
$x[2-k]$					-2	-1	2	-1			
$x[3-k]$						-2	-1	2	-1		
$x[4-k]$							-2	-1	2	-1	
$x[5-k]$								-2	-1	2	-1

(b)

$y[n]$	2	-6	6	3	-7	3	1	-2
n	-2	-1	0	1	2	3	4	5
$(-1)h[n+1]$	2	-2	0	1	-1			
$(2)h[n]$		-4	4	0	-2	2		
$(-1)h[n-1]$			2	-2	0	1	-1	
				4	-4	0	2	-2

6-5 $y[0]=1$

$y[1]=1+a$

$y[2]=1+a+a^2$

$\vdots$

$$y[n]=1+a+\cdots+a^n=\frac{1-a^{n+1}}{1-a}$$

6-6 $$y[n]=\sum_{k=-\infty}^{\infty} b^k u[k]a^{n-k}u[n-k]=a^n\sum_{k=0}^{\infty}\left(\frac{b}{a}\right)^k u[n-k]$$

i) $n<0,\ y[n]=0$

ii) $$n\geq 0,\ y[n]=a^n\sum_{k=0}^{n}\left(\frac{b}{a}\right)^k=\begin{cases}(n+1)a^n, & a=b\\ \dfrac{a^{n+1}-b^{n+1}}{a-b}, & a\neq b\end{cases}$$

6-7 $y[n]=0.1x[n]+0.3x[n-1]+0.5x[n-2]+0.4x[n-3]+0.2x[n-4]$

(그림생략)

6-8 $h[n]=a^n u[n]-aa^{n-1}u[n-1]=a^n u[n]-a^n u[n-1]=\delta[n]$

6-9 $h_5[n]=h_3[n]+h_4[n]=\delta[n]+2\delta[n-1]+0.5\delta[n-2]$

$h_6[n]=h_2[n]*h_5[n]=2\delta[n]+5\delta[n-1]+3\delta[n-2]+0.5\delta[n-3]$

$h[n]=h_1[n]+h_6[n]=5\delta[n]+5.5\delta[n-1]+3\delta[n-2]+0.5\delta[n-3]$

6-10 $$h[n]=\sum_{k=-\infty}^{\infty} h_1[k]h_2[n-k],\quad h_1[k]=0.5^k u[k],\ k\geq 0$$

$h_2[n-k]=0.125^{n-k}u[n-k],\ k\leq n \rightarrow 0\leq k\leq n$

$$h[n]=\sum_{k=0}^{n} h_1[k]h_2[n-k]=\sum_{k=0}^{n}0.5^k 0.125^{n-k}=0.125^n\sum_{k=0}^{n}4^k$$

$$=0.125^n\frac{1-4^{n+1}}{1-4}=0.125^n\frac{4^{n+1}-1}{3}$$

6-11 $y[n]=0.4y[n-1]-0.2y[n-2]+0.1x[n]+0.5x[n-1]+0.3x[n-2]$
(그림생략)

6-12 (a) $S=\sum_{n=-\infty}^{\infty}|h_1[n]|=\sum_{n=-\infty}^{\infty}0.9^n u[n]=\sum_{n=0}^{\infty}0.9^n$

$=\dfrac{1}{1-0.9}=10$ $\therefore$ 안정 시스템

(b) $S=\sum_{n=-\infty}^{\infty}|h_2[n]|=\sum_{n=-\infty}^{\infty}1.1^n u[n]=\sum_{n=0}^{\infty}1.1^n$ $\therefore$ 불안정 시스템

6-13 i) $n<0,\ h[n]=0$

ii) $n\geq 0,\ h[n]=\sum_{k=-\infty}^{\infty}a^{n-k}u[n-k]b^k u[k]=\sum_{k=0}^{n}a^{n-k}b^k$

$$=a^n\sum_{k=0}^{n}(b/a)^k=a^n\frac{1-(b/a)^{n+1}}{1-(b/a)}$$

$$\therefore\ h[n]=a^n\frac{1-(b/a)^{n+1}}{1-(b/a)}u[n]$$

7장 DTFT 및 FFT

7-1 $H(e^{j\omega})=\sum_{n=-\infty}^{\infty}h[n]e^{-j\omega n}=\sum_{n=-\infty}^{\infty}(-1)^n g[n]e^{-j\omega n}$

$$=\sum_{n=-\infty}^{\infty}g[n](-e^{j\omega})^{-n}$$

$$=G(-e^{j\omega})=G(e^{j(\omega-\pi)})=\begin{cases}0, & |\omega|\leq\frac{3\pi}{4}\\ 1, & \frac{3\pi}{4}<|\omega|\leq\pi\end{cases}$$

$Y(e^{j\omega})$는 $H(e^{j\omega})$와 $X(e^{j\omega})$의 곱
(그림생략)

7-2 (a) $0.25^n u[n] \Leftrightarrow \sum_{n=-\infty}^{\infty} 0.25^n u[n] e^{-j\omega n} = \sum_{n=0}^{\infty} 0.25^n e^{-j\omega n}$

$$= \sum_{n=0}^{\infty} (0.25e^{-j\omega})^n = \frac{1}{1-0.25e^{-j\omega}} = \frac{e^{j\omega}}{e^{j\omega}-0.25}$$

$$0.25^{n+2}u[n+2] \Leftrightarrow e^{j2\omega}\frac{e^{j\omega}}{e^{j\omega}-0.25} = \frac{e^{j3\omega}}{e^{j\omega}-0.25}$$

$$\therefore\ 0.25^n u[n+2] \Leftrightarrow \frac{16e^{j3\omega}}{e^{j\omega}-0.25}$$

(b) $x[n] = \frac{1}{2\pi}\int_{-\pi}^{\pi} X(e^{j\omega})e^{j\omega n}d\omega \Rightarrow x[0] = \frac{1}{2\pi}\int_{-\pi}^{\pi} X(e^{j\omega})d\omega = 1$

$$\therefore\ \int_{-\pi}^{\pi} X(e^{j\omega})d\omega = 2\pi$$

(c) $\frac{1}{2\pi}\int_{-\pi}^{\pi} |X(e^{j\omega})|^2 d\omega = \sum_{n=-\infty}^{\infty} [x[n]|^2$

$$\Rightarrow \int_{-\pi}^{\pi} |X(e^{j\omega})|^2 d\omega = 2\pi \sum_{n=-\infty}^{\infty} [x[n]|^2$$

$$= 2\pi\{16^2 + 4^2 + 1^2 + 0.25^2 + 0.25^4 + 0.25^6 + \cdots\}$$

$$= 2\pi\frac{16^2}{1-0.25^2} = 546.13\pi = 1715.7$$

7-3 $H(e^{j\omega}) = \frac{1}{3}(1+e^{-j\omega}+e^{-j2\omega}) = \frac{1}{3}(e^{j\omega}+1+e^{-j\omega})e^{-j\omega}$

$$= \frac{1}{3}(1+2\cos\omega)e^{-j\omega}$$

$$\therefore\ |H(e^{j\omega})| = \left|\frac{1}{3}(1+2\cos\omega)\right|$$

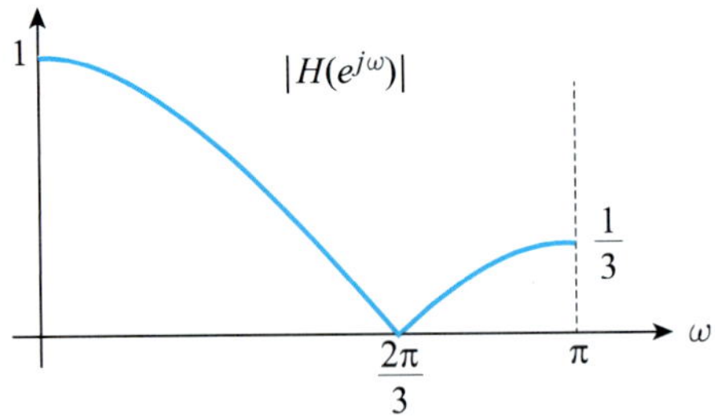

7-4 $H(e^{j\omega}) = 0.5(1 - e^{-j\omega}) = 0.5\left(e^{j\frac{\omega}{2}} - e^{-j\frac{\omega}{2}}\right)e^{-j\frac{\omega}{2}} = j\left(\sin\frac{\omega}{2}\right)e^{-j\frac{\omega}{2}}$

$\therefore |H(e^{j\omega})| = \left|\sin\frac{\omega}{2}\right|$

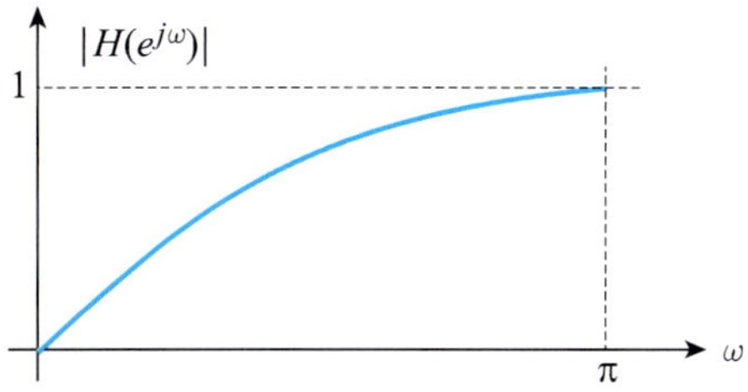

7-5 $H(e^{j\omega}) = 0.5(1 - e^{-j2\omega}) = 0.5\left(e^{j\omega} - e^{-j\omega}\right)e^{-j\omega} = j(\sin\omega)e^{-j\omega}$

$\therefore |H(e^{j\omega})| = |\sin\omega|$

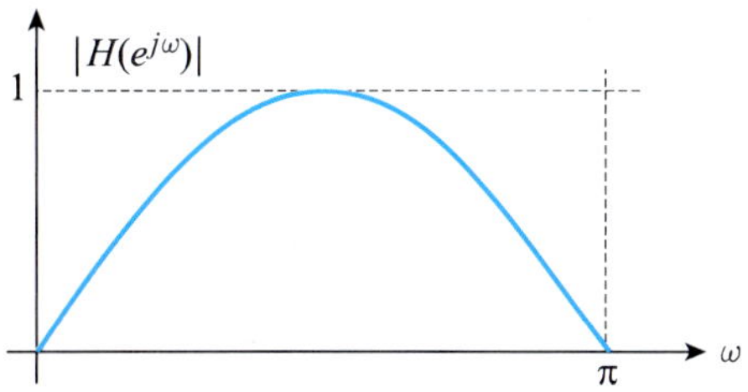

7-6 $H(e^{j\omega}) = 0.5(1 - e^{-j4\omega}) = 0.5\left(e^{j2\omega} - e^{-j2\omega}\right)e^{-j2\omega} = j(\sin 2\omega)e^{-j2\omega}$

$\therefore |H(e^{j\omega})| = |\sin 2\omega|$

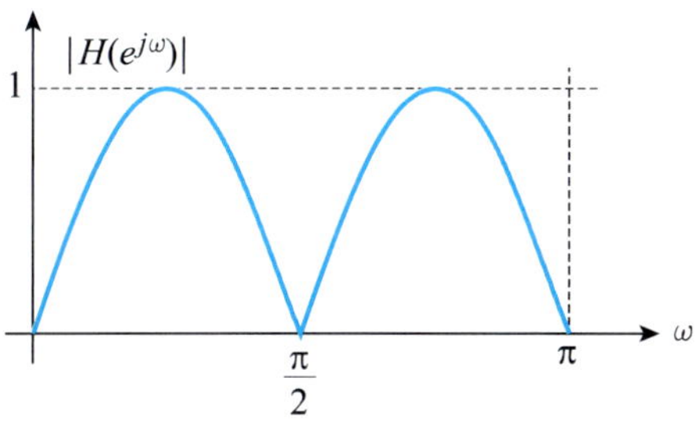

7-7 $h[n] = \frac{1}{2\pi}\int_{-\pi}^{\pi} H(e^{j\omega})e^{j\omega n}d\omega = \frac{1}{2\pi}\int_{-\frac{\pi}{3}}^{\frac{\pi}{3}} e^{j\omega n}d\omega = \frac{1}{2\pi}\left[\frac{e^{j\omega n}}{jn}\right]_{-\frac{\pi}{3}}^{\frac{\pi}{3}}$

$$= \frac{1}{\pi n}\frac{e^{j\frac{\pi}{3}n} - e^{-j\frac{\pi}{3}n}}{2j} = \frac{\sin\frac{\pi}{3}n}{\pi n}, \quad -\infty < n < \infty$$

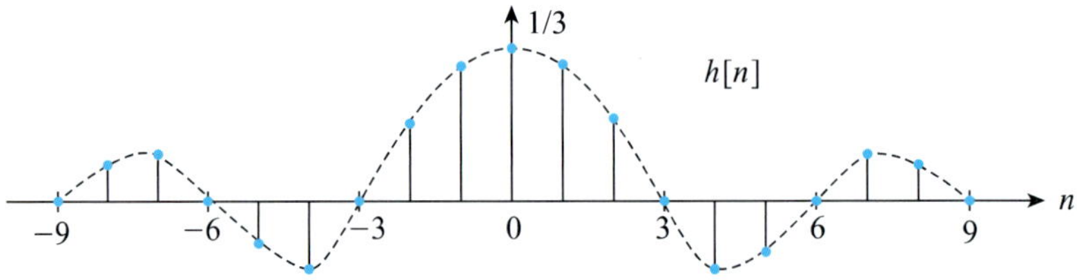

7-8 $h[n] = \frac{1}{2\pi}\int_{-\pi}^{\pi} H(e^{j\omega})e^{j\omega n}d\omega = \frac{1}{2\pi}\int_{-\frac{\pi}{4}}^{\frac{\pi}{4}} e^{j\omega n}d\omega = \frac{1}{2\pi}\left[\frac{e^{j\omega n}}{jn}\right]_{-\frac{\pi}{4}}^{\frac{\pi}{4}}$

$$= \frac{1}{\pi n}\frac{e^{j\frac{\pi}{4}n} - e^{-j\frac{\pi}{4}n}}{2j} = \frac{\sin\frac{\pi}{4}n}{\pi n}, \quad -\infty < n < \infty$$

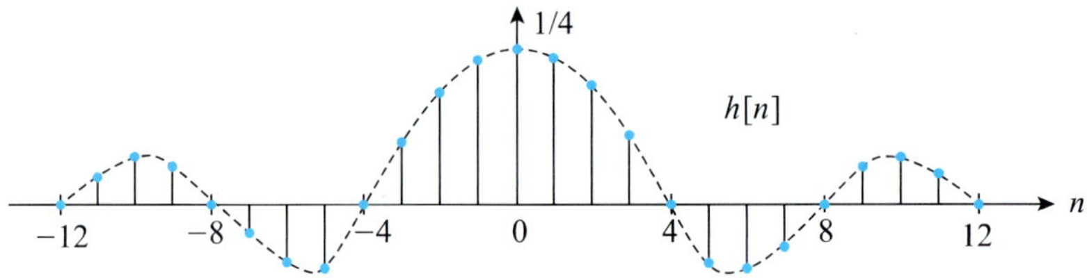

7-9 $x_{\pi}[n] = \{\underset{\uparrow}{1}, \ -1, \ 1, \ -1, \ 1, -1, \ \cdots\}$

$x_{\pi/2}[n] = \{\underset{\uparrow}{1}, \ 0, \ -1, \ 0, \ 1, \ 0, \ -1, \ 0, \ \cdots\}$

7-10 $x_{\pi}[n] = \{\underset{\uparrow}{1}, \ -1, \ 1, \ -1, \ 1, -1, \ \cdots\}$

$x_{\pi/2}[n] = \{\underset{\uparrow}{1}, \ 0, \ -1, \ 0, \ 1, \ 0, \ -1, \ 0, \ \cdots\}$

7-11 (a) $H(e^{j\omega}) = \frac{1}{3}\left(1 + e^{-j\omega} + e^{-j2\omega}\right) = \frac{1}{3}\left(e^{j\omega} + 1 + e^{-j\omega}\right)e^{-j\omega}$

$$= \frac{1}{3}(1 + 2\cos\omega)e^{-j\omega}$$

$$\therefore\ |H(e^{j\omega})| = \left|\frac{1}{3}(1 + 2\cos\omega)\right|,\ |H(e^{j\,0.5\pi})| = \left|\frac{1}{3}(1 + 2\cos 0.5\pi)\right| = \frac{1}{3}$$

(b)

$y[n]$	1/3	1/3	0	−1/3	0	1/3	0	−1/3	0	1/3
k	0	1	2	3	4	5	6	7	8	9
$h[k]$	1/3	1/3	1/3							
$x[0-k]$	1									
$x[1-k]$	0	1								
$x[2-k]$	−1	0	1							
$x[3-k]$	0	−1	0	1						
$x[4-k]$	1	0	−1	0	1					
$x[5-k]$	0	1	0	−1	0	1				
$x[6-k]$	−1	0	1	0	−1	0	1			
$x[7-k]$	0	−1	0	1	0	−1	0	1		
$x[8-k]$	1	0	−1	0	1	0	−1	0	1	
$x[9-k]$	0	1	0	−1	0	1	0	−1	0	1

$$y[n] = \left\{\underset{\uparrow}{\frac{1}{3}},\ \frac{1}{3},\ 0,\ -\frac{1}{3},\ 0,\ \frac{1}{3},\ 0,\ -\frac{1}{3},\ 0,\ \frac{1}{3},\ \cdots\right\}$$

(c) 진폭 1의 신호가 입력되어 진폭 1/3의 신호로 출력되었으므로 이득은 1/3이다. 이는 (a)에서 구한 이득과 일치한다.

7-12 (a) $H(e^{j\omega}) = \frac{1}{3}\left(1 + e^{-j\omega} + e^{-j2\omega}\right) = \frac{1}{3}\left(e^{j\omega} + 1 + e^{-j\omega}\right)e^{-j\omega}$

$$= \frac{1}{3}(1 + 2\cos\omega)e^{-j\omega}$$

$$\therefore\ |H(e^{j\omega})| = \left|\frac{1}{3}(1 + 2\cos\omega)\right|$$

$$|H(e^{j\,0.25\pi})| = \left|\frac{1}{3}(1 + 2\cos 0.25\pi)\right| = 0.805$$

(b)

$y[n]$	0.333	0.569	0.569	0	−0.569	−0.805	−0.569	0	0.569	0.805
k	0	1	2	3	4	5	6	7	8	9
$h[k]$	1/3	1/3	1/3							
$x[0-k]$	1									
$x[1-k]$	0.707	1								
$x[2-k]$	0	0.707	1							
$x[3-k]$	−0.707	0	0.707	1						
$x[4-k]$	−1	−0.707	0	0.707	1					
$x[5-k]$	−0.707	−1	−0.707	0	0.707	1				
$x[6-k]$	0	−0.707	−1	−0.707	0	0.707	1			
$x[7-k]$	0.707	0	−0.707	−1	−0.707	0	0.707	1		
$x[8-k]$	1	0.707	0	−0.707	−1	−0.707	0	0.707	1	
$x[9-k]$	0.707	1	0.707	0	−0.707	−1	−0.707	0	0.707	1

$$y[n]=\{\underset{\uparrow}{0.333},\ 0.569,\ 0.569,\ 0,\ -0.569,\ -0.805,\ -0.569,\ 0,\ 0.569,\ 0.805,\ \cdots\}$$

(c) 진폭 1의 신호가 입력되어 진폭 0.805의 신호가 출력되었으므로 이득은 0.805이다. 이는 (a)에서 구한 이득과 일치한다.

7-13 (a) $H(e^{j\omega})=\frac{1}{3}(1+e^{-j\omega}+e^{-j2\omega})=\frac{1}{3}(e^{j\omega}+1+e^{-j\omega})e^{-j\omega}$

$$=\frac{1}{3}(1+2\cos\omega)e^{-j\omega}$$

$$X(e^{j\omega})=\frac{1}{3}(1+e^{-j\omega}+e^{-j2\omega})=\frac{1}{3}(e^{j\omega}+1+e^{-j\omega})e^{-j\omega}$$

$$=\frac{1}{3}(1+2\cos\omega)e^{-j\omega}$$

$$Y(e^{j\omega})=H(e^{j\omega})X(e^{j\omega})=\frac{1}{9}(1+4\cos\omega+4\cos^2\omega)e^{-j2\omega}$$

7-14

$y[n]$	1/9	2/9	1/3	2/9	1/9
k	0	1	2	3	4
$h[k]$	1/3	1/3	1/3		
$x[0-k]$	1/3				
$x[1-k]$	1/3	1/3			
$x[2-k]$	1/3	1/3	1/3		
$x[3-k]$		1/3	1/3	1/3	
$x[4-k]$			1/3	1/3	1/3

$$y[n] = \left\{ \underset{\uparrow}{\frac{1}{9}},\ \frac{2}{9},\ \frac{1}{3},\ \frac{2}{9},\ \frac{1}{9} \right\}$$

$$\begin{aligned} Y(e^{j\omega}) &= \frac{1}{9}\left(1 + 2e^{-j\omega} + 3e^{-j2\omega} + 2e^{-j3\omega} + e^{-j4\omega}\right) \\ &= \frac{1}{9}(2\cos 2\omega + 4\cos\omega + 3)e^{-j2\omega} \\ &= \frac{1}{9}\left(4\cos^2\omega + 4\cos\omega + 1\right)e^{-j2\omega} \quad (\because \cos 2\omega = 2\cos^2\omega - 1) \end{aligned}$$

이 결과는 7-13의 출력 스펙트럼과 같다.

7-15 (풀이생략)

7-16 (풀이생략)

7-17 (a) $X(e^{j\omega}) = \sum_{n=0}^{3} x[n]e^{-j\omega n} = 1 + e^{-j\omega} + e^{-j2\omega} + e^{-j3\omega}$

$$\begin{aligned} &= \left(e^{j\frac{3}{2}\omega} + e^{-j\frac{3}{2}\omega}\right)e^{-j\frac{3}{2}\omega} + \left(e^{j\frac{1}{2}\omega} + e^{-j\frac{1}{2}\omega}\right)e^{-j\frac{3}{2}\omega} \\ &= \left(2\cos\frac{3}{2}\omega\right)e^{-j\frac{3}{2}\omega} + \left(2\cos\frac{1}{2}\omega\right)e^{-j\frac{3}{2}\omega} \\ &= \left(2\cos\frac{3}{2}\omega + 2\cos\frac{1}{2}\omega\right)e^{-j\frac{3}{2}\omega} \end{aligned}$$

$$\therefore X(e^{j\omega}) = \left|2\left(\cos\frac{3}{2}\omega + \cos\frac{1}{2}\omega\right)\right|$$

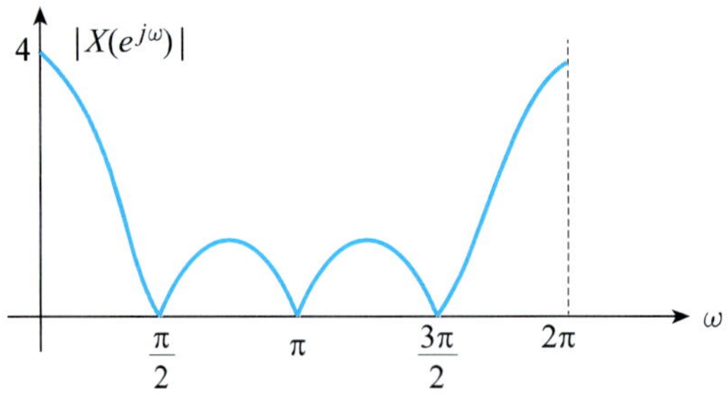

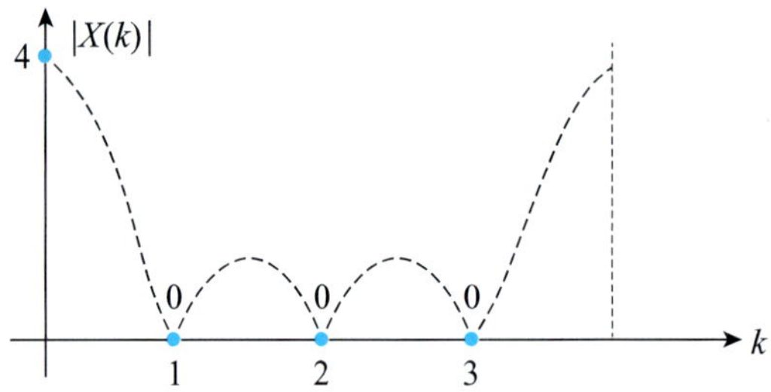

(b) $X(k)=\sum_{n=0}^{3} x[n]e^{-j\frac{2\pi}{4}nk}$

i) $k=0,\ X(0)=\sum_{n=0}^{3} x[n]=1+1+1+1=4$

ii) $k=1,\ X(1)=\sum_{n=0}^{3} x[n]e^{-j\frac{2\pi}{4}n}=1+e^{-j\frac{2\pi}{4}}+e^{-j\frac{4\pi}{4}}+e^{-j\frac{6\pi}{4}}$

$$=e^{-j\frac{3\pi}{4}}\left(e^{j\frac{3\pi}{4}}+e^{-j\frac{3\pi}{4}}\right)+e^{-j\frac{3\pi}{4}}\left(e^{j\frac{\pi}{4}}+e^{-j\frac{\pi}{4}}\right)$$

$$=\left(2\cos\frac{3\pi}{4}+2\cos\frac{\pi}{4}\right)e^{-j\frac{3\pi}{4}}$$

$\therefore\ |X(1)|=\left|2\cos\frac{3\pi}{4}+2\cos\frac{\pi}{4}\right|=0$

iii) $k=2,\ |X(2)|=0$

iv) $k=3,\ |X(3)|=0$

(c) DFT는 DTFT의 샘플값

7-18 0000 $X(0)$

1000 $X(8)$

0100 $X(4)$

1100　$X(12)$

0010　$X(2)$

1010　$X(10)$

0110　$X(6)$

1110　$X(14)$

0001　$X(1)$

1001　$X(9)$

0101　$X(5)$

1101　$X(13)$

0011　$X(3)$

1011　$X(11)$

0111　$X(7)$

1111　$X(15)$

7-19 (a) $N^2 = 512^2 = 262144$

(b) $\frac{N}{2}\log_2 N = 256 \times \log_2 512 = 256 \times 9 = 2304$

(c) $\frac{2304}{262144} \times 100\% = 0.88\%$

따라서 99.12% 감소된다.

8장 z 변환

8-1 (a) $H(z) = \sum_{n=-\infty}^{\infty} 0.9^n u[n] z^{-n} + \sum_{n=-\infty}^{\infty} 0.9^{-n} u[-n-1] z^{-n}$

$$= \sum_{n=0}^{\infty} 0.9^n z^{-n} + \sum_{n=-\infty}^{-1} 0.9^{-n} z^{-n} = \sum_{n=0}^{\infty} (0.9z^{-1})^n + \sum_{m=1}^{\infty} (0.9z)^m$$

$$= \frac{z}{z-0.9} - \frac{z}{z-1.11} = \frac{-0.21z}{(z-0.9)(z-1.11)}$$

$|0.9z^{-1}| < 1,\ |0.9z| < 1 \ \rightarrow\ 0.9 < |z| < 1.11$

(b) 극점 : $z = 0.9$와 $z = 1.11$, 영점 : $z = 0$

(그림생략)

(c) 주파수가 0과 π일 때의 주파수 응답

$H(1) = 19,\ H(-1) = 0.05$

(그림생략)

8-2 (a) $X(z) = \dfrac{-6z}{(2z-1)(z-2)}$, ROC: $0.5 < |z| < 2$

(b) $H(z) = \dfrac{Y(z)}{X(z)} = \dfrac{-z}{z-4}$

안정 시스템이므로 수렴영역이 단위원을 포함한다. 즉 $|z| < 4$. 따라서 좌측신호이므로 비인과성이다.

(c) $h[n] = 4^n u[-n-1]$

8-3 (a) $H(z) = \dfrac{1+0.5z^{-1}}{1-z^{-1}+0.5z^{-2}} = \dfrac{z^2+0.5z}{z^2-z+0.5} = \dfrac{z(z+0.5)}{(z-p_1)(z-p_2)}$

$p_1 = 0.5 + j0.5, \quad p_2 = 0.5 - j0.5$

$$\frac{H(z)}{z} = \frac{A_1}{z-p_1} + \frac{A_2}{z-p_2} = \frac{z+0.5}{(z-p_1)(z-p_2)}$$

$$A_1 + \frac{A_2(z-p_1)}{z-p_2} = \frac{z+0.5}{z-p_2} \qquad \therefore A_1 = \left.\frac{z+0.5}{z-p_2}\right|_{z=p_1} = 0.5 - j$$

$$\frac{A_1(z-p_2)}{z-p_1} + A_2 = \frac{z+0.5}{z-p_1} \qquad \therefore A_2 = \left.\frac{z+0.5}{z-p_1}\right|_{z=p_2} = 0.5 + j$$

$$H(z) = (0.5-j)\frac{z}{z-p_1} + (0.5+j)\frac{z}{z-p_2}$$

$$h[n] = (0.5-j)(0.5+j0.5)^n u[n] + (0.5+j)(0.5-j0.5)^n u[n]$$

(b) $h[0] = (0.5-j) + (0.5+j) = 1$

$h[1] = (0.5-j)(0.5+j0.5) + (0.5+j)(0.5-j0.5) = 1.5$

8-4 (a) $H(z)z^n = [z^n + 2.5H(z)z^n - H(z)z^{n-1}]z^{-1}$

$$\therefore\ H(z)=\frac{z^{-1}}{1-2.5z^{-1}+z^{-2}}$$

(b) $y[n]-2.5y[n-1]+y[n-2]=x[n-1]$

(c) $H(z)=\frac{(-2/3)z}{z-0.5}+\frac{(2/3)z}{z-2}$

$$h[n]=(-2/3)0.5^n u[n]+(2/3)2^n u[n]$$

8-5 (a) $H(z)=\frac{z^{-2}}{1-1.7z^{-1}+0.72z^{-2}}=\frac{1}{z^2-1.7z+0.72}$

$$\frac{H(z)}{z}=\frac{1}{z(z^2-1.7z+0.72)}=\frac{1}{z(z-0.9)(z-0.8)}$$

$$=\frac{A_1}{z}+\frac{A_2}{z-0.9}+\frac{A_3}{z-0.8}$$

$$\left\{A_1+\frac{A_2 z}{z-0.9}+\frac{A_3 z}{z-0.8}\right\}\bigg|_{z=0}=\frac{1}{(z-0.9)(z-0.8)}\bigg|_{z=0}=1.39$$

$$\therefore\ A_1=1.39$$

$$\left\{\frac{A_1(z-0.9)}{z}+A_2+\frac{A_3(z-0.9)}{z-0.8}\right\}\bigg|_{z=0.9}=\frac{1}{z(z-0.8)}\bigg|_{z=0.9}=11.1$$

$$\therefore\ A_2=11.1$$

$$\left\{\frac{A_1(z-0.8)}{z}+\frac{A_2(z-0.8)}{z-0.9}+A_3\right\}\bigg|_{z=0.8}=\frac{1}{z(z-0.9)}\bigg|_{z=0.8}=-12.5$$

$$\therefore\ A_2=-12.5$$

$$H(z)=1.39+11.1\frac{z}{z-0.9}-12.5\frac{z}{z-0.8}$$

$$h[n]=1.39\delta[n]+11.1\times 0.9^n u[n]-12.5\times 0.8^n u[n]$$

8-6 $Y(z)(1-0.75z^{-1}+0.125z^{-2})=X(z)z^{-1}$

$$H(z)=\frac{Y(z)}{X(z)}=\frac{z^{-1}}{1-0.75z^{-1}+0.125z^{-2}}=\frac{z}{z^2-0.75z+0.125}$$

$$\frac{H(z)}{z}=\frac{1}{z^2-0.75z+0.125}=\frac{1}{(z-0.5)(z-0.25)}=\frac{A_1}{z-0.5}+\frac{A_2}{z-0.25}$$

$$\left\{A_1+\frac{A_2(z-0.5)}{z-0.25}\right\}\Big|_{z=0.5}=\frac{1}{z-0.25}\Big|_{z=0.5} \quad \therefore A_1=4$$

$$\left\{A_2+\frac{A_1(z-0.25)}{z-0.5}\right\}\Big|_{z=0.25}=\frac{1}{z-0.5}\Big|_{z=0.25} \quad \therefore A_2=-4$$

$$H(z)=\frac{4z}{z-0.5}-\frac{4z}{z-0.25}, \quad h[n]=4\times 0.5^n u[n]-4\times 0.25^n u[n]$$

8-7 $H(z)=\dfrac{1}{1-1.4z^{-1}+0.58z^{-2}}=\dfrac{z^2}{z^2-1.4z+0.58}=\dfrac{z^2}{(z-p_1)(z-p_2)}$

$p_1=0.7+j0.3, \quad p_2=0.7-j0.3$

$$\frac{H(z)}{z}=\frac{z}{(z-p_1)(z-p_2)}=\frac{A_1}{z-p_1}+\frac{A_2}{z-p_2}$$

$$A_1+\frac{A_2(z-p_1)}{z-p_2}=\frac{z}{z-p_2} \quad \therefore A_1=\frac{z}{z-p_2}\Big|_{z=p_1}=0.5-j1.167$$

$$\frac{A_1(z-p_2)}{z-p_1}+A_2=\frac{z}{z-p_1} \quad \therefore A_2=\frac{z}{z-p_1}\Big|_{z=p_2}=0.5+j1.167$$

$$H(z)=\frac{(0.5-j1.167)z}{z-p_1}+\frac{(0.5+j1.167)z}{z-p_2}$$

$$h[n]=(0.5-j1.167)(0.7+j0.3)^n u[n]+(0.5+j1.167)(0.7-j0.3)^n u[n]$$

$$h[0]=(0.5-j1.167)+(0.5+j1.167)=1$$

$$h[1]=(0.5-j1.167)(0.7+j0.3)+(0.5+j1.167)(0.7-j0.3)=1.4$$

$$h[2]=(0.5-j1.167)(0.7+j0.3)^2+(0.5+j1.167)(0.7-j0.3)^2=1.38$$

8-8 (a) $H(z)=\dfrac{1+az^{-1}}{1-bz^{-1}}$

(b) $|b|<1$

(c) 극점의 위치가 $z=b$이므로 b가 실수축상의 0에서 1사이에 위치하면 됨(가급적 1에 가깝게).

영점의 위치는 $z=-a$이므로 $-a$의 위치가 실수축상의 -1에 위치하면 됨.

(d) 극점의 위치가 $z=b$이므로 b가 실수축상의 0에서 -1사이에 위치하면 됨(가

급적 -1에 가깝게).

영점의 위치는 $z=-a$이므로 $-a$의 위치가 실수축상의 1에 위치하면 됨.

8-9 $X(z)=3-3z^{-1}+z^{-2}+2z^{-3}+4z^{-5}+5z^{-6}-6z^{-7}$

$$Y(z)=1+\frac{1}{3}z^{-1}+z^{-4}+2z^{-5}+3z^{-6}+z^{-7}-\frac{1}{3}z^{-8}-2z^{-9}$$

$$H(z)=\frac{1+\frac{1}{3}z^{-1}+z^{-4}+2z^{-5}+3z^{-6}+z^{-7}-\frac{1}{3}z^{-8}-2z^{-9}}{3-3z^{-1}+z^{-2}+2z^{-3}+4z^{-5}+5z^{-6}-6z^{-7}}$$

$$=\frac{1}{3}+\frac{1}{3}z^{-1}+\frac{1}{3}z^{-2} \quad \therefore h[n]=\frac{1}{3}\delta[n]+\frac{1}{3}\delta[n-1]+\frac{1}{3}\delta[n-2]$$

8-10 (a)

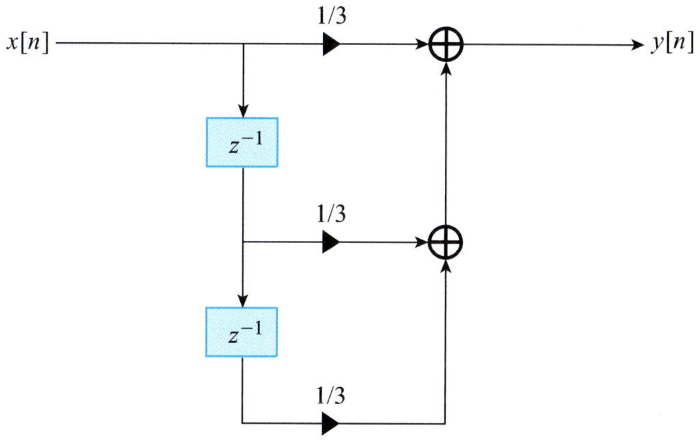

(b) $H(z)=\frac{1}{3}(1+z^{-1}+z^{-2})$

(c) 영점 : $z=-0.5+j0.866$, $z=-0.5-j0.866$

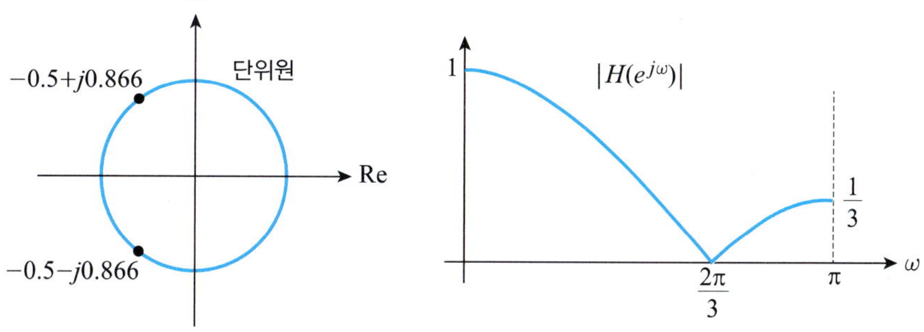

(d) $H(e^{j\omega})=\dfrac{1}{3}\left(1+e^{-j\omega}+e^{-j2\omega}\right)=\dfrac{1}{3}\left(e^{j\omega}+1+e^{-j\omega}\right)e^{-j\omega}$

$$=\frac{1}{3}(1+2\cos\omega)e^{-j\omega}$$

$$\therefore\ \left|H(e^{j\omega})\right|=\left|\frac{1}{3}(1+2\cos\omega)\right|$$

8-11 (a)

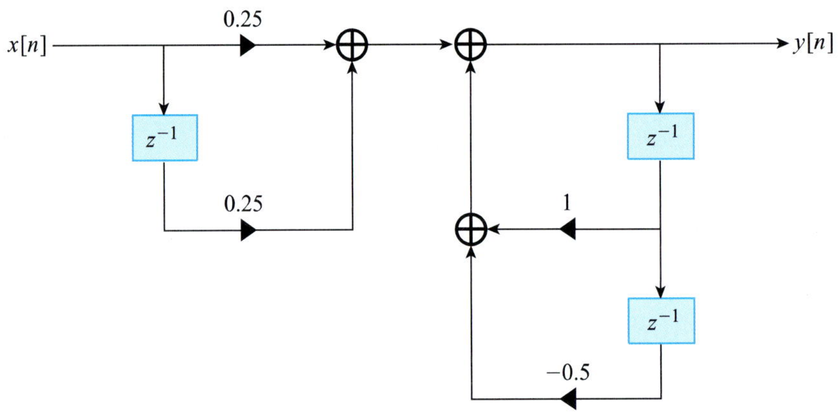

(b) $H(z)=\dfrac{Y(z)}{X(z)}=\dfrac{0.25(1+z^{-1})}{1-z^{-1}+0.5z^{-2}}$

(c) 영점 : $z=-1$, 극점 : $z=0.5+j0.5$, $z=0.5-j0.5$

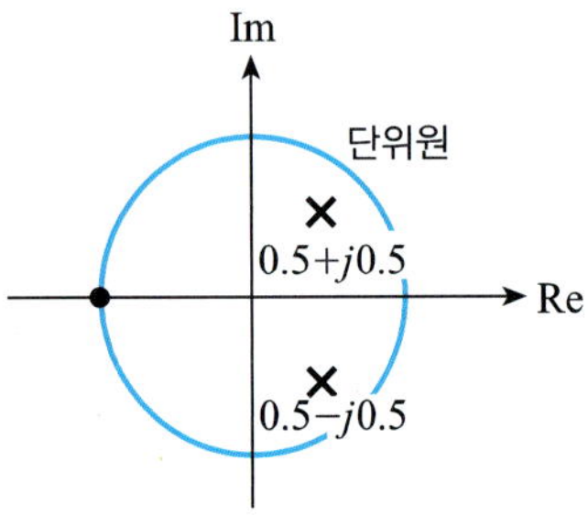

(d) 안정 시스템

8-12 (a)

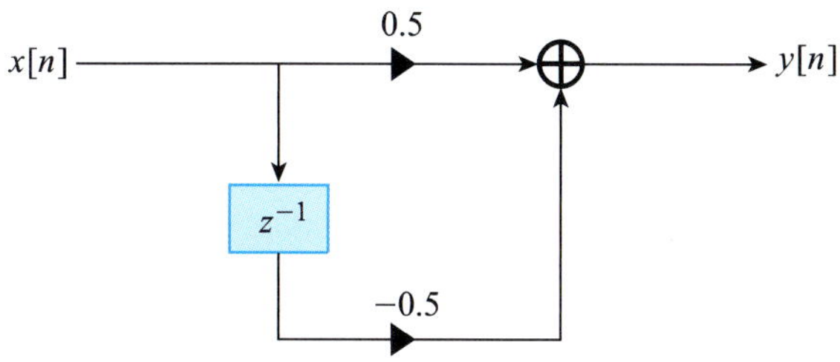

(b) $H(z)=0.5(1-z^{-1})$

(c) 영점 : $z=1$

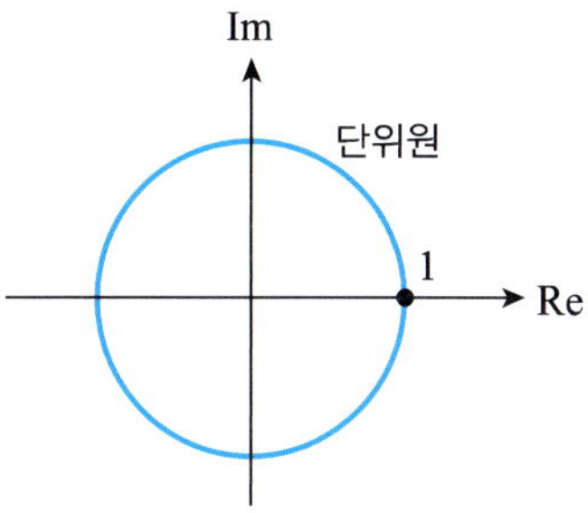

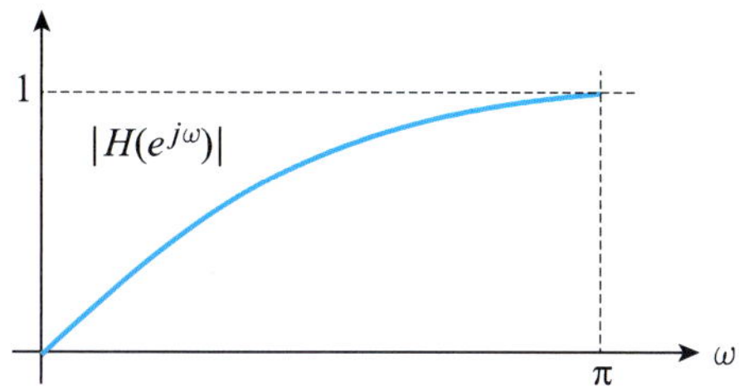

(d) $H(e^{j\omega})=0.5(1-e^{-j\omega})=0.5\left(e^{j\frac{\omega}{2}}-e^{-j\frac{\omega}{2}}\right)e^{-j\frac{\omega}{2}}=j\left(\sin\frac{\omega}{2}\right)e^{-j\frac{\omega}{2}}$

$\therefore\ |H(e^{j\omega})|=\left|\sin\frac{\omega}{2}\right|$

8-13 (a)

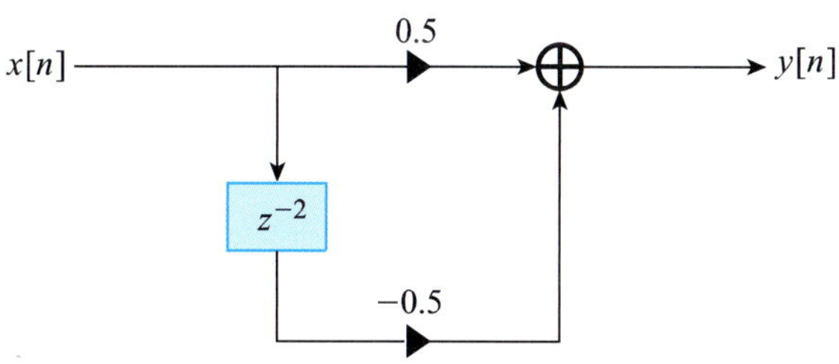

(b) $H(z)=0.5(1-z^{-2})$

(c) $H(z)=0.5(1-z^{-2})=0.5\dfrac{(z^2-1)}{z^2}=0.5\dfrac{(z-1)(z+1)}{z^2}$

영점 : $z=1,\ z=-1$

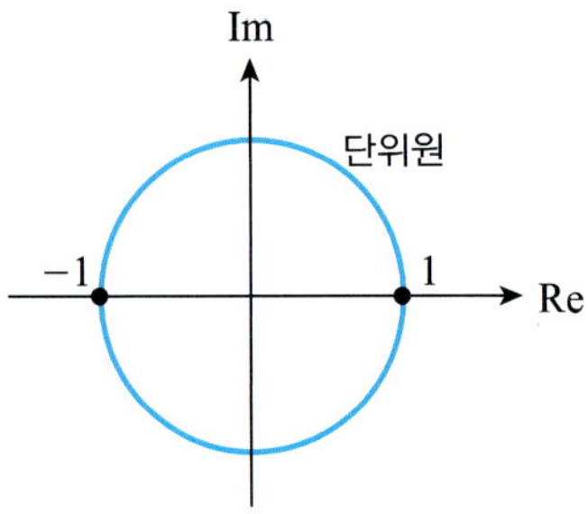

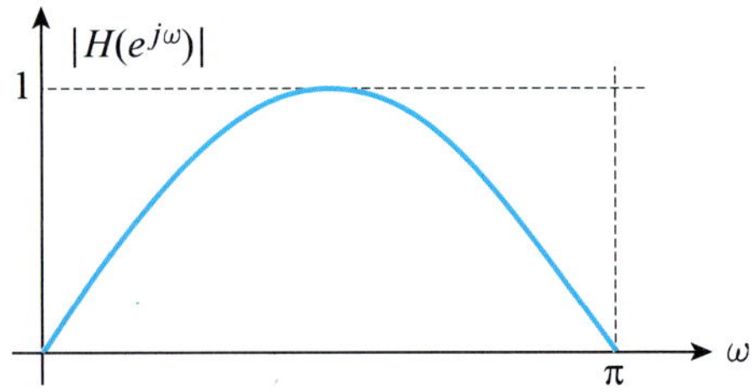

(d) $H(e^{j\omega}) = 0.5(1 - e^{-j2\omega} = 0.5\left(e^{j\omega} - e^{-j\omega}\right)e^{-j\omega} = j(\sin\omega)e^{-j\omega}$

$\therefore\ |H(e^{j\omega})| = |\sin\omega|$

8-14 (a)

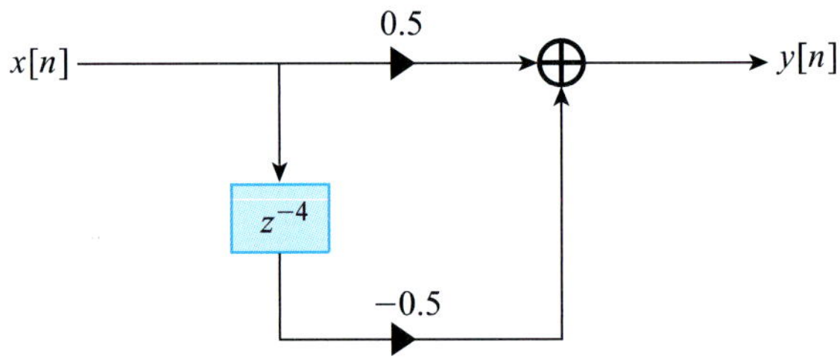

(b) $H(z) = 0.5(1 - z^{-4})$

(c) $H(z) = 0.5(1 - z^{-4}) = 0.5\dfrac{(z^4 - 1)}{z^4}$

$$= 0.5\frac{(z-1)(z+1)(z-j)(z+j)}{z^2}$$

영점 : $z = 1,\quad z = -1,\quad z = j,\quad z = -j$

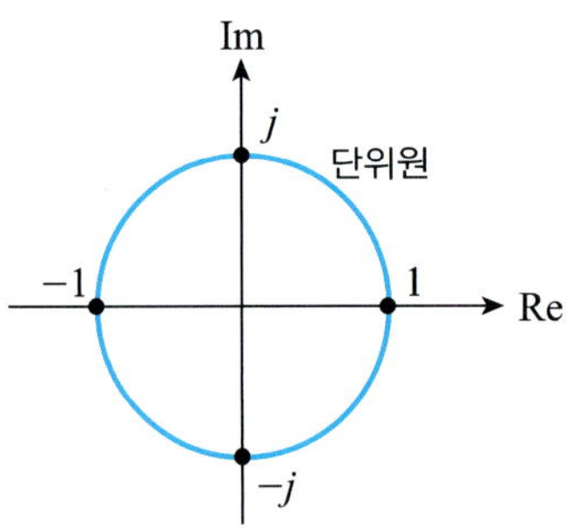

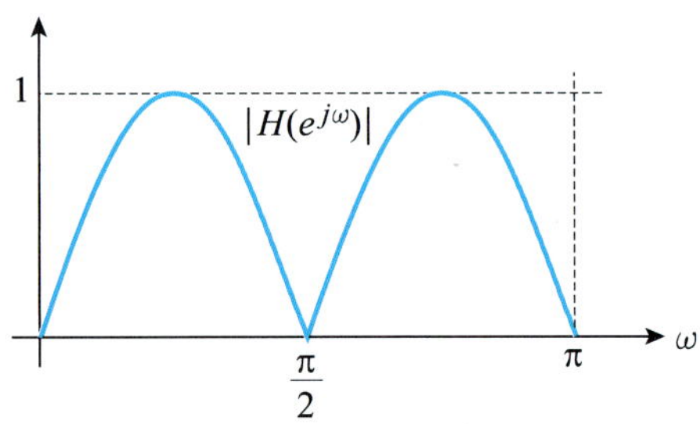

(d) $H(e^{j\omega}) = 0.5(1 - e^{-j4\omega}) = 0.5\left(e^{j2\omega} - e^{-j2\omega}\right)e^{-j2\omega} = j(\sin2\omega)e^{-j2\omega}$

$\therefore |H(e^{j\omega})| = |\sin 2\omega|$

8-15 (a) $H(z) = 0.2 + 0.5z^{-1} + 0.3z^{-2}$,

$y[n] = 0.2x[n] + 0.5x[n-1] + 0.3x[n-2]$

(b) $H(z) = -0.3 + 0.7z^{-1} - 0.5z^{-2}$

$y[n] = -0.3x[n] + 0.7x[n-1] - 0.5x[n-2]$

8-16 (a) $h[n] = 0.8\delta[n] + 0.5\delta[n-1] + 0.4\delta[n-2]$,

$y[n] = 0.8x[n] + 0.5x[n-1] + 0.4x[n-2]$

(b) $h[n] = -0.5\delta[n] + 0.4\delta[n-1] - 0.3\delta[n-2]$

$y[n] = -0.5x[n] + 0.4x[n-1] - 0.3x[n-2]$

8-17 (a) $H(z) = 0.9 + 0.8z^{-1} + 0.7z^{-2}$

$h[n] = 0.9\delta[n] + 0.8\delta[n-1] + 0.7\delta[n-2]$

(b) $H(z) = -0.1 + 0.7z^{-1} - 0.2z^{-2}$

$h[n] = -0.1\delta[n] + 0.7\delta[n-1] - 0.2\delta[n-2]$

8-18 (a) $H(z) = \dfrac{1}{1 - 0.8z^{-1}}$, $y[n] - 0.8y[n-1] = x[n]$

(b) $H(z) = \dfrac{1}{1 + 0.7z^{-1}}$, $y[n] + 0.7y[n-1] = x[n]$

8-19 (a) $y[n] - 0.7y[n-1] + 0.12y[n-2] = x[n]$

$$H(z) = \frac{z^2}{z^2 - 0.7z + 0.12} = \frac{z^2}{(z-0.3)(z-0.4)}$$

$$\frac{H(z)}{z} = \frac{z}{(z-0.3)(z-0.4)} = \frac{A}{z-0.3} + \frac{B}{z-0.4}$$

$$A = \left.\frac{z}{z-0.4}\right|_{z=0.3} = -3, \quad B = \left.\frac{z}{z-0.3}\right|_{z=0.4} = 4$$

$$H(z) = \frac{-3z}{z-0.3} + \frac{4z}{z-0.4}, \quad h[n] = (-3)0.3^n u[n] + (4)0.4^n u[n]$$

(b) $y[n] + 1.5y[n-1] + 0.56y[n-2] = x[n]$

$$H(z) = \frac{z^2}{z^2 + 1.5z + 0.56} = \frac{z^2}{(z+0.7)(z+0.8)}$$

$$\frac{H(z)}{z}=\frac{z}{(z+0.7)(z+0.8)}=\frac{A}{z+0.7}+\frac{B}{z+0.8}$$

$$A=\left.\frac{z}{z+0.8}\right|_{z=-0.7}=-7,\quad B=\left.\frac{z}{z+0.7}\right|_{z=-0.8}=8$$

$$H(z)=\frac{-7z}{z+0.7}+\frac{8z}{z+0.8}$$

$$h[n]=(-7)(-0.7)^n u[n]+(8)(-0.8)^n u[n]$$

8-20 (a) $H(z)=\dfrac{1+0.5z^{-1}}{1-0.8z^{-1}+0.6z^{-2}}$

(b) $H(z)=\dfrac{0.2+0.3z^{-1}+0.2z^{-2}}{1+0.4z^{-1}+0.2z^{-2}}$

8-21 (a) (그림생략) (b) (그림생략) (c) (그림생략) (d) (그림생략) (e) (그림생략)

8-22 (a) (그림생략) (b) (그림생략) (c) (그림생략) (d) (그림생략) (e) (그림생략)

8-23 $H(z)=\dfrac{1+z^{-1}+z^{-2}+z^{-3}}{1-2z^{-1}+1.36z^{-2}-0.32z^{-3}}$

8-24 $H(z)=\dfrac{1+z^{-1}+z^{-2}+z^{-3}}{1-2z^{-1}+1.36z^{-2}-0.32z^{-3}}$

8-25 $H(z)=\dfrac{1+z^{-1}+z^{-2}+z^{-3}}{1-2z^{-1}+1.36z^{-2}-0.32z^{-3}}$

9장 A/D 변환기

9-1 (a) $a=8\,\mathrm{k\Omega},\ b=4\,\mathrm{k\Omega},\ c=2\,\mathrm{k\Omega},\ d=1\,\mathrm{k\Omega}$

(b) 001 : $V_{\mathrm{out}}=\dfrac{1\,\mathrm{k\Omega}}{8\,\mathrm{k\Omega}}=0.125$, 010 : $V_{\mathrm{out}}=\dfrac{1\,\mathrm{k\Omega}}{4\,\mathrm{k\Omega}}=0.25$

$$011 : V_{out} = \frac{1\,\text{k}\Omega}{8/3\,\text{k}\Omega} = 0.375,\ \ 100 : V_{out} = \frac{1\,\text{k}\Omega}{2\,\text{k}\Omega} = 0.5$$

$$101 : V_{out} = \frac{1\,\text{k}\Omega}{8/5\,\text{k}\Omega} = 0.625,\ \ 110 : V_{out} = \frac{1\,\text{k}\Omega}{4/3\,\text{k}\Omega} = 0.75$$

$$111 : V_{out} = \frac{1\,\text{k}\Omega}{8/7\,\text{k}\Omega} = 0.875$$

S_1(MSB)	S_2	S_3(LSB)	D/A 변환기의 출력값(V)
1	1	1	0.875
1	1	0	0.75
1	0	1	0.625
1	0	0	0.5
0	1	1	0.375
0	1	0	0.25
0	0	1	0.125

9-2 $\omega_0 = \frac{2\pi}{T} = \frac{2\pi}{1/4000} = 8000\pi = \omega_m$

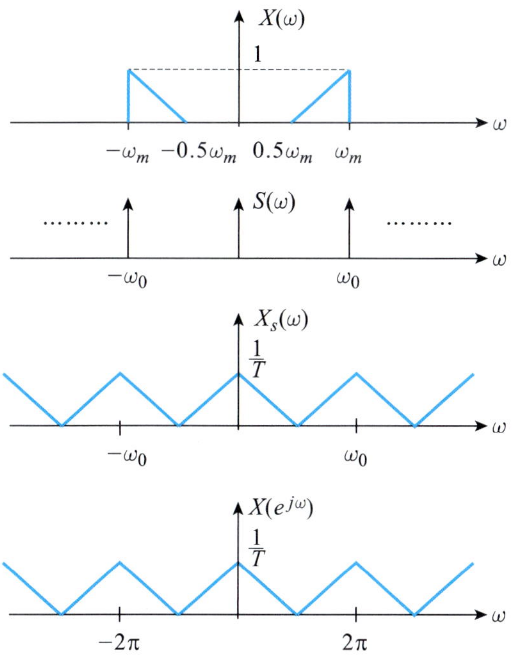

9-3 $\omega_0 = \dfrac{2\pi}{T} = \dfrac{2\pi}{1/8000} = 16000\pi = 2\omega_m$

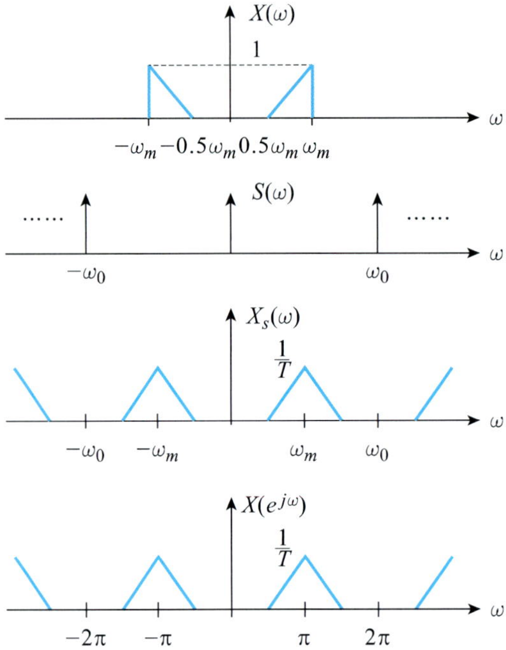

주요 공식

삼각 항등식

$$\sin(A \pm B) = \sin A \cos B \pm \cos A \sin B$$

$$\cos(A \pm B) = \cos A \cos B \mp \sin A \sin B$$

$$\tan(A \pm B) = \frac{\tan A \pm \tan B}{1 \mp \tan A \tan B}$$

$$\sin A \sin B = \frac{1}{2}\{\cos(A-B) - \cos(A+B)\}$$

$$\sin A \cos B = \frac{1}{2}\{\sin(A+B) - \sin(A-B)\}$$

$$\cos A \cos B = \frac{1}{2}\{\cos(A+B) + \cos(A-B)\}$$

$$\sin A + \sin B = 2\sin\left(\frac{A+B}{2}\right)\cos\left(\frac{A-B}{2}\right)$$

$$\sin A - \sin B = 2\cos\left(\frac{A+B}{2}\right)\sin\left(\frac{A-B}{2}\right)$$

$$\cos A + \cos B = 2\cos\left(\frac{A+B}{2}\right)\cos\left(\frac{A-B}{2}\right)$$

$$\cos A - \cos B = -2\sin\left(\frac{A+B}{2}\right)\sin\left(\frac{A-B}{2}\right)$$

$$\sin^2 A = \frac{1}{2}(1 - \cos 2A)$$

$$\cos^2 A = \frac{1}{2}(1 + \cos 2A)$$

$$\sin^2 A + \cos^2 A = 1$$

$$\cos^2 A - \sin^2 A = \cos 2A$$

$$\sin 2A = 2\sin A \cos A$$

$$\cos 2A = \cos^2 A - \sin^2 A = 1 - 2\sin^2 A = 2\cos^2 A - 1$$

$$e^{\pm j\omega} = \cos\omega \pm j\ \sin\omega$$

$$\sin\omega = \frac{e^{j\omega} - e^{-j\omega}}{2j}$$

$$\cos\omega = \frac{e^{j\omega} + e^{-j\omega}}{2}$$

$$\tan\omega = \frac{1}{j}\frac{e^{j\omega} - e^{-j\omega}}{e^{j\omega} + e^{-j\omega}}$$

지수 함수와 로그 함수

$$e^A e^B = e^{A+B}$$

$$\frac{e^A}{e^B} = e^{A-B}$$

$$\ln AB = \ln A + \ln B$$

$$\ln\frac{A}{B} = \ln A - \ln B$$

지수 급수의 합

$$\sum_{n=0}^{N} a^n = \frac{1-a^{N+1}}{1-a}$$

$$\sum_{n=0}^{\infty} a^n = \frac{1}{1-a}, \quad |a| < 1$$

$$\sum_{n=0}^{\infty} na^n = \frac{1}{(1-a)^2}, \quad |a| < 1$$

주요 변환

삼각 푸리에 급수

$$\tilde{x}(t) = a_0 + \sum_{k=1}^{\infty} [a_k \cos k\omega_0 t \;+\; b_k \sin k\omega_0 t], \quad T = \frac{2\pi}{\omega_0}$$

$$a_0 = \frac{1}{T}\int_{t_0}^{t_0+T} x(t)\, dt$$

$$a_k = \frac{2}{T}\int_{t_0}^{t_0+T} x(t) \cos k\omega_0 t\, dt$$

$$b_k = \frac{2}{T}\int_{t_0}^{t_0+T} x(t) \sin k\omega_0 t\, dt$$

지수 푸리에 급수

$$\tilde{x}(t) = \sum_{k=-\infty}^{\infty} X_k e^{jk\omega_0 t}, \quad X_k = \frac{1}{T}\int_0^T \tilde{x}(t) e^{-jk\omega_0 t}\, dt, \quad \omega_0 = \frac{2\pi}{T}$$

CTFT

$$X(\omega) = \int_{-\infty}^{\infty} x(t) e^{-j\omega t}\, dt, \quad x(t) = \frac{1}{2\pi}\int_{-\infty}^{\infty} X(\omega)\; e^{j\omega t} d\omega$$

DTFT

$$X(e^{j\omega}) = \sum_{n=-\infty}^{\infty} x[n] e^{-j\omega n}, \quad x[n] = \frac{1}{2\pi}\int_{-\pi}^{\pi} X(e^{j\omega}) e^{j\omega n} d\omega$$

DFS

$$\tilde{X}(k) = \sum_{n=0}^{N-1} \tilde{x}[n]\, W^{kn}, \quad \tilde{x}[n] = \frac{1}{N}\sum_{k=0}^{N-1} \tilde{X}(k)\, W^{-kn}, \quad W = e^{-j\frac{2\pi}{N}}$$

DFT

$$X(k) = \sum_{n=0}^{N-1} x[n]\, W^{kn}, \quad x[n] = \frac{1}{N}\sum_{k=0}^{N-1} X(k)\, W^{-kn}, \quad W = e^{-j\frac{2\pi}{N}}$$

Laplace 변환

$$X(s) = \int_{0}^{\infty} x(t) e^{-st} dt$$

z 변환

$$X(z) = \sum_{n=-\infty}^{\infty} x[n] z^{-n}$$

참고문헌

- Soliman, Samir S., and Mandyam D. Srinath, “Continuous and Discrete Signals and Systems” Prentice-Hall Information and System Science Series.
- Crochiere, Ronald E., and L. R. Rabiner, “Multirate Digital Signal Processing” Prentice-Hall Signal Processing Series.
- Dudgeon, Dan E., and Russel M. Mersereau, “Multidimensional Digital Signal Processing” Prentice-Hall Signal Processing Series.
- Haddad, Richard A, and Thomas W. Parsons, “Digital Signal Processing, Theory, Application, and Hardware” Computer Science Press.
- Ingle, Vinay K., and John G. Proakis, “Digital Signal Processing using MATLAB” Brooks/Cole Thomson Learning.
- Jackson, Leland B., “Digital Filters and Signal Processing” second editions, KLUWER ACADEMIC PUBLISHERS.
- Jayant, N. S., and Peter Noll, “Digital Coding of Waveforms, Principles and Applications to Speech and Video” Prentice Hall, Inc.
- Oppenheim, Alan V, and Ronald W. Schafer, “Discrete-Time Signal Processing” Prentice Hall, Inc.
- Oppenheim, Alan V, and Ronald W. Schafer, “Digital Signal Processing” Prentice Hall, Inc.
- Papoulis, Athanasios, “Signal Analysis” McGRAW-HILL BOOK COMPANY.
- Papoulis, Athanasios, “Circuits and Systems, A modern approach” Holt, Rinehart and Winston, Inc.
- Papoulis, Athanasios, and S. U. Pillai, “Probability, Random Variables and Stochastic Processes” Fourth Edition, McGraw-Hill.
- Proakis, John G, and Dimitris G. Manolakis, “Introduction to Digital Signal Processing” Macmillan Publishing Company, New York.
- Proakis, John G, Charles M. Rader, Fuyun Ling, and Chrysostomos L. Nikias, “Advanced Digital Signal Processing” Macmillan Publishing Company, New York.

- Vaidyanathan, P. P., "Multirate Systems and Filter Banks" Prentice-Hall Signal Processing Series.
- Van de Vegte, Joice, "Fundamentals of Digital Signal Processing" Prentice Hall.
- Weste, Neil, and Kamran Eshraghian, "Principles of CMOS VLSI Design" ADDISON-WESLEY PUBLISHING COMPANY.
- 이채욱, "디지털신호처리, 기초와 응용" 청문각.
- 이채욱, "최신 디지털신호처리" 북스힐.
- 장영범, "FFT" 도서출판홍릉(2020).
- 장영범, "쉽게 이해되는 공업수학" 홍릉과학출판사(2019).
- 장영범, "디지털신호처리" 홍릉과학출판사(2017).
- 장영범, "아날로그 및 디지털 통신시스템" 홍릉과학출판사(2015).
- 장영범, "SoC용 디지털필터 및 Transform" 홍릉과학출판사(2010).
- 장영범, "신호 및 시스템" 생능출판사(2010).
- 장영범, "DSP 이론과 실무" 생능출판사(2004).
- 장영범, "디지탈 신호처리 시스템" 생능출판사(1998).

찾아보기

ㅈ

M

N

O

P

Q

R